省部级示范性高等职业院校重点专业建设规划教材

工程水力水文学基础

（修订版）

主　编　张智涌　潘　露
副主编　朱李英　王巧霞
　　　　潘　妮　杨胜勇
主　审　刘建明　田明武

黄河水利出版社
·郑州·

内 容 提 要

本书是省部级示范性高等职业院校重点专业建设规划教材，是为适应现代高职教育培养应用型、技能型人才的需求，结合示范建设对专业改革发展的要求，按照教育部颁布的工程水力水文学基础课程标准编写完成的。本书共分为9个项目，主要内容包括：水静力学、水流运动的基本原理、有压管流运动、恒定明渠水流、过流建筑物的水力计算、水文循环及径流形成、水文统计的基本方法、年径流和多年平均输沙量的计算、设计洪水的分析计算。

本书为高职高专水利水电建筑工程、水利工程、水利工程监理、水利工程施工等专业的通用教材，也可作为其他专业教材或教学参考书，同时也可作为水利技术人员的学习参考用书。

图书在版编目(CIP)数据

工程水力水文学基础/张智涌，潘露主编.—郑州：黄河水利出版社，2014.8 （2019.7 修订版重印）
省部级示范性高等职业院校重点专业建设规划教材
ISBN 978-7-5509-0897-0

Ⅰ.①工… Ⅱ.①张… ②潘… Ⅲ.①水工建筑物-水力学-高等职业教育-教材 ②工程水文学-高等职业教育-教材 Ⅳ.①TV135 ②TV12

中国版本图书馆CIP数据核字(2014)第201511号

组稿编辑：王路平 电话：0371-66022212 E-mail：hhslwlp@163.com

出 版 社：黄河水利出版社 网址：www.yrcp.com
地址：河南省郑州市顺河路黄委会综合楼14层 邮政编码：450003
发行单位：黄河水利出版社
发行部电话：0371-66026940、66020550、66028024、66022620(传真)
E-mail：hhslcbs@126.com
承印单位：河南承创印务有限公司
开本：787 mm×1 092 mm 1/16
印张：16
字数：370千字 印数：2 001—3 000
版次：2014年8月第1版 印次：2019年7月第2次印刷
2019年7月修订版

定价：35.00元

前 言

本书是根据国家“十二五”教育发展规划纲要及《中共中央 国务院关于加快水利改革发展的决定》(2011 年中央 1 号文件)、《国家中长期教育改革和发展规划纲要》(2010～2020 年)、《教育部关于全面提高高等职业教育教学质量的若干意见》(教高〔2006〕16 号)、《教育部关于推进高等职业教育改革创新引领职业教育科学发展的若干意见》(教职成〔2011〕12 号)等文件精神,按照现代水利职业教育要求,在总结水利类高等职业教育多年教学改革经验的基础上,在全国水利水电高职教研会指导下,结合示范建设对专业改革发展的要求编写的教材。

本套教材以学生能力培养为主线,融“教、学、练、做”为一体,体现实用性、实践性和创新性的特色,是一套紧密联系生产实际的高职高专教育精品规划教材。

为了不断提高教材质量,编者于 2019 年 7 月对全书进行了认真修订完善,改正了书中在教学实践中发现的问题和错误。

本书结合学院示范院校建设、新专业建设要求,本着理论够用,实践突出,体现现代水利新技术、新理念的原则,对水力学和工程水文学这两门专业基础课进行了有效整合,使专业课程内容结合更紧密、系统更完整。本书是在多年教学实践经验及原有讲义基础上,广泛吸收国内外教材中的优点,结合本校具体情况编写而成的。

本书结合最新技术规范及相关标准,根据现代水力水文计算要求,力求概念清晰,技术方法步骤清楚,深入浅出,强化实践,淡化理论,体现高等职业技术教育的特点,以学生为本,以培养学生的应用能力为主。

本书由四川水利职业技术学院承担编写工作,编写人员及编写分工如下:潘妮编写第一次课、项目一、项目训练,朱李英编写项目二、项目五,杨胜勇编写项目三,张智涌编写项目四、项目六,潘露编写项目七、项目八,王巧霞编写项目九。本书由张智涌、潘露担任主编,张智涌负责全书统稿;由朱李英、王巧霞、潘妮、杨胜勇担任副主编;由刘建明、田明武担任主审。

在本书编写过程中,编者参阅了有关文献,特对相关文献的作者致以衷心的感谢!

由于编者水平有限,不足之处在所难免,恳切希望读者批评指正。

编 者

2019 年 7 月

目 录

第一次课

一、课程研究对象

工程水力水文学基础包括水力学和水文学两部分内容。

水力学是研究水(或其他液体)处于平衡和机械运用状态下的力学规律,并探讨运用这些规律解决工程实际问题的一门学科。它是一门技术学科,是力学的一个分支。水力学由水静力学和水动力学两大部分组成。水静力学研究的是液体的平衡规律,即当液体处于静止(或者相对静止)状态时的力学规律及其在工程实际中的应用;水动力学研究的是液体的运动规律,即当液体处于运动状态时作用于液体上的力与运动要素之间的关系,以及液体的运动特性与能量转换等。

水文学以水体作为主要研究对象,研究地球上水体的存在、循环和分布规律,探讨水体的物理和化学性质以及它们对环境的作用。本课程主要研究水循环的基本规律和径流形成过程的物理机制;根据长期实测和查水文资料,运用数理统计法预估未来长时期的水文情势,为水资源开发利用措施的设计、规划、施工和运用提供水文数据;在水文分析计算的基础上,综合研究水文情势、用水需要、调节方法等方面,针对水利工程的规模和工作情况,提出经济合理的决策。

二、课程任务

水力学的任务是研究液体处于平衡和机械运动下的各种基本规律,研究和提出利用这些基本规律来解决实际工程中所遇到的各种水力学问题的基本方法。

在水利工程的勘测、设计、施工和运行管理各个环节中,水力学都占有十分重要的地位。为了明确水力学的任务,我们以一个水资源综合利用的水利枢纽工程为例,来了解下实际工程中常见的水力学问题。

为了满足防洪、灌溉、航运等各方面的要求,常在河道上筑坝以抬高上游水位形成水库,同时修建泄洪、通航、引水及输水建筑物、水电站等,组成水利枢纽。在规划时就必须分析自然河流的河势与天然水流形态,妥善布局每一个建筑物,正确确定水库的各种水位和下泄流量,合理设计引水、输水和泄洪建筑物过水断面的形状、尺寸,以充分利用水资源,发挥水资源最大效用。

在河道上筑坝后,坝上游水位将沿河道抬高形成水面曲线,导致河流两岸的农田等可能被淹没,必须依靠水力计算确定筑坝后水库的淹没范围,为移民和水库综合效应评估提供必要的依据。

水库蓄水后,大坝就会受到静水或动水压力的作用,在校核坝体稳定时,必须计算上下游水对坝体的水压力。在坝前水压力的作用下,水库中的水还会有部分沿坝基土壤或岩石的缝隙向下游渗流，渗透对坝基的作用力也必须依靠水力计算来确定。

水库泄洪时，因溢流坝段上下游水位差一般较大，水流下泄时具有较大动能，必须采取有效措施，消除多余有害能量，防止或削弱高速水流对下游河床的冲刷，以确保建筑物安全。

以上简单地介绍了枢纽工程中的一些水力学问题。归纳起来，大致可以分为以下六个方面：一是水流对建筑物的作用力；二是水工建筑物的过水能力；三是水能利用和能量损失；四是河渠水面线问题；五是水流型态及泄水建筑物下游水流的衔接消能问题；六是渗流问题。另外，还有高速水流中的掺气问题、气蚀、冲击波、涡流、水污染等问题。

工程水文学是将水文学知识应用于工程建设的一门学科。它主要研究与水利水电工程建设有关的水文问题，即为水利工程的规划设计、施工和管理运用提供有关暴雨、洪水、年径流、泥沙等方面的分析计算和预报的水文依据。对于水利水电工程来说，每一项工程在实施过程中都可划分为规划设计、施工、管理运用三个阶段。

在规划设计阶段，水文计算的主要任务是确定工程的规模。规模过大，造成工程投资上的浪费；过小，又使水资源不能充分利用，也是一种浪费。对于防洪措施如标准过低，还可能导致工程失事，造成工程本身和下游人民生命财产的巨大损失。在多沙河流兴建水利工程时，还需估算蓄水引水工程的泥沙淤积量，以便考虑延长工程寿命的措施。水利工程的使用期限一般为几十年甚至百年以上，规划设计时，必须知道控制水体在使用期间的水文情势。水文计算就是研究这类问题的学科。

在施工阶段，其任务即将规划设计的工程付诸实施。因而，在施工期间必须对水文情势有所了解。水利工程工期一般较长，往往需要一个季度甚至长达几年。对水文情势的了解应包括两个方面：一方面为了建设临时性建筑物如围堰、引水隧洞或渠道等，须预报整个施工期的天然来水情势，而通常的水文和气象预报，往往不能提供如此长期的预报，仍需通过水文计算来解决这个问题；另一方面，为了安排日常工作，也必须了解近期确切的水情，这就需要提供短期（如几天之内）的水文预告。水文预报是为解决这一类问题服务的。

在管理运用阶段，其主要任务在于使建成的工程充分发挥作用。为此，需要未来一定时期的水文情况，以便确定最经济合理的调度方案。此时需要由水文分析得到的长期平均情势结合水文预报的短期水情，从而提出最佳的调度运用方案。

项目一　水静力学

【学习内容】 液体的主要物理性质；作用于液体上的力；静水压强及其特性；重力作用下静水压强的基本规律；作用于平面壁上的静水总压力；作用于曲面壁上的静水总压力。

自然界的物质一般有三种存在形式，即气体、液体和固体。固体由于其分子间距很小，黏聚力很大，所以能够保持固定的形状和体积，在外力作用下不易发生变形。液体和气体统称为流体，流体的分子间距较大，黏聚力小，在微小的剪切力的作用下易发生流动和变形，而不能保持固定的形状。

液体和气体的主要区别是在外力的作用下液体和气体的可压缩程度不同。液体不易被压缩，而气体易被压缩。水作为一种流体，在运动过程中表现出与固体不同的特点。

单元一　液体的主要物理性质

学习目标：掌握液体的基本特性，了解液体的惯性、黏滞性、压缩性以及表面张力等五个主要物理特性，掌握连续介质和理想液体的概念。

一、惯性、质量与密度

惯性是物体保持原有运动状态的性质。

物体惯性的大小用质量来表示，质量愈大的物体，惯性愈大，其反抗改变原有运动状态的能力就愈强。设物体的加速度为 a，质量为 m，则惯性力 F 为

$$F = -ma \tag{1-1}$$

式中　m——质量，g 或 kg；

a——加速度，m/s^2。

对于均质液体来说，质量可用密度来表示，其计算公式为

$$\rho = \frac{m}{V} \tag{1-2}$$

式中　ρ——密度，kg/m^3 或 g/cm^3；

V——液体的体积，m^3 或 cm^3。

同一液体密度随温度和压强变化，但变化甚小，一般可看成是常数。对于水而言，在一个标准大气压下，温度为 4 ℃时，$\rho = 1\ 000\ kg/m^3$。

二、液体的万有引力特性

万有引力特性是指运动物体之间相互吸引的性质。地球对物体的吸引力为重力或

重量。

重量用 G 来表示，重量的单位为 N 或 kN。对于质量为 m 的液体，其重量为

$$G = mg \tag{1-3}$$

式中　g——重力加速度，为简化计算，本书采用 9.8 m/s^2。

对于均质液体，单位体积的重量为容重（重度或重率），其计算公式为

$$\gamma = \frac{G}{V} \tag{1-4}$$

式中　γ——液体的容重，N/m^3 或 kN/m^3。

容重与密度的关系为

$$\gamma = \rho g \tag{1-5}$$

在水力学中，一般水的容重为 9.8 kN/m^3；水银的容重为 133.3 kN/m^3。

三、黏滞性与黏滞系数

（一）黏滞性

液体在运动状态下，利用内摩擦力来抵抗剪切变形的性质称为液体的黏滞性。黏滞性在液体运动时才显示出来，即静止时液体不能承受切力来抵抗剪切变形。

（二）牛顿内摩擦定律及黏滞系数

为了说明黏滞性的存在对水流的影响，现以明渠水流为例予以说明。当渠道中的水流作直线运动，且液体质点是有规则的分层流动、不相互混掺时，测得其垂线上的流速分布如图 1-1 所示。在渠道底部，由于黏滞性的存在，水流与边壁之间存在着附着力，液体质点的速度为零；距渠道愈远流速愈大，当忽略表面张力的影响时，自由表面的流速最大。垂线上各点的流速不等，表明液体内部流层间存在着相对运动。

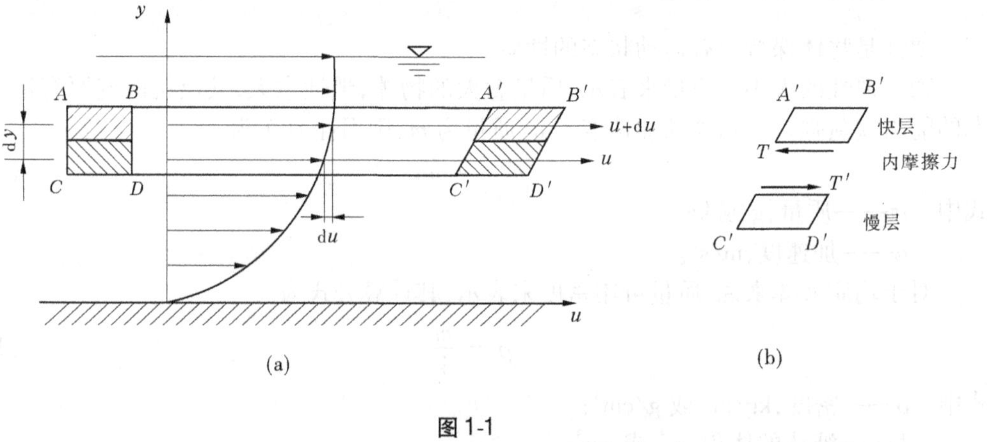

图 1-1

流层间的相对运动一经形成后，快层的质点将带动慢层的质点，从而在相邻流层的接触面上产生成对的内摩擦力，如图 1-1（b）所示的快慢接触面上的 T 和 T'，它们大小相等，方向相反，作用在不同流层上。内摩擦力一方面作用于质点上使其发生剪切变形运动；另一方面，对于质点来说，它又是抵抗剪切变形运动的力。设如图 1-1（a）所示的质团 $ABCD$ 上、下层中心处的流速分别为 $u + du$ 和 u。因为两流层的速度不等，经 dt 时段后，质团变

形呈 $A'B'C'D'$形状，这种变形就是流层间的接触面上产生的内摩擦力作用的结果。内摩擦力的大小可由牛顿内摩擦定律确定，即

$$T = \mu A \frac{du}{dy} \tag{1-6}$$

单位面积上的摩擦力（黏滞切应力）为

$$\tau = \frac{T}{A} = \mu \frac{du}{dy} \tag{1-7}$$

式中 T——内摩擦力；

A——相对流层所接触的面积；

μ——动力黏滞系数，$N \cdot s/m^2$ 或 $Pa \cdot s$；

$\frac{du}{dy}$——水流流速沿水深的变化率。

式(1-6)、式(1-7)为牛顿内摩擦定律。它表明液体内摩擦力的大小与液体的性质和温度有关，与流速无关，与流速梯度有关，与接触面面积大小成正比，与正压力无关。

μ 与液体的种类和温度有关，见表 1-1（主要为水的）。

表 1-1 不同温度条件下水的物理性质

温度 t (℃)	容重 γ (kN/m^3)	密度 ρ (kg/m^3)	动力黏滞系数 μ ($\times 10^{-3}$ Pa·s)	运动黏滞系数 ν ($\times 10^{-6}$ m^2/s)	体积压缩系数 β ($\times 10^{-9}$ Pa^{-1})	表面张力系数 σ (N/m)
0	9.805	999.9	1.781	1.785	0.495	0.075 6
4	9.800	1 000.0	1.518	1.519	0.485	0.074 9
10	9.804	999.7	1.306	1.306	0.476	0.074 2
15	9.798	999.1	1.139	1.139	0.465	0.073 5
20	9.789	998.2	1.002	1.003	0.459	0.072 8
25	9.777	997.0	0.890	0.893	0.450	0.072 0
30	9.764	995.7	0.798	0.800	0.444	0.071 2
40	9.730	992.2	0.653	0.658	0.439	0.069 6
50	9.689	988.0	0.547	0.553	0.437	0.067 9
60	9.642	983.2	0.466	0.474	0.439	0.066 2
70	9.589	977.8	0.404	0.413	0.444	0.064 4
80	9.530	971.8	0.354	0.364	0.455	0.062 6
90	9.466	965.3	0.315	0.326	0.467	0.060 8
100	9.399	958.4	0.282	0.294	0.483	0.058 9

从表 1-1 可看出：t 越大 μ 越小，μ 越大黏滞性越大。水力学中，液体的黏滞性还可以用 $\nu = \frac{\rho}{\mu}$，为运动黏滞系数，单位为 m^2/s 或 cm^2/s。

设水温为 t，以℃计，水的运动黏滞系数的计算公式为

$$\nu = \frac{0.01775}{1 + 0.0337t + 0.000221t^2} \tag{1-8}$$

式(1-8)中 ν 的单位为 cm^2/s。

牛顿内摩擦定律只适用于牛顿液体(油、酒精、水银),对于非牛顿液体(血浆、泥浆、牙膏等)将用另外的公式进行计算。

四、液体的压缩性

液体不能承受拉力,只能承受压力,抵抗体积压缩变形,当压力除去后又恢复原形,消除变形。液体具有的这种性质称为液体的压缩性,也称为弹性。

液体的压缩性可以用体积压缩系数 β 来表示。设质量一定的液体,其体积为 V,当压强增加 dp 时,体积相应减小 dV,其体积的相对压缩值为$\frac{dV}{V}$,则体积压缩系数为

$$\beta = \frac{\frac{dV}{V}}{dp} \tag{1-9}$$

体积压缩系数的单位为 m^2/N 或 Pa^{-1}。

在材料力学中,弹性系数的一般定义为应力与应变之比。若用 K 表示液体的体积弹性系数,可见体积压缩系数的倒数就是体积弹性系数,即

$$K = \frac{1}{\beta} \tag{1-10}$$

体积弹性系数的单位为 N/m^2 或 Pa。

液体的体积压缩系数和体积弹性系数与液体性质有关,同一种液体的体积压缩系数和体积弹性系数随温度和压强变化而变化,但变化不大,一般视为常数。在实际应用中,除特殊问题,一般我们认为液体是不可以压缩的。

五、液体的表面张力特性

表面张力特性是指液体自由表面存在微小张力的性质,这是一种局部水力现象。表面张力不仅存在于液体的自由表面上,也存在于不相混合的两层液体之间的接触面上。水利工程中所接触的水面一般较大,故在水力学问题中,一般不考虑表面张力的影响。

在水力学试验中,经常使用玻璃管(测压管)测量水压强或水面高度,当玻璃内径比较小时,则需要考虑由于表面张力引起的毛细管现象所造成的影响,如图 1-2 所示。

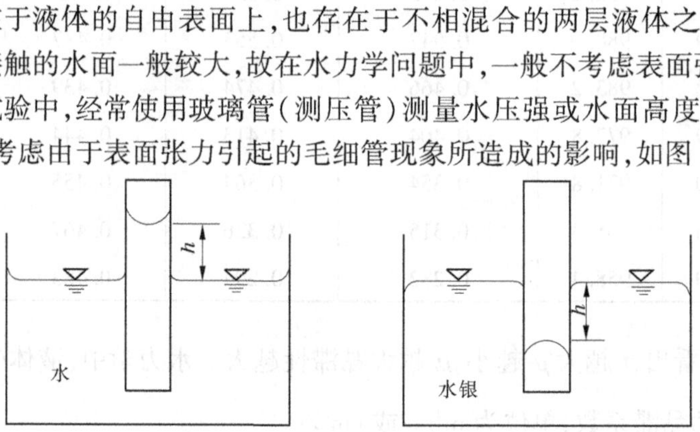

图 1-2

以上介绍的五种物理性质，都在不同程度上影响和决定着液体的运动，但每一种性质的影响程度并不是相同的。就一般而论，液体的压缩性和表面张力特性只对某些特殊水流运动产生影响，所以只在特殊情况下考虑，而前三种性质对液体运动的影响起着重要作用。

六、连续介质和理想液体的概念

（一）连续介质

液体的真实结构是由运动着的分子组成，水分子与水分子之间存在空隙，如果按实际情况去研究，是相当困难的。由于水力学是为工程服务的，不需要研究水分子的运动（微观运动）情况，只需研究宏观的机械运动，而分子间的空隙与研究的范围相比小得多，在水力学研究中，将液体假设成一种由无数没有微观运动的质点所组成且毫无空隙地充满所占据的空间的连续体——这种抽象化的液体模型即为1753年由欧拉提出来的连续介质假说。

在连续介质假说的基础上，可以把液体看成是密度分布均匀的，各部分和各方向的物理性质都是均质的和各向同性的。

有了连续介质的概念，就可以用数学中的连续函数理论来研究液体的运动。

实践表明连续介质假说条件下所得到的结论与客观实际十分相符，完全能够满足工程实际需要。因此，一般的水力学问题都是以连续介质假说作为基础的。

（二）理想液体

由于实际液体存在黏滞性，而且对液体运动的影响较为复杂，确定起来是很困难的，为简化方便，提出理想液体的概念。所谓理想液体，就是将水看成是不可压缩的、不能膨胀、没有黏滞性和表面张力的连续性介质。由于实际液体的压缩性、膨胀性和表面张力均很小，与理想液体差别不大，但黏滞性是否存在则是理想液体与实际液体的最重要的差别。研究问题时一般先按理想液体考虑，得出结论，再按实际液体考虑，修正黏滞性的影响带来的偏差。

单元二　作用于液体上的力

学习目标：掌握质量力和表面力的概念，了解两种力的分类。

液体无论在平衡（静止）或运动状态，均受各种力的作用，按其物理性质有惯性力、重力、摩擦力、弹性力和表面张力等。在水力学中按其作用形式和特性可分为表面力和质量力两种。

一、表面力

表面力指作用在液体表面上，其大小与受作用液体的表面积成比例的力。其代表力有液体接触面上产生的水压力、固体边界与液体之间的摩擦力等。

按面积力与作用面之间的关系，表面力可以分为垂直作用的压力和平行作用的切力两种。表面力的大小除用总作用力来度量外，还常用单位面积上所受到的力(应力)来表示。垂直指向作用面的应力称为压应力或压强，与作用面平行的应力称为切应力。

二、质量力

质量力作用在研究液体的每一个质点上，其大小与液体质量成正比。如惯性力、重力等均属质量力。对于均质液体而言，因液体的质量与其体积成正比，所以又叫体积力。与表面力一样，质量力的大小也可以用单位质量液体上所受的质量力来度量，这种单位质量液体上所受的质量力称为单位质量力，以符号 f 表示。设质量为 m 的液体，其上所作用的总质量力为 F，则单位质量力为

$$f = \frac{F}{m} \tag{1-11}$$

若总质量力 F 在各个坐标轴上的投影为 F_X、F_Y、F_Z，则单位质量力在 X、Y、Z 坐标轴上的投影为

$$\left.\begin{aligned} X &= \frac{F_X}{m} \\ Y &= \frac{F_Y}{m} \\ Z &= \frac{F_Z}{m} \end{aligned}\right\} \tag{1-12}$$

如取 Z 轴与铅垂方向一致且规定向上为正，则作用于单位质量液体上的重力在各坐标的分力为：$X=0, Y=0, Z=-mg/m=-g$。

单元三　静水压强及其特性

学习目标：理解静水压强的定义，了解静水压强的垂直性和等值性。

一、静水压强的定义

静止液体对于其接触的壁面有压力作用，如水对闸门、大坝坝面、水池池壁及池底都有水压力的作用。在液体内部，一部分液体对相邻的另一部分液体也有压力的作用。静止液体作用在与之接触的表面上的压力称为静水压力，常用 P 表示，受压面积常用 A 表示。

在图 1-3 上，围绕 N 点取微小面积 ΔA，作用在 ΔA 上的静水压力为 ΔP，则 ΔA 面上单位面积所受的平均静水压力为

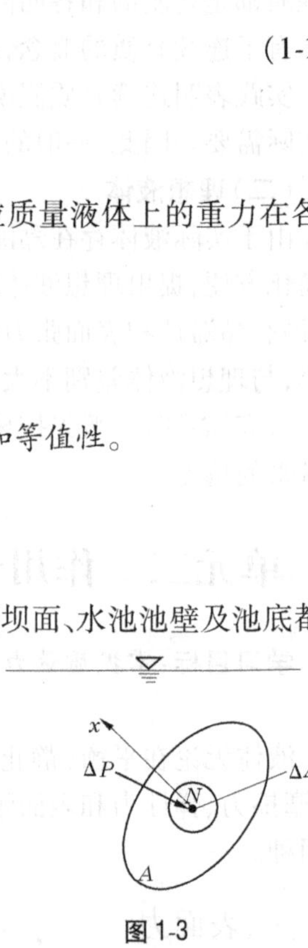

图 1-3

$$\bar{p} = \frac{\Delta P}{\Delta A} \tag{1-13}$$

$\bar{p}$ 称为 ΔA 面上的平均静水压强，它表示 ΔA 面上受力的平均值，只有在受力均匀的情况下，才真实反映受压面上各点的水压力状态。通常受压面上的受力是不均匀的，所以

必须建立点静水压强的概念。

在图 1-3 中，当 ΔA 无限缩小趋于 N 点，即 ΔA 趋于 0 时，比值 $\frac{\Delta P}{\Delta A}$ 趋于某一极限值，该极值即为 N 点的静水压强，静水压强用 p 表示。

$$p = \lim_{\Delta A \to 0} \frac{\Delta P}{\Delta A} \tag{1-14}$$

静水压力的单位为牛(N)或千牛(kN)，静水压强的单位为牛/米^2(N/m^2)或千牛/米^2(kN/m^2)。牛/米^2 又称帕斯卡(Pa)。

二、静水压强的特性

(一)静水压强的垂直性

静水压强的方向与受压面垂直并指向受压面。证明：在静止液体中取出一块水体 M，如图 1-4 所示。用 N—N 面将其分割成Ⅰ、Ⅱ两部分。取出第Ⅱ部分为脱离体，在 N—N 面上任取一点 A。

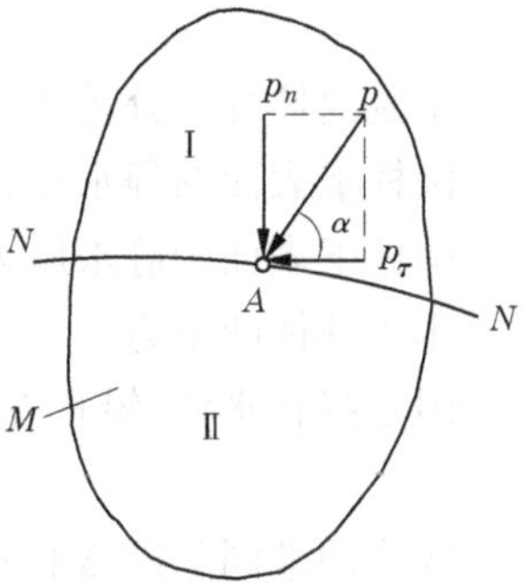

图 1-4

假如其所受静水压强 p 的方向是任意方向，则 p 可以分解成法向力 p_n 和切向力 p_τ。由液体的性质知：静止液体不能承受剪切力，也不能承受拉力，p_τ 的存在必然会使 A 点的液体 N—N 面运动，这与静水的前提不符，故 p_τ 只能为 0。同理，如 p_n 不是指向受压面，而是背向受压面，则液体将受到拉力，静止状态也要受到破坏，也与静水的前提不符，所以静水压强的方向只能垂直并指向受压面。

(二)静水压强的等值性

静水中任何一点上各个方向的静水压强大小均相等，或者说其大小与作用面的方位无关。静水中各点压强的大小仅是空间坐标的函数，或者说仅随空间位置的变化而改变，即

$$p = p(x,y,z) \tag{1-15}$$

单元四　重力作用下静水压强的基本规律

学习目标：掌握静水压强的基本方程及其几何意义，了解等压面的概念及判别方法，掌握绝对压强、相对压强、真空压强的计算方法，了解静水压强的各种表示方法及测量仪器。

一、静水压强的基本方程

(一)静水中任意两点间压强公式

如图 1-5 所示为通过力学分析的方法探讨静水压强的变化规律。在所受质量力仅有重力作用的静止液体中，研究位于水面下铅直线上任意两点 1、2 处压强 p_1 和 p_2 间的关系。围绕 1、2 两点分别取微小面积 ΔA，取以 ΔA 为底面积、Δh 为高的铅直小圆柱水体为

脱离体，因 ΔA 是微小面积，故可以认为其上各点的压强是相等的，如图 1-5(a)所示。图中 p_0 为水表面压强；h_1、h_2 分别为 1、2 两点的水深；G 为小水柱的重量(重力)。

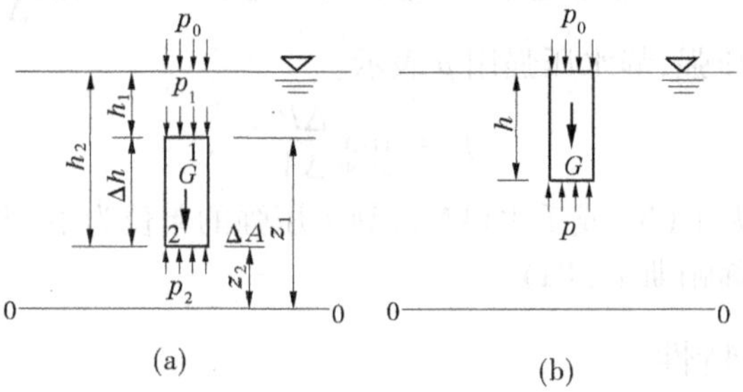

图 1-5

从脱离体受力分析知，铅直方向共受三个力：

圆柱上表面的静水压力 $P_1 = p_1 \Delta A$

圆柱下表面的静水压力 $P_2 = p_2 \Delta A$

小水柱体的重力 $G = \gamma \Delta A \Delta h$

因是静止水体，铅直方向合力必为 0，取向上方向为正，列力的平衡方程，得

$$p_2 \Delta A - p_1 \Delta A - \gamma \Delta A \Delta h = 0$$

等式两端同除以 ΔA，可得任意两点静水压强的基本关系式为

$$p_2 = p_1 + \gamma \Delta h \tag{1-16}$$

式(1-16)表明，在质量力仅有重力作用的静水中，任意两点的静水压强关系为：下面一点的压强等于上面一点的压强加上水容重与两点之间的水深差的乘积；或者是上面一点的压强等于下面一点的压强减去水容重与两点之间的水深差的乘积(特殊情况下，如两点位于同一水平面，$\Delta h = 0$，则 $p_1 = p_2$)。显然，水深越大，压强越大。水深每增加 1 m，静水压强就增大 $\gamma \Delta h = 9.8\ \text{kN/m}^3 \times 1\ \text{m} = 9.8\ \text{kN/m}^2$。

(二)静水中任意一点压强公式

如把铅直小圆柱上表面向上移至水面上，如图 1-5(b)所示，$h_1 = 0$，$h_2 = \Delta h = h$，$p_1 = p_0$，$p_2 = p$，则式(1-16)可写成

$$p = p_0 + \gamma h \tag{1-17}$$

式(1-17)为常用的静水压强基本方程式，它表明：质量力仅有重力作用下的静水中任一点的静水压强，等于水面压强加上液体的容重与该点水深的乘积。

特别指出的是，当液体表面的压强 $p_0 = p_a$(大气压)时，为简化计算，式(1-17)中的 p_0 按零计，即 $p_0 = p_a = 0$，只计算液体产生的压强，则静水压强方程式可写为

$$p = \gamma h \tag{1-18}$$

式(1-18)表明静水中任一点的压强与该点在水下淹没的深度呈线性关系。

(三)静水压强第二表达式

我们也可以采用物理学中取基准面 0—0 的方法，来表示静水中任一点所处的位置。静水中任一点距 0—0 基准面的高度，称为该点的位置高度。式(1-16)中 $\Delta h = z_1 - z_2$，见图 1-6(a)，可得

$$p_2 = p_1 + \gamma(z_1 - z_2)$$

即
$$z_1 + \frac{p_1}{\gamma} = z_2 + \frac{p_2}{\gamma} \tag{1-19}$$

式(1-19)是静水压强分布规律的另一表达形式。它表明在静水液体中,位置高度与压强的关系,即位置高度 z 愈小,静水压强愈大;位置高度 z 愈大,静水压强愈小。

二、静水压强方程式的意义

(一)静水压强方程式的几何意义

在图1-6的容器中,任取两点1点和2点,在该高度边壁上开小孔并外接垂直向上的开口玻璃管,统称测压管,可看到各测压管均有水柱升起,测压管中的水面必升至与容器中的水面处于同一水平面。

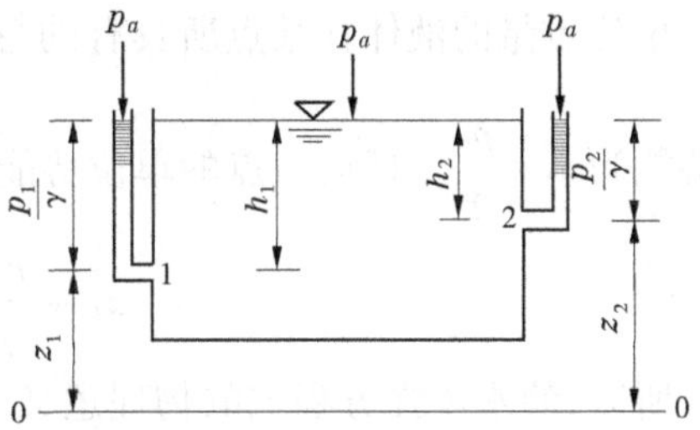

图1-6

因液体面上为大气压,故容器内1、2两点的静水压强分别为

$$p_1 = \gamma h_1 \qquad p_2 = \gamma h_2$$

因此,测压管中水面上升的高度

$$h_1 = \frac{p_1}{\gamma} \qquad h_2 = \frac{p_2}{\gamma}$$

水力学中,通常称 z 为位置高度(或位置水头),$\frac{p}{\gamma}$ 为测压管高度(或压强水头),$z+\frac{p}{\gamma}$ 为测压管水头。

显然,图1-6中当0—0基准面确定后,水表面到0—0基准面的距离是不变的。因此,式(1-19)的几何意义在于:静止液体内任何一点的测压管水头等于常数(质量力仅为重力),即

$$z + \frac{p}{\gamma} = C \tag{1-20}$$

C值的大小,取决于基准面的选取,基准面选定,C值即确定。

式(1-20)也表明了连通器原理:均质、连通的静止液体中,水平面必是等压面,即 $z_1 = z_2$ 时,必然 $p_1 = p_2$。

(二)静水压强方程式的物理意义

物理学中,质量为 m 的物体在高度为 z 的位置,具有的位置势能为 mgz。同理,质量为 m 的液体在距0—0基准面高度为 z_1 的位置上,也具有位置势能 mgz_1(见图1-6)。在研究液体时常取单位重量的液体作为研究对象,则单位重量的液体在某点所具有的位置势能简称单位位能,其表达式为

$$z_1 = \frac{mgz_1}{mg}$$

液体除具有位置势能外,其压力也具有做功的本领,称为压力势能,如图1-6所示。

质量为 m 的液体在 1 点所受的静水压强为 $p_1=\gamma h_1$。在 p_1 的作用下，液体在测压管内上升高度为$\frac{p_1}{\gamma}$，压力势能转化成高度为$\frac{p_1}{\gamma}$的位置势能。所以，其压力势能为 $mg\frac{p_1}{\gamma}$，单位重量液体在某点具有的压力势能简称为单位压能，其表达式为

$$\frac{p_1}{\gamma}=\frac{mg\frac{p_1}{\gamma}}{mg}$$

单位重量的液体在某点所具有的总势能，简称单位势能，为 $z_1+\frac{p_1}{\gamma}$。同理，2 点的单位势能为 $z_2+\frac{p_2}{\gamma}$。任何一点的单位势能为 $z+\frac{p}{\gamma}$，即

$$z_1+\frac{p_1}{\gamma}=z_2+\frac{p_2}{\gamma}=C \tag{1-21}$$

所以，静水压强方程式的物理意义为：静止液体内任何一点对同一基准面的单位势能为一常数。这反映了静止液体内部的能量守恒定律。

静水压强基本方程 $p=p_0+\gamma h$ 则反映了帕斯卡定律，它表明：在静止液体中，表面的气体压强 p_0 可不变大小地传递到液体中的任何一点。油压千斤顶、万吨水压机等很多机械设备，就是根据这一定律制作的。

三、等压面

在连通器中，由压强相等的各点所组成的面叫做等压面。根据这一定义，由式(1-17)可以看出，淹没深度相等的各点静水压强相等，故水平面为等压面，它与质量力(重力)的方向相垂直。如图 1-7(a)所示的连通器中过 1、2、3、4 各点的水平面即等压面。但必须注意，这一结论适用于质量力仅有重力的同一种连续介质。对于不连续的液体(如液体被阀门隔开，见图 1-7(b))，或者一个水平面穿过两种及以上不同介质(见图 1-7(c))，则位于同一水平面上的各点压强并不一定相等，水平面不一定是等压面。

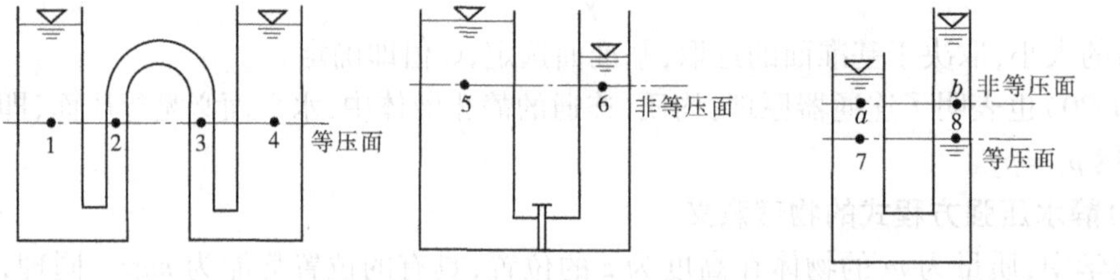

(a)连通器　(b)连通器被隔断　(c)盛有不同种类液体的连通器

图 1-7

四、绝对压强、相对压强、真空压强及真空高度

地球表面大气所产生的压强称为大气压强，用国际单位制表示为 101.3 kN/m²，称为

一个标准大气压,以 atm 表示。在水力学计算及工程中,大气压为 98 kN/m^2,为工程大气压,以 p_{at} 表示。因为自然界中一切水力设施都受到大气压的作用,例如闸门的上、下游面,同时受一个大气压作用,所以为简化水力计算,两侧都可以不计入大气压,即视 $p_a=0$,而只计算液体压强。

(一)绝对压强

计算大气压强时,因起算基准的不同,可表示为绝对压强与相对压强。以没有空气的绝对真空为零基准计算出的压强,称绝对压强。也就是说,在水力计算中要计入大气压,即在计算中碰到大气压 p_a 就按 $p_a=98$ kN/m^2 计算。绝对压强用符号 $p_{绝}$ 表示。

(二)相对压强

以大气压作为零基准计算出的压强,称相对压强。也就是说,在水力计算中不计入大气压,按 $p_a=0$ 计算。若不加特殊说明,静水压强即指相对压强,直接以 p 表示。

对同一点压强,用 $p_{绝}$ 计算和用 p 计算虽然其计算结果数值不同,但却表示的是同一个压强,压强本身的大小并没有发生变化,只是计算的零基准发生变化。用 p 计算比用 $p_{绝}$ 计算少加了一个大气压。

显然,二者关系为

$$p = p_{绝} - p_a \tag{1-22}$$

【例题 1-1】 求水库水深为 1 m 处 A 点压强 p_A。

解:基本方程 $p=p_0+\gamma h$

相对压强计算不计入大气压,即

$$p_0 = p_a = 0,\quad p_A = 0 + 9.8\times 1 = 9.8(\text{kPa})$$

绝对压强计算则计入大气压,即

$$p_0 = p_a = 98\ \text{kPa},\quad p_{A绝} = 98 + 9.8\times 1 = 107.8(\text{kPa})$$

同是 A 点压强,p_A 没有计入大气的压力,因此使计算简化。

(三)真空压强及真空高度

绝对压强值总是正的,而相对压强值则可正可负。当液体某处绝对压强小于当地大气压强时,该处相对压强为负值,称为负压,或者说该处存在着真空。

先从试验来认识真空现象。如图 1-8 所示,在水池里插入两端开口的玻璃管,管内外液面必在同一水平面上;再把玻璃管一端装上橡皮球,并将球内气体排出,再放入液体中,管内的液面就会上升而高于容器内的液面。

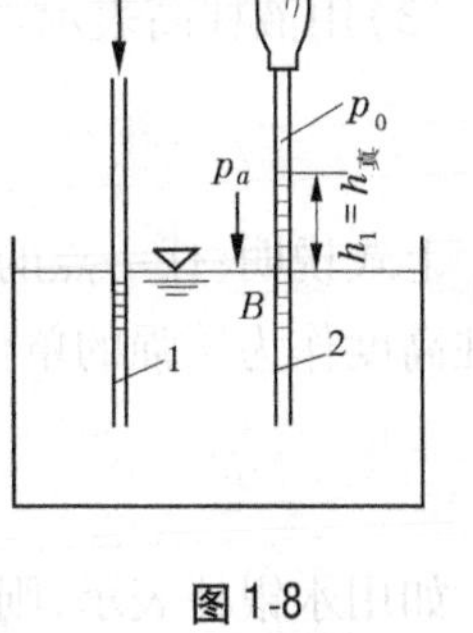

图 1-8

管内液面下 B 点与管外水面处于同一水平面,为等压面,即 $p_B=p_a$,由静压方程可得

$$p_B = p_0 + \gamma h_1$$

即

$$p_0 = p_B - \gamma h_1 = p_a - \gamma h_1 \tag{1-23}$$

式中　p_a——大气压。

如按绝对压强计算,得

$$p_{0绝} = 98 - \gamma h_1$$

表明 $p_{0绝}$ 小于大气压，我们把绝对压强小于大气压的那部分压强，称真空压强，用 $p_{真}$ 表示，也称真空值，即

$$p_{真} = p_a - p_{绝} \tag{1-24}$$

式(1-23)如按相对压强计算，则

$$p_0 = -\gamma h_1$$

表明相对压强出现了负值，或称负压。当相对压强出现负压时，负压的绝对值称为真空压强，即

$$p_{真} = -p \quad (p < 0) \tag{1-25}$$

真空值也可以用所相当的液体高度来表示，称真空高度，即

$$h_{真} = \frac{p_{真}}{\gamma} \tag{1-26}$$

图 1-9 表明了绝对压强、相对压强和真空值之间的关系。

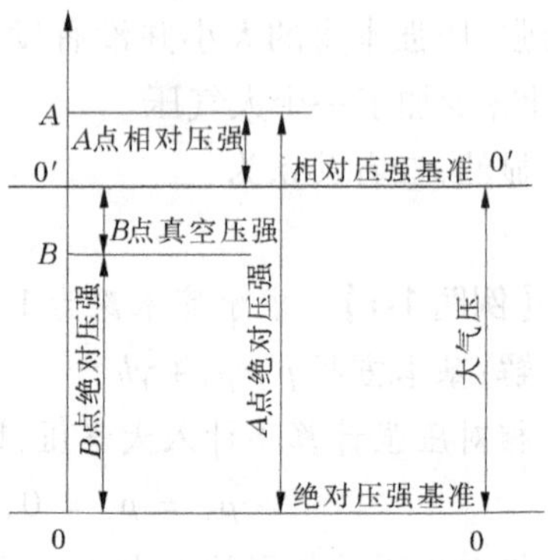

图 1-9

【例题 1-2】 *A* 点相对压强为 24.5 kPa，*B* 点相对压强为 −24.5 kPa，求 $p_{A绝}$、$p_{B绝}$ 和 $p_{B真}$。

解：根据　$p = p_{绝} - p_a, p_{真} = p_a - p_{绝} = -p$

则　$p_{A绝} = p_a + p_A = 98 + 24.5 = 122.5(\text{kPa})$

$p_{B真} = -p_B = -(-24.5) = 24.5(\text{kPa})$

$p_{B绝} = p_a - p_{B真} = 98 - 24.5 = 73.5(\text{kPa})$

五、静水压强的单位及量测

（一）压强的单位

(1)用一般的应力单位表示，即从压强定义出发，以单位面积上的作用力来表示，如 Pa(帕)、kPa(千帕)。

(2)用大气压强的倍数表示，即大气压强作为衡量压强大小的尺度。工程上为便于计算，常用工程大气压来衡量压强。一个工程大气压等于 98 kPa。

(3)用液柱高表示。其计算公式为

$$h = \frac{p}{\gamma} \tag{1-27}$$

上式说明：任一点的静水压强 p 可化为任何一种重度为 γ 的液柱高度 h，因此也常用液柱高度作为压强的单位。例如一个工程大气压，如用水柱高表示，则为

$$h = \frac{p_{at}}{\gamma} = \frac{98\ 000}{9\ 800} = 10(\text{m 水柱})$$

如用水银柱表示，则因水银的重度取为 $\gamma_m = 133\ 230\ \text{Pa/m}$，故有

$$h = \frac{p_{at}}{\gamma_m} = \frac{98\ 000}{133\ 230} = 0.735\ 6(\text{m 水银柱})$$

（二）压强的量测

测量液体、气体压强的仪器较多，这里介绍一些利用水静力学原理设计的液体测压计。

1. 测压管

最简单的测压管就是如图 1-10 中所示的一端开口的玻璃管，管中液体柱高度就反映了所测点的相对压强 p

$$p = \gamma h \tag{1-28}$$

式中　h——测压管内液面上升的垂直高度；

γ——管内液体的容重。

如果测点压强较小，为提高测量精度，可以采用加大标尺读数的方法。将测压管倾斜放置，如图 1-11（b）所示。此时用于计算压强的测压管高度 $h = L\sin\alpha$，A 点的相对压强为

$$p_A = \gamma L\sin\alpha$$

也可以用 γ 较小的轻质液体，以便获得较大的测压管高度 h。

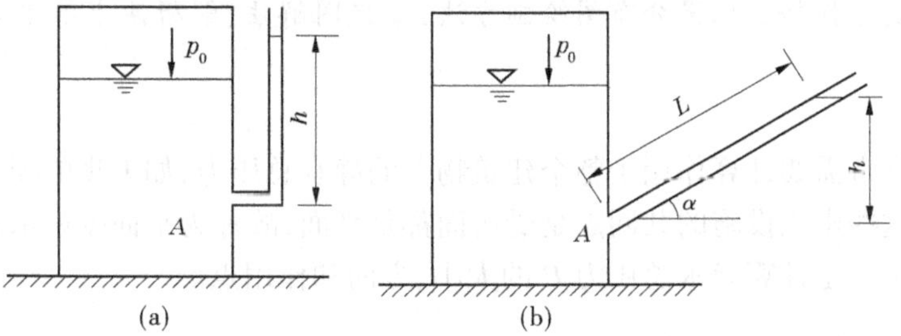

图 1-10

2. U 形水银测压计

当测点压强较大时，可利用 γ 值较大的 U 形水银测压计，用 γ_m 表示水银的容重。如图 1-11 所示，求被测点 A 点的压强 p_A，过程如下：第一步先找出 U 形管中的等压面 1—2，第二步对等压面列静水压强方程，第三步解方程求得 p_A。由静压方程得

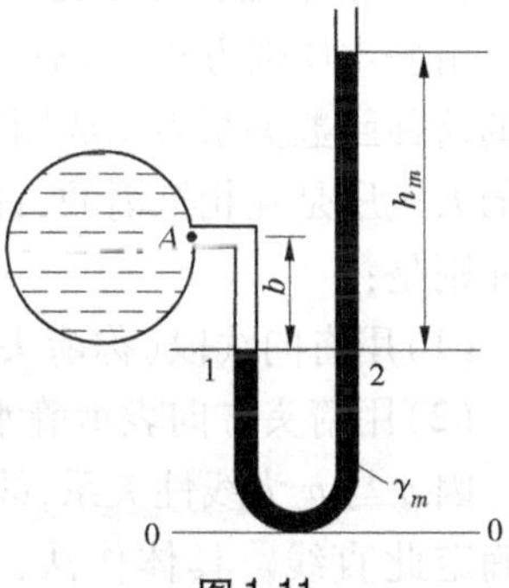

图 1-11

$$p_1 = p_A + \gamma b$$

$$p_2 = \gamma_m h_m \text{（按相对压强计算）}$$

因 $p_1 = p_2$，得　$p_A + \gamma b = \gamma_m h_m$

则

$$p_A = \gamma_m h_m - \gamma b \tag{1-29}$$

3. 压差计（比压计）

为测输水管道上两断面的压强差，可在两断面之间连接压差计。压差计一般并不直接测出任意两点间压强的大小，而直接找出两点间压差，如图 1-12 所示。压差大时用水银压差计，如图 1-13 所示。一般空气压差计管内的气压 $p_0 \neq p_a$，计算中认为空气中各点 p_0 都相等。压差的求解仍是先找等压面，再列静水压强基本方程。读者可参阅其他资料，本书不再叙述。

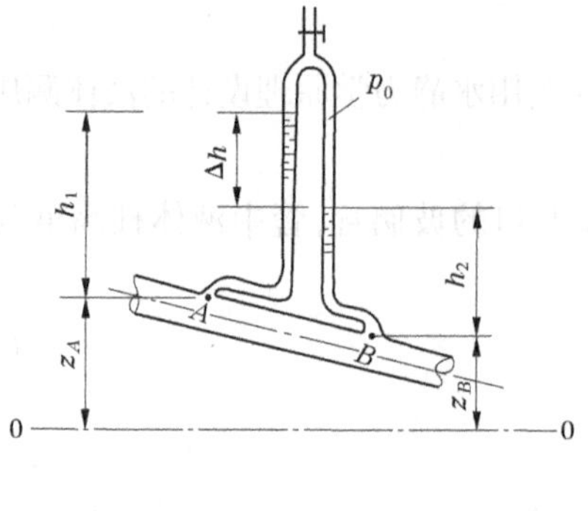

图 1-12

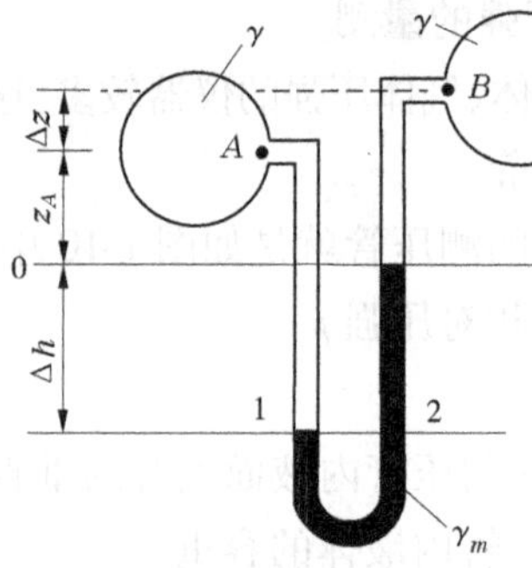

图 1-13

单元五　作用于平面壁上的静水总压力

学习目标：掌握静水压强分布图绘制方法，掌握图解法、解析法求解平面壁上的静水总压力。

工程中，常常需要计算作用于整个建筑物上的静水总压力，如大坝的坝面、水池池壁、平板闸门等，这些水工设施的共同点是受压面都是平面，故称为平面壁静水总压力。水力计算的任务，主要是计算静水总压力 P 的大小、方向和作用点。

一、图解法求解矩形平面壁的静水总压力

(一)静水压强分布图

由静水压强方程 $p=\gamma h$ 可知，压强 p 与水深 h 呈线性函数关系，把受压面上压强与水深的这种函数关系表示成图形，称为静水压强分布图。因为建筑物都处在大气中，各个方向的大气压是互相抵消的，计算中只涉及相对压强，所以只需画出相对压强分布图。其绘制原则是：

(1)用有向线段(称箭头)长度代表该点静水压强的大小。

(2)用箭头方向表示静水压强的方向，必须垂直并指向受压面。

因 p 与 h 为线性关系，故在水深方向静水压强为直线分布，只要给出两个点的压强即可确定此直线。具体作法：可选受压面最上和最下两点，用 $p=\gamma h$ 算出其大小，再定性绘出两点的箭杆长度(压强小，箭杆短；压强大，箭杆长；压强相等，箭杆等长)，然后连接箭杆尾端，标注点压强大小，在图形内部再画若干箭头，即得静水压强分布图。为便于记忆，可简化为：选两点，求大小，画箭杆，连箭尾，标数字，画中间(画内部箭杆)。

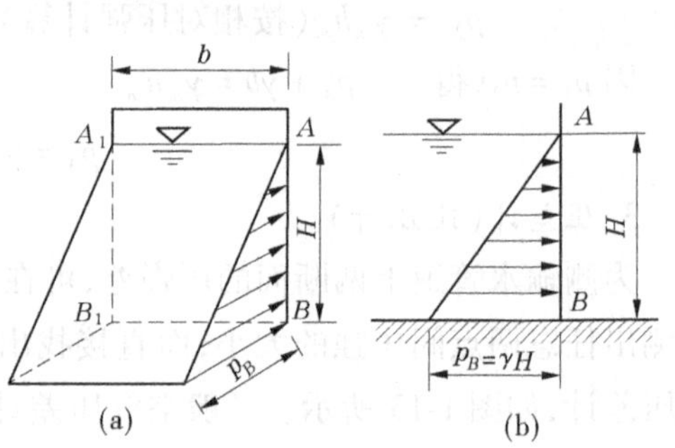

图 1-14

图 1-14 为一直立矩形平板闸门，一面

受水压力作用,其在水下的部分为 ABB_1A_1,深度为 H,宽度为 b。图 1-14(a)为作用在该闸门上的压强分布图,为一空间压强分布图;图 1-14(b)为垂直于闸门的剖面图,为一平面压强分布图。静水压强与水深呈线性关系,故作用在平面上的平面压强必然是按直线分布的,只要直线上两个点的压强为已知,就可确定该压强分布直线。一般绘制的压强分布图都是指这种平面压强分布图。如图 1-15 所示为各种情况的压强分布图。

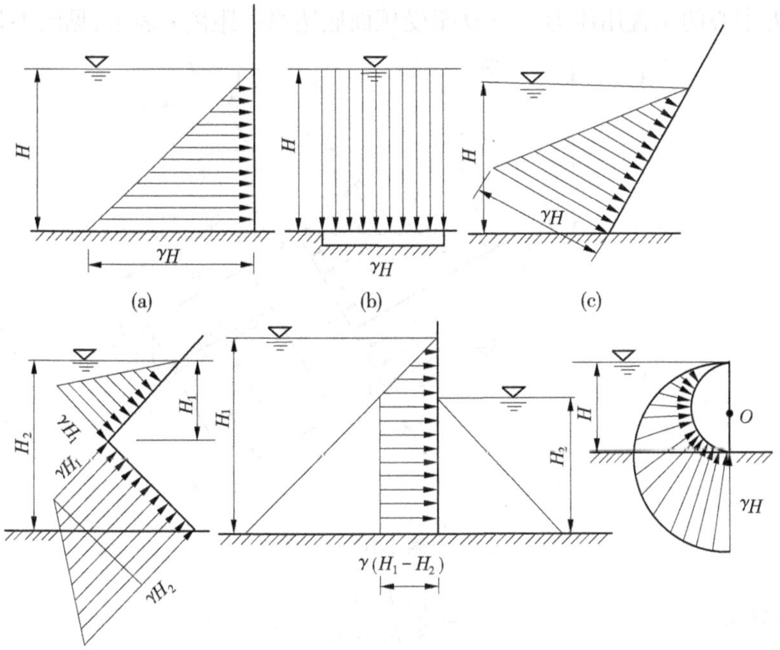

图 1-15

(二)矩形平面壁上的静水总压力的图解法

1. 静水总压力的大小

平面上静水总压力 P 的大小,应等于分布在平面上各点静水压强的总和,即求 P 的大小就是求该平行分布力系的合力。

如图 1-16 所示为某一斜置平板闸门 AB,绕 Oy 轴转 90°后的可见宽度 AF 为 b。AF 平行于水面,A 点的水深为 h_1,B 点的水深为 h_2,AB 的长度为 L。在水面下任一深度取微小面积 $\mathrm{d}A$,$\mathrm{d}A = b\mathrm{d}y$,因微小平面 $\mathrm{d}A$ 上各点压强均为 p,微小面积单位宽度上的力为 $p\mathrm{d}y$,则作用在单位宽度上的静水总压力应等于静水压强分布图的面积 Ω,整个矩形平面的静水总压力等于压强分布图面积 Ω 乘以受压面宽度 b,即

$$P = \Omega b \tag{1-30}$$

当压强分布图为梯形时 $$P = \frac{\gamma}{2}(h_1 + h_2)bL \tag{1-31}$$

当压强分布图为三角形时 $$P = \frac{\gamma}{2}hbL \tag{1-32}$$

当压强分布图为矩形时 $$P = \gamma hb \tag{1-33}$$

2. 静水总压力的方向和作用点

根据静水压强的特性，静水压强的方向总是垂直指向受压面，因此静水总压力的方向必然垂直并指向受压平面。

对受压平面的分布力系，应用合力矩定理可推知：总压力 P 的作用点 D（又称压力中心）必位于受压面纵向对称轴 0—0 轴上，同时总压力 P 的作用线必然通过压强分布图的形心 D，压力中心的位置用压力中心 D 至受压面底边缘的距离 e 表示，见图 1-16。

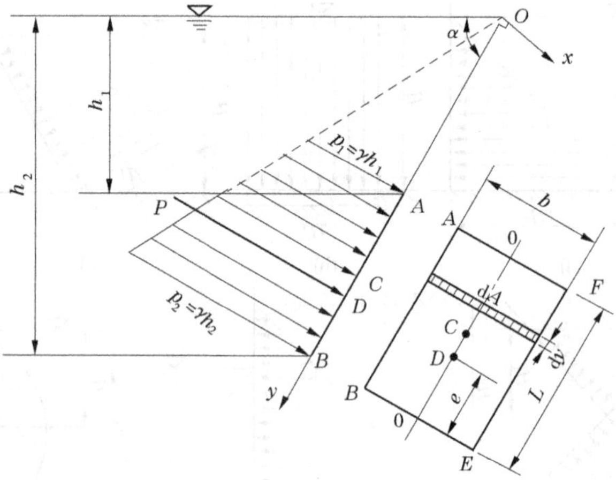

图 1-16

对梯形分布图
$$e=\frac{L}{3}\frac{2h_1+h_2}{h_1+h_2} \tag{1-34}$$

对三角形分布图
$$e=\frac{L}{3} \tag{1-35}$$

对矩形分布图
$$e=\frac{L}{2} \tag{1-36}$$

式中 h_1、h_2——受压面上、下边缘的水深；

L——受压面长度。

矩形受压面静水总压力的图解步骤：

（1）绘出静水压强分布图。

（2）求静水总压力的大小 $P=\Omega b$。

（3）确定压力中心的位置 e。

二、解析法求解作用于任意形状平面壁上的静水总压力

（一）静水总压力的大小

对任意形状平面的静水总压力，图解法已不再适用，需用解析法求解。

如图 1-17 所示，一任意平面斜置于水面以下，取坐标平面 xOy 与受压面重合，Ox 轴垂直于纸面，Oy 轴沿平面方向，将 Ox 轴绕 Oy 轴转 90°，就把任意受压面转展在纸面上。图中各字母的意义分别是：

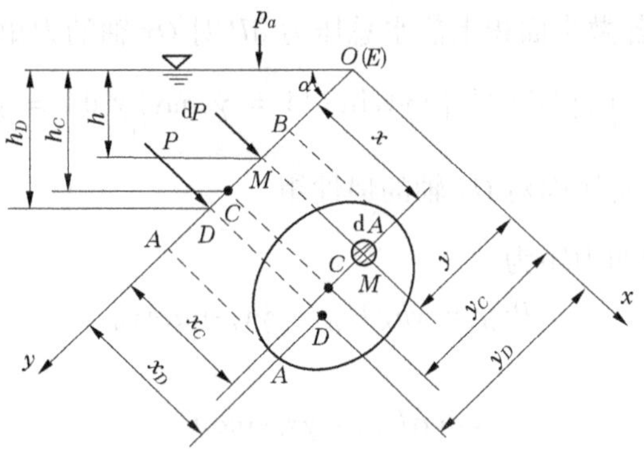

图 1-17

A:面积;h_C:受压面形心在水下的深度;y_C:受压面形心沿 y 轴的距离;C:受压面形心点;D:总压力作用点;h_D:总压力作用点在水下的深度;y_D:总压力作用沿 y 轴的距离;α:受压面与水面的夹角。

把受压平面分成许多个微小平面,任取一微小面积 $\mathrm{d}A$,其所处水深为 h,因 $\mathrm{d}A$ 极小,可认为 $\mathrm{d}A$ 上各点压强都等于 γh,则 $\mathrm{d}A$ 上的静水总压力为

$$\mathrm{d}P = p\mathrm{d}A = \gamma h\mathrm{d}A \tag{1-37}$$

根据平行力系求合力的原理,整个受压平面上的静水总压力,应等于各微小平面上 $\mathrm{d}P$ 的总和,通过积分可得

$$P = \int_A \mathrm{d}P = \int_A \gamma h\mathrm{d}A = \int_A \gamma y\sin\alpha\mathrm{d}A = \gamma\sin\alpha\int_A y\mathrm{d}A$$

由工程力学知,$y\mathrm{d}A$ 为微小平面 $\mathrm{d}A$ 对 Ox 轴的静面矩,$\int_A y\mathrm{d}A$ 为受压面的各微小平面 $\mathrm{d}A$ 对 Ox 轴的静面矩的和,它等于受压面的面积乘上该面积形心到 Ox 轴的距离 y_C,即 y_CA。因此

$$P = \gamma\sin\alpha y_CA = \gamma h_CA = p_CA \tag{1-38}$$

其中

$$h_C = y_C\sin\alpha$$

$$p_C = \gamma h_C$$

式中 h_C——受压面形心 C 点的水深;

p_C——受压面形心 C 点的静水压强;

A——受压面面积。

式(1-38)是任意形状平面壁上静水总压力的计算公式。它表明任意形状平面壁上所受静水总压力的大小,等于受压平面形心点的静水压强与受压平面面积的乘积。

(二)静水总压力的方向和作用点

根据静水压强的特性,静水总压力的方向必然垂直并指向受压平面。

工程中受压面常为具有纵向对称轴的对称平面,如图 1-17 所示的圆平面,静水总压力的作用点必位于对称轴上,一般无须计算 x_D,所以求得 y_D 后就可确定作用点的位置。

可根据合力矩定理推求 y_D,即由各分力(微小面积上静水总压力 $\mathrm{d}P$)对 Ox 轴的力矩之和等于合力(总压力 P)对 Ox 轴的力矩的关系来推求。

图 1-17 上受压面各微小面积上静水总压力 dP 对 Ox 轴的力矩总和为

$$\int_A y\mathrm{d}P = \int_A y\gamma h\mathrm{d}A = \int_A y\gamma y\sin\alpha\mathrm{d}A = \gamma\sin\alpha\int_A y^2\mathrm{d}A = \gamma\sin\alpha I_{Ox} \tag{1-39}$$

式中的 $I_{Ox} = \int_A y^2\mathrm{d}A$ 为受压面对 Ox 轴的惯性矩。

总压力 P 对 Ox 轴的力矩为

$$Py_D = \gamma h_C A y_D = \gamma y_C \sin\alpha A y_D \tag{1-40}$$

由合力矩定理可得

$$\gamma\sin\alpha I_{Ox} = \gamma y_C \sin\alpha A y_D$$

$$y_D = \frac{I_{Ox}}{y_C A} \tag{1-41}$$

设 I_C 为面积 A 对通过其形心且与 Ox 平行的轴的惯性矩，由于

$$I_{Ox} = I_C = y_C^2 A \tag{1-42}$$

将式(1-42)代入式(1-41)得

$$y_D = y_C + \frac{I_C}{y_C A} \tag{1-43}$$

由于$\frac{I_C}{y_C A} > 0$，故一般情况下有 $y_D > y_C$，即作用点(压力中心)在受压面形心以下，只有当受压面水平时，$y_C \to \infty$，$\frac{I_C}{y_C A} \to 0$，D 点才与 C 点重合。

对圆形受压平面 $$I_C = \frac{\pi r^4}{4} \tag{1-44}$$

对矩形受压平面 $$I_C = \frac{bL^3}{12} \tag{1-45}$$

式中 r——圆的半径；

b——受压面宽度；

L——受压面长度。

其他常见平静水总压力作用点位置计算，请参阅表 1-2。

【例题 1-3】 设有一铅直放置的水平底边矩形闸门，如图 1-18 所示。已知闸门高度 $H = 2$ m，宽度 $b = 3$ m，闸门上缘到自由表面的距离 $h_1 = 1$ m。试用绘制压强分布图的方法和解析法求解作用于闸门的静水总压力。

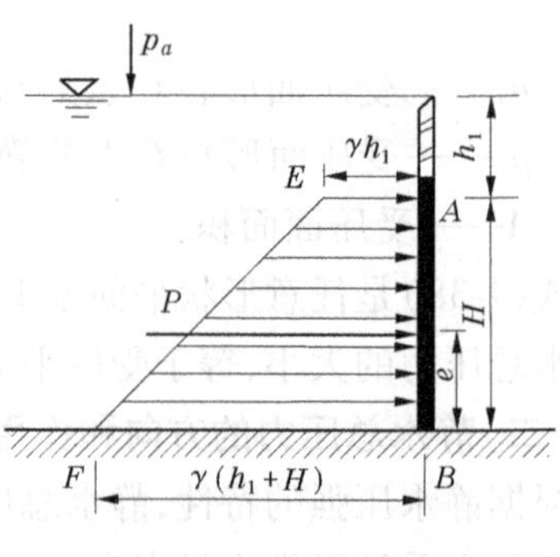

图 1-18

解：(1) 利用压强分布图求解。

绘制静水压强分布图 $ABEF$，如图 1-18 所示。根据式(1-30)可得静水总压力大小为

表 1-2　常见平面图形的 A、y_C 及 I_C 的值

几何图形名称		面积 A	形心坐标 y_C	对通过形心点 C 轴的惯性矩 I_C
矩形	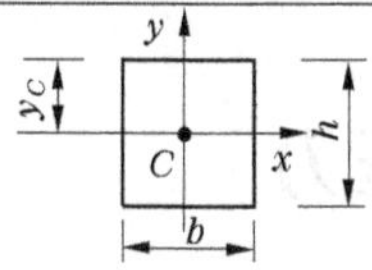	bh	$\frac{h}{2}$	$\frac{bh^3}{12}$
三角形	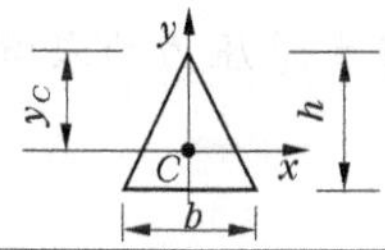	$\frac{bh}{2}$	$\frac{2h}{3}$	$\frac{bh^3}{36}$
梯形	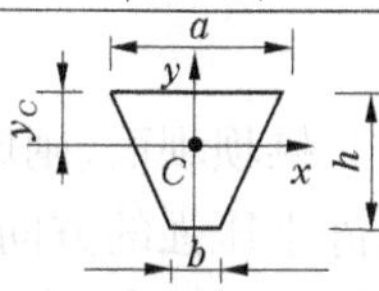	$\frac{h(a+b)}{2}$	$\frac{h}{3}\left(\frac{a+2b}{a+b}\right)$	$\frac{h^3}{36}\left(\frac{a^2+4ab+b^2}{a+b}\right)$
圆	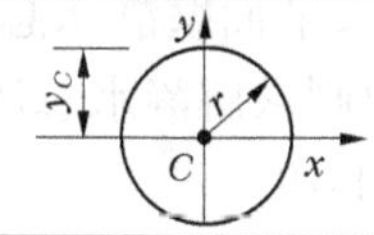	πr^2	r	$\frac{1}{4}\pi r^4$
半圆	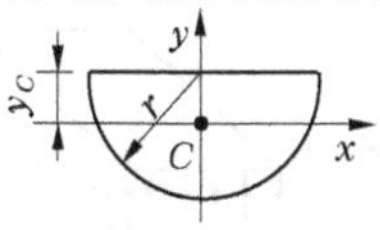	$\frac{1}{2}\pi r^2$	$\frac{4r}{3\pi}=0.424\ 4r$	$\frac{9\pi^2-64}{72\pi}r^4=0.109\ 8r^4$

$$P=\Omega b=\frac{1}{2}[\gamma h_1+\gamma(h_1+H)]Hb$$
$$=\frac{1}{2}\times[9.8\times10^3\times1+9.8\times10^3\times(1+2)]\times2\times3$$
$$=1.176\times10^5(\mathrm{N})=117.6\ \mathrm{kN}$$

静水总压力 P 的方向垂直于闸门平面，并指向闸门。压力中心 D 距闸门底部的位置 e 为

$$e=\frac{H}{3}\frac{2h_1+(h_1+H)}{h_1+(h_1+H)}=\frac{2}{3}\times\frac{2\times1+(1+2)}{1+(1+2)}=0.83(\mathrm{m})$$

其距自由表面的位置为

$$y_D=h_1+H-e=1+2-0.83=2.17(\mathrm{m})$$

(2)用分析法求解。由式(1-38)可得静水总压力大小为

$$P=\gamma h_C A=\gamma\left(h_1+\frac{H}{2}\right)(Hb)=9.8\times10^3\times\left(1+\frac{2}{2}\right)\times(2\times3)$$
$$=1.176\times10^5(\mathrm{N})=117.6\ \mathrm{kN}$$

静水总压力 P 的方向垂直指向闸门平面。由式(1-43)得压力中心 D 距自由表面的位置为

$$y_D=y_C+\frac{I_C}{y_C A}=\left(h_1+\frac{H}{2}\right)+\frac{\frac{bH^3}{12}}{\left(h_1+\frac{H}{2}\right)(Hb)}$$

$$= \left(1+\frac{2}{2}\right)+\frac{\frac{3\times 2^3}{12}}{\left(1+\frac{2}{2}\right)\times(2\times 3)} = 2+\frac{24}{144} = 2.17(\mathrm{m})$$

单元六　作用于曲面壁上的静水总压力

学习目标：掌握压力体图的绘制方法，掌握曲面壁上的静水总压力的求解方法。

一、静水总压力的两个分力

水工建筑物中常碰到受压表面为曲面的情况，如弧形闸门、拱坝坝面、闸墩及边墩等。其水压计算归为曲面壁静水总压力的求解。因曲面上各边点静水压强的方向垂直指向作用面，即曲面上各点的内法线方向，所以各点压力互不平行，求平面壁静水总压力的方法这时不再适用。因此，我们采用力学中“先分解，后合成”的原则求解静水总压力 P。

现以弧形闸门 AB 为例，讨论静水总压力计算问题，见图 1-19。

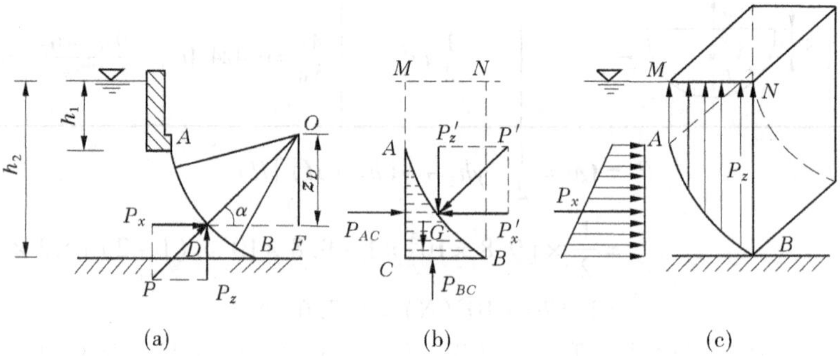

图 1-19

为确定分力 P_x 和 P_z，先选取宽度为 b（闸门宽度）、截面为 ABC 的水体为脱离体，如图 1-19(b) 所示，研究该水体的平衡。图 1-19(b) 中各字母的意义分别为：

P'：闸门 AB 对水体的反作用力，与 P 等值反向；P'_x、P'_z：P' 的水平分力、垂直分力；P_{AC}、P_{BC}：作用在 AC 面、BC 面的静水总压力；G：脱离体的水重。

（一）静水总压力的水平分力

因脱离体在水平方向是静止的，故该方向合力为 0，即

$$P'_x = P_{AC}$$

根据作用力与反作用力大小相等、方向相反的原理，闸门受到的水平分力为

$$P_x = P'_x = P_{AC}$$

上式表明：曲面壁静水总压力的水平分力 P_x 等于曲面壁上铅直投影面上的静水总压力。其铅直投影面为矩形平面，故可以按确定平面壁静水总压力的方法（如图解法）来求 P_x，即

$$P_x = \Omega b \tag{1-46}$$

式中 Ω——AB 曲面的铅垂投影面上的静水压强分布图面积；

b——AB 曲面的宽度。

$$P_x = \frac{1}{2}\gamma(h_2^2 - h_1^2)b \tag{1-47}$$

也可用解析法公式(1-38)求解，即

$$P_x = p_C A \tag{1-48}$$

（二）静水总压力的铅直分力

脱离体在铅直方向是静止的，故铅垂方向合力为 0，即

$$P_z' = P_{BC} - G \tag{1-49}$$

式中 P_{BC}——BC 平面上受到的静水总压力。

BC 平面是以 BC 和 b 为边长的矩形平面面积，以 A_{BC} 表示，所以水深为 h_2，故其面上各点的压强都等于 γh_2。

$$P_{BC} = \gamma h_2 A_{BC} = \gamma V_{MCBN} \tag{1-50}$$

式中 V_{MCBN}——以 $MCBN$ 为底面积、b 为高度的棱柱体体积。

$$G = \gamma V_{ACB}$$

式中 V_{ACB}——以 ACB 为底面积、b 为高度的棱柱体体积。

$$P_z' = P_{BC} - G = \gamma V_{MCBN} - \gamma V_{ACB} = \gamma V_{MABN}$$

式中 V_{MABN}——以 $MABN$ 为底面积、b 为高度的棱柱体体积，通称压力体，见图 1-19(c)。

面积 $MABN$ 以 $A_{剖}$ 表示，称压力体剖面。

则

$$V_{MABN} = A_{剖}\, b$$

$$P_z' = \gamma V_{MABN} = \gamma A_{剖}\, b \tag{1-51}$$

由作用力与反作用力大小相等的原理，得

$$P_z = \gamma A_{剖}\, b = \gamma V_{压} \tag{1-52}$$

其中，$V_{压} = V_{MABN}$ 为压力体，$\gamma V_{压}$ 则为压力体水重，式(1-52)表明：静水总压力的铅垂分力 P_z 等于压力体水重。在实际计算中，只要求得 $A_{剖}$，就可求得 P_z，关键在于掌握压力体剖面图的画法。

（三）压力体剖面图的绘制方法

所谓压力剖面图，即是如图 1-19(c)所示的棱柱体(压力体)V_{MABN} 的横剖面，单个曲面壁的剖面图一般由三条边或四条边围成，多个曲面壁(凹凸方向不同)的剖面图是由单个曲面壁的剖面图合成的(面积相等、方向相反部分抵消)，故关键要掌握单个曲面壁剖面图的画法。画图步骤：

(1)画曲面线本身(指曲面壁本身的弧线)。

(2)由曲面壁的上、下边缘(或是左、右边缘)向水面线或其延长线作垂线。

(3)由水面线或水面线的延长线将图形封闭。

(4)压力体的方向是曲面上部受压，方向向下；下部受压，方向向上。

对多个凹凸面的曲面，按 P_z 方向不同，分段画，再合成。

二、曲面壁上的静水总压力

如图 1-19(a)所示,根据力三角形法得总压力

$$P = \sqrt{P_x^2 + P_z^2} \tag{1-53}$$

总压力的方向为曲面的内法线方向,即通过曲面的曲率中心垂直指向受压面,与水平方向的夹角为 α(沿半径方向):

$$\alpha = \arctan \frac{P_z}{P_x} \tag{1-54}$$

总压力作用点,是总压力作用线和曲面的交点 D。D 在铅垂方向的位置以受压曲面曲率中心至该点的铅垂距离 z_D 表示,即

$$z_D = R\sin\alpha \tag{1-55}$$

求总压力 P 的步骤如下:

(1)先画出 $A_{剖}$ 图。

(2)求 $P_x = p_C A, P_z = \gamma A_{剖} b, P = \sqrt{P_x^2 + P_z^2}$。

(3)求 $\alpha = \arctan \frac{P_z}{P_x}, z_D = R\sin\alpha$。

【例题 1-4】 如图 1-20 所示为一坝顶圆弧形闸门的示意图。门宽 $b = 6$ m,弧形门半径 $R = 4$ m,此门可绕 O 轴旋转。试求当坝顶水头 $H = 2$ m、水面与门轴同高、闸门关闭时所受的静水总压力。

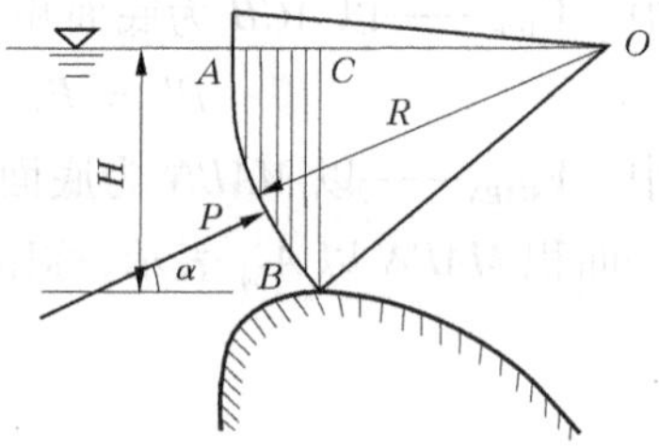

图 1-20

解:水的重度 $\gamma = 9.8$ kN/m^3,水平分力为

$$P_x = \frac{\gamma H^2 b}{2} = \frac{9.8 \times 2^2 \times 6}{2} = 117.6(\text{kN})$$

铅直分力等于压力体 ABC 内水重。压力体 ABC 的体积等于扇形 AOB 的面积减去三角形 BOC 的面积,再乘以宽度 b。已知 $BC = 2$ m,$OB = 4$ m,故 $\angle AOB = 30°$。

$$扇形 AOB 的面积 = \frac{30}{360}\pi R^2 = \frac{1}{12} \times 3.14 \times 4^2 = 4.19(\text{m}^2)$$

$$三角形 BOC 的面积 = \frac{1}{2} BC \cdot OC = \frac{1}{2} \times 2 \times 4\cos 30° = 3.46(\text{m}^2)$$

$$压力体 ABC 的体积 = (4.19 - 3.46) \times 6 = 0.73 \times 6 = 4.38(\text{m}^3)$$

铅直分力方向向上,大小为

$$P_z = 9.8 \times 4.38 = 42.9(\text{kN})$$

作用在闸门上的静水总压力 P 为

$$P = \sqrt{P_x^2 + P_z^2} = \sqrt{117.6^2 + 42.9^2} = 125.2(\text{kN})$$

P 与水平方向的夹角为 α,则

$$\tan\alpha = \frac{P_z}{P_x} = \frac{42.9}{117.6} = 0.365$$

$$\alpha = 20.04°$$

因为曲面是圆柱面的一部分,各点的压强均与圆柱面垂直且通过圆心 O 点,所以总压力 P 的作用线亦必通过 O 点。

练习题

1-1　液体在静止状态下不存在黏滞性,对吗?

1-2　理想液体和实际液体的本质区别是什么?

1-3　产生水头损失的根本原因是什么?

1-4　何为点压强? 静水压强具有哪两个重要特性?

1-5　在什么条件下“静止液体内任何一个水平面都是等压面”的说法是正确的?

1-6　何为绝对压强、相对压强、真空压强? 它们之间有何关系? 真空压强的最大值应为多少?

1-7　使用图解法和解析法求解静水总压力时,对受压面的形状有无限制? 为什么?

1-8　压力体由什么组成? 压力体一定由实际水体所构成吗?

1-9　用一简单测压管测量容器中 A 点的压强,如图 1-21 所示,计算 A 点的静水压强及其测压管水头。

1-10　一容器内有密度不同的三种液体,$\rho_1 < \rho_2 < \rho_3$ 如图 1-22 所示,求:

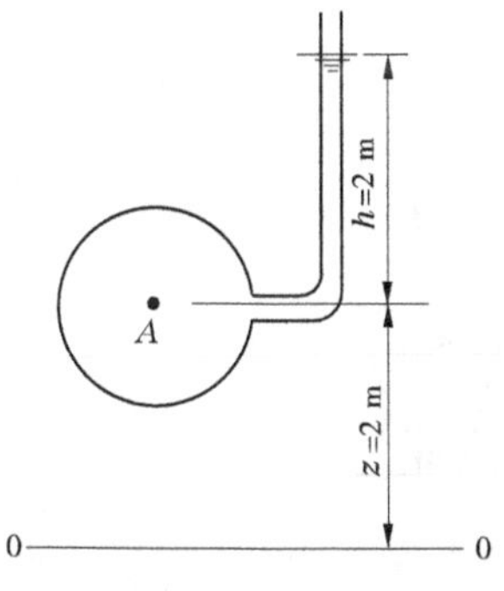

图 1-21

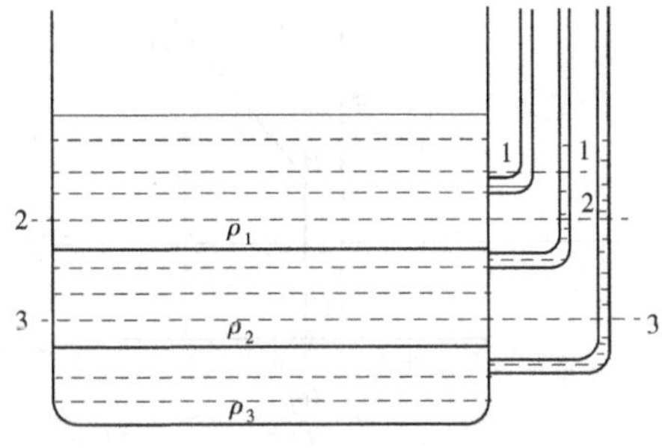

图 1-22

(1)三根测压管中的液面是否与容器中的液面相齐平? 如不齐平,试比较各测压管中液面的高度。

(2)图中 1—1,2—2,3—3 三个水平面是否是等压面?

1-11　有一水银测压计与盛水的封闭容器连通,如图 1-23 所示,已知 $H = 3.5$ m,$h_1 = 0.6$ m,$h_2 = 0.4$ m,分别用绝对压强、相对压强及真空压强表示容器内的表面压强 p_0 的值。

1-12　有一盛水封闭容器,其两侧各接一根玻璃管,如图 1-24 所示,一管顶端封闭,其水面压强 $p_0 = 88.3$ kN/m^2,另一管液面与大气接触,已知 $h_0 = 2$ m。求:

(1)容器内的水面压强 p_c。

(2)敞口管与容器内的水面高差 X。

(3)以真空压强 p_v 表示 p_0 的大小。

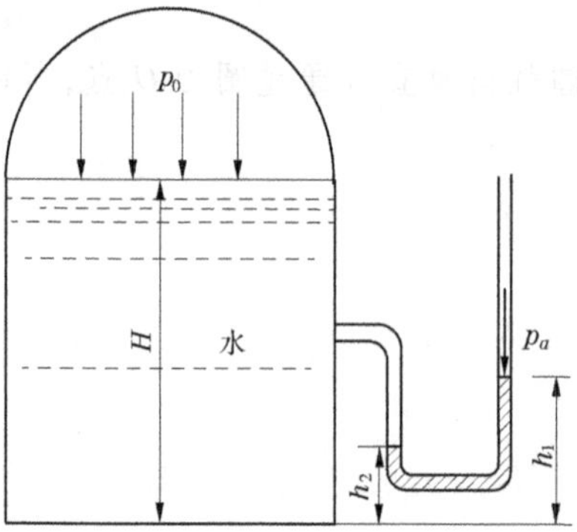

图 1-23

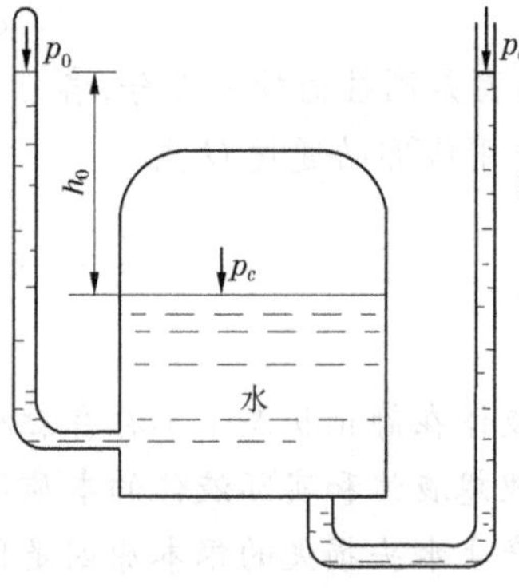

图 1-24

1-13　绘出如图 1-25 所示的注有字母的各挡水面上的静水压强分布。

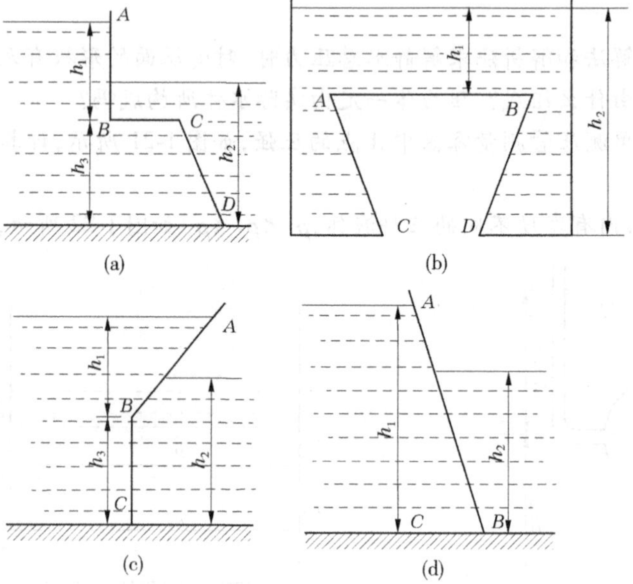

图 1-25

1-14　绘出如图 1-26 所示的二向曲面上的铅垂水压力的压力体及曲面在铅垂投影面上的水平压强分布图。

1-15　如图 1-27 所示为一溢流坝上的弧形闸门。已知：$R=10$ m，门宽 $B=8$ m，$\alpha=30°$，试求作用在弧形闸门上的静水总压力及压力作用点位置。

1-16　如图 1-28 所示为圆弧形闸门 AB（1/4 圆），A 点以上的水深 $H=1.2$ m，闸门宽 $b=4$ m，圆弧形闸门半径 $R=1$ m，水面均为大气压强。确定圆弧形闸门 AB 上作用的静水总压力及作用方向。

1-17　求如图 1-29 所示的矩形面板所受静水总压力的大小及作用点位置，已知水深 $H=2$ m，板宽 $b=3$ m。

1-18　有一引水涵洞如图 1-30 所示，涵洞进口处装有圆形平面闸门，其直径 $D=0.5$

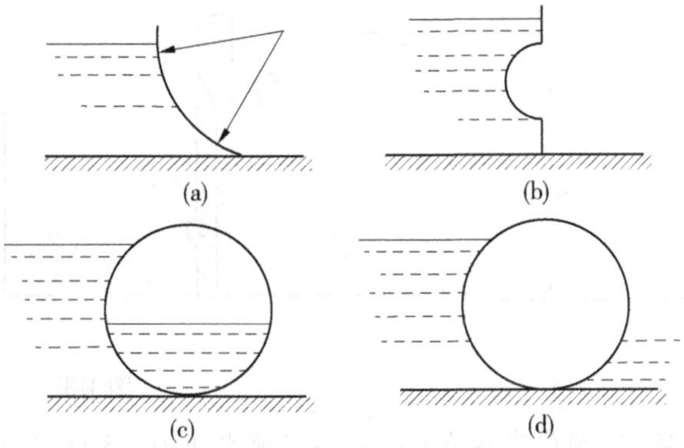

图 1-26

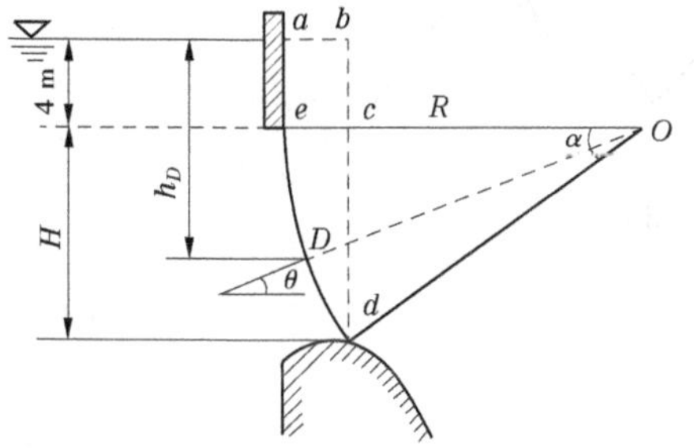

图 1-27

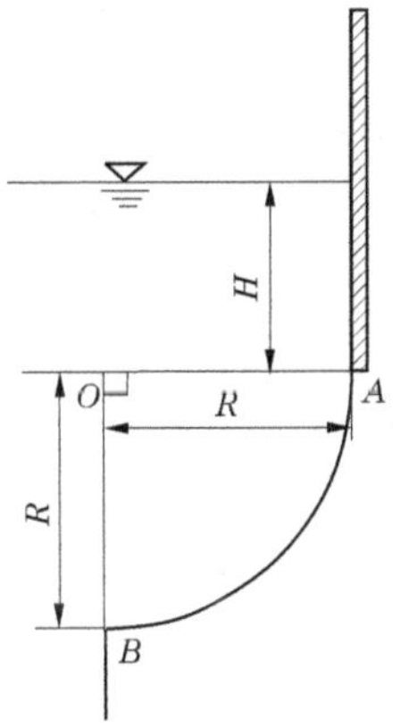

图 1-28

m，闸门上缘至水面的斜距 $l = 2$ m，闸门与水面的夹角 $\alpha = 60°$，求闸门上的静水总压力及其作用点的位置。

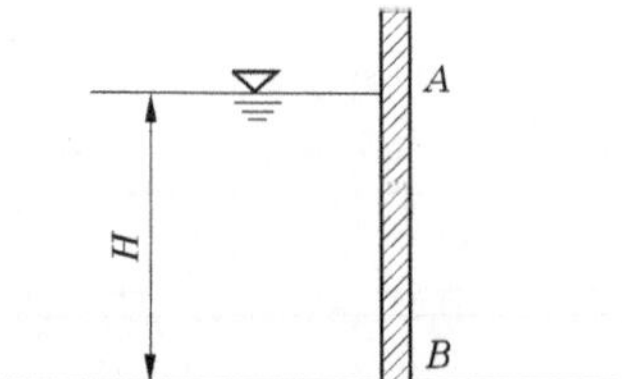

图 1-29

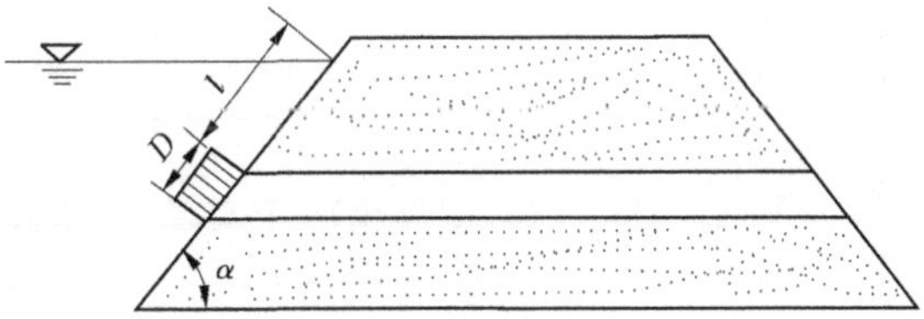

图 1-30

1-19　有一矩形平面闸门，宽度 $b = 2$ m，两边承受水压力，如图 1-31 所示，已知水深 $h_1 = 4$ m，$h_2 = 8$ m，求闸门上的静水总压力 P 及其作用点 e 的位置。

1-20　有一自动开启的矩形平面闸门，如图 1-32 所示，门高 $h = 2$ m，门宽 $b = 1.5$ m，其轴 0—0 在门的重心 C 以下 0.15 m 处，求闸门顶上水深超过多少时，此门将自动开启？作用于闸门上的静水总压力为多少？（不计摩擦和闸门自重）

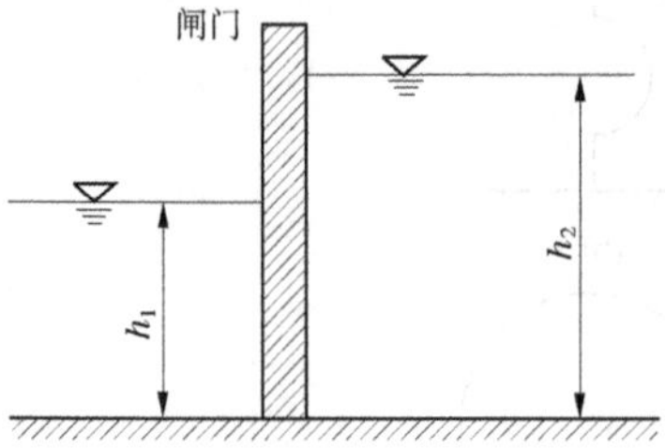

图 1-31

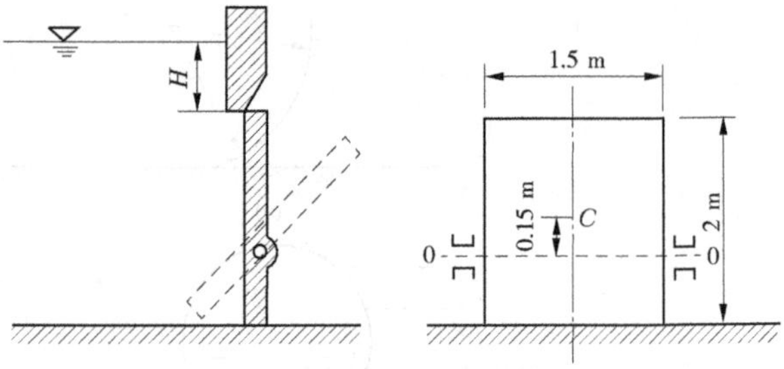

图 1-32

1-21　有一弧形闸门，闸门宽度 $b=4$ m，闸门前水深 $H=3$ m，对应的圆心角 $\alpha=45°$，如图 1-33 所示，求弧形闸门上的静水总压力 P 及其作用线的方向。

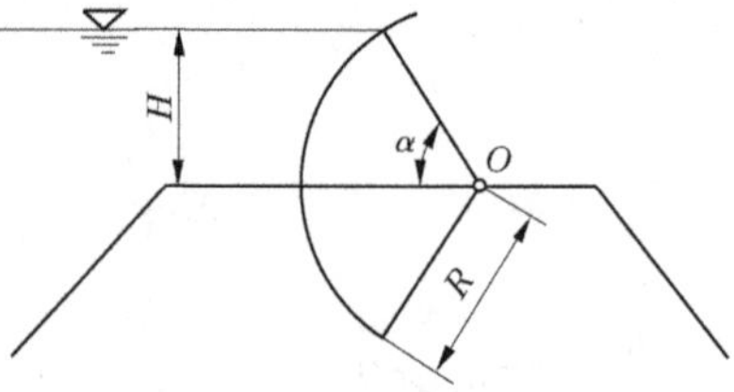

图 1-33

项目二 水流运动的基本原理

【学习内容】 水流运动的基本概念；恒定总流连续性方程；恒定总流能量方程；恒定总流动量方程；水流型态与水头损失。

单元一 水流运动的基本概念

学习目标：了解描述液体运动的两种方法，掌握流管、微小流束、总流、过水断面的概念及水流运动的类型。

一、描述液体运动的两种方法

水流运动时，表征液体运动的各种物理量称为运动要素。常遇到的运动要素有流速、压强、加速度、切应力、液体的密度和容重等。这些运动要素一般除与空间坐标位置 x、y、z 有关外，还需要考虑时间的影响，即

$$\left.\begin{aligned} p &= p(x,y,z,t) \\ u &= u(x,y,z,t) \\ a &= a(x,y,z,t) \end{aligned}\right\} \tag{2-1}$$

式中 t——时间；

u——液体质点流速，简称点流速；

a——液体质点加速度。

另外，液体又是由无数质点构成的连续介质。因此，要想从理论上研究液体运动规律，首先要解决的问题就是用什么样的方法来描述液体的运动。

水力学中描述水流运动有两种方法，即拉格朗日法和欧拉法。

(一)拉格朗日法

这种方法就是像物理学中研究固体运动那样，把液体中各质点作为研究对象，跟踪每个质点，考察分析质点所经过的轨迹以及运动要素的变化规律，把每个液体质点的运动情况综合起来获得整个液体运动的规律。

使用拉格朗日法研究液体运动实质上与研究一般固体力学方法相同，它着眼于液体中的各个质点，这种方法概念清晰，简单易懂。但它只适用于研究液体质点做某些有规则的运动，如波浪运动，而对于其他形式的运动，因为液体质点的运动轨迹非常复杂，用该方法分析水流运动时，还会遇到许多较难解决的数学问题。另外，从实用上讲，大多数情况下并不需要知道各质点的来龙去脉，而仅需了解某一固定区域的流动状况，所以这种方式在水力学上一般采用得不多，而普遍采用较为简便实用的欧拉法。

（二）欧拉法

欧拉法是把充满液体质点的空间作为研究对象，不再跟踪每个质点，而是把注意力集中在考察分析水流中的水质点在通过固定空间点时的速度、压强的变化情况，来获得整个液体运动的规律。

由于欧拉法以流动的空间作为研究对象，所以通常把液体流动所占据的空间称为流场。显然，处于运动中的全部液体质点，在同一时刻占据着流场中各自的空间点。不同的液体质点具有各自的速度、压强、密度等水力要素，所以这些水力要素是空间点位置坐标(x,y,z)的函数。对于同一空间点，不同时刻将由具有不同水力要素的液体质点所占据，所以它们也是时间 t 的函数。

（三）迹线与流线

用拉格朗日法描述液体运动，是研究个别液体质点在不同时刻的运动情况，由此引出迹线的概念。所谓迹线，就是指液体质点在运动过程中不同时刻所占据空间位置的连线，也就是液体质点运动的轨迹线。

用欧拉法描述液体运动，要考察同一时刻液体质点在不同空间点的运动情况，由此引出流线概念。所谓流线，就是指某一瞬时在流场中绘出一条空间曲线，该曲线上所有液体质点在该时刻的流速矢量都与这一曲线相切。由此可见，流线能够表示出某时刻各点的流动方向。

流线可用下述方法绘制：设想某一瞬时，在流场中任取一点 A_1，该液体质点的流速矢量为 u_1（见图 2-1），再在该矢量上取距点 A_1 很近的点 A_2，点 A_2 的流速矢量为 u_2…继续做下去，就构成一条折线 $A_1A_2A_3A_4$…若折线上相邻各点的距离趋近于零，则折线 $A_1A_2A_3A_4$ 将成为一条曲线，此曲线即为流线。

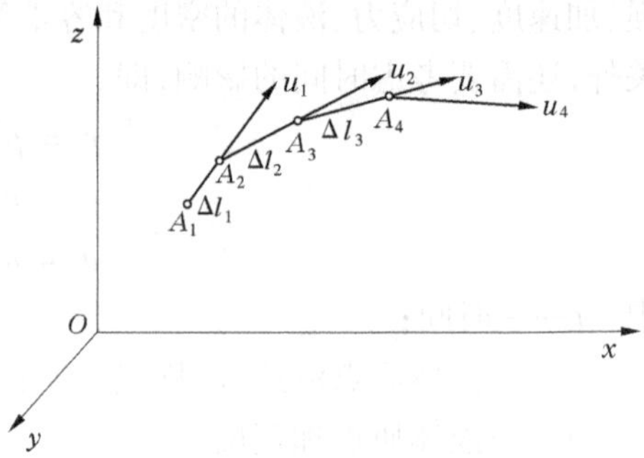

图 2-1

根据流线的概念，可知流线有以下特征：

(1)流线上各质点的切线方向就代表了该点的流动方向。

(2)一般情况下，流线既不能相交，也不能是折线，而只能是一条连续光滑的曲线。这是因为如果有两条流线相交，则在交点处，流速就会有两个方向；如果流线为折线，则在转折点处，同样将出现有两个流动方向的矛盾现象，所以流线只能是一条光滑曲线。

(3)流线上的液体质点只能沿着流线运动。这是因为流体质点的流速是与流线相切的，在流线上不可能有垂直于流线的速度分量，所以液体质点不可能有横越流线的流动。

某一瞬时，在运动液体的整个空间绘出的一系列流线所构成的图形，称为流线图，它可形象地描绘出该瞬时整个液流的流动趋势。流线图不仅能够反映空间点上液体质点的流速方向，对于不可压缩液体，流线图的疏密程度还能反映该时刻流场中各点的速度大小。流线愈密集的地方，流速愈大；流线愈稀疏的地方，流速愈小。同时，它的形状受到固体边界形状、离边界远近等因素的影响（见图 2-2）。

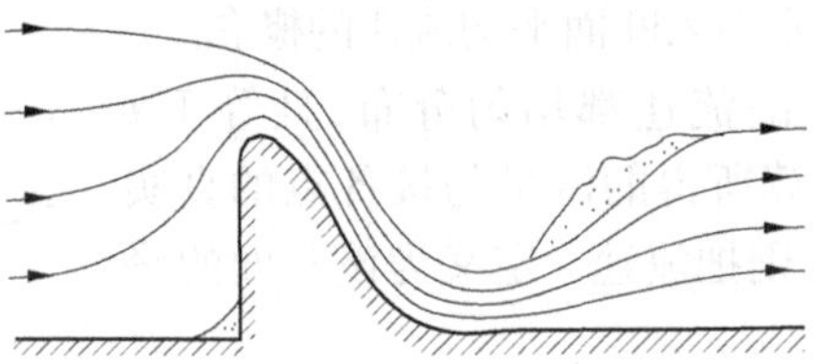

图 2-2

二、流管、微小流束、总流、过水断面

（一）流管

在流场中任取一封闭曲线，通过封闭曲线上各点画出许多条流线所构成的管状结构，称为流管。根据流线特征，流管内液体质点不能穿越流管壁流动。

（二）微小流束

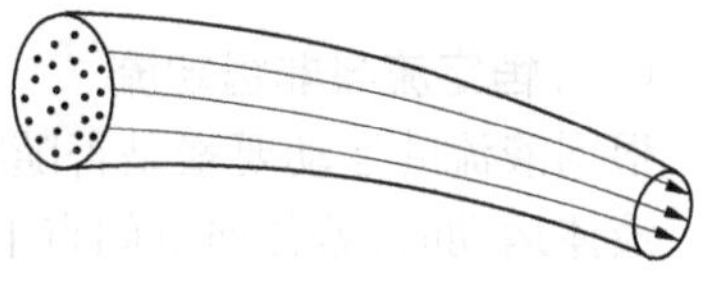

图 2-3

充满以流管为边界的一束液流，称为微小流束（见图 2-3）。微小流束过水断面面积很微小，它上面各点的运动要素在同一时刻一般可认为是相等的。由于微小流束的外包面是流管，所以微小流束与束外液体无能量、质量和动量的交换。由于液体不可压缩，因此从微小流束流入和流出的质量、能量和动量应一样。

（三）总流

在已给定的流动边界内，无数微小流束的总和，称为总流。任何一个具有一定大小尺寸边界（如自来水管、渠道及天然河道）的实际液流，都是总流。

（四）过水断面

与微小流束或总流流线正交的液流横断面，称为过水断面。过水断面可为平面，也可为曲面。当流线相互平行时，过水断面为平面；否则，过水断面则为曲面。

三、水流的运动要素

（一）流量

单位时间内通过某一过水断面的液体体积，称为流量，用 Q 表示。其单位为米^3/秒（m^3/s）或升/秒（L/s）。

假设在总流中任取一微小流束，其过水断面面积为 dA，流速为 u，则该微小流束的流量为

$$dQ = u dA \tag{2-2}$$

设总流的过水断面面积为 A，则总流的流量应等于无数个微小流束的流量之和，即

$$Q = \int_Q dQ = \int_A u dA \tag{2-3}$$

若流速 u 在过水断面上的分布已知，则可通过积分求得通过该过水断面的流量。

（二）断面平均流速

在总流中，过水断面上各点的流速 u 一般并不一定相同，且断面流速分布不易确定。为

使研究方便，实际工程中通常引入断面平均流速的概念。

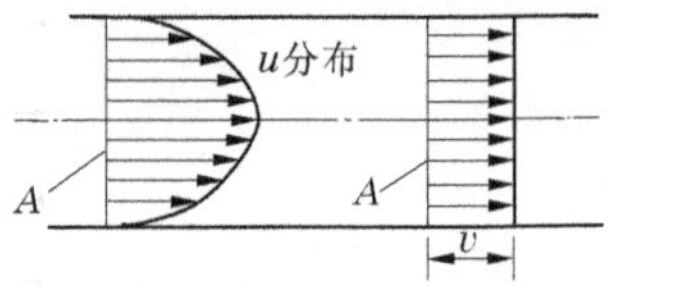

图 2-4

设想过水断面上各点的流速都均匀分布，且等于 v（见图 2-4），按这一流速计算所得的流量与按各点的真实流速计算所得的流量相等，则把流速 v 定义为该断面的平均流速，即

$$Q = \int_A u \mathrm{d}A = vA \tag{2-4}$$

所以

$$v = \frac{\int_A u \mathrm{d}A}{A} = \frac{Q}{A} \tag{2-5}$$

可见，总流的流量 Q 等于断面平均流速 v 与过水断面面积 A 的乘积。

四、水流运动的类型

（一）恒定流与非恒定流

根据液流的运动要素是否随时间变化，可将液流分为恒定流与非恒定流。

液体运动时，若任何空间点上所有的运动要素都不随时间而改变，这种水流称为恒定流。换句话说，在恒定流情况下的任一空间点上，无论哪个液体质点通过，其运动要素均不随时间而变化，它只是空间坐标的连续函数。就流速和动水压强而言，可表示为

$$\left.\begin{aligned} u_x &= u_x(x,y,z) \\ u_y &= u_y(x,y,z) \\ u_z &= u_z(x,y,z) \\ p &= p(x,y,z) \end{aligned}\right\} \tag{2-6}$$

液体运动时，若任何空间点上有一运动要素随时间发生了变化，这种水流称为非恒定流。例如，在水箱侧壁上开有孔口，当箱内水面保持不变（H 为常数）时，孔口泄流的形状、尺寸及运动要素均不随时间发生变化，这就是恒定流（见图 2-5(a)）。反之，箱中水位由 H_1 连续下降到 H_2，此时，泄流形状、尺寸、运动要素都随时间而变化，这就是非恒定流（见图 2-5(b)）。

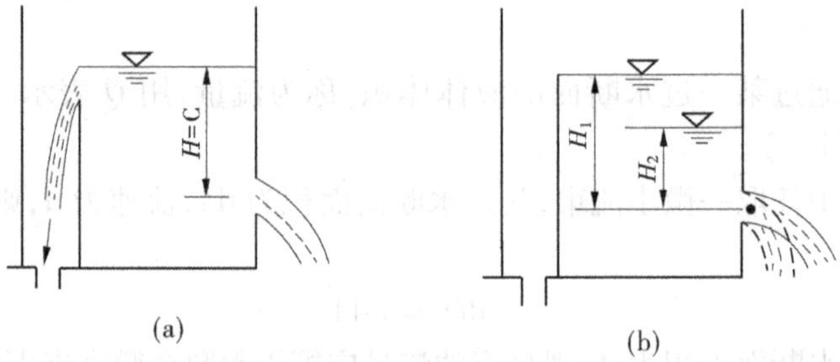

图 2-5

由于恒定流时运动要素不随时间而改变，则流线形状也不随时间而变化，此时，流线与迹线重合，水流运动的分析比较简单，本章只研究恒定流。

（二）均匀流与非均匀流

在恒定流中，可根据液流的运动要素是否沿程变化，将液流分为均匀流与非均匀流。

若同一流线上液体质点流速的大小和方向均沿程不变地流动，称为均匀流。液体在直径不变的长直管中的流动，或在断面形状、尺寸沿程不变的长直渠道中的流动，均为均匀流。

在均匀流中，沿同一根流线的流速分布是均匀的，所以流线是一组互相平行的直线，此时过水断面为平面。

当液流流线上各质点的运动要素沿程发生变化，流线不是彼此平行的直线时，称为非均匀流。液体在收缩管、扩散管或弯管中的流动，以及液体在断面形状、尺寸改变的渠道中的流动，均为非均匀流。

（三）渐变流与急变流

在非均匀流中，根据流线的不平行程度和弯曲程度，可将其分为渐变流与急变流。渐变流是指流线接近于平行直线的流动（见图2-6）。此时，各流线的曲率很小（曲率半径较大），流线间的夹角也很小，它的极限情况就是流线为平行直线的均匀流。

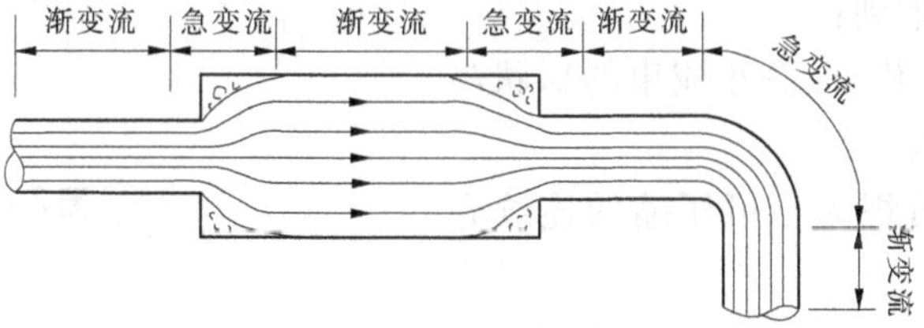

图 2-6

由于渐变流中流线近似平行，故可认为渐变流过水断面近似为平面。

急变流是指流线的曲率较大，流线之间的夹角也较大的流动。此时，流线已不再是一组平行的直线，因此过水断面为曲面。管道转弯、断面扩大或收缩使水面发生急剧变化的水流，均为急变流。

（四）一元流、二元流、三元流

在工程实际中，实际水流的运动一般极为复杂，它的运动要素是空间位置坐标和时间的函数（对于恒定流，则仅是空间位置坐标的函数）。根据液流运动要素在空间上的变化情况，可将液流分为一元流、二元流和三元流。

如果水流运动要素只与一个空间自变量有关，这种水流称为一元流。例如，微小流束，因它的运动要素只与流程坐标有关，故微小流束为一元流。对于总流，严格地讲都不是一元流，但若把过水断面上与点的坐标有关的运动要素（如流速、压强等）进行断面平均，如用断面平均流速去代替过水断面上各点的流速，这时总流也可视为一元流。

如果水流运动要素与两个空间自变量有关，这种水流称为二元流。例如一矩形断面的顺直明渠，当渠底宽度很大，两侧边界影响可忽略不计时，其运动要素（如点流速）仅在沿程方向和水深方向变化。

如果水流运动要素与三个空间自变量有关，这种水流称为三元流。严格来讲，任何实际水流都是三元流，如天然河道以及断面形状、尺寸沿程变化的人工渠道中的水流。

从理论上讲，只有按三元流来分析水流现象才符合实际，但此时水力计算较为复杂，难以求解。因而，在实际工程中，常结合具体水流运动特点，采用各种平均方法（如最常见的断面平均法)，将三元流简化为一元流或二元流，由此而引起的误差，可通过修正系数来加以校正。

单元二　恒定总流连续性方程

学习目标：掌握恒定总流连续性方程，会用连续性方程求解水力学问题。

水流运动和其他物质运动一样，也必须遵循质量守恒定律。恒定流连续性方程，实质上就是质量守恒定律在水流运动中的具体体现。

在恒定流中任取一段微小流束作为研究对象(见图2-7)，设1—1断面过水断面面积为 dA_1，流速为 u_1，2—2断面过水断面面积为 dA_2，流速为 u_2。考虑到：

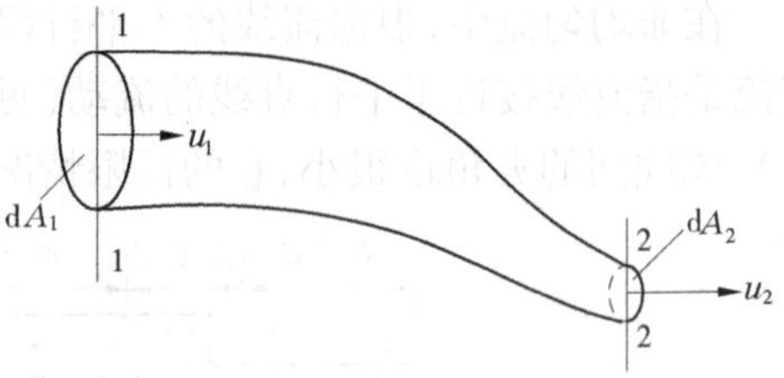

图2-7

(1)在恒定流条件下，微小流束的形状与位置不随时间而改变。

(2)液体一般可视为不可压缩的连续介质，其密度为常数。

(3)液体质点不可能从微小流束的侧壁流入或流出。

根据质量守恒定律，在 dt 时段内，流入1—1断面的水体的质量等于流出2—2断面的水体质量，即

$$\rho u_1 dA_1 dt = \rho u_2 dA_2 dt$$

消去 ρdt 得

$$u_1 dA_1 = u_2 dA_2$$

或

$$u_1 dA_1 = u_2 dA_2 = dQ = 常数 \tag{2-7}$$

式(2-7)为恒定流微小流束的连续性方程。

总流是无数个微小流束的总和，将微小流束的连续性方程在总流过水断面上积分，便可得到总流连续性方程，即

$$\int_Q dQ = \int_{A_1} u_1 dA_1 = \int_{A_2} u_2 dA_2$$

引入断面平均流速后成为

$$Q = v_1 A_1 = v_2 A_2 = 常数 \tag{2-8}$$

或

$$\frac{v_2}{v_1} = \frac{A_1}{A_2} \tag{2-9}$$

式(2-9)即为恒定总流的连续性方程。式中的 v_1 与 v_2 分别表示过水断面 A_1 及 A_2 的断面平均流速。连续性方程表明：

(1)对于不可压缩的恒定总流，流量沿程不变。

(2)如果断面沿程变化，则任意两个过水断面的平均流速的大小与过水断面面积成反比。断面大的地方流速小，断面小的地方流速大。

上述总流的连续性方程是在流量沿程不变的条件下建立的，若沿程有流量汇入或分

出,则连续性方程在形式上需作相应的变化。当有流量汇入时(见图 2-8(a)),其连续性方程为

$$Q_1 + Q_3 = Q_2 \tag{2-10}$$

当有流量分出时(见图 2-8(b)),其连续性方程为

$$Q_1 = Q_2 + Q_3 \tag{2-11}$$

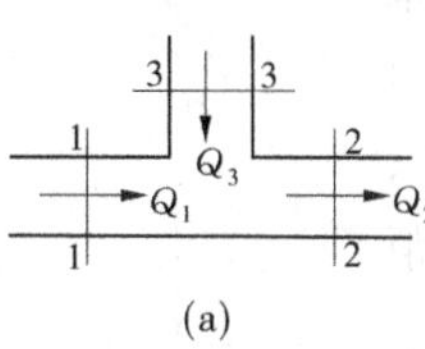

图 2-8

【例题 2-1】 直径 d 为 100 mm 的输水管道中有一变截面管段(见图 2-9),若测得管内流量 Q 为 10 L/s,变截面管段最小截面处的断面平均流速 $v_0 = 20.3$ m/s,求输水管的断面平均流速 v 及最小截面处的直径 d_0。

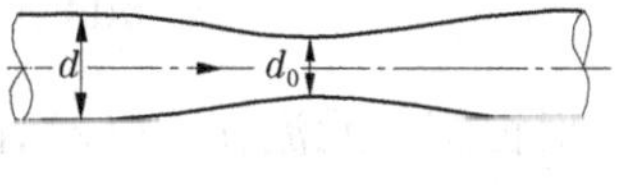

图 2-9

解:由式(2-8)得

$$v = \frac{Q}{\frac{1}{4}\pi d^2} = \frac{10 \times 10^{-3}}{\frac{1}{4} \times 3.14 \times 0.1^2} = 1.27(\mathrm{m/s})$$

由式(2-9)得

$$d_0^2 = \frac{v}{v_0}d^2 = \frac{1.27}{20.3} \times 0.1^2 = 0.000\,626(\mathrm{m}^2)$$

$$d_0 = 0.025\,0\ \mathrm{m} = 25\ \mathrm{mm}$$

单元三 恒定总流的能量方程

学习目标:掌握恒定总流能量方程,掌握动水压强的分布规律,会用能量方程解决实际水力学问题。

连续性方程只说明了流速与过水断面的关系,是一个运动学方程。从本单元起将进一步从动力学的观点来讨论水流各运动要素之间的关系。由于水流运动过程就是在一定条件下的能量转化过程,因此水流各运动要素之间的关系,可以通过分析水流的能量守恒规律求得。水流的能量方程就是能量守恒规律在水流运动中的具体表现。

一、恒定微小流束的能量方程

在理想液体恒定流中取一微小流束,并截取1—1断面及 2—2 断面之间的 ds 微分流段来研究,如图 2-10 所示,微分流段 ds 的横断面面积为 dA。

根据牛顿第二定律,作用在 ds 微分流段上的外力沿 s 方向的合力,应该等于该流段

质量$\frac{\rho g}{g}\mathrm{d}A\mathrm{d}s$与其加速度$\frac{\mathrm{d}u}{\mathrm{d}t}$的乘积。

作用在微分流段上沿 s 方向的外力有：过水断面1—1及过水断面2—2上的动水压力；重力沿 s 方向的分力 $\mathrm{d}G\cdot\cos\alpha=\rho g\mathrm{d}A\mathrm{d}s\cos\alpha$，流段侧壁上的动水压力在 s 方向没有分力，由于考虑的是理想液体，侧壁上摩擦力为零。令1—1断面上动水压强为 p，其动水压力为 $p\mathrm{d}A$，2—2断面上的动水压强为 $(p+\mathrm{d}p)\mathrm{d}A$。若以0—0面为基准面，断面1—1及断面2—2的形心点距基准面高分别为 z 及 $z+\mathrm{d}z$，则 $\cos\alpha=\frac{\mathrm{d}z}{\mathrm{d}s}$，故重力沿 s 方向的分力为 $\rho g\mathrm{d}A\mathrm{d}s\,\frac{\mathrm{d}z}{\mathrm{d}s}=\rho g\mathrm{d}A\mathrm{d}z$。

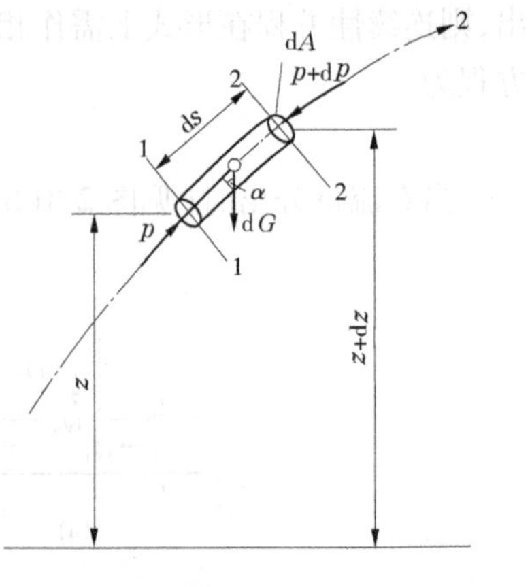

图 2-10

对微分流段沿 s 方向应用牛顿第二定律，则有

$$p\mathrm{d}A-(p+\mathrm{d}p)\mathrm{d}A-\rho g\mathrm{d}A\mathrm{d}z=\frac{\rho g}{g}\mathrm{d}A\mathrm{d}s\,\frac{\mathrm{d}u}{\mathrm{d}t} \tag{2-12}$$

对恒定一元流，$u=u(s)$，故

$$\frac{\mathrm{d}u}{\mathrm{d}t}=\frac{\mathrm{d}u}{\mathrm{d}s}\frac{\mathrm{d}s}{\mathrm{d}t}=u\,\frac{\mathrm{d}u}{\mathrm{d}s}=\frac{\mathrm{d}}{\mathrm{d}s}\left(\frac{u^2}{2}\right) \tag{2-13}$$

将式(2-12)代入式(2-13)化简后可得

$$\frac{\mathrm{d}}{\mathrm{d}s}\left(z+\frac{p}{\rho g}+\frac{u^2}{2g}\right)=0 \tag{2-14}$$

将上式沿流程 s 积分，则有

$$z+\frac{p}{\rho g}+\frac{u^2}{2g}=\mathrm{C} \tag{2-15}$$

对微小流束上任意两个过水断面有

$$z_1+\frac{p_1}{\rho g}+\frac{u_1^2}{2g}=z_2+\frac{p_2}{\rho g}+\frac{u_2^2}{2g} \tag{2-16}$$

上式就是不可压缩理想液体恒定流微小流束的能量方程式。由于实际液体存在着黏滞性，需要考虑能量损失，则能量方程式应写为

$$z_1+\frac{p_1}{\rho g}+\frac{u_1^2}{2g}=z_2+\frac{p_2}{\rho g}+\frac{u_2^2}{2g}+h'_w \tag{2-17}$$

式中 h'_w——单位量的液体从1—1断面运动到2—2断面所消耗的能量。

这就是恒定流微小流束的能量方程，该式是由瑞士的物理学家和数学家伯努利在1738年首次推导出来的，故又称为恒定流微小流束的伯努利方程。

二、动水压强的分布规律

（一）动水压强

液体运动时，液体中任意点的压强称为动水压强。

理想液体流动时与实际液体静止时，均不产生内摩擦力，其任意一点各方向的压强与受压面的方位无关。但对于实际液体的运动，由于黏滞力与压应力同时存在，动水压强的大小一般将不再与作用面的方位无关，即从各方向作用于同一点的动水压强并不相等。通常所说的实际液体某点的动水压强，即指该点彼此垂直三个方向压强的平均值。

（二）均匀流过水断面上的动水压强分布规律

对于均匀流，流线为一组平行直线，过水断面为平面。在均匀流过水断面 $n—n$ 上任意两相邻流线间取一长为 dl，高为 dz，底面积为 dA，与铅垂方向夹角为 θ 的微小柱体（见图 2-11），设该微小柱体两端面形心点处的动水压强分别为 p 与 $p+dp$。下面分析沿 $n—n$ 轴向作用于微小柱体上的力。

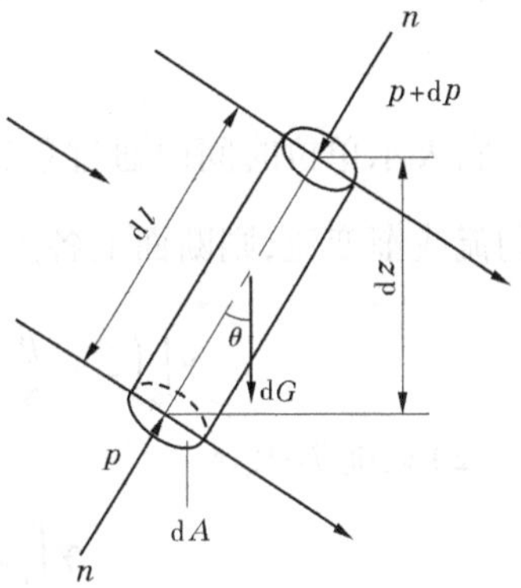

图 2-11

（1）柱体两端面上的动水压力分别为 pdA 和 $(p+dp)dA$。

（2）柱体自重沿 $n—n$ 方向的分力为

$$dG\cos\theta = \gamma dl dA\cos\theta = \gamma dA dz$$

（3）柱体侧面上的动水压力以及水流的内摩擦力均与轴线 $n—n$ 正交，故沿 $n—n$ 方向投影为零。

（4）均匀流中流速沿程不变，流线为平行直线，柱体在 $n—n$ 方向所受的惯性力为零。由 $n—n$ 轴向力的平衡方程，得

$$pdA - (p+dp)dA - \gamma dAdz = 0$$

化简后得

$$\gamma dz + dp = 0$$

积分后得

$$z + \frac{p}{\gamma} = C \tag{2-18}$$

式(2-18)表明，均匀流过水断面上的动水压强分布规律与静水压强分面规律相同，即在同一过水断面上各点相对于同一基准面的测压管水头（或单位势能）为一常数，但对于不同的过水断面测压管水头是不相同的。

三、恒定总流的能量方程

微小流束的能量方程只能反映微小流束内部或边界上各点的流速和压强的变化，为了解决工程实际问题，还需将微小流束的能量方程加以推广，得出恒定总流的能量方程。

微小流束能量方程中的各项，表示过水断面 dA 上单位重量液体所具有的能量。将式(2-17)两边同乘以单位时间内通过微小流束液体的重量 γdQ，可得

$$\left(z_1 + \frac{p_1}{\gamma} + \frac{u_1^2}{2g}\right)\gamma dQ = \left(z_2 + \frac{p_2}{\gamma} + \frac{u_2^2}{2g} + h'_w\right)\gamma dQ \tag{2-19}$$

如对式(2-19)进行积分，就可得到单位时间内通过总流两过水断面的总能量之间的关系式，即

$$\int_Q\left(z_1 + \frac{p_1}{\gamma} + \frac{u_1^2}{2g}\right)\gamma dQ = \int_Q\left(z_2 + \frac{p_2}{\gamma} + \frac{u_2^2}{2g} + h'_w\right)\gamma dQ \tag{2-20}$$

则　$$\gamma\int_Q\left(z_1+\frac{p_1}{\gamma}\right)\mathrm{d}Q+\gamma\int_Q\frac{u_1^2}{2g}\mathrm{d}Q=\gamma\int_Q\left(z_2+\frac{p_2}{\gamma}\right)\mathrm{d}Q+\gamma\int_Q\frac{u_2^2}{2g}\mathrm{d}Q+\gamma\int_Q h'_w\mathrm{d}Q \tag{2-21}$$

由上式可见,共有三种形式积分,现分别加以分析。

(1)势能类积分:

$$\gamma\int_Q\left(z+\frac{p}{\gamma}\right)\mathrm{d}Q$$

它表示单位时间内通过总流过水断面的液体势能的总和。若所取的总流过水断面为均匀流或渐变流,则断面上各点的单位势能 $z+\frac{p}{\gamma}=$常数,则

$$\gamma\int_Q\left(z+\frac{p}{\gamma}\right)\mathrm{d}Q=\gamma\left(z+\frac{p}{\gamma}\right)\int_Q\mathrm{d}Q=\left(z+\frac{p}{\gamma}\right)\gamma Q \tag{2-22}$$

(2)动能类积分:

$$\gamma\int_Q\frac{u^2}{2g}\mathrm{d}Q=\gamma\int_A\frac{u^2}{2g}u\mathrm{d}A=\frac{\gamma}{2g}\int_A u^3\mathrm{d}A \tag{2-23}$$

它表示单位时间内通过总流过水断面动能的总和。一般情况下,总流过水断面上各点的流速是不相等的,且分布规律不易确定,所以直接积分该项较困难。这时,可考虑用断面平均流速 v 代替断面上各点的流速 u,即用 $\frac{\gamma}{2g}\int_A v^3\mathrm{d}A$ 来代替 $\frac{\gamma}{2g}\int_A \mu^3\mathrm{d}A$,但二者实际并不相等。根据数学上有关平均值的性质,u 的立方和不等于 u 的平均值 v 的立方和,可证明:$\int_A u^3\mathrm{d}A>\int_A v^3\mathrm{d}A$,如引入一个大于 1 的修正系数 α,则有

$$\int_A u^3\mathrm{d}A=\alpha\int_A v^3\mathrm{d}A=\alpha v^3A$$

于是动能类积分为

$$\frac{\gamma}{2g}\int_A u^3\mathrm{d}A=\frac{\gamma}{2g}\alpha v^3A=\frac{\alpha v^2}{2g}\gamma Q \tag{2-24}$$

式中的 α 为动能修正系数,表示过水断面上实际流速积分与按断面平均流速积分计算所得结果之比,即

$$\alpha=\frac{\int_A u^3\mathrm{d}A}{v^3A} \tag{2-25}$$

α 值取决于总流过水断面上的流速分布情况,流速分布愈均匀,α 值愈接近于 1。当水流为均匀流或渐变流时,一般可取 $\alpha=1.05\sim1.10$,实际工程计算中,常取 $\alpha=1.0$。

(3)损失能量类积分:

$$\gamma\int_Q h'_w\mathrm{d}Q$$

它表示单位时间内总流从 1—1 过水断面流至 2—2 过水断面的机械能损失的总和。设 h_w 为总流单位重量液体在这两断面间的平均机械能损失,则

$$\gamma\int_Q h'_w\mathrm{d}Q=h_w\gamma Q \tag{2-26}$$

将上述各分类积分结果式(2-23)、式(2-24)、式(2-26)代入式(2-21),得

$$\left(z_1 + \frac{p_1}{\gamma}\right)\gamma Q + \frac{\alpha_1 v_1^2}{2g}\gamma Q = \left(z_2 + \frac{p_2}{\gamma}\right)\gamma Q + \frac{\alpha_2 v_2^2}{2g}\gamma Q + h_w \gamma Q \tag{2-27}$$

将上式各项除以 γQ,得

$$z_1 + \frac{p_1}{\gamma} + \frac{\alpha_1 v_1^2}{2g} = z_2 + \frac{p_2}{\gamma} + \frac{\alpha_2 v_2^2}{2g} + h_w \tag{2-28}$$

式(2-28)即为不可压缩液体恒定总流的能量方程(伯努利方程)。它能够反映总流各断面上单位重量液体的平均位能、平均压能和平均动能之间的能量转化关系。同时,它也是研究水流运动规律的应用最广、极为重要的方程。

四、能量方程的意义

(一)能量方程的意义

实际液体恒定总流能量方程与微小流束能量方程相比,形式上很类似,但二者又存在差别。总流能量方程中用断面平均流速 v 代替了微小流束过水断面上的点流速 u,相应地引入了动能修正系数 α 来加以修正。同时,又以两流段间平均水头损失 h_w 代替了微小流束的水头损失 h'_w。

总流能量方程式中各项的物理意义及几何意义如下:

z ——总流过水断面上单位重量液体所具有的位能,简称为单位位能,几何上称为位置高度或位置水头。

$\frac{p}{\gamma}$ ——总流过水断面上单位重量液体所具有的压能,简称为单位压能,几何上称为测压管高度或压强水头。

$z + \frac{p}{\gamma}$ ——总流过水断面上单位重量液体所具有的平均势能,几何上称为测压管水头,通常 $z + \frac{p}{\gamma} = H_p$。

$\frac{\alpha v^2}{2g}$ ——总流过水断面上单位重量液体所具有的平均动能,几何上称为流速水头。

$H = z + \frac{p}{\gamma} + \frac{\alpha v^2}{2g}$ ——总流过水断面上单位重量液体的总能量,即总机械能,几何上称为总水头。

h_w——总流单位重量液体在始末两断面间沿流程的平均能量损失,即机械能损失,几何上称为水头损失。

以上各项水头的单位都是长度单位,一般用 m 来表示。

设 H_1 和 H_2 分别表示总流中任意两过水断面上液流所具有的总水头,根据能量方程式

$$H_1 = H_2 + h_w$$

即

$$H_1 - H_2 = h_w \tag{2-29}$$

可见,因为水流在流动过程中要产生能量损失,所以水流只能从总机械能大的地方流向总机械能小的地方。

对于理想液体,$h_w = 0$,则 $H_1 = H_2$,即总流中任何过水断面上总水头保持不变。

（二）能量方程的图示

由于总流能量方程中各项均表示单位重量液体所具有的能量或水头，且各项的单位都是长度单位，因此可用几何线段来表示，使能量沿流程的转化情况更形象、更直观地体现出来。

图2-12即为一段总流机械能转化的图示。首先选取基准面0—0，并画出总流的中心线。总流各断面中心点离基准面的高度就代表了该断面的位置水头z，所以总流的中心线就表示位置水头z沿程的变化，即位置水头线。

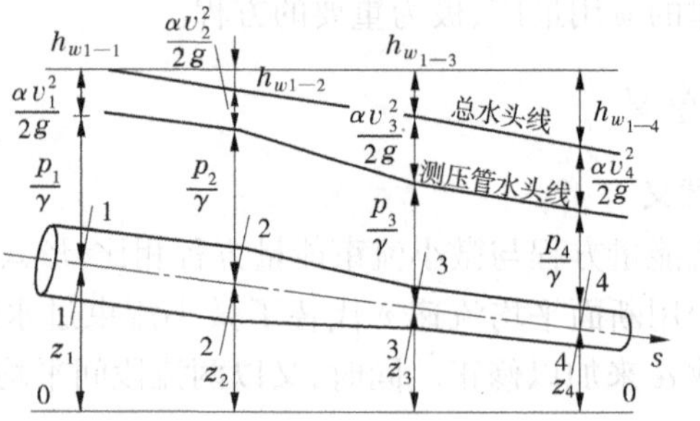

图2-12

在各断面的中心上作垂线，并在垂线上截取高度等于中心点压强水头的p/γ线段，得到测压管水头$(z+p/\gamma)$，即各断面上测压管水面离基准面的高度，如将各断面的测压管水头用线连起来，这条线就称为测压管水头线。测压管水头线和位置水头线之间的铅垂距离反映了压强水头沿流程的变化情况。如测压管水头线在位置以上，压强为正；反之为负。

在铅垂线所标示的测压管水头以上截取高度等于流速水头$\frac{\alpha v^2}{2g}$的线段，得到该断面的总水头$H=z+\frac{p}{\gamma}+\frac{\alpha v^2}{2g}$，各断面总水头的连线称为总水头线。它反映了总流总机械能沿流程的变化情况。

根据能量方程，实际液体一定存在水头损失，因而总流的总水头线为一条逐渐下降的直线或曲线。总水头线沿流程的下降情况可用单位流程上的水头损失，即水力坡度J来表示。当总水头线为直线时

$$J=\frac{H_1-H_2}{L}=\frac{h_w}{L} \tag{2-30}$$

当总水头线为曲线时，水力坡度为变值，在某一断面处可表示为

$$J=\frac{\mathrm{d}h_w}{\mathrm{d}L}=-\frac{\mathrm{d}H}{\mathrm{d}L} \tag{2-31}$$

因为总水头增加时dH一定为负值，为使水力坡度为正值，所以上式中要加负号。

由于总流几何边界条件的沿程变化，必将引起动能和势能的相互转化，所以测压管水头线可以沿程下降或上升，也可沿程不变。它沿流程的变化情况可用单位流程上测压管水头的降低值或升高值，即测压管坡度J_p来表示。当测压管水头线为直线时

$$J_p = \frac{\left(z_1 + \frac{p_1}{\gamma}\right) - \left(z_2 + \frac{p_2}{\gamma}\right)}{L} \tag{2-32}$$

当测压管水头线为曲线时

$$J_p = -\frac{\mathrm{d}H_p}{\mathrm{d}L} \tag{2-33}$$

对于河渠中的渐变流,其测压管水头线就是水面线。

能量方程的这种图示方法,常运用于长距离有压输水管道的水力设计中,用来帮助分析水流现象,找出实际水流的变化规律。

五、能量方程的应用条件及举例

(一)能量方程的应用条件

实际液体恒定总流的能量方程是水力学中最常用的基本方程之一,能解决很多工程实际问题。从该方程的推导可以看出,能量方程有一定的适用范围,应满足以下条件:

(1)水流必须是恒定流,并且是均质不可压缩的。

(2)所取的两个过水断面应在均匀流或渐变流区域,符合断面上各点测压管水头等于常数,且作用的质量力只有重力等条件,但两个断面间可以是急变流。

(3)所取的两个过水断面之间,没有流量的汇入与分出,即总流的流量沿程不变。

(4)所取的两个过水断面之间,除水头损失外,没有其他机械能的输入与输出。

但因总流能量方程中各项,均指单位重量液体的能量,所以在水流有分支或汇入的情况下,仍可分别对每一支水流建立能量方程式。

对于汇流情况(见图 2-8(a))可建立断面 1—1 与断面 2—2 和断面 3—3 与断面 2—2 的能量方程如下:

$$\left.\begin{aligned} z_1 + \frac{p_1}{\gamma} + \frac{\alpha_1 v_1^2}{2g} &= z_2 + \frac{p_2}{\gamma} + \frac{\alpha_2 v_2^2}{2g} + h_{w1-2} \\ z_3 + \frac{p_3}{\gamma} + \frac{\alpha_3 v_3^2}{2g} &= z_2 + \frac{p_2}{\gamma} + \frac{\alpha_2 v_2^2}{2g} + h_{w3-2} \end{aligned}\right\} \tag{2-34}$$

对于分流情况(见图 2-8(b))可建立断面 1—1 与断面 2—2 和断面 1—1 与断面 3—3 的能量方程如下:

$$\left.\begin{aligned} z_1 + \frac{p_1}{\gamma} + \frac{\alpha_1 v_1^2}{2g} &= z_2 + \frac{p_2}{\gamma} + \frac{\alpha_2 v_2^2}{2g} + h_{w1-2} \\ z_1 + \frac{p_1}{\gamma} + \frac{\alpha_1 v_1^2}{2g} &= z_3 + \frac{p_3}{\gamma} + \frac{\alpha_3 v_3^2}{2g} + h_{w1-3} \end{aligned}\right\} \tag{2-35}$$

(二)能量方程的注意事项

为了更方便快捷地应用能量方程解决实际问题,能量方程在应用时应注意以下几点:

(1)计算断面必须满足均匀流或渐变流条件,尽量选择已知条件多的过水断面列能量方程,当行近流速水头与其他各项相比较小时,可以忽略不计。

(2)基准面可以任意选取,但必须是水平面。在同一方程中,对应两个不同断面的 z 值必须对应同一基准面。

(3)压强 p 一般采用相对压强,也可以采用绝对压强。但在同一方程中必须采用同一标准。考虑到方便,一般采用相对压强。

(4)因为均匀流和渐变流同一过水断面上各点的测压管水头$(z+\frac{p}{\gamma})$值相等,具体选择哪一点,以计算简单方便为宜。对于有压管道中的水流,计算点通常取在管轴线上;对于明渠水流,计算点通常取在自由水面上。

(5)严格地讲,不同过水断面上的动能修正系数 α 是不相等的,且不等于 1.0。但在实际计算中,对于均匀流和渐变流,一般 $\alpha=1.0$。

应用能量方程式还应具体问题具体分析,若方程中同时出现较多的未知量,应考虑与其他方程联立求解。

【例题 2-2】 自流管从水库取水(见图 2-13),已知 $H=12$ m,管径 $d=100$ mm,水头损失 $h_w=8\frac{v^2}{2g}$,求自流管流量 Q。(忽略上下游水流流速)

解:(1)基准面取下游水面。

(2)渐变流端断面取断面 1—1 和断面 2—2。建立能量方程

$$z_1+\frac{p_1}{\gamma}+\frac{\alpha_1 v_1^2}{2g}=z_2+\frac{p_2}{\gamma}+\frac{\alpha_2 v_2^2}{2g}+h_w$$

$$H+0+0=0+0+0+h_w$$

$$H=h_w=8\frac{v^2}{2g}$$

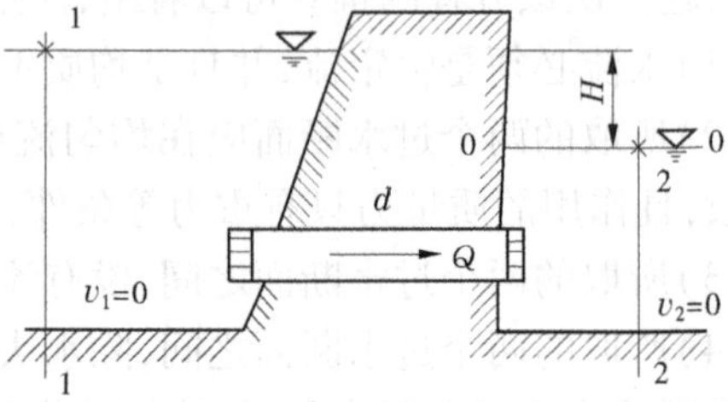

图 2-13

故
$$v=5.42\ \text{m/s},\quad Q=\frac{1}{4}\pi d^2 v=42.6(\text{L/s})$$

【例题 2-3】 如图 2-14 所示为一变直径的管段 AB,$d_A=0.2$ m,$d_B=0.4$ m,高差 $\Delta z=1.5$ m,今测得 $p_A=30$ kN/m^2,$p_B=40$ kN/m^2,B 点处断面平均流速 $v_B=1.5$ m/s,求 A、B 两断面的总水头差及管中水流流动方向。

解:由连续方程 $v_A A_A=v_B A_B$ 可得

$$v_A=6\ \text{m/s}$$

A、B 两断面总水头差为(以 A 点所在水平面为基准面)

$$\left(z_1+\frac{p_1}{\gamma}+\frac{\alpha_1 v_1^2}{2g}\right)-\left(z_2+\frac{p_2}{\gamma}+\frac{\alpha_2 v_2^2}{2g}\right)$$

$$=\left(0+\frac{30}{9.8}+\frac{6^2}{2\times 9.8}\right)-\left(1.5+\frac{40}{9.8}+\frac{1.5^2}{2\times 9.8}\right)=-0.798(\text{m})$$

因此,B 点总水头大于 A 点总水头。水流从 B 向 A 流动。

【例题 2-4】 如图 2-15 所示为一水位不变的敞口水箱,通过下部一条直径 $d=200$ mm 的管道向外供水,已知水箱水位与管道出口断面中心高差为 3.5 m,管道的水头损失为 3 m。试求管道出口的流速和流量。

解:以通过出口断面的水平面 0—0 为基准面,选取水箱自由表面 1—1 断面和管道出口 2—2 断面作为计算断面,计算点分别选在 1—1 断面的水面上和 2—2 断面的轴线上,

列 1—1 断面和 2—2 断面的能量方程

$$z_1 + \frac{p_1}{\gamma} + \frac{\alpha_1 v_1^2}{2g} = z_2 + \frac{p_2}{\gamma} + \frac{\alpha_2 v_2^2}{2g} + h_w$$

式中：$z_1 = 3.5$ m；$\frac{p_1}{\gamma} = 0$；$z_2 = 0$；$\frac{p_2}{\gamma} = 0$；$h_w = 3$ m。

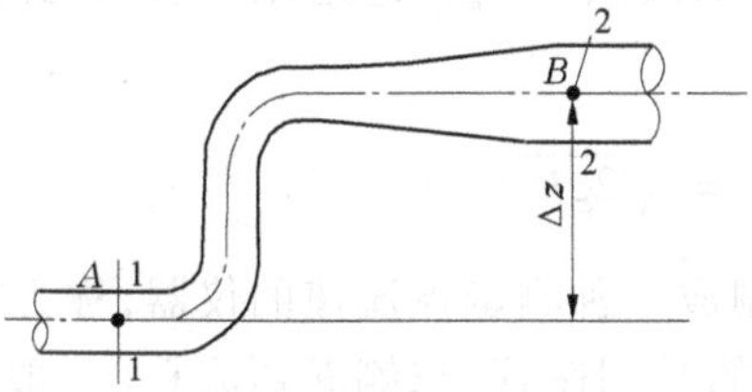

图 2-14

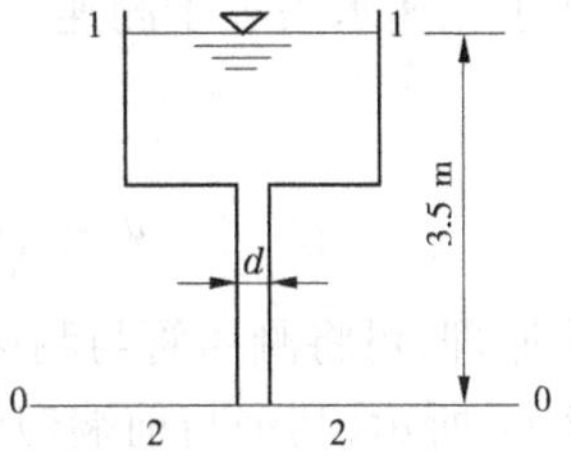

图 2-15

由于水箱水面比管道出口断面大得多，其断面平均流速比管道出口平均流速小得多，故可认为$\frac{\alpha_1 v_1^2}{2g} \approx 0$，取 $\alpha_2 = 1.0$ 代入能量方程，得

$$3.5 + 0 + 0 = 0 + 0 + \frac{v_2^2}{2g} + 3$$

整理后得

$$\frac{v_2^2}{2g} = 0.5(\text{m})$$

管道出口流速为

$$v_2 = \sqrt{2g \times 0.5} = \sqrt{2 \times 9.8 \times 0.5} = 3.13(\text{m/s})$$

管中流量为

$$Q = v_2 A_2 = v_2 \times \frac{\pi}{4} d^2 = 3.13 \times \frac{3.14}{4} \times 0.2^2 = 0.098\,3(\text{m}^3/\text{s})$$

（三）能量方程的应用举例

1. 毕托管测流速

毕托管是一种常用的测量流体点流速的仪器。它是亨利·毕托在 1703 年首创的，其测量流速的原理就是液体的能量转化和守恒原理。

流速水头或流速可利用如图 2-16 所示的装置实测。在运动液体（如管流）中放置一根测速管，它是弯成直角的两端开口的细管，一端正对来流，置于测定点 B 处，另一端垂直向上。B 点的运动质点由于测速管的阻滞，因而流速等于零，动能全部转化为压能，使得测速管中液面升高为$\frac{p'}{\gamma}$。

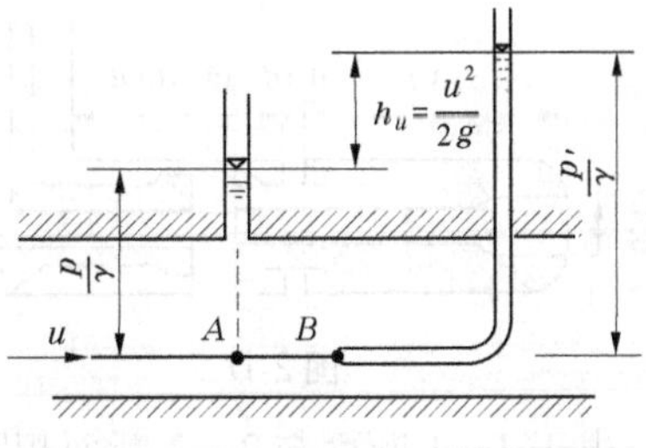

图 2-16

B 点称为滞止点或驻点。在 B 点上游同一水平流线上相距很近的 A 点未受测速管的影响，流速为 u，其测压管高度$\frac{p}{\gamma}$可通过同一过水断面壁上的测压管测定。应用恒定流理想

液体沿流线的伯努利方程于 A、B 两点，有

$$\frac{p}{\gamma}+\frac{u^2}{2g}=\frac{p'}{\gamma}$$

得

$$\frac{u^2}{2g}=\frac{p'}{\gamma}-\frac{p}{\gamma}=h_u \tag{2-36}$$

由此说明了流速水头等于测速管与测压管的液面差 h_u。这是流速水头几何意义的另一种解释。

$$u=\sqrt{2g\frac{p'-p}{\gamma}}=\sqrt{2gh_u} \tag{2-37}$$

根据这个原理，可将测压管与测速管组合制成一种测定点流速的仪器，称为毕托管。其构造如图 2-17 所示，其中与前端迎流孔相通的是测速管，与侧面顺流孔（一般有 4 ~ 8 个）相通的是测压管。考虑到实际液体从前端小孔至侧面小孔的黏滞效应，还有毕托管放入后对流场的干扰，以及前端小孔实测到的测速管高度 $\frac{p'}{\gamma}$ 不是一点的值，而是小孔截面的平均值，所以使用时应引入修正系数 ζ，即

$$u=\zeta\sqrt{2g\frac{p'-p}{\gamma}}=\zeta\sqrt{2gh_u} \tag{2-38}$$

式中，ζ 值由试验测定，一般为 0.98 ~ 1.0。

2. 文丘里流量计

文丘里流量计是用于测量管道中流量大小的一种装置，包括收缩段、喉管和扩散段三部分，安装在需要测定流量的管道中。在收缩段进口前 1—1 断面和喉管 2—2 断面分别安装测压管，如图 2-18 所示。通过测量 1—1 断面和 2—2 断面测压管水头差 Δh 值，就能计算出管道通过的流量 Q，其原理就是恒定总流的能量方程。

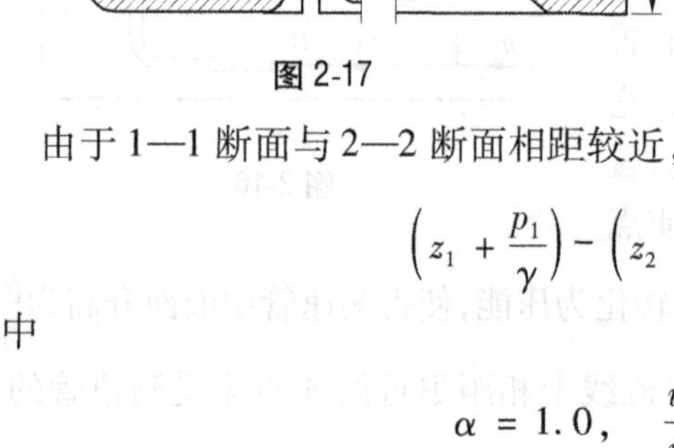

图 2-17

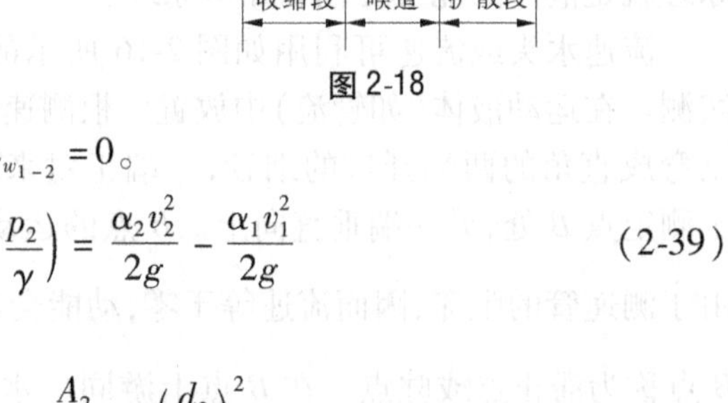

图 2-18

由于 1—1 断面与 2—2 断面相距较近，$h_{w_{1-2}}=0$。

$$\left(z_1+\frac{p_1}{\gamma}\right)-\left(z_2+\frac{p_2}{\gamma}\right)=\frac{\alpha_2 v_2^2}{2g}-\frac{\alpha_1 v_1^2}{2g} \tag{2-39}$$

其中

$$\alpha=1.0,\quad \frac{v_1}{v_2}=\frac{A_2}{A_1}=\left(\frac{d_2}{d_1}\right)^2$$

$$\Delta h = \frac{v_2^2}{2g} - \frac{v_2^2}{2g}\left(\frac{d_2}{d_1}\right)^4$$

所以有

$$v_2 = \frac{\sqrt{2g\Delta h}}{\sqrt{1-(d_2/d_1)^4}} = \frac{d_1^2}{\sqrt{d_1^4 - d_2^4}}\sqrt{2g\Delta h} \tag{2-40}$$

$$Q = A_2 v_2 = \frac{\pi d_1^2 d_2^2}{4\sqrt{d_1^4 - d_2^4}}\sqrt{2g\Delta h} \tag{2-41}$$

令

$$K = \frac{\pi d_1^2 d_2^2}{4\sqrt{d_1^4 - d_2^4}}\sqrt{2g}$$

则

$$Q = K\sqrt{\Delta h} \tag{2-42}$$

由于实际液体存在水头损失，将会使流量减小，因而应引入一系数加以修正，则实际流量公式为

$$Q = \mu K\sqrt{\Delta h} \tag{2-43}$$

式中 μ——流量系数，一般取0.95～0.98。

如果1—1断面和2—2断面的动水压强很大，这时可在文丘里管上直接安装水银压差计，如图2-19所示。

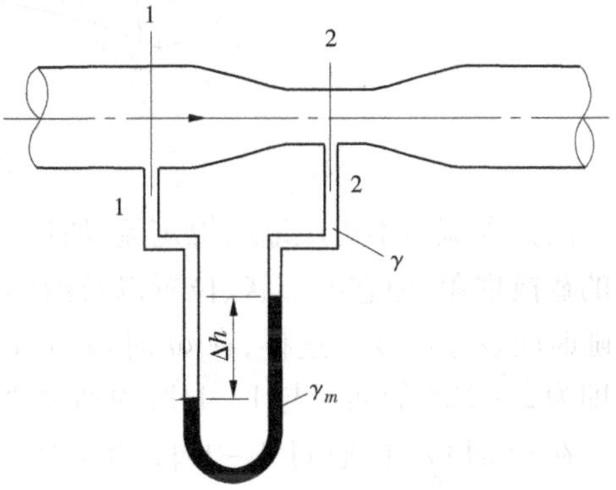

图2-19

根据压差计原理可知

$$\frac{p_1}{\gamma} - \frac{p_2}{\gamma} = \frac{\gamma_m - \gamma}{\gamma}\Delta h = 12.6\Delta h$$

$$Q = \mu K\sqrt{12.6\Delta h} \tag{2-44}$$

式中 Δh——水银压差计两支管中水银面的高差。

单元四 恒定总流的动量方程

学习目标：掌握恒定总流动量方程，会用动量方程解决实际水力学问题。

利用前面介绍的连续性方程和能量方程，已经能够解决许多实际水力学问题。但对于某些较复杂的水流运动问题，尤其是涉及计算水流与固体边界间的相互作用力问题，如水流作用于闸门的动水总压力，以及水流经过弯管时对管壁产生的作用力等计算问题，用连续性方程和能量方程则无法求解，而必须建立动量方程来解决这些问题。

动量方程实际上就是物理学中的动量定理在水力学中的具体体现，它反映了水流运动时动量变化与作用力间的相互关系，其特点是可避开计算急变流范围内水头损失这一复杂的问题，使急变流中的水流与边界面之间的相互作用力问题较方便地得以解决。

一、动量方程式的推导

由物理学可知，物体的质量 m 与速度 v 的乘积称为物体的动量。动量是矢量，其方

向与流速方向相同。物体在外力作用下,速度会发生改变,同时动量也随之变化。动量定理可表述为:运动物体单位时间内动量的变化等于物体所受外力的合力。现将动量定理用于恒定流中,推导恒定流的动量方程。

在不可压缩的恒定流中,任取一渐变流微小流束段 1—2(见图 2-20)。设 1—1 断面和 2—2 断面的过水断面面积和流速分别为 dA_1、dA_2 和 u_1、u_2,经过 dt 时段后,微小流束由原来的 1—2 位置运动到了新的位置 1′—2′处,从而发生了变化。设其动量的变化为 dk,它应等于流段 1′—2′与流段 1—2 内的动量之差。

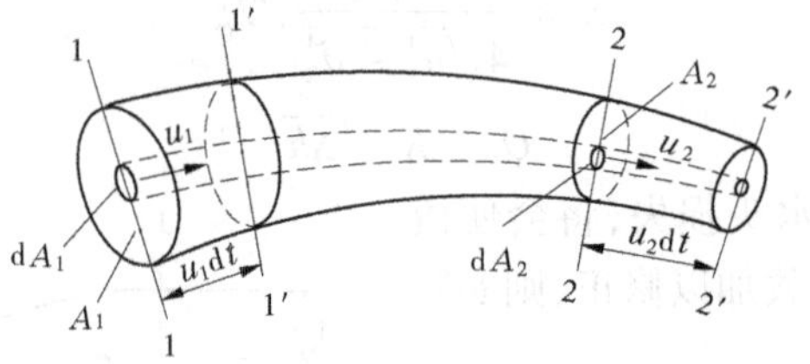

图 2-20

因为水流为不可压缩的恒定流,所以对于公共部分 1′—2 段来讲,虽存在着质点的流动的替换现象,但它的形状、位置以及液体的质量、流速等均不随时间发生变化,故动量也不随时间发生改变。这样,在 dt 时段内,1′—2′段的水流动量与 1—2 段的动量之差实际上即为 2—2′段的动量与 1—1′段的动量之差。

在 dt 时段内,通过 1—1′段的水体质量为 $\rho u_1 dt dA_1$,通过 2—2′段的水体质量为 $\rho u_2 dt dA_2$,对于不可压缩液体,根据连续性方程,可知 $\rho u_1 dt dA_1 = \rho u_2 dt dA_2 = \rho dQ dt$,则微小流束段的动量变化为

$$d\vec{k} = \rho dQ dt(\vec{u}_2 - \vec{u}_1) \tag{2-45}$$

设总流两个过水断面的面积分别为 A_1 与 A_2,将上述微小流束的动量变化 $d\vec{k}$ 沿相应的总流过水断面进行积分,即可得到总流在 dt 时段内动量的变化量为

$$\begin{aligned}\sum d\vec{k} &= \int_Q \rho dQ dt(\vec{u}_2 - \vec{u}_1) = \int_Q \rho dQ dt\vec{u}_2 - \int_Q \rho dQ dt\vec{u}_1 \\ &= \rho dt\left(\int_{A_2} \vec{u}_2 u_2 dA_2 - \int_{A_1} \vec{u}_1 u_1 dA_1\right)\end{aligned} \tag{2-46}$$

由于实际液体过水断面上的流速分布不均匀,且不易求得,故考虑用断面平均流速 v 来代替断面上不均匀分布的流速 u,以便计算总流的动量。在渐变流情况下,过水断面上各点流速 u 近似互相平行,与平均流速 v 的方向基本一致,但按平均计算的动量与按实际流速 u 计算的动量并不相等,需引入一个动量修正系数 β 来加以修正,即

$$\int_A \vec{u} u dA = \beta \vec{v} v A \tag{2-47}$$

动量修正系数 β 为

$$\beta = \frac{\int_A u^2 dA}{v^2 A}$$

由此可见,动量修正系数是表示单位时间内通过总流过水断面的单位质量液体实际动量与单位时间内以相应的断面平均流速通过的动量的比值。同样可以证明 β 值大于

1,且大小取决于过水断面的流速分布。通常在渐变流中 $\beta = 1.02 \sim 1.05$。在工程实际中,为简便起见,一般采用 $\beta = 1.0$。

将式(2-47)代入式(2-46)得

$$\sum \mathrm{d}\vec{k} = \rho \mathrm{d}t(\beta_2 \vec{v}_2 v_2 A_2 - \beta_1 \vec{v}_1 v_1 A_1)$$

因为 $v_1 A_1 = v_2 A_2 = Q$,则

$$\sum \mathrm{d}\vec{k} = \rho Q \mathrm{d}t(\beta_2 \vec{v}_2 - \beta_1 \vec{v}_1) \tag{2-48}$$

设 $\mathrm{d}t$ 时段内作用于总流 1—2 流段所有外力的矢量和为 $\sum \vec{F}$,将式(2-48)代入动量定理得

$$\frac{\sum \mathrm{d}\vec{k}}{\mathrm{d}t} = \sum \vec{F}$$

$$\sum \vec{F} = \rho Q(\beta_2 \vec{v}_2 - \beta_1 \vec{v}_1) \tag{2-49}$$

式(2-49)即为不可压缩液体恒定总流的动量方程。它表明,单位时间内作用于所研究总流流段上的所有外力的矢量和,应等于该流段通过下游断面流出动量与通过上游断面流入动量的矢量差。

二、动量方程运用举例

【例题 2-5】 管路中一段水平放置的等截面弯管,直径 d 为 200 mm,弯角为 45°(见图 2-21)。管中 1—1 断面的平均流速 $v_1 = 4$ m/s,其形心处的相对压强 $p_1 = 1$ 个大气压。若不计管流的水头损失,求水流对弯管的作用力 R_x 与 R_y(坐标轴 x 与 y 如图 2-21 所示)。

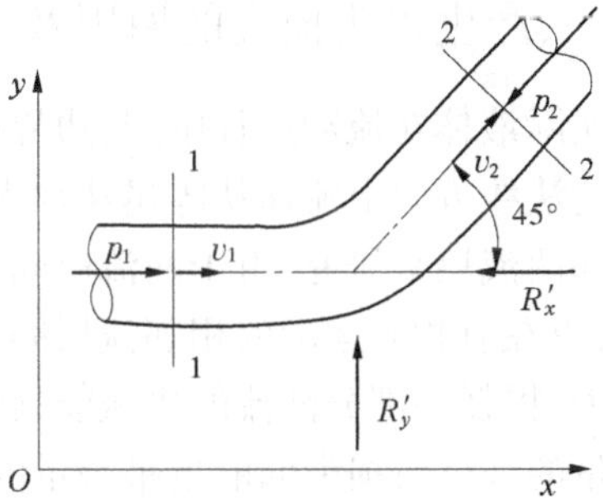

图 2-21

解:利用总流的动量方程求解 R_x 与 R_y。取渐变流过水断面 1—1 与 2—2 以及管内壁所围成的封闭曲面为控制面。作用在控制面上的表面力,以及流入与流出控制面的流速如图 2-21 所示,其中 R'_x 与 R'_y 是弯管对水流的反作用力,p_1 与 p_2 分别是 1—1 断面与 2—2 断面形心处的相对压强。所以,作用在这两断面上的总压力分别为 $P_1 = p_1 A_1$,$P_2 = p_2 A_2$。作用在控制面内的水流重力,因与所研究的水平面垂直,故不必考虑。

总流的动量方程在 x 轴与 y 轴上的投影分别写为

$$\left.\begin{aligned} \rho Q(\beta_2 v_2 \cos 45° - \beta_1 v_1) &= p_1 A_1 - p_2 A_2 \cos 45° - R'_x \\ \rho Q(\beta_2 v_2 \sin 45° - 0) &= 0 - p_2 A_2 \sin 45° - R'_y \end{aligned}\right\}$$

则

$$\left.\begin{aligned} R'_x &= p_1 A_1 - p_2 A_2 \cos 45° - \rho Q(\beta_2 v_2 \cos 45° - \beta_1 v_1) \\ R'_y &= p_2 A_2 \sin 45° + \rho Q \beta_2 v_2 \sin 45° \end{aligned}\right\}$$

式中

$$Q = \frac{1}{4}\pi d^2 v_1 = \frac{1}{4} \times 3.14 \times 0.2^2 \times 4 = 0.126(\mathrm{m^3/s})$$

根据总流的连续性方程,$v_2 = v_1 = 4$ m/s,同时,因弯管水平且不计水头损失,则由总流

的伯努利方程得到 $p_2 = p_1 = 1$ 个大气压 $= 9.8\ \text{N/cm}^2$，于是

$$p_2A_2 = p_1A_1 = p_1\frac{1}{4}\pi d^2 = 9.8 \times \frac{1}{4} \times 3.14 \times 20^2 = 3\,077(\text{N})$$

取 $\beta_1 = \beta_2 = 1$，则

$$R'_x = 3\,077 - 3\,077 \times \frac{\sqrt{2}}{2} - 1\,000 \times 0.126 \times 4 \times \left(\frac{\sqrt{2}}{2} - 1\right) = 1\,049(\text{N})$$

$$R'_y = 3\,077 \times \frac{\sqrt{2}}{2} + 1\,000 \times 0.126 \times 4 \times \frac{\sqrt{2}}{2} = 2\,532(\text{N})$$

R_x 与 R'_x，R_y 与 R'_y 分别大小相等，方向相反。

单元五　水流型态与水头损失

学习目标：了解水头损失产生的原因及其分类，掌握层流的判别方法，掌握沿程水头损失的计算方法，掌握局部水头损失的计算方法。

一、产生水头损失的原因及水头损失的分类

实际液体在流动过程中，与边界面接触的液体质点黏附于固体表面，流速为零。在边界面的法线方向上流速从零迅速加大，过水断面上的流速分布处于不均匀状态。如果选取相邻两流层来研究，由于两流层间存在相对运动，如图 2-22 所示，实际液体又具有黏滞性，所以在有相对运动的相邻流层间就会产生内摩擦力。液体流动过程中要克服这种摩擦阻力，损耗一部分液流的机械能，转化为热能而散失。在水力学中，能量损失都是用单位重量的液体所损失的能量来表示的。在固体边界顺直的水道中，单位重量的液体自一断面流至另一断面所损失的机械能就叫做这两个断面之间的水头损失，这种水头损失是沿程都有并随沿程长度而增加的，所以叫做沿程水头损失，常用 h_f 表示。

在边界形状和大小沿流程发生改变的水道中，由于水流的惯性作用，水流在边界突变处会产生与边界的分离并且水流与边界之间形成旋涡，如图 2-23 所示。这些旋涡随流带走，由于液体的黏滞性作用，旋涡经过一段距离后消失。在该旋涡区中，涡体的形成、运转和分裂，以及流速分布改组过程中液体质点相对运动的加强，使水流在此段内形成了比内摩擦力大得多的附加阻力，产生较大的能量损失，这种能量损失是发生在局部范围内的，所以叫做局部水头损失，常用 h_j 表示。

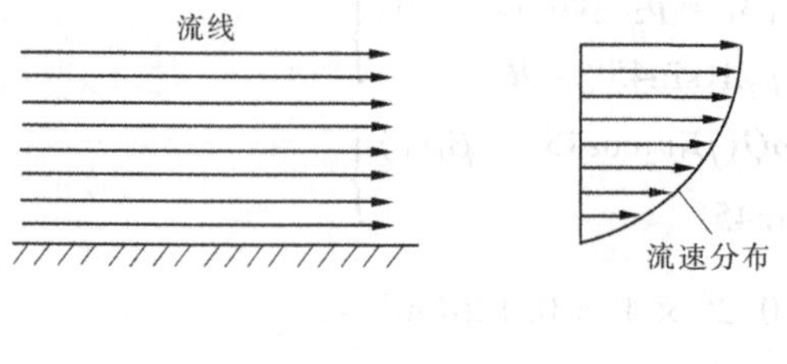

图 2-22

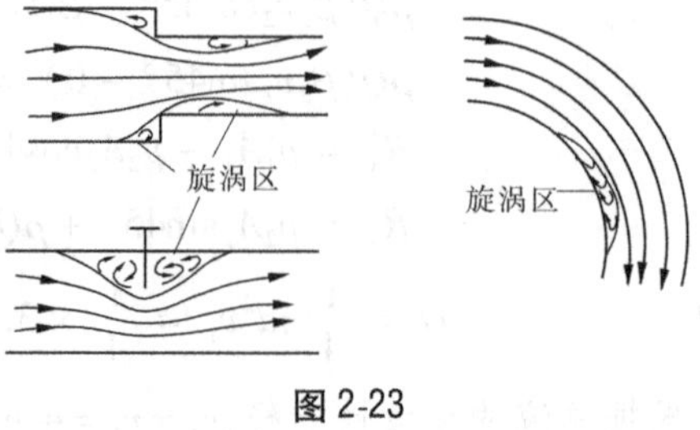

图 2-23

综上所述,我们可以将水流阻力和水头损失分成两类:

(1)由各流层之间的相对运动而产生的阻力,称为内摩擦阻力。它由于均匀地分布在水流的整个流程上,故又称为沿程阻力。为克服沿程阻力而引起单位重量水体在运动过程中的能量损失,称为沿程水头损失,如输水管道、隧洞和河渠中的均匀流及渐变流流段内的水头损失,就是沿程水头损失。

(2)当流动边界沿程发生急剧变化(如突然扩大、突然缩小、转弯、阀门等处)时,局部流段内的水流产生了附加的阻力,额外消耗了大量的机械能,通常称这种附加的阻力为局部阻力,克服局部阻力而造成单位重量水体的机械能损失为局部水头损失。局部水头损失是在边界发生改变处的一段流程内产生的,为了计算方便,常将局部水头损失看成是集中在一个突变断面上产生的水头损失。

实际水流中,整个流程既存在着各种局部水头损失,又有各流段的沿程水头损失。某一流段沿程水头损失与局部水头损失的总和,称为该流段的总水头损失。如其相邻两局部水头损失互不影响,则全流程(见图 2-24)总水头损失 h_w 就等于各局部水头损失和各流段的沿程水头损失之和,即

$$h_w = \sum h_f + \sum h_j \tag{2-50}$$

式中 $\sum h_f$——整个流程中各均匀流段或渐变流段的沿程水头损失之和;

$\sum h_j$——整个流程中各种局部水头损失之和。

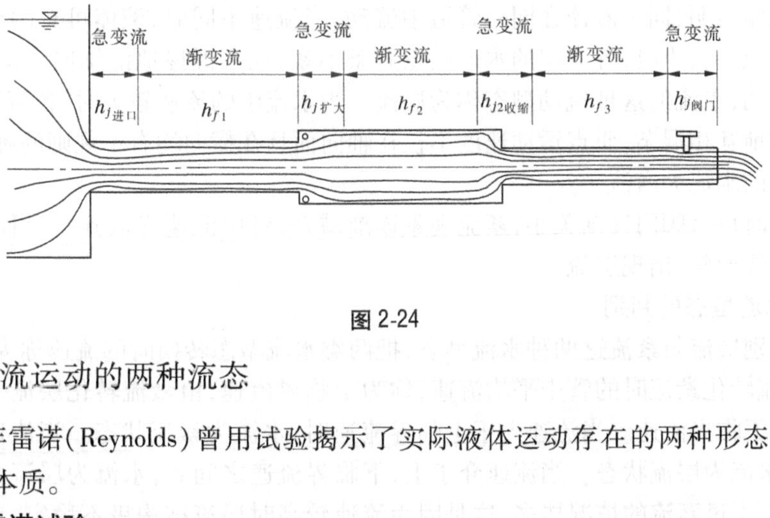

图 2-24

二、水流运动的两种流态

1885 年雷诺(Reynolds)曾用试验揭示了实际液体运动存在的两种形态(层流和紊流)的不同本质。

(一)雷诺试验

图 2-25 为雷诺试验装置的示意图。在试验过程中,利用溢水管保持水箱中水位恒定,保证试验时试验管段内的水流为恒定均匀流。

试验开始时,先将试验管末端的阀门 A 徐徐开启,使试验段管中的水流的流动速度较小,然后打开装有颜色液体的细管上的阀门 B,此时,在试验段的玻璃管内出现一条细而直的鲜明的着色流束,此着色流束并不与管内的不着色的水流相混杂,如图 2-26(a)所示。

将阀门 A 逐渐开大,试验管段中水流的流速也相应地逐渐增大,此时可以看到,玻璃

管中的着色流束开始颤动，并弯曲成波形，如图 2-26(b)所示。随着阀门 A 继续开大，着色的波状流束先在个别地方出现断裂，失去了着色流束的清晰形状。最后，在流速达到某一定值时，着色流束便完全破裂，并很快地扩散成布满整个试验管的旋涡，而使管中水流全部着色，如图 2-26(c)所示，这种现象说明水流质点已经相互混掺了。

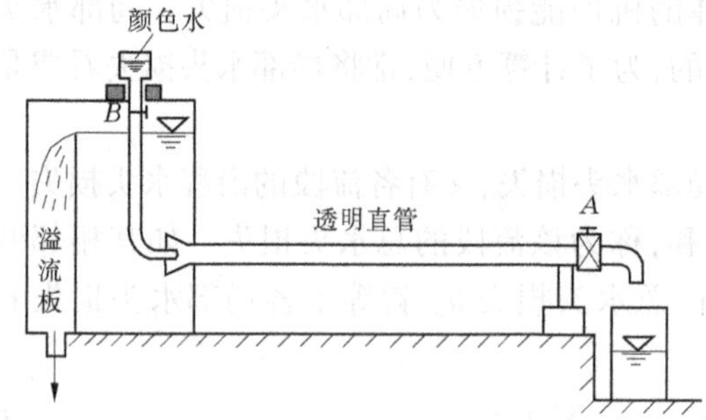

图 2-25

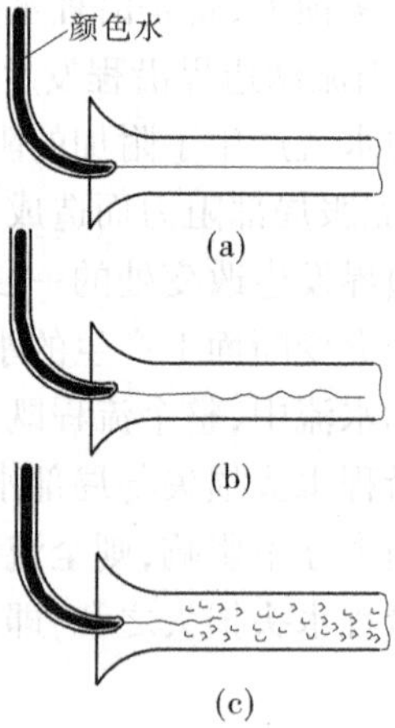

图 2-26

上述试验表明，同一液体在同一管道中流动，当流速不同时，液体可有两种不同型态的运动。当流速较小时，各流层的水流质点有条不紊、互不混掺地沿轴向流动，流体质点没有横向运动，水流的这种流动型态称为层流。当水流中的流速较大时，各流层中的水流质点已剧烈地互相混杂，质点运动速度不仅在轴向而且在横向均有不规则的脉动现象，这种流动型态的水流为紊流。

如果此时再将阀门逐渐关小，紊流现象逐渐减轻，管中流速降低到一定程度时，颜色水又恢复直线形状，出现层流。

（二）水流型态的判别

为了鉴别层流与紊流这两种水流型态，把两类水流型态转换时的流速称为临界流速。其中，由层流转化紊流时的管中平均流速，称为上临界流速，由紊流转化层流时的管中平均流速称为下临界流速。当流速大于上临界流速时，水流为紊流状态。当流速小于下临界流速时，水流为层流状态。当流速介于上、下临界流速之间时，水流为层流或紊流的可能性都存在，不过紊流的情况居多，这是因为流速较高时层流结构极不稳定，遇有外界振动干扰就容易变为紊流。

当改变试验时的水温、玻璃管直径或试验种类时，测出临界流速的数值相应发生改变。对不同液体在不同温度下流经不同管径的管道进行试验，结果表明，液体流动型态的转变，取决于液体流速 v 和管径 d 的乘积与液体运动黏滞性系数 ν 的比值。因此，称 $\frac{vd}{\nu}$ 为雷诺数，用 Re 表示，即

$$Re = \frac{vd}{\nu} \tag{2-51}$$

试验表明，同一形状的边界流动的各种液体，流动型态转换时的雷诺数是一个常数，称为临界雷诺数。紊流变层流时的雷诺数称为下临界雷诺数。层流变紊流的雷诺数称为上临界雷诺数。下临界雷诺数比较稳定，而上临界雷诺数极不稳定，随着流动的起始条件和试验条件不同，外界干扰程度不同，其值差异很大。实践中，只根据下临界雷诺数判别流态。把下临界雷诺数称为临界雷诺数，以 Re_k 表示。实际判别液体流态时，当液流的雷诺数 $Re < Re_k$ 时，为层流；当液流的雷诺数 $Re > Re_k$ 时，则为紊流。

因此，雷诺数是判别流动型态的判别数，对于同一边界形状的流动，在不同液体、不同温度及不同边界尺寸的情况下，临界雷诺数是一个常数。不同边界形状下流动的临界雷诺数大小不同。

试验测得圆管中临界雷诺数 $Re_k = 2\ 000 \sim 3\ 000$，常取 2 320 为判别值。

在明槽流动中，常用水力半径 R 作为特征长度来替代直径 d，Re 须写为

$$Re = \frac{vR}{\nu} \tag{2-52}$$

在明槽流动中，由于槽身形状有差异，临界雷诺数为 300 ~ 600，常取 580 为判别值。

水利工程中所见到的流动绝大多数属于紊流，即使流速和管径皆较小的生活供水，管流通常也是紊流。水利工程中层流是很少发生的，只有在地下水流动、水库、沉沙池和高含沙的浑水中，或在泥沙颗粒分析及其他试验中，才可能遇到层流。

【例题 2-6】 试判别下述液体的流动型态：①有一圆形水管，其直径 d 为 100 mm，管中水流的平均速度 v 为 1.0 m/s，水温为 10 ℃；②输油管直径 d 为 100 mm，通过流量 Q = 3 L/s，已知油的运动黏滞系数 $\nu = 4 \times 10^{-5}\ m^2/s$。

解：(1) 当水温为 10 ℃ 时查得水的运动黏滞系数 $\nu = 1.306 \times 10^{-6}\ m^2/s$，管中水流的雷诺数为

$$Re = \frac{vd}{\nu} = \frac{1.0 \times 0.1}{1.306 \times 10^{-6}} = 7.66 \times 10^4 > 2\ 320$$

因此，管中水流为紊流型态。

(2) 输油管 $d = 0.1$ m，$A = 7.85 \times 10^{-3}\ m^2$，则

流速 $$v = \frac{Q}{A} = \frac{3 \times 10^{-3}}{7.85 \times 10^{-3}} = 0.382 (m/s)$$

雷诺数 $$Re = \frac{vd}{\nu} = \frac{0.382 \times 0.1}{4 \times 10^{-5}} = 955 < 2\ 320$$

因此，输油管内液流为层流型态。

三、水流流动型态和水头损失关系

在雷诺试验装置中，将水平放置的玻璃管段两端各接一根测压管，测量管段两端断面 1—1 和断面 2—2 之间的沿程水头损失 h_f，如图 2-27 所示。

对过水断面 1—1 和断面 2—2 列能量方程，得

$$z_1 + \frac{p_1}{\gamma} + \frac{\alpha_1 v_1^2}{2g} = z_2 + \frac{p_2}{\gamma} + \frac{\alpha_2 v_2^2}{2g} + h_f \tag{2-53}$$

由图 2-28 可知，$z_1 = z_2$，$\frac{\alpha_1 v_1^2}{2g} = \frac{\alpha_2 v_2^2}{2g}$，故

$$h_f = \frac{p_1}{\gamma} - \frac{p_2}{\gamma} = h_1 - h_2 = \Delta h \tag{2-54}$$

式(2-54)表明，两测压管中的水位差，即是两过水断面之间的沿程水头损失。

试验按层流转变为紊流和紊流转变为层流两种程序进行，改变管中流速，多次重复试验，将试验所得结果绘在双对数坐标纸上，纵坐标表示 $\lg h_f$，横坐标表示 $\lg v$，如图 2-28 所示。

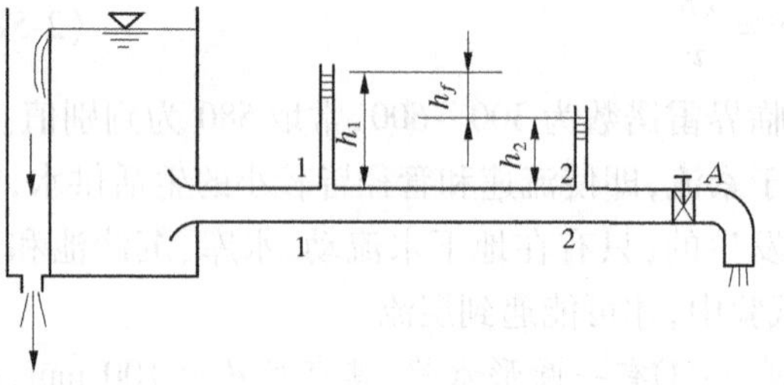

图 2-27

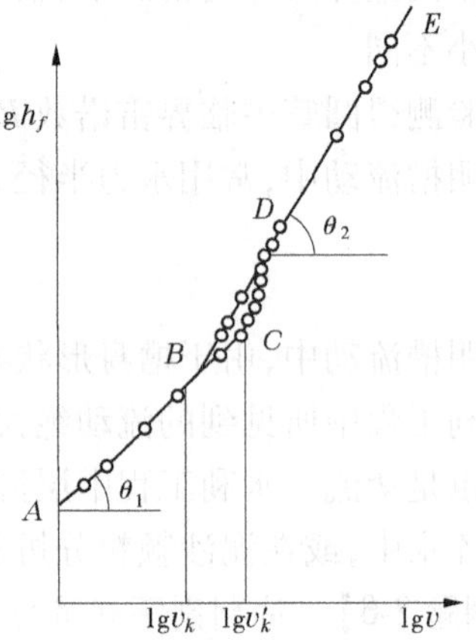

图 2-28

如图 2-28 所示的关系曲线表明：层流时 h_f 与 v 按 AB 直线变化，因为直线 AB 的倾角 $\theta_1 = 45°$，所以沿程水头损失与流速的一次方成正比。紊流时，沿程水头损失与流速的关系按 DE 直线变化，直线 DE 的倾角 $\theta_2 > 45°$，沿程水头损失与流速的 1.75 ~ 2.0 次方成正比。上述沿程水头损失与流速的关系，可用统一的指数形式的公式表示，即

$$h_f = kv^m \tag{2-55}$$

当水流为层流时，指数 $m = 1$；当水流为紊流时，指数 $m = 1.75 \sim 2.0$。

四、沿程水头损失的分析和计算

(一)均匀流基本方程

由于沿程水头损失是克服阻力(切应力)所做的功，因此有必要讨论并建立沿程阻力和水头损失的关系——均匀流基本方程。

如图 2-29 所示，取出自过水断面 1—1 至过水断面 2—2 的一段圆管均匀流，其长度为 l，过水断面面积 $A_1 = A_2 = A$，湿周为 χ，现分析其作用力的平衡条件。

1—1 断面至 2—2 断面间的流段是在 1—1 断面上的动水压力 P_1，2—2 断面上的动水压力 P_2，流段本身的重量 G 及流段表面切力(沿程阻力)T 共同作用下保持均匀流动的。

在水流运动方向上各力的投影的平衡方程式为

$$P_1 - P_2 + G\cos\alpha - T = 0$$

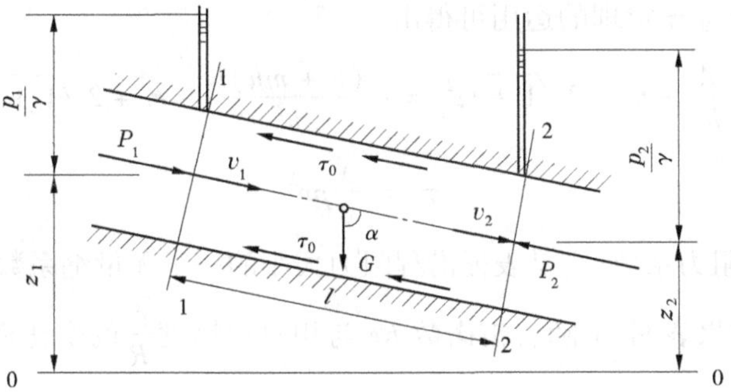

图 2-29

因 $P_1 = p_1 A, P_2 = p_2 A$，而且 $\cos\alpha = \frac{z_1 - z_2}{l}$，并设液流与固体边界接触面上的平均切应力为 τ_0，代入上式，得

$$p_1 A - p_2 A + \gamma A l \frac{z_1 - z_2}{l} - \tau_0 \chi l = 0$$

上式左右两边同除以 γA，得

$$\frac{p_1}{\gamma} - \frac{p_2}{\gamma} + z_1 - z_2 = \frac{\tau_0}{\gamma} \frac{\chi}{A} l$$

在均匀流存在的情况下只存在沿程水头损失。对 1—1 断面和 2—2 断面列能量方程式，得

$$z_1 + \frac{p_1}{\gamma} + \frac{\alpha_1 v_1^2}{2g} = z_2 + \frac{p_2}{\gamma} + \frac{\alpha_2 v_2^2}{2g} + h_f$$

对均匀流，有

$$\frac{\alpha_1 v_1^2}{2g} = \frac{\alpha_2 v_2^2}{2g}$$

因此

$$h_f = \left(z_1 + \frac{p_1}{\gamma}\right) - \left(z_2 + \frac{p_2}{\gamma}\right)$$

于是

$$h_f = \frac{\tau_0}{\gamma} \frac{\chi}{A} l = \frac{\tau_0}{\gamma} \frac{l}{R} \tag{2-56}$$

或

$$\tau_0 = \gamma R \frac{h_f}{l} = \gamma R J \tag{2-57}$$

式(2-56)和式(2-57)给出了沿程水头损失与切应力之间的关系，是研究沿程水头损失的基本公式，称为均匀流基本方程。

(二)沿程水头损失计算的理论公式

1. 沿程水头损失计算的理论公式——达西公式

在前面导出了均匀流沿程水头损失与边界平均切应力的关系式(见式(2-56))，该式表明，沿程水头损失与边界的平均切应力 τ_0 成正比。大量的试验研究发现，边界平均切应力 τ_0 与断面平均流速 v、水力半径 R、液体的密度 ρ、动力黏滞系数 μ 及固体边壁的绝对粗糙度 Δ 等因素有关，即

$$\tau_0 = F(v, R, \rho, \mu, \Delta) \tag{2-58}$$

通过量纲分析与 π 定理的运用可得出

$$\frac{d\chi}{dh} = -\frac{A}{h^2} - m + 2\sqrt{1+m^2} = -\frac{(b+mh)h}{h^2} - m + 2\sqrt{1+m^2} = 0$$

$$\tau_0 = \frac{\lambda}{8}\rho v^2 \tag{2-59}$$

式中　λ——沿程阻力系数，它是表征沿程阻力大小的一个无量纲系数。

试验研究的结果表明，λ 随着雷诺数 Re 与相对粗糙度$\frac{\Delta}{R}$的变化而变化，其函数关系可以表示为

$$\lambda = f\left(Re, \frac{\Delta}{R}\right) \tag{2-60}$$

将式(2-59)代入沿程水头损失与边界平均切应力关系式中，得

$$h_f = \lambda \frac{l}{4R}\frac{v^2}{2g} \tag{2-61}$$

对于圆管，其水力半径 R 为管径 d 的 1/4，即 $R=\frac{d}{4}$，故沿程水头损失表达式可写作

$$h_f = \lambda \frac{l}{d}\frac{v^2}{2g} \tag{2-62}$$

式(2-61)和式(2-62)是在均匀流条件下建立的，所以只要是在均匀流下的层流和紊流都适用。由于水流流动型态的不同对沿程水头损失的影响可在沿程阻力系数 λ 中得到反映，所以称沿程水头损失计算的理论公式为通用公式。

2. 沿程阻力系数 λ 的测定与分析

沿程阻力系数 λ 的变化规律，可由试验成果分析得出，试验装置如图 2-30 所示。试验时，先保证水箱中的水位不变，水流为恒定流，量测段 AB 的两端距管道的进、出口有一定距离，以避免量测段的水流受到干扰，保证其水流为均匀流，并在 AB 段两端设测压管，首先测出管长 l 及管径 d。

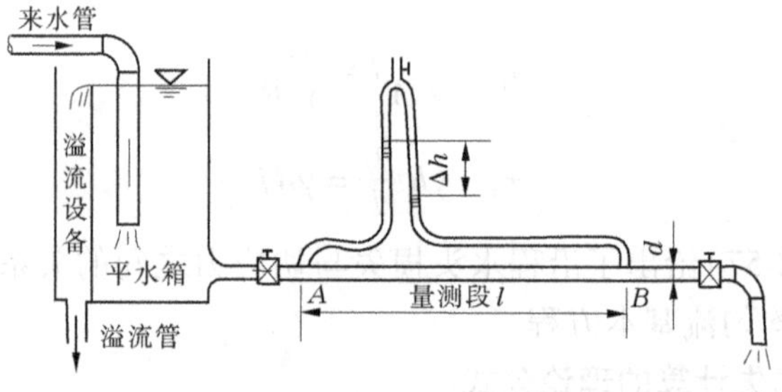

图 2-30

由于各断面流速相同，没有局部水头损失，因而根据能量方程得

$$h_w = h_f = \left(z_A + \frac{p_A}{\gamma}\right) - \left(z_B + \frac{p_B}{\gamma}\right) = h_1 - h_2 = \Delta h \tag{2-63}$$

将量测到的 Δh 及用体积法测出的流量 $Q=\frac{V}{t}$代入下式

$$\lambda = \frac{h_f}{\frac{l}{d}\frac{v^2}{2g}} = \frac{h_f}{\frac{l}{d}\frac{Q^2}{2gA^2}} \tag{2-64}$$

可算出该管道通过流量 Q 时的 λ 值。对不同相对粗糙度的管子用不同的过流量进行试验，即可得出相应的沿程阻力系数 λ。

为了探讨沿程阻力系数 λ 的变化规律，尼古拉兹曾用不同粒径的人工砂贴在不同直径的管道内壁上，表示管壁的粗糙状况。他进行了一系列的试验，并绘制了反映 λ 值变化规律的关系曲线。后来，蔡克士大用同样的方法在矩形明渠中进行了试验，也得到了与尼古拉兹试验结果相类似的曲线。

1944 年，摩迪在总结前人试验研究的基础上，对工业用的实际管道进行了试验研究，并绘制了不同相对粗糙度的管道沿程阻力系数 λ 与雷诺数 Re 的关系曲线，称为摩迪图，如图 2-31 所示。

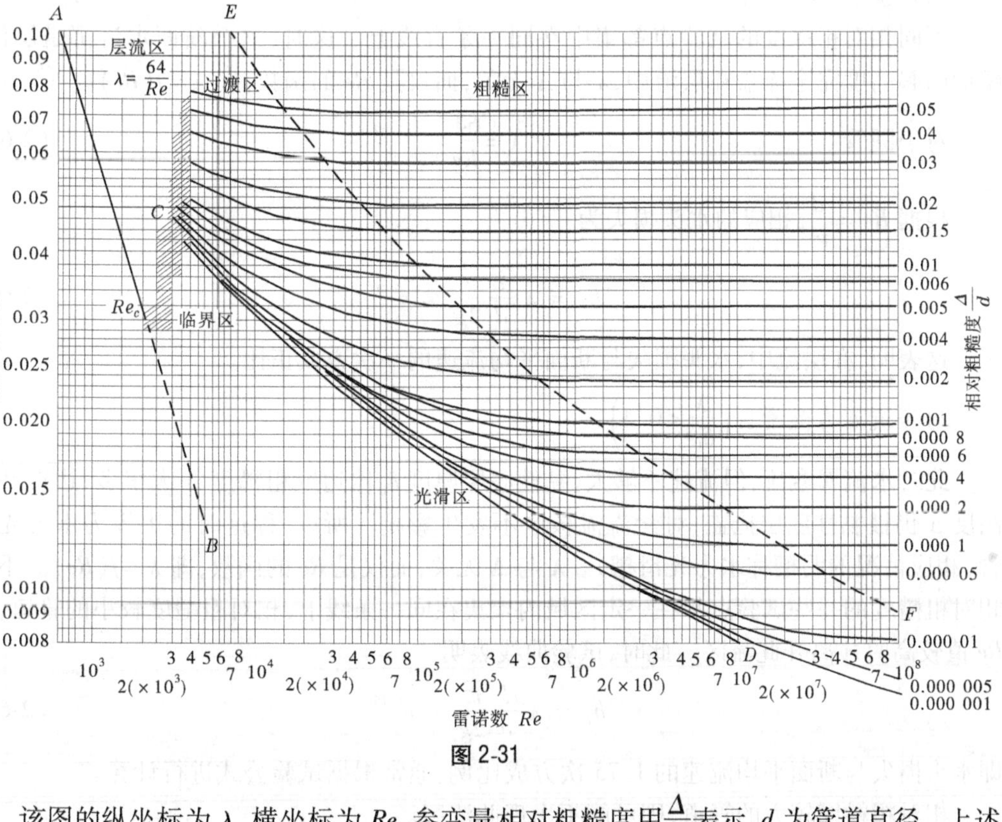

图 2-31

该图的纵坐标为 λ，横坐标为 Re，参变量相对粗糙度用 $\frac{\Delta}{d}$ 表示，d 为管道直径。上述试验成果表明：在管道（或明槽）中流动的液体，随着 Re 和相对粗糙度 $\frac{\Delta}{d}\left(\text{或}\frac{\Delta}{R}\right)$ 的不同，出现层流区、紊流水力光滑区、紊流过渡区和紊流水力粗糙区等四个不同的流区，如图 2-32所示。在不同的流区中，系数 λ 遵循着不同的规律。现以圆管流动为例，结合摩迪图加以说明。

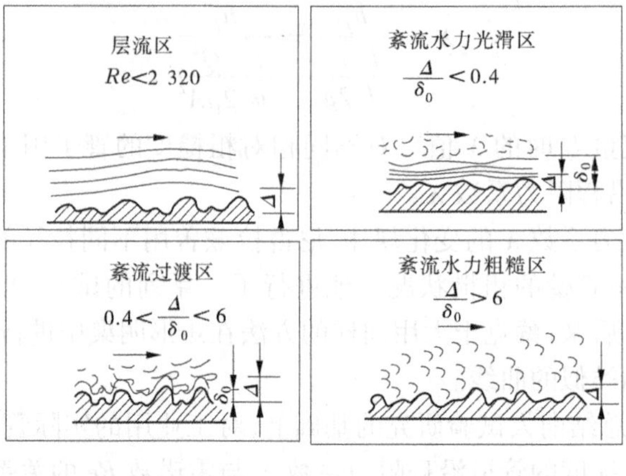

图 2-32

1）层流区（$Re<2\ 320$）

不同相对粗糙度的试验点都集中在同一条直线上。这时，整个断面水流都是层流。壁面凸起高度完全掩盖在层流中，λ 与 Δ 无关，而仅是 Re 的函数，即 $\lambda=f(Re)$。

对于圆管
$$\lambda=\frac{64}{Re} \tag{2-65}$$

根据 $Re=\dfrac{vd}{\nu}$，相应的水头损失为

$$h_f=\lambda\frac{l}{d}\frac{v^2}{2g}\propto v^{1.0} \tag{2-66}$$

这表明，在层流中，水头损失与断面平均流速的一次方成正比。

2）紊流水力光滑区$\left(\dfrac{\Delta}{\delta_0}<0.4\right)$

此时水流属紊流，但流速不够大，黏性底层厚度 δ_0 比边壁粗糙度 Δ 大很多，边壁凸出高度 Δ 仍被黏性底层掩盖，对紊流流核区不发生影响。所以，称这时的边界为水力光滑管（相应情况的明槽称水力光滑槽）。λ 与 Δ 无关，而仅是 Re 的函数，即 $\lambda=f(Re)$。不同相对粗糙度的一些试验点都在一定区域内聚集在同一条线上，相对粗糙度较小的管道，在 Re 值较高时才离开此流区。此时，试验曲线表明

$$h_f=\lambda\frac{l}{d}\frac{v^2}{2g}\propto v^{1.75} \tag{2-67}$$

即水头损失与断面平均流速的 1.75 次方成比例，通常根据试验公式进行计算。

相对粗糙度较大的管道，则可能不出现此流区。

3）紊流过渡区$\left(0.4<\dfrac{\Delta}{\delta_0}<6\right)$

不同相对粗糙度的试验点分属各自的曲线，这时水流是紊流，流速较大，δ_0 已不能完全掩盖住 Δ 的作用，Δ 的大小直接影响紊流流核区的流动。这时，系数 λ 既与 Re 有关，又与 $\dfrac{\Delta}{d}$ 有关，即 $\lambda=f\left(Re,\dfrac{\Delta}{d}\right)$。试验成果表明：

$$h_f = \lambda \frac{l}{d}\frac{v^2}{2g} \propto v^{1.75 \sim 2.0} \tag{2-68}$$

即水头损失与断面平均流速的1.75～2.0次方成比例。

4）紊流水力粗糙区$\left(\frac{\Delta}{\delta_0} > 6\right)$

此时紊流的流速和雷诺数都相当大，黏性底层厚度δ_0比绝对粗糙度Δ小得多，黏性底层对边壁粗糙度不起掩盖作用，这时的管称为粗糙管（相应情况的明槽称水力粗糙槽）。系数λ与Re无关，仅与$\frac{\Delta}{d}$有关，即$\lambda = f\left(\frac{\Delta}{d}\right)$，不同相对粗糙度的试验点分别位于不同的水平线上，试验成果表明：

$$h_f = \lambda \frac{l}{d}\frac{v^2}{2g} \propto v^2 \tag{2-69}$$

由于水头损失与流速的平方成正比，因此水力粗糙区又称阻力平方区，这种水流在水利工程中最为常见。

总之，无论在管流或明槽流动中，都存在两种流态，即层流与紊流。紊流中又分三个不同的流区，在不同的流区中，流动特征、切应力、流速分布和影响λ值的因素亦不相同。

在不同流区中系数λ遵循着不同的规律，有不同的计算公式（这里不一一介绍）。因此，计算λ值时，必须先区分流态和紊流的流区，区分紊流流区需要根据粗糙度Δ与黏性底层厚度δ_0的比值确定。但由于黏性底层厚度δ_0是随水流变化的，因而$\frac{\Delta}{\delta_0}$也是随水流变化的。在一种水流条件下，若判明它属于水力光滑壁面，但当水流的Re加大、δ_0减小时，原属水力光滑的壁面又可能转变成水力粗糙或过渡区。可见，若水流条件改变，需要重新判定流区。

黏性底层厚度根据经验公式$\delta_0 = 32.8\frac{d}{Re\sqrt{\lambda}}$计算。由于此时$\lambda$值未知，必须进行试算，这在实用上很不方便。若利用摩迪图，可较简便地划分流区，并进行一般管道的阻力系数的计算。

对人工砂粒可用砂粒直径来代表绝对粗糙度，但实际工程上水管的管壁粗糙度是无法直接进行量测的。目前的办法是通过管段的沿程水头损失试验，将试验结果与人工砂粒加糙结果比较，把具有同一沿程阻力系数值的砂粒粗糙度作为这类圆管的当量粗糙度。表2-1是常用管道及明渠中的当量粗糙值，可供估算时参考。

3. 沿程水头损失的经验公式——谢才公式

要应用达西公式计算沿程水头损失，必须采用自然管道或天然河道表面粗糙均匀化后的当量粗糙度。目前尚缺乏这方面较完整的资料，所以这些公式在使用时受到了很大的限制。早在200多年以前，人们就已在生产实践中总结出一套计算沿程水头损失h_f的经验公式。虽然这些公式在理论上不够完善，但一直在生产实践中被采用，并在一定的范围内满足生产上的需要，所以至今仍在水利工程中被广泛采用。

沿程水头损失计算的经验公式，最常用的是1769年谢才（Chezy）在总结了明渠均匀流的实测资料后提出来的公式，后人称为谢才公式。其形式为

表 2-1　各种壁面当量粗糙度 Δ 值　（单位:mm）

序号	边界条件	当量粗糙度 Δ	序号	边界条件	当量粗糙度 Δ
1	铜或玻璃的无缝管	0.001 5 ~ 0.01	8	磨光的水泥管	0.33
2	涂有沥青的钢管	0.12 ~ 0.24	9	未刨光的木槽	0.35 ~ 0.70
3	白铁皮管	0.15	10	旧的生锈金属管	0.60
4	一般状况的钢管	0.19	11	污秽的金属管	0.75 ~ 0.97
5	清洁的镀锌铁管	0.25	12	混凝土衬砌渠道	0.8 ~ 9.0
6	新的生铁管	0.25 ~ 0.4	13	土渠	4 ~ 11
7	木管或清洁的水泥面	0.25 ~ 1.25	14	卵石河床(d = 70 ~ 80 mm)	30 ~ 60

$$v = C\sqrt{RJ} \tag{2-70}$$

其中

$$R = \frac{A}{\chi},\quad J = \frac{h_f}{l}$$

式中　R——水力半径,m;

C——谢才系数,$m^{1/2}/s$;

J——水力坡度;

v——断面平均流速,m/s。

将 $J = \dfrac{h_f}{l}$ 代入式(2-70),得

$$h_f = \frac{v^2}{C^2 R} l \tag{2-71}$$

其实谢才公式与达西公式是一致的,只是表现形式不同。只要将

$$C = \sqrt{\frac{8g}{\lambda}} \tag{2-72}$$

代入达西公式就可以得到谢才公式:

$$h_f = \frac{8g}{C^2}\frac{l}{d}\frac{v^2}{2g} = \frac{v^2}{C^2 R} l \tag{2-73}$$

谢才公式既可应用于明渠,也可应用于管流。谢才公式可应用于不同流态或流区,只是谢才系数的公式不同而已。在实际工程上所遇到的水流大多数是阻力平方区的紊流,谢才系数的经验公式是根据阻力平方区紊流的大量实测资料求得的,所以只适用于阻力平方区的紊流。

先介绍两个比较常用的求谢才系数的公式:

(1)曼宁公式:

$$C = \frac{1}{n} R^{1/6} \tag{2-74}$$

其中，n 称为粗糙系数，简称糙率。它是衡量边壁阻力影响的一个综合系数。目前，对 n 值已积累了较多的资料，并普遍为工程界所采用。不同输水渠道边壁的 n 值，列于表 2-2 中，以供查用。

表 2-2 糙率 n 值

壁面种类及状况	n	$\frac{1}{n}$
特别光滑的黄铜管、玻璃管，涂有珐琅质或其他釉料的表面	0.009	111
精致水泥浆抹面、安装及连接良好的新制的清洁铸铁管及钢管、精刨木板	0.011	90.9
很好地安装的未刨木板，正常情况下无显著水锈的给水管、非常清洁的排水管、最光滑的混凝土面	0.012	83.3
良好的砖砌体，正常情况的排水管，略有积污的给水管	0.013	76.9
积污的给水管和排水管，中等情况下渠道的混凝土砌面	0.014	71.4
良好的块石圬工，旧的砖砌体，比较粗制的混凝土砌面，特别光滑、仔细开挖的岩石面	0.017	58.8
坚实黏土的渠道、不密实淤泥层（有的地方是中断的）覆盖的黄土、砾石及泥土的渠道、良好养护情况下的大渠道	0.022 5	44.4
良好的干砌圬工、中等养护情况的土渠、情况良好的天然河流（河床清洁、顺直、水流通畅、无塌岸及深潭）	0.025	40.0
养护情况在中等标准以下的土渠	0.027 5	36.4
情况比较不良的土渠（如部分渠底有水草、卵石或砾石，部分边岸崩塌等）、水流条件良好的天然河流	0.030	33.3
情况特别坏的渠道（有不少深潭及塌岸、芦苇丛生、渠底有大石及密生的树根等），过水条件差、石子及水草数量增加、有深潭及浅滩等的弯曲河道	0.040	25.0

曼宁公式形式简单，计算方便，且应用于管道及较小的河渠可得较满意的结果，故被世界各国工程界采用。

将式(2-74)代入式(2-70)中，则谢才公式可变为

$$v = \frac{1}{n}R^{2/3}J^{1/2} \tag{2-75}$$

（2）巴甫洛夫斯基公式：

$$C = \frac{1}{n}R^{y} \tag{2-76}$$

其中，y 可按下式确定：

$$y = 2.5\sqrt{n} - 0.13 - 0.75\sqrt{R}(\sqrt{n} - 0.10) \tag{2-77}$$

或者可近似地按下列简式确定：

当 $R<1.0$ m 时，$y=1.5\sqrt{n}$；当 $R>1.0$ m 时，$y=1.3\sqrt{n}$。

巴甫洛夫斯基公式的适用范围为 $0.1 \text{ m} \leqslant R \leqslant 3.0 \text{ m}$，$0.011 \leqslant n \leqslant 0.04$。

n 值的选定，因实际情况不同往往比较复杂，如管道有新有旧，有生锈的，也有清洁的。天然河道中的糙率更为复杂。工程中对 n 值的选定，一般应根据有关资料参照已建工程的运用情况来慎重选用。

五、局部水头损失的分析与计算

前面已经介绍过，当流动边界发生突变时，水流将产生局部水头损失。边界突然变化的形式是多种多样的，如断面突然扩大、突然缩小、转弯、分岔、阀门等。断面的突变对水流运动产生的影响可归纳成两点：

(1)在断面突变处，水流因受惯性作用，将不紧贴壁面流动，与壁面产生分离，并形成旋涡。旋涡的分裂和互相摩擦要消耗大量的能量，因此旋涡区的大小和旋涡的强度直接影响局部水头损失的大小。

(2)由于主流脱离边界形成旋涡区，主流或受到压缩，或随着主流沿程不断扩散，流速分布急剧调整。图 2-33(a)中断面 1—1 的流速分布图，经过不断改变，最后在断面 2—2上接近于下游正常水流的流速分布。在流速改变的过程中，质点内部相对运动加强，碰撞、摩擦作用加剧，从而造成较大的能量损失。

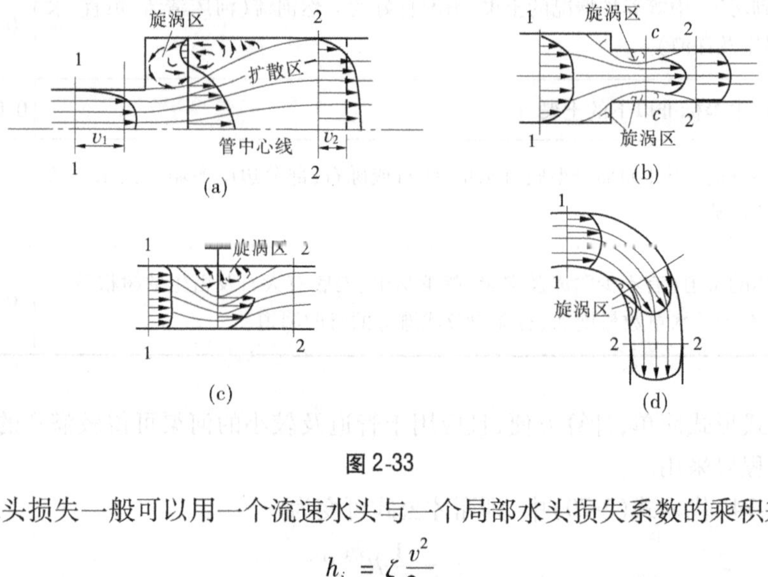

图 2-33

局部水头损失一般可以用一个流速水头与一个局部水头损失系数的乘积来表示，即

$$h_j = \zeta \frac{v^2}{2g} \tag{2-78}$$

其中，局部水头损失系数 ζ 通常由试验测定，现列于表 2-3 中。必须指出，ζ 都是对应于某一流速水头而言的，在选用时，应注意二者的对应关系，与 ζ 相应的流速水头在表 2-3 中已标明，若不加特殊的标明者，该 ζ 值皆是指相应于局部阻力后的流速水头。

表 2-3　局部水头损失系数 ζ 值

<table>
<tr><th>名称</th><th colspan="2">简图</th><th>局部水头损失系数 ζ 值</th></tr>
<tr><td>断面突然扩大</td><td colspan="2">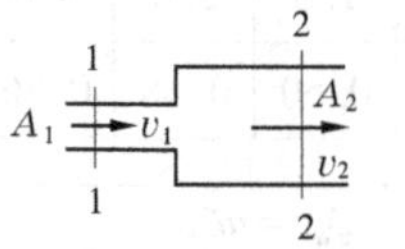
</td><td>$\zeta' = \left(1-\frac{A_1}{A_2}\right)^2$　$\left(\text{应用公式 } h_j=\zeta'\frac{v_1^2}{2g}\right)$
$\zeta'' = \left(\frac{A_2}{A_1}-1\right)^2$　$\left(\text{应用公式 } h_j=\zeta''\frac{v_2^2}{2g}\right)$</td></tr>
<tr><td>断面突然缩小</td><td colspan="2">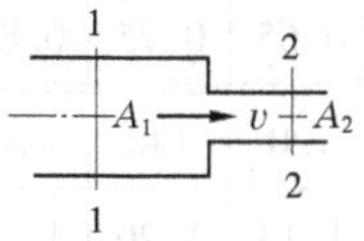
</td><td>$\zeta = 0.5\left(1-\frac{A_2}{A_1}\right)$</td></tr>
<tr><td rowspan="3">进口</td><td rowspan="2">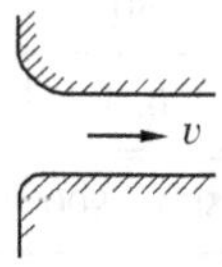
</td><td>完全修圆</td><td>0.05～0.10</td></tr>
<tr><td>稍微修圆</td><td>0.20～0.25</td></tr>
<tr><td>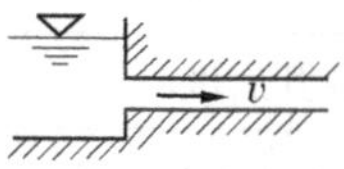
</td><td>没有修圆</td><td>0.50</td></tr>
<tr><td rowspan="2">出口</td><td>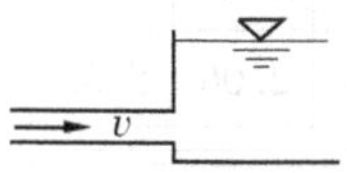
</td><td>流入水库（池）</td><td>1.0</td></tr>
<tr><td>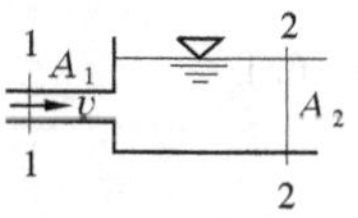
</td><td>流入明渠</td><td><table><tr><td>A_1/A_2</td><td>0.1</td><td>0.2</td><td>0.3</td><td>0.4</td><td>0.5</td><td>0.6</td><td>0.7</td><td>0.8</td><td>0.9</td></tr><tr><td>ζ</td><td>0.81</td><td>0.64</td><td>0.49</td><td>0.36</td><td>0.25</td><td>0.16</td><td>0.09</td><td>0.04</td><td>0.01</td></tr></table></td></tr>
<tr><td rowspan="2">急转弯管</td><td rowspan="2">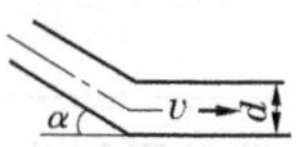
</td><td>圆形</td><td><table><tr><td>$\alpha(°)$</td><td>30</td><td>40</td><td>50</td><td>60</td><td>70</td><td>80</td><td>90</td></tr><tr><td>ζ</td><td>0.20</td><td>0.30</td><td>0.40</td><td>0.55</td><td>0.70</td><td>0.90</td><td>1.10</td></tr></table></td></tr>
<tr><td>矩形</td><td><table><tr><td>$\alpha(°)$</td><td>15</td><td>30</td><td>45</td><td>60</td><td>90</td></tr><tr><td>ζ</td><td>0.025</td><td>0.11</td><td>0.26</td><td>0.49</td><td>1.20</td></tr></table></td></tr>
</table>

续表 2-3

<table>
<tr><th>名称</th><th colspan="2">简图</th><th>局部水头损失系数ζ值</th></tr>
<tr><td rowspan="2">弯管</td><td>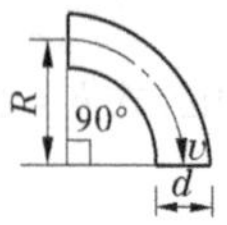</td><td>90°</td><td>
<table>
<tr><td>R/d</td><td>0.5</td><td>1.0</td><td>1.5</td><td>2.0</td><td>3.0</td><td>4.0</td><td>5.0</td></tr>
<tr><td>$\zeta_{90°}$</td><td>1.2</td><td>0.80</td><td>0.60</td><td>0.48</td><td>0.36</td><td>0.30</td><td>0.29</td></tr>
</table></td></tr>
<tr><td>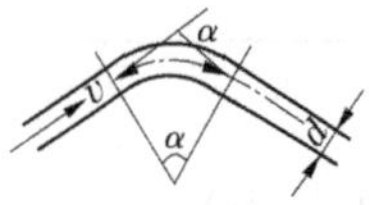</td><td>任意角度</td><td>
$\zeta_{\alpha°}=a\zeta_{90°}$
<table>
<tr><td>α(°)</td><td>20</td><td>30</td><td>40</td><td>50</td><td>60</td><td>70</td><td>80</td></tr>
<tr><td>a</td><td>0.40</td><td>0.55</td><td>0.65</td><td>0.75</td><td>0.83</td><td>0.88</td><td>0.95</td></tr>
<tr><td>α(°)</td><td>90</td><td>100</td><td>120</td><td>140</td><td>160</td><td>180</td><td></td></tr>
<tr><td>a</td><td>1.00</td><td>1.05</td><td>1.13</td><td>1.20</td><td>1.27</td><td>1.33</td><td></td></tr>
</table></td></tr>
<tr><td>闸阀</td><td>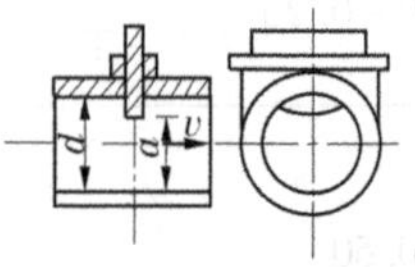</td><td>圆形管道</td><td>
当全开时($a/d=1$)
<table>
<tr><td>d(mm)</td><td>15</td><td>20 ~ 50</td><td>80</td><td>100</td><td>150</td></tr>
<tr><td>ζ</td><td>1.5</td><td>0.5</td><td>0.4</td><td>0.2</td><td>0.1</td></tr>
<tr><td>d(mm)</td><td>200 ~ 250</td><td>300 ~ 450</td><td>500 ~ 800</td><td>900 ~ 1 000</td><td></td></tr>
<tr><td>ζ</td><td>0.08</td><td>0.07</td><td>0.06</td><td>0.05</td><td></td></tr>
</table>
当各种开启度时
<table>
<tr><td>a/d</td><td>7/8</td><td>6/8</td><td>5/8</td><td>4/8</td><td>3/8</td><td>2/8</td><td>1/8</td></tr>
<tr><td>$A_{开启}/A_{总}$</td><td>0.948</td><td>0.856</td><td>0.740</td><td>0.609</td><td>0.466</td><td>0.315</td><td>0.159</td></tr>
<tr><td>ζ</td><td>0.15</td><td>0.26</td><td>0.81</td><td>2.06</td><td>5.52</td><td>17.00</td><td>97.80</td></tr>
</table></td></tr>
<tr><td>截止阀</td><td>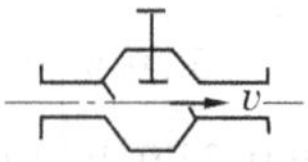</td><td>全开</td><td>4.3 ~ 6.1</td></tr>
<tr><td rowspan="2">莲蓬头
(滤水网)</td><td>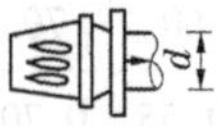</td><td>无底阀</td><td>2 ~ 3</td></tr>
<tr><td>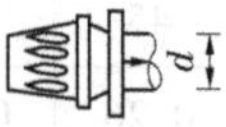</td><td>有底阀</td><td>
<table>
<tr><td>d (mm)</td><td>40</td><td>50</td><td>75</td><td>100</td><td>150</td><td>200</td><td>250</td><td>300</td><td>350</td><td>400</td><td>500</td><td>750</td></tr>
<tr><td>ζ</td><td>12</td><td>10</td><td>8.5</td><td>7.0</td><td>6.0</td><td>5.2</td><td>4.4</td><td>3.7</td><td>3.4</td><td>3.1</td><td>2.5</td><td>1.6</td></tr>
</table></td></tr>
</table>

续表 2-3

名称	简图	局部水头损失系数 ζ 值
平板门槽	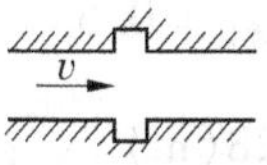	0.05 ~ 0.20
拦污栅	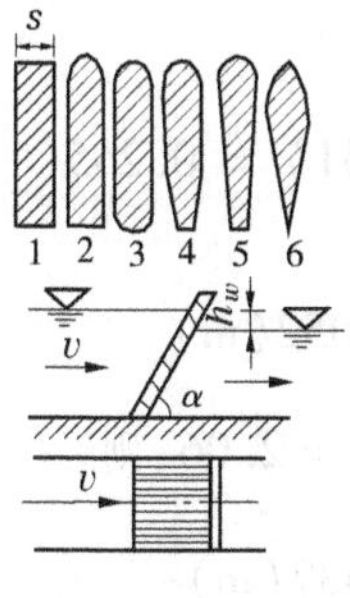 	$\zeta=\beta(\frac{s}{b})^{4/3}\sin\alpha$ 式中　s——栅条宽度； b——栅条间距； α——倾角； β——栅条形状系数，用下表确定

栅条形状	1	2	3	4	5	6
β	2.42	1.83	1.67	1.035	0.92	0.76

【例题 2-7】　从水箱引出一直径不同的管道，如图 2-34 所示。已知 $d_1=175$ mm，$l_1=30$ m，$\lambda_1=0.032$，$d_2=125$ mm，$l_2=20$ m，$\lambda_2=0.037$，第二段管子上有一平板闸阀，其开度为 $a/d=0.5$。当输送流量为 $Q=25$ L/s 时，求：沿程水头损失 $\sum h_f$；局部水头损失 $\sum h_j$；水箱的水头 H。

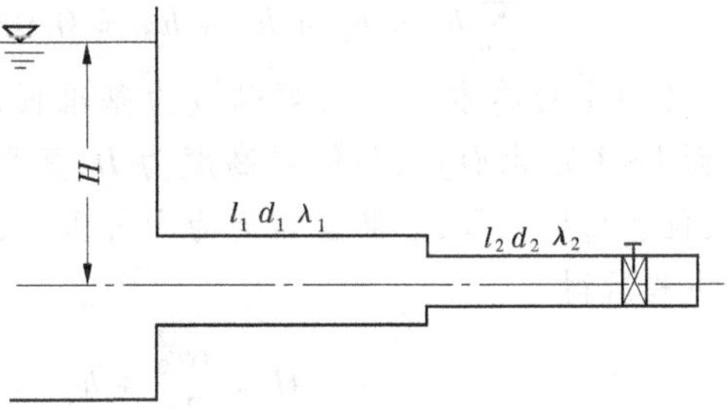

图 2-34

解：(1) 沿程水头损失。

第一段：　$Q=25\ \text{L/s}=0.025\ \text{m}^3/\text{s}$

断面平均流速

$$v_1=\frac{Q}{A}=\frac{Q}{\frac{\pi}{4}d_1^2}=\frac{4\times0.025}{3.14\times0.175^2}=1.04(\text{m/s})$$

沿程水头损失

$$h_{f_1}=\lambda_1\frac{l_1}{d_1}\frac{v_1^2}{2g}=0.032\times\frac{30}{0.175}\times\frac{1.04^2}{19.6}=0.303(\text{m})$$

第二段：

断面平均流速

$$v_2=\frac{Q}{A_2}=\frac{Q}{\frac{\pi}{4}d_2^2}=\frac{4\times0.025}{3.14\times0.125^2}=2.04(\text{m/s})$$

沿程水头损失

$$h_{f_2}=\lambda_2\frac{l_2}{d_2}\frac{v_2^2}{2g}=0.037\times\frac{20}{0.125}\times\frac{2.04^2}{19.6}=1.26(\text{m})$$

总的沿程水头损失

$$\sum h_f = h_{f1} + h_{f2} = 0.303 + 1.26 = 1.563(\mathrm{m})$$

(2)局部水头损失。进口损失由直角进口查表2-3得$\zeta_{进口}=0.5$

则
$$h_{j1} = \zeta_{进口}\frac{v_1^2}{2g} = 0.5 \times \frac{1.04^2}{19.6} = 0.028(\mathrm{m})$$

根据$\frac{A_2}{A_1}=\left(\frac{d_2}{d_1}\right)^2=\left(\frac{0.125}{0.175}\right)^2=0.51$,查表2-3得

$$\zeta_{缩} = 0.5 \times \left(1 - \frac{A_2}{A_1}\right) = 0.5 \times (1 - 0.51) = 0.245$$

则
$$h_{j2} = \zeta_{缩}\frac{v_2^2}{2g} = 0.245 \times \frac{2.04^2}{19.6} = 0.052(\mathrm{m})$$

闸阀损失由平板闸门的开度$a/d=0.5$,查表2-3得$\zeta_{阀}=2.06$,则

$$h_{j3} = \zeta_{阀}\frac{v_2^2}{2g} = 2.06 \times \frac{2.04^2}{19.6} = 0.437(\mathrm{m})$$

总的局部水头损失

$$\sum h_j = h_{j1} + h_{j2} + h_{j3} = 0.028 + 0.052 + 0.437 = 0.517(\mathrm{m})$$

(3)水箱的水头。以管轴线为基准面,取水箱内断面和管出口断面为两过水断面。断面1—1取水面点,其位置高度为H,压强为大气压,流速近似为零;断面2—2取中心点,位置高度为零,因断面四周为大气压强,故中心点也近似为大气压,流速为v_2,则列能量方程后得

$$H = \frac{\alpha v_2^2}{2g} + h_w = \frac{\alpha v_2^2}{2g} + \sum h_f + \sum h_j$$

用上述已算出的数字代入,得

$$H = \frac{1 \times 2.04^2}{19.6} + 1.563 + 0.517 = 2.292(\mathrm{m})$$

练习题

2-1　描述水流运动的方法有哪些?有何区别?

2-2　何为迹线?何为流线?流线的特点是什么?流线和迹线有何关系?

2-3　何为过水断面?过水断面一定是平面吗?

2-4　何为断面平均流速?断面平均流速应满足何种条件?

2-5　均匀流一定是恒定流吗?非均匀流一定是非恒定流吗?请举例说明。

2-6　均匀流或渐变流中,符合静水压强的分布规律,即各点的测压管水头为常数,这种说法对吗?

2-7　总水头线是一条下降的线,而测压管水头线一定是一条下降或上升的线,这种说法对吗?

2-8　根据边界条件的不同,水头损失可以分为哪两类?

2-9 水力光滑管与水力粗糙管是用什么来判别的？它与 Re 有什么关系？

2-10 产生水头损失的根本原因是什么？

2-11 为什么在用流速仪测流速时，流速仪在测点停留时间不宜过短呢？

2-12 雷诺数的物理意义是什么？

2-13 某河道在某处分为两支——外江及内江，外江设溢流坝一座以抬高上游河道，如图 2-35 所示。已测得上游河道流量 $Q = 1\ 250\ m^3/s$。通过溢流坝的流量 $Q_1 = 325\ m^3/s$，内江过水断面的面积 $A = 375\ m^2$。求内江流量及断面 A 的平均流速。

2-14 如图 2-36 所示，水流从水箱经过管径 $d_1 = 5\ cm$，$d_2 = 2.5\ cm$ 的管道在 C 处流入大气，已知出口流速为 1 m/s，求 AB 管段的断面平均流速。

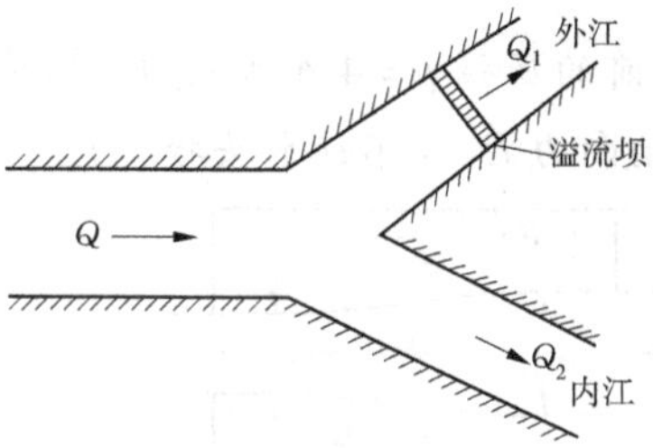

图 2-35

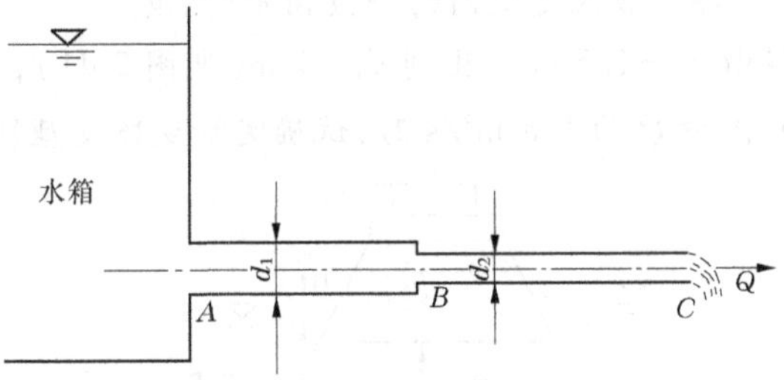

图 2-36

2-15 已知：$d_A = 0.2\ m$，$d_B = 0.4\ m$，$p_A = 6.86\ N/cm^2$，$p_B = 1.96\ N/cm^2$，$v_B = 1\ m/s$，$\Delta z = 1\ m$，如图 2-37 所示。试问：(1) AB 间水流的单位能量损失 h_w 为多少？(2) 水流流动方向是由 A 到 B，还是由 B 到 A？

2-16 如图 2-38 所示一矩形渠道，宽 4 m，渠中设有薄壁堰，堰顶水深 1 m，堰高 2 m，下游尾水深 0.8 m，已知通过的流量 $Q = 0.8\ m^3/s$，堰后水舌内外均为大气，试求堰壁上所受动水总压力。（上、下游河底为平底，河底摩擦阻力可忽略）

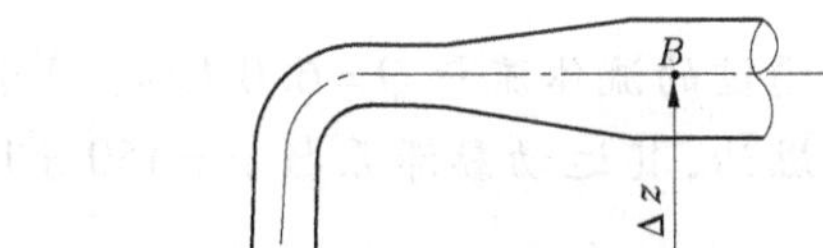

图 2-37

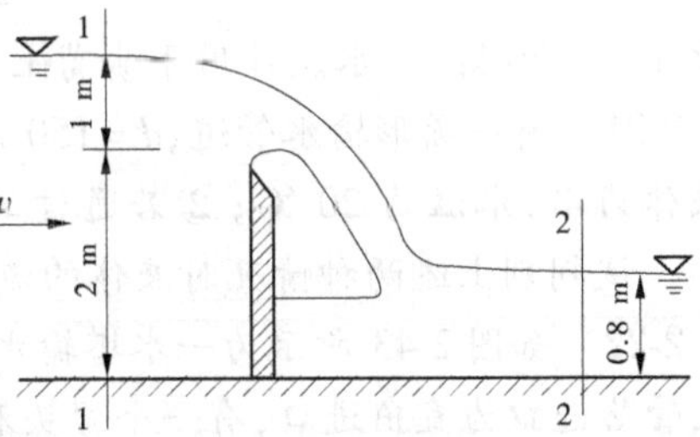

图 2-38

2-17 如图 2-39 所示，用虹吸管从水库中取水，已知 $d = 10\ cm$，其中心线上最高点 3 超出水库水面 2 m，其水头损失为：点 1 到点 3 为 $10\dfrac{v^2}{2g}$（其中 1 至 2 点为 $9\dfrac{v^2}{2g}$），由点 3 到点 4 为 $2\dfrac{v^2}{2g}$，若真空高度限制在 7 m 以内。问：

(1) 吸水管的最大流量有无限制？如有，应为多少？出水口至水库水面的高差 h 有无限制？如有，应为多少？

(2)在通过最大流量时 2 点的压强为多少？

2-18　如图 2-40 所示，某渠道在引水途中要穿过一条铁路，于路基下面修建圆形断面涵洞一座，已知涵洞设计流量 $Q = 1\ m^3/s$，涵洞上下游水位差 $z = 0.3$ m，涵洞水头损失 $h_w = 1.47v^2/2g$（v 为洞内流速），涵洞上下游渠道流速很小，速度水头可忽略。求涵洞直径 d。

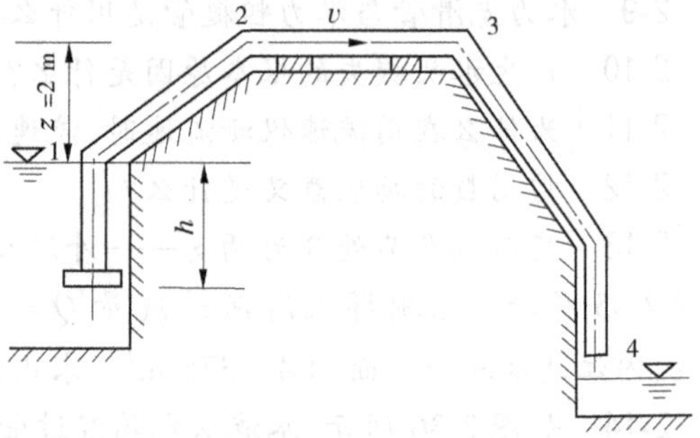

图 2-39

2-19　嵌入支座内的一段输水管，其直径由 $d_1 = 1.5$ m 变化到 $d_2 = 1$ m（见图 2-41），当支座前的压强 $p = 4$ 个大气压（相对压强），流量 Q 为 1.8 m^3/s 时，试确定渐变段支座所受的轴向力 R。（不计水头损失）

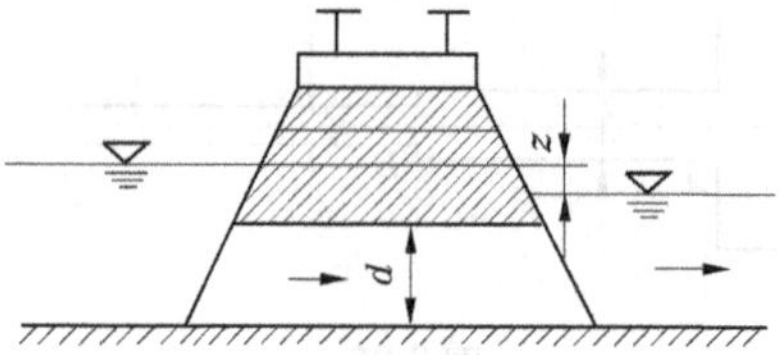

图 2-40

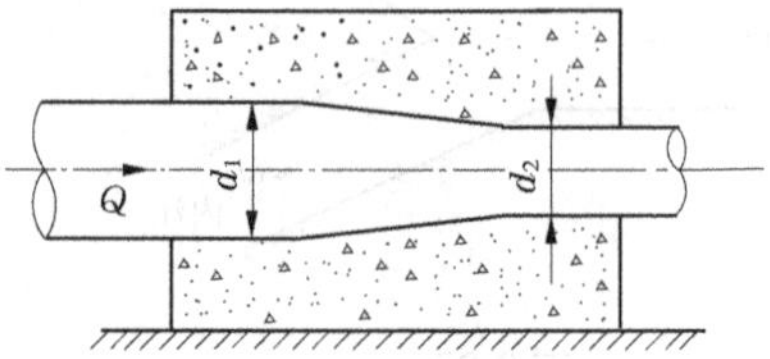

图 2-41

2-20　如图 2-42 所示，一铅直管道末端装一弯形喷嘴，转角 $\alpha = 45°$，喷嘴的进口直径 $d_A = 0.20$ m，出口直径 $d_B = 0.10$ m，出口断面平均流速 $v_B = 10$ m/s，两断面中心 A、B 的高差 $\Delta z = 0.2$ m，通过喷嘴的水头损失 $h_w = 0.5\dfrac{v_B^2}{2g}$，喷嘴中水重 $G = 20$ kg，求水流作用于喷嘴上的作用力 F。

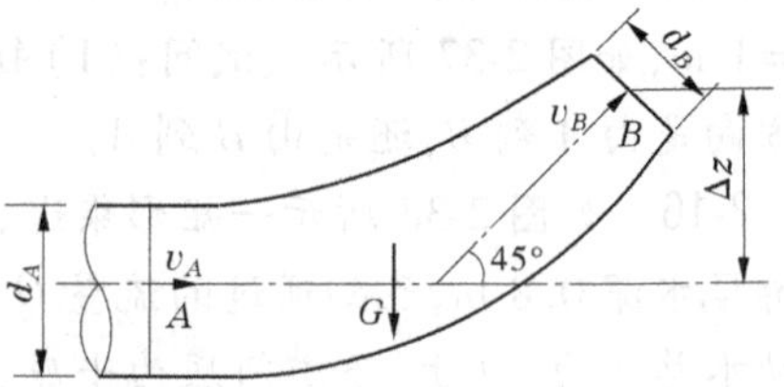

图 2-42

2-21　有一圆形输水管道，$d = 150$ mm，管道中通过的流体流量 $Q = 6.0$ L/s。①管中的液体为水，水温为 20 ℃；②若通过的液体是重燃油，其运动黏滞系数 $\nu = 150 \times 10^{-6}\ m^2/s$。试判别上述两种情况时液体的流态。

2-22　如图 2-43 所示为一水塔输水管路，已知铸铁管的管长 $l = 250$ m，管径 $d = 100$ mm，管路进口为直角进口，有一个弯头和一个闸阀，弯头的局部损失系数 $\zeta_弯 = 0.8$。当闸门全开时，管路出口流速 $v = 1.6$ m/s，求水塔水面高度 H。

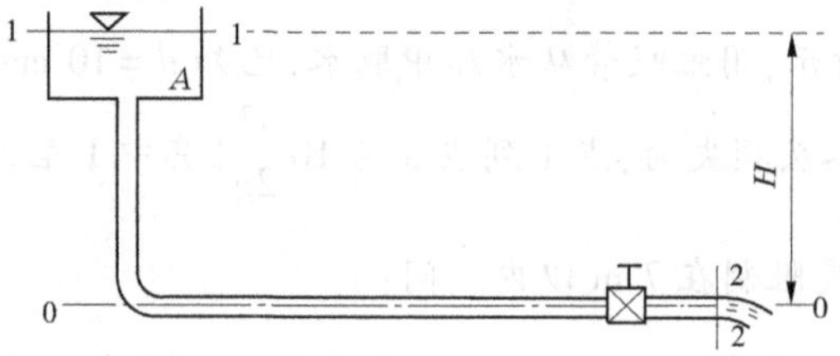

图 2-43

项目三 有压管流运动

【学习内容】 概述;简单短管的水力计算;短管应用举例;简单长管的水力计算。

单元一 概 述

学习目标:理解管流的定义,了解管流的分类及计算类型。

在日常生活中,经常用管道来输送液体,如水利工程中的有压引水隧洞、水电站的压力钢管、灌溉工程中的虹吸管和倒虹吸管、抽水机的吸水管和压水管、城市给排水工程中的自来水管以及石油工程中的输油管等,都是常见的有压管道。

一、管流运动的特点

充满整个管道的水流,称为管流。其特点是:没有自有液面,过水断面的压强一般都不等于大气压强,它是靠压力作用流动的,因此管流又称为压力流。输送压力流的管道称为压力管道。管流的过水断面一般为圆形断面。有些管道,水只占断面的一部分,具有自由液面,因而就不能当做管流,而必须当明渠水流来研究。

二、管流的分类

由于分类的方法不同,管流可分为各种类型,具体如下:

(1)根据管道中任意点的水力运动要素是否随时间发生变化,分为有压恒定流和有压非恒定流。当管中任意一点的水力运动要素不随时间而变化,即为有压恒定流;否则为有压非恒定流。本章主要研究的是有压恒定流的水力计算。

(2)根据管道中水流的局部水头损失、流速水头两项之和与沿程水头损失的比值不同,管流可分为长管和短管。

长管:当管道中水流的沿程水头损失较大,而局部水头损失及流速水头两项之和与沿程水头损失之比小于5%时,局部水头损失及流速水头可以忽略不计。

短管:当管道中局部水头损失及流速水头两项之和与沿程水头损失之比大于5%时,则在管流计算中局部水头损失及流速水头不能忽略。

由工程经验可知,一般自来水管可视为长管。倒虹吸管、虹吸管、坝内泄水管、抽水机的吸水管等,可按照短管计算。

必须注意:长管和短管的区分不是按照管道的长短来区分的,如果没有忽略局部水头损失和流速水头的充分依据时,应按短管计算。

(3)根据管道的出口情况,管流可分为自由出流与淹没出流。

自由出流:是指管道出口水流流入大气之中,如图 3-1(a)所示。

淹没出流:是指管道出口水流在下游水面以下,如图 3-1(b)所示。

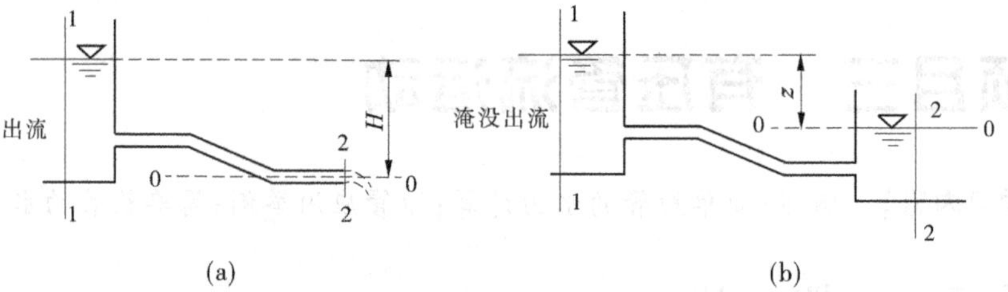

图 3-1

(4)根据管道的布置情况,压力管道又可分为简单管路和复杂管路。

简单管路:是指一根管径不变、没有分支,而且流量在管路的全长上保持不变的管路,如图 3-2(a)所示。

复杂管路:是指由两根以上的管道组成的管路。主要有各种不同直径组成的串联管道、并联管道、树状和环状管网,如图 3-2(b)、(c)、(d)、(e)所示。自来水管或水电站的油、水系统管路都是复杂管路。

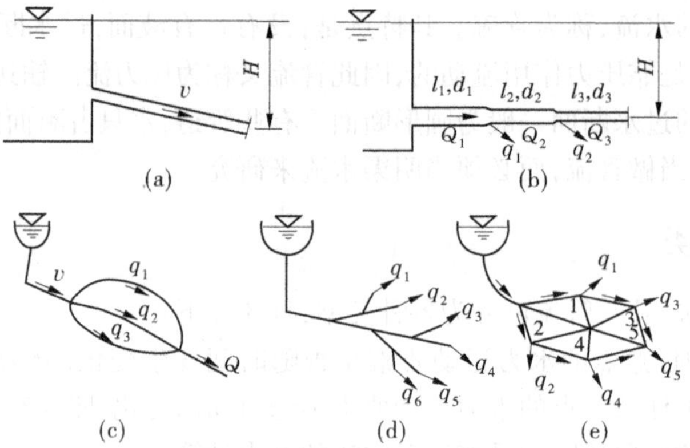

图 3-2

三、管流的计算类型

(1)管道输水能力的计算。即给定水头、管线布置和断面尺寸的情况下,确定输送的流量。

(2)当管线布置、管道尺寸和流量一定时,要求确定水头损失,即输送一定流量所必需的水头。

(3)当管线布置、作用水头及输送的流量已知时,计算管道的断面尺寸(对圆形断面则是计算所需要的直径)。

(4)给定流量、作用水头和断面尺寸,要求确定沿管道各断面的压强。

单元二　简单短管的水力计算

学习目标：理解简单短管的定义，掌握简单短管的水力计算方法，掌握总水头线及测压管水头线的绘制方法。

一、自由出流的基本公式

管道出口水流流入大气，水流四周都受大气压强的作用，称为自由出流，如图3-3所示。以通过管道出口断面中心点的水平面为基准面，对1—1断面和2—2断面列能量方程为

$$H + \frac{p_1}{\gamma} + \frac{\alpha_1 v_0^2}{2g} = 0 + \frac{p_2}{\gamma} + \frac{\alpha_2 v_2^2}{2g} + h_{w_{1-2}}$$

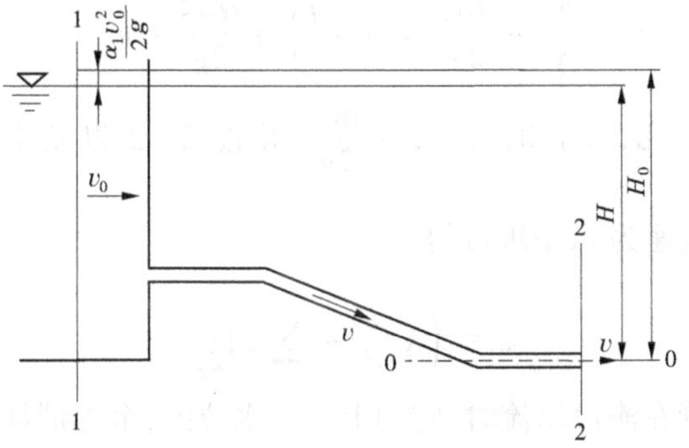

图3-3

上式中 $p_1 = p_2 = p_a$，令 $\alpha_1 = \alpha_2 = 1$，$H_0 = H + \frac{v_0^2}{2g}$，$h_{w_{1-2}} = \left(\lambda \frac{l}{d} + \sum\zeta\right)\frac{v^2}{2g}$。

整理得

$$H_0 = \left(1 + \lambda \frac{l}{d} + \sum\zeta\right)\frac{v^2}{2g} \tag{3-1}$$

式中　v_0——上游水池中的流速，称为行近流速；

H——管道出口断面中心与上游水池水面的高差，称为管道的水头；

H_0——包括行近流速在内的总水头。

式(3-1)说明，管道的总水头将全部消耗于管道的水头损失和保持出口的动能，式(3-1)可用于当已知流量 Q、管径 d 和管道布置等时，求管道的作用水头 H。

将式(3-1)整理并代入 $Q = vA$ 得管中流量，即

$$Q = \mu_c A \sqrt{2gH_0} \tag{3-2}$$

其中

$$\mu_c = \frac{1}{\sqrt{1 + \lambda \frac{l}{d} + \sum\zeta}} \tag{3-3}$$

式中　A——管道的过水面积；

μ_c——短管自由出流的流量系数。

式(3-2)即为短管自由出流的流量公式。

因一般管道的上游行近流速水头很小，可忽略不计，则有

$$Q = \mu_c A\sqrt{2gH} \tag{3-4}$$

二、淹没出流基本公式

管道出口如果淹没在下游水面以下，称为淹没出流。如图 3-4 所示。取上游水池 1—1 断面和下游水池 2—2 断面，并以下游水池的水面为基准面，水面点为代表点，列能量方程式：

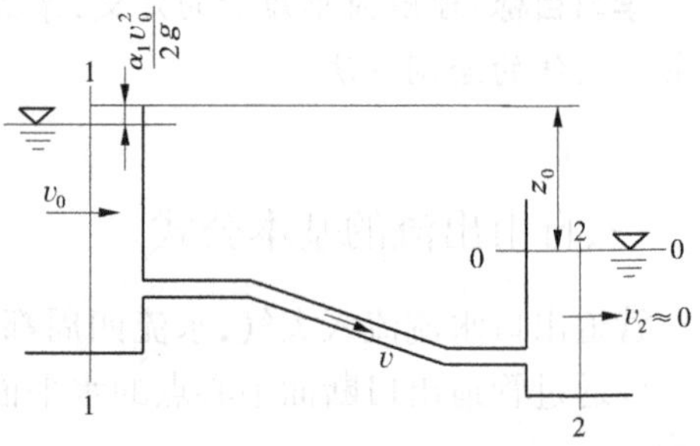

图 3-4

$$z_0 + \frac{p_1}{\gamma} + \frac{\alpha_1 v_0^2}{2g} = 0 + \frac{p_2}{\gamma} + \frac{\alpha_2 v_2^2}{2g} + h_{w_{1-2}} \tag{3-5}$$

式中，$p_1 = p_2 = p_a$，$\alpha_1 = \alpha_2 = 1.0$，$z_0 = z + \frac{\alpha v_0^2}{2g}$，并设 2—2 断面较大，$\frac{\alpha v_2^2}{2g} = 0$，$h_{w_{1-2}} = \left(\lambda \frac{l}{d} + \Sigma\zeta\right)\frac{v^2}{2g}$，管中流速为 v，整理可得

$$z_0 = \left(\lambda \frac{l}{d} + \sum\zeta\right)\frac{v^2}{2g} \tag{3-6}$$

式(3-6)说明，短管在淹没出流时，它的上下游水位差，全部消耗于沿程水头损失和局部水头损失。用式(3-6)计算上下游水位差时较方便。

整理式(3-6)并代入 $Q = vA$ 得管中流量

$$Q = \mu_c A\sqrt{2gz_0} \tag{3-7}$$

其中

$$\mu_c = \frac{1}{\sqrt{\lambda \frac{l}{d} + \Sigma\zeta}} \tag{3-8}$$

式中　A——管道的过水面积；

μ_c——短管淹没出流的流量系数。

当行近流速水头很小时，可忽略不计，则有

$$Q = \mu_c A\sqrt{2gz} \tag{3-9}$$

三、管径的确定

影响管道直径的因素较多，因而管径的确定一般考虑以下几个方面：

(1) 当管道的输水流量 Q、管径的布置情况已知时，要求选定所需的管径及相应的水头。

在这种情况下，一般是从技术和经济条件综合考虑选定管道直径：

①考虑管道使用的技术要求。在流量一定的条件下,管径的大小与流速有关。若管内的流速过大,会由于水击作用而使管道遭到破坏,对水流中挟带泥沙的管道,流速又不宜过小,以免泥沙沉积。一般情况下,水电站引水管道中流速不宜超过 5 ~6 m/s;给水管道中的流速不应大于 2.5 ~3.0 m/s,不应小于 0.25 m/s。

②考虑管道的经济效益。若采用的管径较小,则管道的造价低,但流速增大,水头损失增大,输水损耗的电能也增加;反之,若采用较大的管径,则管内流速较小,水头损失减小,运转费用也较少,但管道的造价增高。对于重要的管道,应选择几个方案进行技术经济比较,使管道投资与运转费用的总和最小,这样的流速称为经济流速,其相应的管径称为经济管径。

一般的给水管道,d 为 100 ~200 mm,经济流速为 0.6 ~1.0 m/s;d 为 200 ~400 mm,经济流速为 1.0 ~1.4 m/s。水电站的压力隧洞的经济流速为 2.5 ~3.5 m/s;压力钢管为 3.0 ~4.0 m/s,甚至 5.0 ~6.0 m/s。经济流速涉及的因素较多,比较复杂,选用时应注意因时因地而异。

根据技术要求及经济条件选定管道的流速后,管道直径即可由下式求得:

$$d = \sqrt{\frac{4Q}{\pi v}} \tag{3-10}$$

利用上式计算的管径,当采用工业钢管时,则要选用标准管径。当使用标准管径后,注意管中的实际流速也发生了相应的变化,在计算水头损失时,一定要用标准管径相应的流速。

(2)当管道的流量、布置、管材及管道的作用水头等已知时,对于短管的直径确定,可以采用试算法。

由式(3-4),$\mu_c = \dfrac{1}{\sqrt{1 + \lambda \dfrac{l}{d} + \sum \zeta}}$,$A = \dfrac{1}{4}\pi d^2$,联立求解可得

$$d = \sqrt{\frac{4Q}{\pi \sqrt{2gH}}} \cdot \sqrt[4]{1 + \lambda \frac{l}{d} + \sum \zeta} \tag{3-11}$$

同样方法,利用式(3-9)可推得淹没出流时的直径计算迭代公式为

$$d = \sqrt{\frac{4Q}{\pi \sqrt{2gz}}} \cdot \sqrt[4]{\lambda \frac{l}{d} + \sum \zeta} \tag{3-12}$$

四、总水头线和测压管水头线的绘制

绘制总水头线及测压管水头线,可直观地了解位能、压能、动能及总能量沿程的变化情况,有利于掌握管道压强沿程变化的情况及影响管道使用的不利因素,并及时处理。如管道中出现过大的真空,则易产生空化和气蚀,从而降低管道的输水能力,甚至危及管道安全;当管道中出现过大压强时,则可使管道破裂,而产生较大的损失。因此,设计管道系统时,应控制管道中的最大压强、最大真空值以及各断面的压强,以保证管道系统的正常工作,满足用户的要求。

（一）总水头线的绘制

由能量方程可知，水流沿程能量的变化，如果没有能量的输入和输出的话，则主要是沿程的各类水头损失，能量沿程减小，因而总水头线的绘制方法如下：

从上游开始，逐步扣除水头损失。一般存在局部水头损失的管段，由于局部水头损失发生的长度比较短，则可假设其集中于一个断面上，即在断面变化处按一定比例沿铅垂方向扣除水头损失。注意：在该断面上有两个总水头值，一个是局部损失前的，一个是局部损失后的。只有沿程水头损失的管段，可在管段末端扣除沿程水头损失，用直线连接两断面间的总水头线，而得总水头线，如图 3-5 所示。

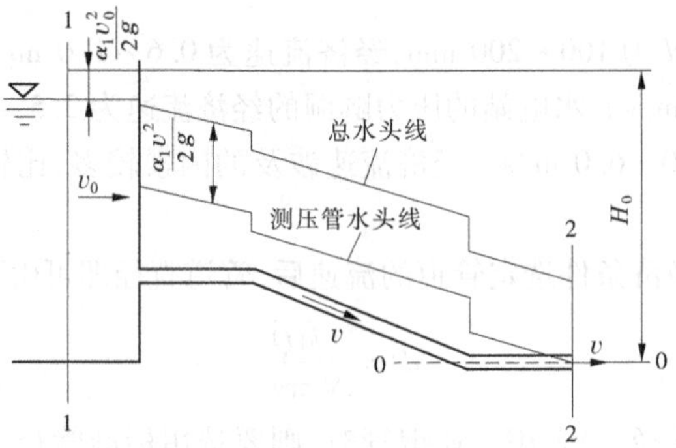

图 3-5

（二）测压管水头线的绘制

因测压管水头比总水头少一项流速水头，则在总水头线的基础上扣除各断面相应的流速水头即得测压管水头线，即

$$z_i + \frac{p_i}{\gamma} = H_i - \frac{\alpha v_i^2}{2g} \tag{3-13}$$

（三）绘制总水头线和测压管水头线时应注意的问题

（1）等直径的管段的沿程水头损失沿管长均匀分布，水头线为直线，测压管水头线与总水头线平行，由总水头线向下平移一个流速水头的距离，得到测压管水头线。

（2）在绘制水头线时，要注意管道进、出口的边界条件，当上游流速水头等于零时，总水头线的起点在上游液面；当上游流速水头不为零时，总水头线高出上游液面。

（3）当管道为自由出流时，测压管水头线的终点应画在管道出口断面的中心点上，如图 3-6（a）所示；淹没出流，当下游流速为零时，测压管水头线的终点应与下游水面相连，如图 3-6（b）所示；当下游流速不为零时，测压管水头线终点低于下游水面。

（四）调整管道布置避免产生负压

各断面测压管水头线与断面中心的距离即为该断面中心的压强水头。如测压管水头线在某断面的上方，则该断面中心点的压强为正值；测压管水头线在某断面中心点的下方，则该断面中心点的压强为负值。当管内存在较大的负压时，其水流处于不稳定状态，且有可能产生空蚀破坏。因此，应采用必要措施以改变管内的受压情况。图 3-7 中阴影部分，为测压管水头低于管轴线的区域，即真空区。

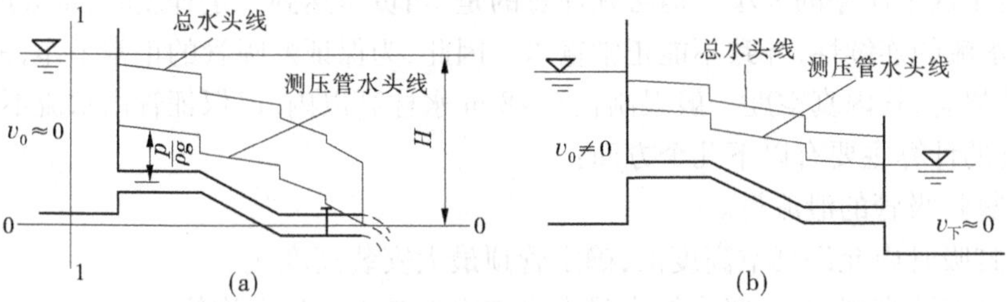

图 3-6

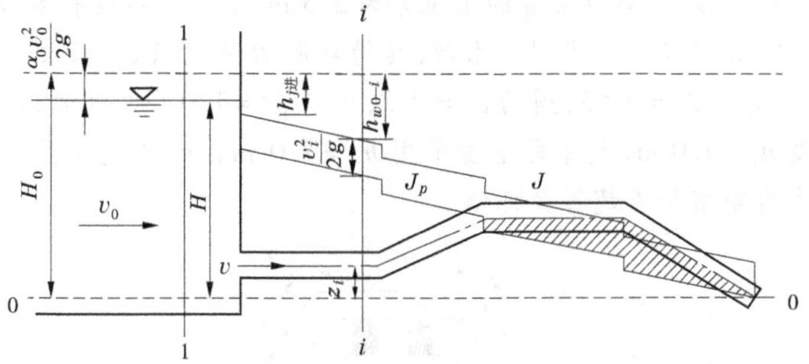

图 3-7

从图 3-7 可知,管道系统任意断面压强水头为

$$\frac{p_i}{\gamma} = H_0 - h_{w0-i} - \frac{v_i^2}{2g} - z_i \tag{3-14}$$

可见,在管道系统工作水头一定的条件下,影响压强水头的因素为式(3-14)中的后三项,可以通过改变这三项或其中的一项,控制管中的压强。较有效的方法是降低管道的高度,以提高管道中的压强,避免管道中产生负压。

单元三　短管应用举例

学习目标:掌握虹吸管和水泵的水力计算方法。

一、虹吸管的水力计算

由于虹吸管的局部水头损失和流速水头相应较大,一般按短管计算。我国黄河沿岸,利用虹吸管引黄河水进行灌溉的例子较多。

(一)工作原理

在虹吸管的最高处产生真空,而进水口处水面的压强为大气压,因此管内外形成压强差,迫使水流由压强大的地方流向压强小的地方。只要虹吸管的真空压强不被破坏,而且保持一定的水位差,水就会不断地由上游流向下游。

(二)管道内真空值的限制

水流能通过虹吸管,是因为上下游水面与虹吸管顶部存在压差,而虹吸管内真空值的高低就决定了这个压差的大小。但必须注意的是，当负压达到一定程度时，水会产生汽化现象，破坏水流的连续性，导致不能正常输水。因此，为保证虹吸管的正常工作，根据液体汽化压强的概念，管内真空度一般限制在6～8 m水柱高以内，以保证管内水流不被汽化。

虹吸管的计算主要有以下几个方面：

(1)计算虹吸管的泄流量。

(2)由虹吸管内允许真空高度值，确定管顶最大安装高度h_s。

(3)已知安装高度，校核吸水管中最大真空高度是否超过允许值。

【例题3-1】 用一直径$d=0.4$ m的铸铁虹吸管，将上游明渠中的水输送到下游明渠，如图3-8所示。已知上下游渠道的水位差为2.5 m，虹吸管各段长为$l_1=10.0$ m，$l_2=6$ m，$l_3=12$ m。虹吸管进口为无底阀滤水网，其局部阻力系数取$\zeta_1=2.5$，其他局部阻力系数：两个折角弯头$\zeta_2=\zeta_3=0.55$，阀门$\zeta_4=0.2$，出口$\zeta_5=1.0$。虹吸管顶端中心线距上游水面的安装高度$h_s=4.0$ m，允许真空度采用$h_v=7.0$ m。试确定虹吸管输水水流量，校核虹吸管中最大真空值是否超过允许值。

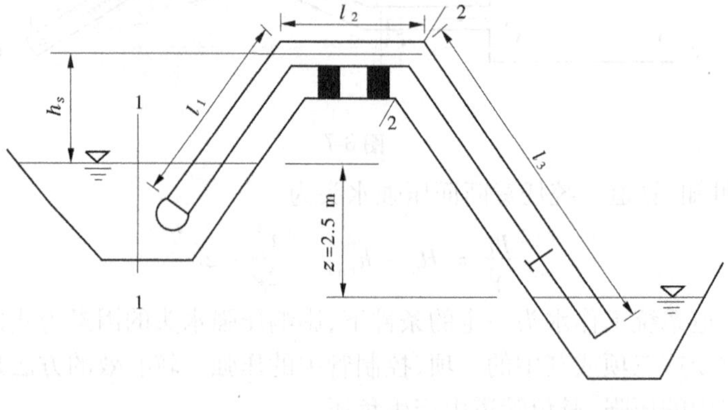

图3-8

解：(1)确定输水流量。先确定管路阻力系数λ，取铸铁管糙率为$n=0.013$。水力半径$R=\dfrac{d}{4}=0.1$ m。

$$C=\frac{1}{n}R^{1/6}=\frac{1}{0.013}\times 0.10^{1/6}=52.41(\mathrm{m^{1/2}/s})$$

$$\lambda=\frac{8g}{C^2}=\frac{8\times 9.8}{52.41^2}=0.0285$$

$$\mu_c=\frac{1}{\sqrt{\lambda\dfrac{l}{d}+\sum\zeta}}=\frac{1}{\sqrt{0.0285\times\dfrac{10+6+12}{0.4}+2.5+2\times 0.55+0.2+1.0}}=0.384$$

则通过虹吸管的流量为

$$Q=\mu_c A\sqrt{2gz}=0.384\times\frac{3.14\times 0.4^2}{4}\times\sqrt{2\times 9.8\times 2.5}=0.338(\mathrm{m^3/s})$$

(2)校核虹吸管中最大真空度。最大真空发生在管顶最高段(第二管段)内。由于管中流速水头不变，最低压强应在该管段末端的弯头断面，即断面 2—2。同时认为局部损失发生在弯头断面上，故在该断面的弯头损失以后的压强为最小。而在下游第三管段，由于管路坡降一般大于水力坡降，即断面中心高程的下降大于沿程水头损失，所以部分位能转化成压能，使第三管段内压强沿程增加。

$$v = \frac{Q}{A} = \frac{0.338}{\frac{3.14}{4} \times 0.4^2} = 2.69(\text{m/s})$$

以上游水面为基准面，取 $\alpha = 1.0$，建立断面 1—1 和断面 2—2 的能量方程：

$$0 + \frac{p_a}{\gamma} + 0 = h_s + \frac{p_2}{\gamma} + \frac{v^2}{2g} + h_{w_{1-2}}$$

$$\frac{p_a - p_2}{\gamma} = h_s + \left(1 + \lambda\frac{l_1 + l_2}{d} + \zeta_1 + \zeta_2 + \zeta_3\right)\frac{v^2}{2g}$$

$$= 4 + \left(1 + 0.0285 \times \frac{10 + 6}{0.4} + 2.5 + 0.55 + 0.55\right) \times \frac{2.69^2}{2 \times 9.8} = 6.12(\text{m})$$

故断面 2—2 的真空度为 6.12 m，小于允许真空度 7 m，符合要求。

二、水泵装置的水力计算

水泵是增加水流能量，把水从低处引向高处的一种水力机械，在生活中被广泛应用。水泵装置由吸水管、水泵和压水管三部分组成，其水力计算主要是计算水泵的扬程、安装高度以及装机容量。

（一）计算水泵扬程

单位重量的水体从水泵中获得的外加机械能，称为水泵的扬程，以 h_p 表示。由于获得外加能量，总水头线经过水泵时猛然升高，如图 3-9 所示。

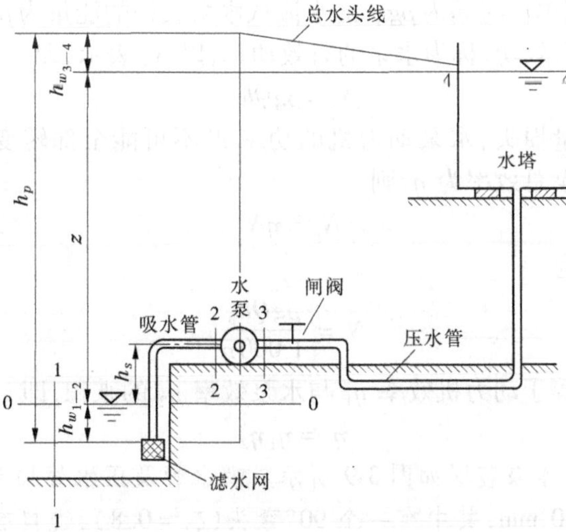

图 3-9

以图 3-9 为例，取水池水面 0—0 为基准面，对断面 1—1 和断面 4—4 列能量方程

$$0 + 0 + 0 + h_p = z + h_w \tag{3-15}$$

$$h_w = h_{w_{1-2}} + h_{w_{3-4}} \tag{3-16}$$

式中 h_p——扬程；

z——扬水高度；

$h_{w_{1-2}}$——吸水管中的水头损失；

$h_{w_{3-4}}$——压水管的水头损失。

由上式可得

$$h_p = z + h_{w_{1-2}} + h_{w_{3-4}} \tag{3-17}$$

上式说明水泵的扬程等于扬水高度 z 加上吸水管和压水管水头损失之和。

（二）计算水泵安装高程

水泵工作时，必须在它的进口处形成一定的真空，才能把水池的水经吸水管吸入。为确保水泵正常工作，必须按水泵最大允许真空度 h_v（一般不超过 7 m 水柱）计算水泵安装高度 h_s，即限制 h_s 不能过大。

以如图 3-9 所示水池的水面 0—0 为基准面，对断面 1—1 和断面 2—2 列能量方程

$$0 + 0 + 0 = h_s + \frac{p_2}{\rho g} + \frac{v^2}{2g} + h_{w_{1-2}} \tag{3-18}$$

$$h_s = -\frac{p_2}{\rho g} - \frac{v^2}{2g} - \left(\lambda \frac{l_{吸}}{d_{吸}} + \sum \zeta\right)\frac{v^2}{2g} \tag{3-19}$$

因为 $-\frac{p_2}{\rho g} = \frac{p_v}{\rho g} = h_v$，可得水泵安装高度为

$$h_s = h_v - \left(1 + \lambda \frac{l_{吸}}{d_{吸}} + \sum \zeta\right)\frac{v^2}{2g} \tag{3-20}$$

（三）计算水泵的装机容量 N

水泵装机容量就是水泵的动力机（如电动机）所具有的总功率。单位重量水体从水泵获得的能量为 h_p，则单位时间内 ρgQ 的水流从水泵获得的能量为 ρgQh_p。ρgQh_p 亦为单位时间内水泵所做的有效功，称为水泵的有效功率，以 N_p 表示，即

$$N_p = \rho gQh_p \tag{3-21}$$

由于传动时的能量损失，水泵动力机的功率 N 不可能全部转变为水泵的有效功率 N_p，要打一折扣，设水泵总效率为 η，则

$$N_p = \eta N \tag{3-22}$$

于是水泵的装机容量为

$$N = \frac{\rho gQh_p}{1\,000\eta} \tag{3-23}$$

而水泵的总效率 η 又等于动力机效率 η_1 与水泵效率 η_2 的乘积，即

$$\eta = \eta_1\eta_2 \tag{3-24}$$

【例题 3-2】 有一水泵装置如图 3-9 所示。吸水管及压水管均为铸铁管。吸水管长 $l_1 = 12$ m，直径 $d_1 = 150$ mm，其中有一个 90°弯头（$\zeta_2 = 0.8$），进口有滤水网并附有底阀（$\zeta_1 = 6.0$）；压水管长 $l_2 = 100$ m，管径 $d_2 = 150$ mm，$\lambda_1 = \lambda_2 = 0.024$。其中有三个 90°弯头，并设一闸阀（$\zeta_3 = 0.1$）。水塔水面与水池水面的高差 $z = 20$ m，水泵设计流量 $Q = 0.03$ m^3/s，水泵进口处容许真空值 $h_v = 6$ m，电动机效率 $\eta_1 = 0.90$，水泵效率 $\eta_2 = 0.75$。试计

算:

(1)水泵扬程 h_p。

(2)水泵安装高度 h_s。

(3)水泵装机容量 N。

解:(1)计算水泵扬程 h_p。

已知 $Q=0.03\ m^3/s, A=\frac{\pi d^2}{4}=\frac{\pi}{4}\times 0.15^2=0.0177(m^2)$,则 $v=\frac{Q}{A}=1.69$ m/s。压水管为淹没出流,则出口处 $\zeta_4=1.0$。因此,吸水管水头损失为

$$h_{w_1}=\left(\lambda\frac{l_1}{d_1}+\zeta_1+\zeta_2\right)\frac{v^2}{2g}=\left(0.024\times\frac{12}{0.15}+6.0+0.8\right)\times\frac{1.69^2}{2\times 9.8}=1.27(m)$$

压水管水头损失为

$$h_{w_2}=\left(\lambda\frac{l_2}{d_2}+\zeta_3+3\zeta_2+\zeta_4\right)\frac{v^2}{2g}$$

$$=\left(0.024\times\frac{100}{0.15}+0.1+3\times 0.8+1.0\right)\times\frac{1.69^2}{2\times 9.8}=2.84(m)$$

将以上数值代入式(3-17)得水泵扬程为

$$h_p=z+h_{w_1}+h_{w_2}=20+1.27+2.84=24.11(m)$$

(2)计算水泵安装高度 h_s。已知 $h_v=6\ m$,代入式(3-20)可得

$$h_s=h_v-\left(1+\lambda\frac{l_{吸}}{d_{吸}}+\zeta_1+\zeta_2\right)\frac{v^2}{2g}$$

$$=6-\left(1+0.024\times\frac{12}{0.15}+6.0+0.8\right)\times\frac{1.69^2}{2\times 9.8}$$

$$=4.58(m)$$

即水泵的安装高度不得超过4.58 m。

(3)计算水泵装机容量 N。已知 $\eta_1=0.90, \eta_2=0.75$,则 $\eta=\eta_1\eta_2=0.90\times 0.75=0.675$。利用式(3-23)可得水泵装机容量为

$$N=\frac{\rho g Q h_p}{1000\eta}=\frac{1000\times 9.8\times 0.03\times 24.11}{1000\times 0.675}=10.50(kW)$$

故水泵装机容量为10.50 kW。

单元四 简单长管水力计算的基本公式

学习目标:掌握简单长管计算的类型及计算方法。

一、简单长管的水力计算

根据长管的定义,长管水力计算时局部水头损失和流速水头可忽略不计。能量方程式简化为

$$H=h_f \tag{3-25}$$

根据谢才公式 $Q=AC\sqrt{RJ}$，令 $K=AC\sqrt{R}$，可以求出沿程水头损失的表达式 $Q=K\sqrt{J}$。其中，K 称流量模数，是在水力坡度 $J=1$ 时具有的流量，其单位和流量的单位相同。它反映了管道断面尺寸及管道粗糙程度对过水能力的影响。

由
$$Q=K\sqrt{J}=K\sqrt{\frac{h_f}{l}} \tag{3-26}$$

可得
$$h_f=\frac{Q^2 l}{K^2} \tag{3-27}$$

代入式(3-25)得
$$H=\frac{Q^2 l}{K^2} \tag{3-28}$$

这就是长管水力计算的基本公式。在 Q、H、l 已知，求管径 d 时，可以先用式(3-28)求得 K。在粗糙系数一定时，$K=ACR^{\frac{1}{2}}$ 是管径 d 的函数。为便于计算，表 3-1 给出了标准管径和流量模数 K 的对应关系。

表 3-1　给水管道的流量模数 K 值($C=\frac{1}{n}R^{\frac{1}{6}}$)　　(单位：L/s)

标准管道直径(mm)	清洁管($n=0.011$)	正常管($n=0.0125$)	污秽管($n=0.0143$)
50	9.624	8.460	7.403
75	28.37	24.94	21.83
100	61.11	53.72	47.01
125	110.80	97.40	85.23
150	180.20	158.40	138.60
175	271.80	238.90	209.00
200	388.00	341.10	298.50
225	531.20	467.00	408.60
250	703.50	618.50	541.20
300	1.144×10^3	1.006×10^3	880.00
350	1.726×10^3	1.517×10^3	1.327×10^3
400	2.464×10^3	2.166×10^3	1.895×10^3
450	3.373×10^3	2.965×10^3	2.594×10^3
500	4.467×10^3	3.927×10^3	3.436×10^3
600	7.264×10^3	6.386×10^3	5.587×10^3
700	10.96×10^3	9.632×10^3	8.428×10^3
750	13.17×10^3	11.58×10^3	10.13×10^3
800	15.64×10^3	13.57×10^3	12.03×10^3
900	21.42×10^3	18.83×10^3	16.47×10^3
1 000	28.36×10^3	24.93×10^3	21.82×10^3
1 200	46.12×10^3	40.55×10^3	35.48×10^3
1 400	69.57×10^3	61.16×10^3	53.52×10^3
1 600	99.33×10^3	87.32×10^3	76.41×10^3
1 800	136.00×10^3	119.50×10^3	104.60×10^3
2 000	180.10×10^3	158.30×10^3	138.50×10^3

对于一般积水管道，当平均流速 $v<1.2$ m/s 时，管子可能在过渡区工作，h_f 近似与流速 v 的 1.8 次方成正比。计算水头损失时，可在式(3-28)中乘以一修正系数 k，即

$$h_f = k\frac{Q^2 l}{K^2} \tag{3-29}$$

式中，$k=\frac{1}{v^{0.2}}$。对钢管和铸铁管，修正系数 k 值可参考表 3-2。

表 3-2　钢管及铸铁管修正系数 k 值

v(m/s)	k	v(m/s)	k
0.20	1.41	0.65	1.10
0.25	1.33	0.70	1.085
0.30	1.28	0.75	1.07
0.35	1.24	0.80	1.06
0.40	1.20	0.85	1.05
0.45	1.175	0.90	1.04
0.50	1.15	1.00	1.03
0.55	1.13	1.10	1.015
0.60	1.115	1.20	1.00

二、简单长管水力计算的类型

(1)已知作用水头、管道尺寸、管道材料及管线布置，计算输水能力。

(2)已知管道尺寸、材料、管线布置和输水能力，计算作用水头(确定水塔高度)。

(3)管线布置、作用水头、管道材料已定，当要求输送一定流量时，确定所需的管径。

三、长管应用举例

【例题 3-3】 由水塔供水的简单管道 AB 长 $l=1\,600$ m，直径 $d=200$ mm，材料为铸铁管，水塔水面及管道末端 B 点的高程如图 3-10 所示。求：

(1)管道的供水流量 Q。

(2)当管径不变，供水流量提高为 $Q=50$ L/s 时，水塔的水面高程。

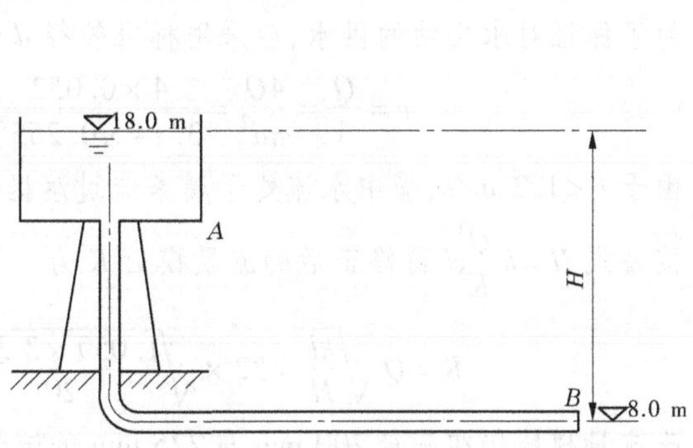

图 3-10

解:(1)已知水头求流量。水塔供水的水头为 $H=18.0-8.0=10$ (m)。

假设管内的水流为阻力平方区的紊流，由表 3-1 查管径 $d=200$ mm 的流量模数 $K=341.1$ L/s，则管中

通过的流量为

$$Q = K\sqrt{\frac{H}{l}} = 341.1 \times \sqrt{\frac{10}{1\ 600}} = 26.97(\mathrm{L/s}) = 0.026\ 97\ \mathrm{m^3/s}$$

验算流速是否符合假设条件

$$v = \frac{Q}{A} = \frac{4Q}{\pi d^2} = \frac{4 \times 0.026\ 97}{3.14 \times 0.2^2} = 0.859(\mathrm{m/s})$$

因为 $v<1.2$ m/s，属紊流过渡区，与假设不符，需要修正。由表 3-2 内插得 $v=0.859$ m/s 时的修正系数 $k=1.042$，则

$$Q=K\sqrt{\frac{H}{kl}}=341.1\times\sqrt{\frac{10}{1.042\times 1\ 600}}=26.42(\mathrm{L/s})=0.026\ 42\ \mathrm{m^3/s}$$

(2) 已知 $Q=50$ L/s，求水塔中应有的水面高程：

先计算流速

$$v=\frac{Q}{A}=\frac{4Q}{\pi d^2}=\frac{4\times 0.050}{3.14\times 0.2^2}=1.59(\mathrm{m/s})$$

因为 $v>1.2$ m/s，水流处于紊流粗糙区，得

$$H=\frac{Q^2}{K^2}l=\left(\frac{50}{341.1}\right)^2\times 1\ 600=34.38(\mathrm{m})$$

水塔水面高程为水管末端 B 点高程加上作用水头，即

水塔水面高程 $=8.0+34.38=42.38(\mathrm{m})$

【例题 3-4】 由一条长为 3 300 m 的新铸铁管向某水文站供水，作用水头 $H=20$ m，需要通过的流量为 $Q=32$ L/s，试确定管道的管径 d。

解：一般自来水管按长管计算。考虑到管道在使用中，水里所含的杂质会逐渐沉积，致使新管子变得有些污垢，故应按正常管考虑，取 $n=0.012\ 5$。先求流量模数 K 值，因为 $H=Q^2l/K^2$，则

$$K=Q\sqrt{\frac{l}{H}}=32\times\sqrt{\frac{3\ 300}{20}}=411.1(\mathrm{L/s})$$

查表 3-1，当 $K=411.1$ L/s 时，所对应的管径在以下两个数之间：

$d=200$ mm，$K=341.1$ L/s；

$d=225$ mm，$K=467.0$ L/s。

为了保证对水文站的供水，应采用标准管径 $d=225$ mm 的管子。此时管中的流速为

$$v=\frac{Q}{A}=\frac{4Q}{\pi d^2}=\frac{4\times 0.032}{3.14\times 0.255^2}=0.805(\mathrm{m/s})$$

由于 $v<1.2$ m/s，管中水流处于属紊流过渡区，需要修正。查表 3-2，取 $k=1.059$。

按公式 $H=k\dfrac{Q^2}{K^2}l$ 得修正后的流量模数 K 为

$$K=Q\sqrt{\frac{kl}{H}}=32\times\sqrt{\frac{1.059\times 3\ 300}{20}}=423.00(\mathrm{L/s})$$

此流量模数仍在管径 200 mm 与 225 mm 的流量模数之间，故采用管径 $d=225$ mm 的管子，以保证供水。

【例题3-5】 由一用水塔向生活区供水的管网，如图3-11所示，是一分支管网。各管段长度及节点所需分出流量为已知。管路为正常铸铁管，糙率 $n=0.0125$，管路端点自由水头 $h_e=5.0$ m，各端点地面高程如图3-11所示。试求管网中各管段的管径及水塔水面高程。

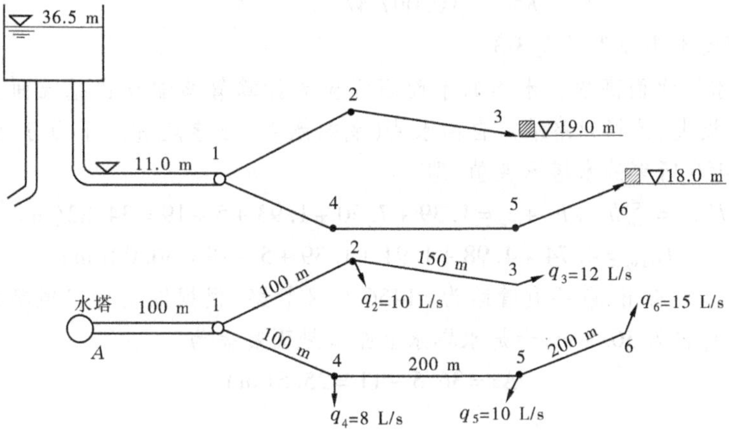

图3-11

解：由图3-11可看出，计算的分叉管路有两条，即A123和A1456。根据连续性条件，确定所有管段的流量，如表3-3所示。

表3-3 各管段水头损失计算

管段	管长 l (m)	流量 Q (L/s)	管径 d (mm)	流速 v (m/s)	流量模数 K (L/s)	水头损失 h_f (m)
5—6	200	15	125	1.22	97.4	4.74
4—5	200	25	150	1.42	158.4	4.98
1—4	100	33	175	1.37	238.9	1.91
A—1	100	55	225	1.38	467.0	1.39
2—3	150	12	100	1.53	53.7	7.50
1—2	100	22	150	1.25	158.4	1.93

下面举例说明列表中的计算过程。

(1)确定各管段直径。选用给水管路经济流速 $v_e=1.5$ m/s。以5—6管段为例，流量 $Q=q_6=15$ L/s，则管径

$$d=\sqrt{\frac{4Q}{\pi v_e}}=\sqrt{\frac{4\times0.015}{3.14\times1.5}}\approx0.1129(\mathrm{m})=112.9\ \mathrm{mm}$$

选用标准管径 $d=125$ mm。管中实际流速为

$$v=\frac{Q}{A}=\frac{4\times0.015}{3.14\times0.125^2}\approx1.22(\mathrm{m/s})$$

因为流速大于 1.2 m/s，水流在粗糙区。

(2)计算各管段水头损失。根据直径及糙率查表 3-1，以 5—6 管为例：$K=97.4$ L/s，则该管段的水头损失为

$$h_{f_{5-6}}=\frac{Q^2}{K^2}l=\left(\frac{0.015}{0.0974}\right)^2\times 200=4.74(\text{m})$$

其他各管段水头损失见表 3-3。

(3)确定水塔水面高程。水塔的水面高程应为计算管路端点在基准面上的高度、计算管路的水头损失、计算管路端点自由水头(剩余水头)三者之和。下面分别计算分叉管路 A123 和 A1456 所需的水塔水头值，即

$$H_{A123}=\sum h_{fi}+h_e+z_e=1.39+7.50+1.93+5+19=34.82(\text{m})$$

$$H_{A1456}=4.74+4.98+1.91+1.39+5+18=36.02(\text{m})$$

由以上计算可看出，最不利管路为 A1456 分叉管路，根据以上计算值略加安全系数，选用水塔水面高程为 36.5 m，于是水塔水面距离地面高差为

$$\Delta z=36.5-11=25.5(\text{m})$$

练习题

3-1　何为管流？它的主要特点是什么？

3-2　何为短管和长管？判别标准是什么？长管和短管的主要区别是什么？

3-3　压力管中水力计算的主要内容是什么？

3-4　管道直径的确定方法有几种？各是如何计算的？

3-5　抽水机安装高度和虹吸管的安装高度计算公式是否相同？具体是什么？

3-6　何为水泵的扬程？水泵的扬程与上下游水位差是否相等？

3-7　图 3-12 所示的①、②、③为坝身底部 3 个泄水孔，其孔径和长度均相同，试问：这 3 个底孔的泄流量是否相同？为什么？

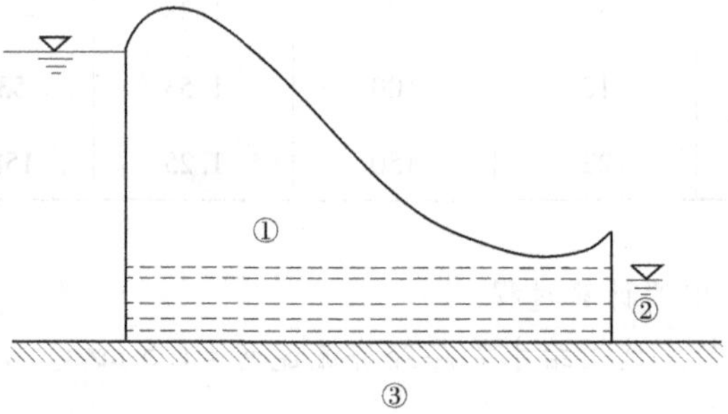

图 3-12

3-8　已知供水点距水塔水面的高差 $H=8$ m，其间铺设长 $l=900$ m、直径 $d=400$ mm 的铸铁供水管，求供水点得到的供水量。

3-9　某水塔铺设长 $l=180$ m、直径 $d=75$ mm 的铸铁供水管。已知水塔水面高程为

128 m,若供水量 $Q=36\ m^3/h$,问供水点高程不得超过多少?

3-10　有一分支管网布置如图 3-13 所示。已知水塔地面高程为 16.0 m,4 点出口地面高程为 20.0 m,6 点出口地面高程为 22.0 m,4 点和 6 点自由水头都为 8 m。各管段长度 $l_{01}=200\ m$,$l_{12}=100\ m$,$l_{34}=80\ m$,$l_{15}=80\ m$,$l_{56}=150\ m$。全部管路采用钢管,设计各管段管径及水塔所需高度。

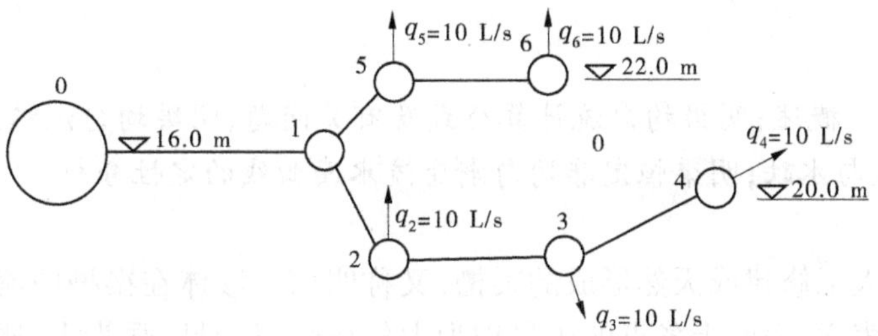

图 3-13

项目四　恒定明渠水流

【学习内容】 概述；明渠均匀流计算公式及有关问题；明渠均匀流水力计算；明渠恒定非均匀流；水跃与水跌；明渠恒定非均匀渐变流水面曲线的定性分析。

明渠是一种人工修建或天然形成的渠槽，又称明槽。液体在渠槽中流动时具有与大气相接触的自由表面，表面上各点的压强均为大气压强，相对压强为零，通常将这种具有自由表面的水流称为明渠水流或无压流。

根据水流运动要素是否随时间发生变化，明渠水流分为明渠恒定流和明渠非恒定流。根据水流运动要素是否沿程变化，明渠水流分为明渠恒定均匀流和明渠恒定非均匀流。

当明渠中水流的运动要素不随时间变化时，称为明渠恒定流。明渠恒定均匀流是指在明渠恒定流中，渠道中的流速及流速分布沿流程不变的水流。

单元一　概　述

学习目标：了解棱柱体明渠的判别，掌握明渠均匀流特性及产生条件。

一、明渠的分类

（一）按横断面的形状分类

人工修建的明渠，为了便于施工和符合水流运动特点，一般都做成对称的规则断面。其基本形状有梯形、矩形、圆形、U 形和复式断面等，如图 4-1(a) ~ (e)所示。当明渠修建在土基上时，为避免崩塌和便于施工，从优化的角度考虑，多做成梯形断面；矩形断面多用于岩石中开凿或混凝土衬砌的渠道；圆形断面则常用于无压输水涵管或下水道；而复式断面则多用于大型或地基比较特殊、水位变化较大的渠道。

天然河道的横断面形状往往是不规则的，常见的形式多是由主槽和边滩组成的复式断面，如图 4-1(f)所示。

在实际工程中，人工渠道应用最广的断面形状是梯形。其过水断面的水力要素如下：

水面宽度 $$B = b + 2mh \tag{4-1}$$

过水断面面积 $$A = (b + mh)h \tag{4-2}$$

湿周 $$\chi = b + 2h\sqrt{1 + m^2} \tag{4-3}$$

水力半径 $$R = \frac{A}{\chi} = \frac{(b + mh)h}{b + 2h\sqrt{1 + m^2}} \tag{4-4}$$

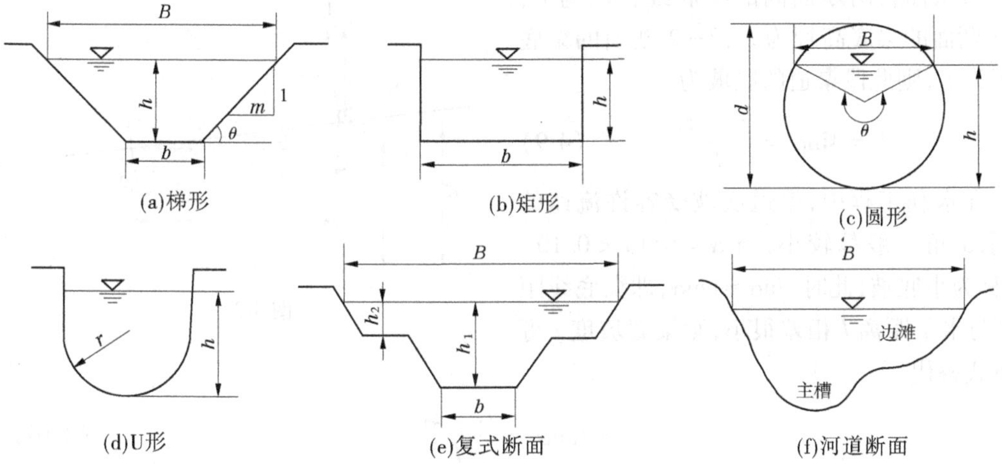

图 4-1

式中 b——渠底宽度；

m——边坡系数，即为渠道侧坡的水平投影长度与垂直投影长度的比值，$m=\cot\theta$，θ 为边坡与渠底间的夹角。

边坡系数表示梯形断面两侧边壁的倾斜程度。它表示边坡上任意两点垂直方向为 1 m时对应的水平方向的长度。

对于矩形断面的水力要素，可看作是边坡系数 $m=0$ 的梯形断面，则

水面宽度 $$B = b \quad (4\text{-}5)$$

过水断面面积 $$A = bh \quad (4\text{-}6)$$

湿周 $$\chi = b + 2h \quad (4\text{-}7)$$

水力半径 $$R = \frac{A}{\chi} = \frac{bh}{b+2h} \quad (4\text{-}8)$$

对于圆形断面、U 形断面的水力要素，可根据它们的几何尺寸来确定。

(二)按断面形状和尺寸是否沿程变化分类

断面形状和尺寸沿流程不变且渠道轴线为直线的渠道，称棱柱体渠道，如轴线顺直、断面形状无变化的人工渠道、涵洞、渡槽等。在棱柱体渠道中，过水断面面积 A 只随水深变化，即 $A=f(h)$。

断面形状、尺寸沿程变化，或轴线发生弯曲的渠道，称为非棱柱体渠道。如梯形断面和矩形断面的渠道间的过渡段、人工渠道的弯段、一般的天然河道等都属于非棱柱体渠道。在非棱柱体明渠中，过水断面面积既随水深变化，又沿流程变化，即 $A=f(h,l)$。

二、明渠的底坡

渠道底面上任意两点的高差与该段渠底线长度的比值，称为渠道的底坡，用字母 i 表示，其值也等于渠底线与水平线的夹角 α 的正弦。如图 4-2 所示，在渠道中取 1—1 断面

和2—2断面，两断面间的渠底线长度为 l'，1—1断面的渠底高程为 z_1，2—2断面的渠底高程为 z_2，则此段渠道的底坡为

$$i = \sin\alpha = \frac{z_1 - z_2}{l'} \tag{4-9}$$

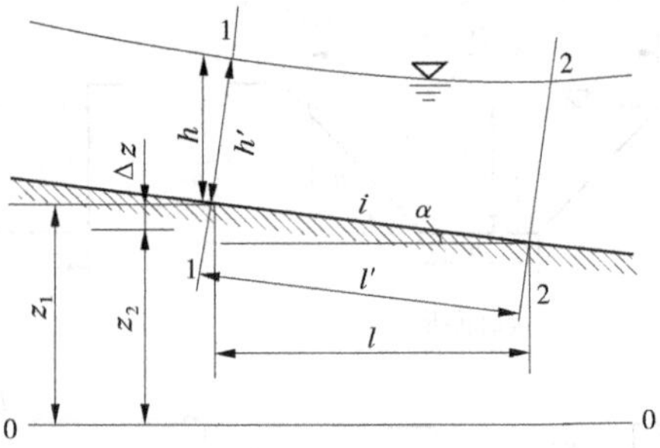

图 4-2

在水利工程中，渠道底坡受容许流速的限制，α 角一般都较小，当 $\alpha < 6°(i < 0.10)$ 时，称为小底坡，此时 $\sin\alpha \approx \tan\alpha$，即渠底线距离 l' 与水平距离 l 相差很小，则渠底坡度 i 可用下式替代

$$i \approx \tan\alpha = \frac{z_1 - z_2}{l} \tag{4-10}$$

注意：明渠水流的过水断面是垂直于水流方向的横断面1—1或横断面2—2，渠道的水深，应为垂直于流向的水深 h'。但为了测量的方便，当坡度较小($\alpha < 6°$)时，常用铅直水深 h 替代 h'，如图4-2所示。当 α 角较大时，称为大底坡，式(4-10)就不再适用了。

根据底坡沿程的变化，明渠的底坡分为三类：渠底沿流程下降时，底坡 $i > 0$，称为顺坡(或正坡)；渠底沿流程不变(水平)时，底坡 $i = 0$，称为平坡；渠底高程沿流程升高时，底坡 $i < 0$，称为逆坡(或负坡)，如图4-3所示。

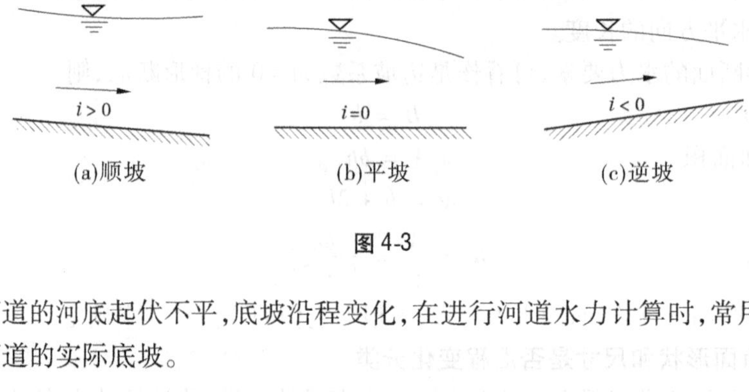

(a)顺坡 (b)平坡 (c)逆坡

图 4-3

天然河道的河底起伏不平，底坡沿程变化，在进行河道水力计算时，常用一个平均底坡来替代河道的实际底坡。

三、明渠均匀流的特性及其产生条件

明渠均匀流是指渠道中水流流速及流速分布沿程不变的水流，其实质就是物理学中的匀速直线运动。从力学角度分析，作用在明渠水流运动方向的各种力必须保持平衡。如图4-4所示，在明渠中取1—1断面和2—2断面之间的水体 $ABCD$ 进行分析，作用于该水体上的力分别为重力 G、前后过水

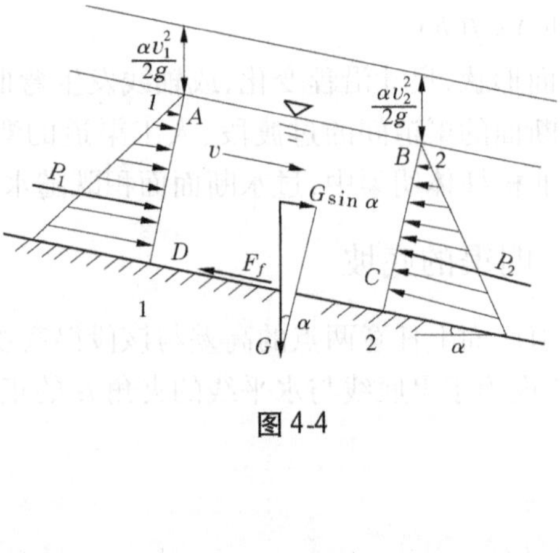

图 4-4

断面上的动水压力 P_1 和 P_2、周界的摩擦阻力 F_f,α 为渠底线与水平方向的夹角,则沿流向的平衡方程为

$$P_1 + G\sin\alpha - F_f - P_2 = 0 \tag{4-11}$$

因为均匀流中过水断面上的动水压强按静水压强分布,且各过水断面上的过水断面面积相等,则有 $P_1 = P_2$,式(4-11)可写为 $G\sin\alpha = F_f$。这说明,在明渠均匀流中,水流阻力与重力在水流方向上的分力相平衡。对于非均匀流 $G\sin\alpha \neq F_f$,明渠水流做加速或减速运动。

根据以上分析,可得明渠均匀流的主要特征为:

(1)过水断面形状、尺寸,过水断面面积、水深沿程不变。

(2)过水断面流速及流速分布沿程不变。

(3)总水头线(坡度用 J 表示)、测压管水头线(明渠水面线,坡度用 J_z 表示)、渠底线三线平行,即

$$J = J_z = i \tag{4-12}$$

由以上明渠均匀流特性可知,明渠水流必须具备以下条件,才能形成恒定均匀流:

(1)明渠水流为恒定流,且流量沿程保持不变。在明渠中,沿程无水流汇入和分出。

(2)明渠必须是顺坡($i>0$)的棱柱体渠道。非顺坡渠道,重力与阻力不可能平衡,不能形成均匀流;非棱柱体渠道,则流速会发生变化,也不能形成均匀流。

(3)明渠粗糙系数沿程不变。如粗糙系数沿程发生变化,则摩擦阻力也将变化,重力与阻力失去平衡,则不能形成均匀流。

(4)渠道上不应有闸、坝、桥墩等建筑物对水流造成干扰。因为建筑物上下游水流衔接,必然有一段非均匀流,要经过一段时间才能达到均匀流。

单元二 明渠均匀流计算公式及有关问题

学习目标:掌握明渠均匀流的计算公式,了解水力最佳断面及容许流速。

一、明渠均匀流的基本公式

由于明渠水流一般在阻力平方区,则其基本公式可根据谢才公式 $v = C\sqrt{RJ}$ 和流量公式 $Q = Av$,得

$$Q = AC\sqrt{RJ} \tag{4-13}$$

根据明渠均匀流的基本特征有:$J = J_z = i$,代入式(4-13)得

$$Q = AC\sqrt{Ri} \tag{4-14}$$

令 $K = AC\sqrt{R}$,K 称为流量模数,则有

$$Q = K\sqrt{i} \tag{4-15}$$

式(4-15)中的流量模数 K 的单位为 m^3/s。它综合反映明渠断面形状、尺寸和糙率对过水能力的影响。流量模数表示当渠底坡度 $i=1$ 时渠道能通过的流量。在底坡为定值

时，流量与流量模数成正比。

当谢才系数用曼宁公式 $C = \frac{1}{n}R^{1/6}$ 计算时，则式(4-14)可整理为

$$Q = \frac{A}{n}R^{2/3}i^{1/2} \tag{4-16}$$

或

$$Q = \frac{\sqrt{i}}{n}\frac{A^{5/3}}{\chi^{2/3}} \tag{4-17}$$

水力学中常把均匀流水深称为正常水深，用 h_0 表示；相应于正常水深的过水断面面积、湿周、水力半径、谢才系数、流量模数以 A_0、χ_0、R_0、C_0、K_0 表示。

二、水力最佳断面

由均匀流公式可知，明渠的输水能力主要取决于过水断面的形状、尺寸、底坡和糙率的大小。设计渠道时，底坡和糙率由具体情况选定。在底坡和糙率已定的前提下，渠道的过水能力则取决于渠道的横断面形状和尺寸。从设计的角度上，总是希望在渠道的过水断面面积、底坡、糙率一定时，通过的流量最大；或者在流量、底坡、糙率一定时，过水断面面积最小，符合这两个条件的断面，都称为水力最佳断面。

由明渠均匀流公式(4-17)分析可知：当渠道的底坡 i、糙率 n 及过水断面面积 A 一定时，湿周 χ 最小(水力半径最大)，通过的流量 Q 最大；或者说，当 i、n、Q 一定时，湿周 χ 最小(水力半径最大)，所需的过水断面面积 A 最小。

由几何学可知，面积一定时，圆形断面的湿周最小，水力半径最大；又因半圆形的过水断面与圆形断面的水力半径相同，所以在明渠的各种断面形状中，半圆形是水力最佳断面。但半圆形断面施工难度大、造价高，不能普遍应用，只有在钢筋混凝土或钢丝网水泥做成的渡槽等建筑物中才采用类似半圆形的断面(如 U 形断面)。因此，下面只对渠道工程中应用最多的梯形断面进行研究。

(一)梯形水力最佳断面的宽深比公式

工程中多采用梯形断面，其边坡系数 m 可以直接由边坡稳定确定。因而，在 m 一定的情况下，同样的过水断面 A，湿周的大小因底宽与水深的比即宽深比 b/h 而异。根据水力最佳断面的条件，即 A、i、n 一定，由式(4-2)得 $b = A/h - mh$，代入式(4-3)，得梯形湿周为

$$\chi = b + 2h\sqrt{1 + m^2} = \frac{A}{h} - mh + 2h\sqrt{1 + m^2} \tag{4-18}$$

最小湿周 χ 应满足 $d\chi/dh = 0$(当 $d^2\chi/dh^2 > 0$ 时)，将式(4-18)对 h 求导，则

$$\frac{d\chi}{dh} = -\frac{A}{h^2} - m + 2\sqrt{1 + m^2} = -\frac{(b + mh)h}{h^2} - m + 2\sqrt{1 + m^2} = 0$$

整理可得梯形水力最佳断面的宽深比 β_m 的计算公式为

$$\beta_m = \frac{b}{h} = 2(\sqrt{1 + m^2} - m) \tag{4-19}$$

梯形水力最佳断面的宽深比 b/h 仅与边坡系数 m 有关。对于不同边坡系数的梯形渠道，其水力最佳断面的宽深比 β_m 见表 4-1。

表 4-1　梯形渠道水力最佳断面的宽深比 β_m 值

m	0	0.25	0.50	0.75	1.00	1.50	1.75
β_m	2.00	1.56	1.24	1.00	0.83	0.61	0.53
m	2.00	2.50	3.00	3.50	4.00	4.50	5.00
β_m	0.47	0.39	0.33	0.28	0.25	0.22	0.20

（二）梯形水力最佳断面的特征

由 $\beta_m = b/h$，得 $b = \beta_m h = 2(\sqrt{1+m^2} - m)h$。将其分别代入过水断面 A 和湿周 χ 的表达式，可以得到水力最佳断面的水力半径为

$$R = \frac{A}{\chi} = \frac{(b+mh)h}{b+2h\sqrt{1+m^2}} = \frac{[2(\sqrt{1+m^2}-m)h+mh]h}{2(\sqrt{1+m^2}-m)h+2h\sqrt{1+m^2}} = \frac{h}{2} \tag{4-20}$$

梯形水力最佳断面的水力半径只与水深有关，且等于水深的一半，而与渠道的底坡及边坡系数无关。

对于矩形断面，可看做是 $m=0$ 的梯形，则由式(4-19)可得

$$\beta_m = \frac{b}{h} = 2$$

也就是说，矩形水力最佳断面的特征是：底宽是水深的 2 倍。

水力最佳断面一般为水深大、底宽小的窄深式断面。其具有工程量省、占地少、过流量大等优点，但施工中由于开挖深、土方单价高，易受地质条件等因素的影响，所以并不一定是经济实用断面。对于大型或较大型的渠道，渠道很长，因此在渠道设计中要综合考虑各种条件，进行经济技术比较。一般不能把水力最佳断面看做是设计渠道的唯一条件。

三、渠道中的容许流速

当渠道通过不同流量时，对应的流速是不同的。如果流速过大，可能引起渠床冲刷，使渠道破坏；如果流速过小，又会导致水流挟沙能力降低，造成渠道淤积，降低过流能力。对于水电站引水渠道，流速的大小还影响着电站的动力经济性。因此，必须对渠道断面平均流速加以限制。这种既不使渠道产生冲刷，又不使渠道发生淤积的流速限制值称为容许流速，即

$$v_{不淤} < v < v_{不冲} \tag{4-21}$$

式中　$v_{不冲}$——不冲容许流速，它主要与渠道边壁土壤类型或护砌材料的性质有关，也与流量有关，可参照表 4-2 选取，若水流挟泥沙量较大，须依据有关水力学手册确定；

$v_{不淤}$——不淤容许流速，它主要与渠水中含沙量的大小、泥沙颗粒性质及组成有关，可查阅有关水力学手册确定，在清水土渠中，为防止滋生杂草，渠道的流速一般应不小于 0.5 m/s。

由《水利技术标准汇编》可知，土渠设计平均流速宜控制在 0.6 ~ 1.0 m/s，但不宜小于 0.3 m/s。寒冷地区冬、春季灌溉的渠道，设计平均流速不宜小于 1.5 m/s。

表 4-2　不同渠道的不冲容许流速

(1)坚硬岩石和人工护面渠道	流量(m^3/s)		
	<1	1~10	>10
软质水成岩(泥灰岩、页岩、软砾岩)	2.5	3.0	3.5
中等硬质水成岩(致密砾石、多孔石灰岩、层状石灰岩、白云石灰岩、灰质砂岩)	3.5	4.25	5.0
硬质水成岩(白云砂岩、砂岩石灰岩)	5.0	6.0	7.0
结晶岩、火成岩	8.0	9.0	10.0
单层块石铺砌	2.5	3.5	4.0
双层块石铺砌	3.5	4.5	5.0
混凝土护面	6.0	8.0	10.0

(2)均质黏性土渠道(R=1 m)	不冲容许流速(m/s)
轻壤土	0.60~0.80
中壤土	0.65~0.85
重壤土	0.70~1.00
黏土	0.75~0.95

(3)均质无黏性土土渠(R=1 m)	粒径(mm)	不冲容许流速(m/s)	(3)均质无黏性土土渠(R=1 m)	粒径(mm)	不冲容许流速(m/s)
极细砂	0.05~0.1	0.35~0.45	中砾石	5~10	0.90~1.10
细砂、中砂	0.25~0.5	0.45~0.60	粗砾石	10~20	1.10~1.30
粗砂	0.5~2.0	0.60~0.75	小卵石	20~40	1.30~1.80
细砂石	2.0~5.0	0.75~0.90	中卵石	40~60	1.80~2.20

注:1.(1)中壤土的干容重为 12.75~16.67 kN/m^3。

2.(2)和(3)中所列不冲容许流速为水力半径 R=1 m 的情况,如 $R \neq 1$ m,则应将表中数值乘以 R^α 才得相应的不冲容许流速。对于砂、砾石、卵石、疏松壤土、黏土:$\alpha=\frac{1}{3}\sim\frac{1}{4}$;对于密实的壤土、黏土:$\alpha=\frac{1}{4}\sim\frac{1}{5}$。

单元三　明渠均匀流水力计算

学习目标:掌握已建成渠道及设计新渠道的水力计算方法。

在水利工程中,梯形渠道应用最为广泛,因而后面以梯形断面为代表,讨论渠道的水力计算方法。

将梯形的面积 $A=(b+mh)h$,湿周 $\chi=b+2h\sqrt{1+m^2}$ 代入明渠流量计算公式(4-17)得

$$Q = \frac{\sqrt{i}}{n} \frac{[(b+mh)h]^{5/3}}{(b+2h\sqrt{1+m^2})^{2/3}} \tag{4-22}$$

式(4-22)中 $Q=f(b,m,h,n,i)$,说明梯形渠道的过流量 Q 是底宽 b、边坡系数 m、水深 h、糙率 n 及底坡 i 的函数。通常渠道的边坡系数 m 和糙率系数 n,可根据渠道的地质情况、施工条件及护面材料等情况,以及渠道设计的有关规定,查专门的水力计算手册选取。因此,渠道的水力计算主要是关于流量 Q、正常水深 h、渠底宽度 b 及渠底坡度 i 的计算。

明渠均匀流的水力计算问题可分为两大类:一类是对已建成的渠道进行计算,如校核流速、流量、底坡或求糙率;另一类是按要求设计新渠道,如确定底宽、水深、底坡、边坡系数或超高等。

一、已建成渠道的水力计算

【例题4-1】 某灌溉工程黏土渠道,总干渠全长70 km,糙率 $n=0.028$,断面为梯形,底宽 $b=8$ m,边坡系数 $m=1.5$,底坡 $i=1/8\ 000$,设计流量 $Q=40\ m^3/s$。试校核当水深为4 m时,能否满足通过设计流量的要求,并校核渠中流速。

解:(1)校核流量。由于渠道较长,断面规则,底坡和糙率固定,故可按明渠均匀流计算。

$$A = (b+mh)h = (8+1.5\times4)\times4 = 56(m^2)$$

$$\chi = b+2h\sqrt{1+m^2} = 8+2\times4\times\sqrt{1+1.5^2} = 22.42(m)$$

水力半径　$$R = \frac{A}{\chi} = \frac{56}{22.42} = 2.498(m)$$

谢才系数　$$C = \frac{1}{n}R^{1/6} = \frac{1}{0.028}\times2.498^{1/6} = 41.6(m^{1/2}/s)$$

流量

$$Q = AC\sqrt{Ri} = 56\times41.6\times\sqrt{2.498\times(1/8\ 000)} = 41.17(m^3/s) > Q_{设计}$$

渠道能通过设计流量40 m^3/s,所以该渠道能满足设计流量的要求。

(2)校核流速。

$$v = \frac{Q}{A} = \frac{41.17}{56} = 0.74(m/s)$$

根据已知条件,不淤容许流速 $v_{不淤}=0.5$ m/s。

查表4-2可知,黏土渠道在 $R=1$ 时对应的 $v_{不冲}$ 为0.75~0.95 m/s,该渠道 $R=2.498$ m,取 $\alpha=\frac{1}{4}$,则 $v_{不冲}$ 为

$$v_{不冲} = (0.75\sim0.95)\times2.498^{1/4} = 0.94\sim1.19(m/s)$$

$v_{不淤}<v<v_{不冲}$,则所设计断面满足容许流速要求。

【例题4-2】 某矩形有机玻璃水槽,底宽 $b=15$ cm,水深 $h=6.5$ cm,底坡 $i=0.02$,槽内水流系均匀流,实测该槽通过的流量 $Q=0.017\ 3\ m^3/s$,求糙率为多少?

解:根据明渠均匀流公式　　$Q=AC\sqrt{Ri}$

推导得
$$n=\frac{A}{Q}R^{2/3}i^{1/2}$$

因
$$A=bh=0.15\times0.065=0.00975(\text{m}^2)$$
$$\chi=b+2h=0.15+2\times0.065=0.28(\text{m})$$
$$R=\frac{A}{\chi}=\frac{0.00975}{0.28}=0.0348(\text{m})$$

则
$$n=\frac{A}{Q}R^{2/3}i^{1/2}=\frac{0.00975}{0.0173}\times0.0348^{2/3}\times0.02^{1/2}=0.0085$$

所以,该有机玻璃槽的糙率为0.008 5。

二、设计新渠道的水力计算

设计新渠道的水力计算,其任务主要是根据具体土质、地形、渠道设计流量和使用要求等选择断面形式,设计过水断面尺寸。

对梯形和矩形断面主要计算渠底宽 b、水深 h,也就是说,已知 Q、m、n、i 求 h 和 b。由于在式(4-22)中 b 和 h 的关系式都是高次方程,不能直接求解,而只能采用试算法。

试算步骤如下:假设若干个 h 值,代入式(4-22),计算相应的 Q 值;若所得的 Q 值与已知值相等,相应的 h 值即为所求。实际上,试算1、2次通常不能得出结果。为了减少试算工作,可假设3~5个 h 值,即 $h_1,h_2,h_3,\cdots,h_5$,求出相应的 $Q_1,Q_2,Q_3,\cdots,Q_5$,画出 $Q=f(h)$ 曲线,然后从曲线上由已知的 Q 定出 h。若要求的是 b,则和求 h 的试算法一样。此时画出的曲线是 $Q=f(b)$。下面举例说明。

【例题4-3】 某土渠断面为梯形,边坡系数 $m=1.5$,糙率 $n=0.025$,底宽 $b=4$ m,底坡 $i=0.0006$,求通过流量 $Q=9.0$ m³/s 时均匀流水深(正常水深)h_0。

解:可用列表法,将各试算数据列出,见表4-3。

表4-3 水深试算

b(m)	m	h(m)	A(m²)	χ(m)	R(m)	$\sqrt{R}$(m^1/2)	n	C(m^1/2/s)	$\sqrt{i}$	Q(m³/s)
4	1.5	1.0	5.50	7.6	0.72	0.85	0.025	37.9	0.024 5	4.34
		1.2	6.69	8.3	0.84	0.92		39.4		6.18
		1.4	8.54	9.0	0.95	0.97		39.9		8.10
		1.5	9.375	9.4	1.00	1.00		40.0		9.19

将表4-3中 Q 和 h 相应值点绘在方格坐标上,可得到 $Q=f(h)$ 的曲线(见图4-5)。$Q=9$ m³/s在曲线上查得相应的水深 $h_0=1.48$ m。

【例题4-4】 某梯形干渠全长9.5 km,输送流量 $Q=13$ m³/s,渠道所经地区为土壤地带,糙率 $n=0.025$,底坡 $i=1/3\,500$,$m=1.5$,已定水深为 $h=2$ m,求渠底宽 b。

解:由基本公式(4-22)可知

$$Q=\frac{\sqrt{i}}{n}\frac{[(b+mh)h]^{5/3}}{(b+2h\sqrt{1+m^2})^{2/3}}=0.067\frac{[2(b+3)]^{5/3}}{(b+7.2)^{2/3}}$$

假设 $b=3$ m、4 m、4.5 m、6 m，算出相应的 Q 值，如表 4-4 所示。

表 4-4 渠底宽试算

b(m)	3	4	4.5	6
Q(m^3/s)	9.04	10.98	11.97	14.96

画出 $Q=f(b)$ 曲线（见图 4-6），由曲线可查得 $Q=13\ m^3/s$ 时，$b=5$ m。

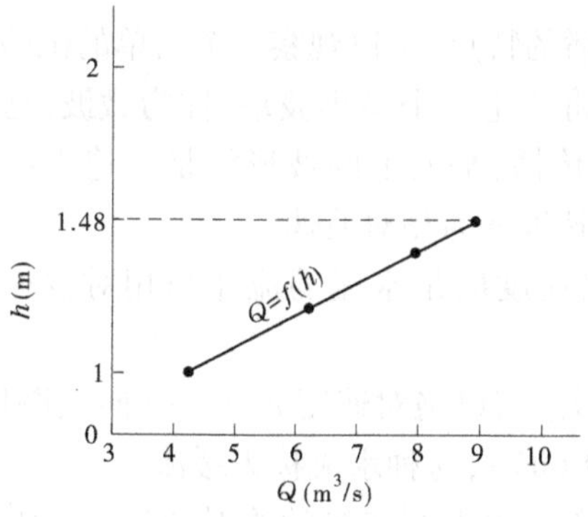

图 4-5

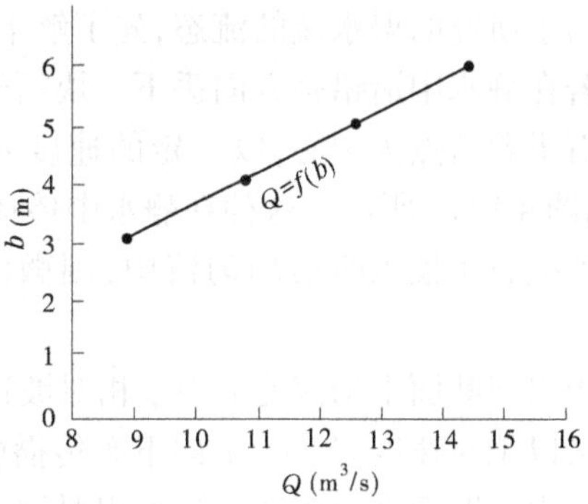

图 4-6

单元四 明渠恒定非均匀流

学习目标：掌握明渠水流的三种流体及判别方法，掌握断面比能及临界水深的计算，了解临界底坡、缓坡、陡坡。

由于产生明渠均匀流的条件非常严格，自然界中的水流条件很难满足，故实际中的人工渠道或天然河道中的水流绝大多数是非均匀流。明渠非均匀流的特点是底坡线、水面线、总水头线彼此互不平行（见图 4-7）。产生明渠非均匀流的原因很多，例如明渠横断面的几何形状或尺寸沿流程改变，粗糙度或底坡沿流程改变，在明渠中修建水工建筑物（闸、桥梁、涵洞等），都能使明渠水流发生非均匀流。明渠非均匀流中也存在渐变流和急变流，若流线是接近于相互平行的直线，或流线间夹角很小，流线的曲率半径很大，这种水流称为明渠非均匀渐变流；反之，则称为明渠非均匀急变流。

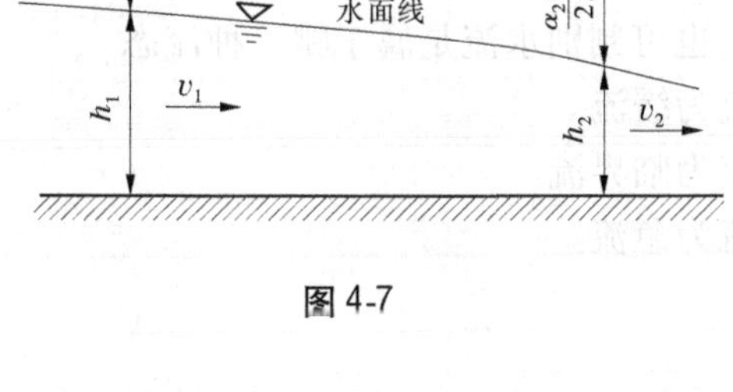

图 4-7

本单元的重点是明渠非均匀流的一些基本概念，明渠恒定流中三种流态的判定，水跃与水跌现象及其相关计算。

因明渠非均匀流的水深沿程变化，即 $h=f(l)$，为了不致引起混乱，将明渠均匀流的水深称为正常水深，以 h_0 表示。

一、明渠水流的三种流态及判别方法

（一）明渠水流的三种流态

为了研究明渠水流的流态，先了解干扰波传播的特点，可以观察一个简单的试验。

若在静水中沿铅垂方向丢下一块石子，水面将产生一个微小波动，称为微波，这个波动以石子着落点为中心，以一定的速度 c 向四周传播，平面上的波形将是一连串的同心圆，如图 4-8(a)所示。这种在静水中传播的微波速度 c 为相对波速。

若把石子投入明渠均匀流中，则微波的传播速度应是水流的流速与相对波速的向量和。

当水流断面平均流速 v 小于相对波速 c 时，微波将以绝对速度 $v'=c-v$ 向上游传播，同时又以绝对速度 $v'=c+v$ 向下游传播（见图 4-8(b)），这种水流称为缓流。

当水流断面平均流速 v 等于相对波速 c 时，微波向上游传播的绝对速度 $v'=0$，而向下游传播的绝对速度 $v'=2c$（见图 4-8(c)），这种水流称为临界流。

当水流断面平均流速 v 大于相对波速 c 时，微波只以绝对速度 $v'=c+v$ 向下游传播，而对上游水流不发生任何影响（见图 4-8(d)），这种水流称为急流。

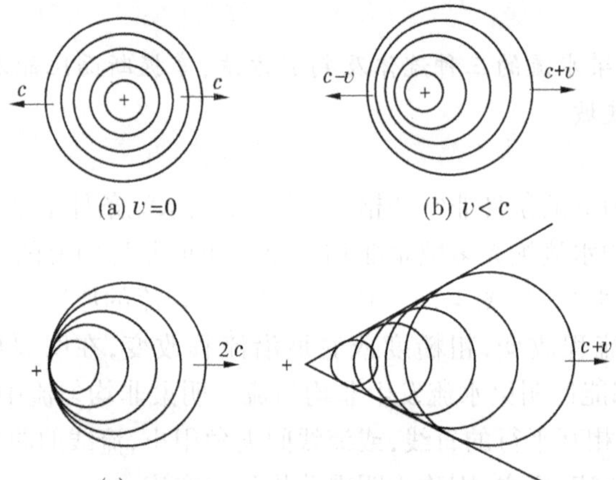

图 4-8

由此可知，只要比较水流的断面平均流速 v 和微波相对速度 c 的大小，就可判断干扰微波是否会往上游传播，也可判别水流是属于哪一种流态。

(1) 当 $v<c$ 时，水流为缓流。

(2) 当 $v=c$ 时，水流为临界流。

(3) 当 $v>c$ 时，水流为急流。

(二)微波相对波速 c

要判别流态,必须首先确定微波传播的相对速度 c,现在用水流能量方程和连续性方程推导微波相对速度的计算公式。

如图 4-9 所示,在平底矩形棱柱体明渠中,假设渠中水深为 h,设开始时,渠中水流处于静止状态,用一竖直平板以一定的速度向左推动一下,在平板的左侧将激起一个干扰微波。

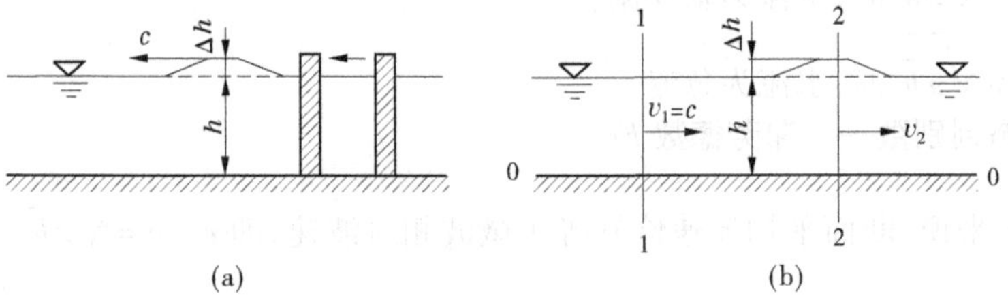

图 4-9

微波波高为 Δh,微波以波速 c 向左移动。某观察者若以波速 c 随波前进,他将看到微波是静止不动的,而水流则以波速 c 向右移动。这正如人们站在船头所观察到的船行波是不动的,而河道的静水和两岸的景观则以船的速度向后运动一样。

对上述移动坐标系来说,水流是作恒定非均匀流动。根据伽利略相对运动原理,假若忽略摩擦阻力不计,以水平渠底为基准面,对两个相距很近的断面 1—1 和断面 2—2 建立连续性方程和能量方程,即

连续性方程
$$hc=(h+\Delta h)v_2 \tag{2-23}$$

得
$$v_2=\frac{hc}{h+\Delta h} \tag{2-24}$$

能量方程
$$h+\frac{c^2}{2g}=h+\Delta h+\frac{v_2^2}{2g} \tag{2-25}$$

将式(2-24)代入式(2-25)能量方程得

$$c=\sqrt{\frac{2g(h+\Delta h)^2}{2h+\Delta h}} \tag{2-26}$$

对波高很小的微波,由于 $\Delta h \leqslant h$,可令 $\Delta h \approx 0$,则上式可简化为

$$c=\sqrt{gh} \tag{4-27}$$

式(4-27)就是矩形断面明渠静水中微波传播的相对波速公式。

当明渠断面为任意形状时,其相对波速 c 为

$$c=\sqrt{g\bar{h}} \tag{4-28}$$

$$\bar{h}=A/B$$

式中 $\bar{h}$——断面平均水深;

A——断面面积;

B——水面宽度。

由式(4-28)可以看出,微波的相对波速 c 与断面平均水深 $\bar{h}$ 的平方根成正比,水深

$\bar{h}$ 越大,相对波速 c 也越大。

因此,明渠水流的判别式可写为:

(1)当 $v<\sqrt{g\bar{h}}$ 时,水流为缓流。

(2)当 $v=\sqrt{g\bar{h}}$ 时,水流为临界流。

(3)当 $v>\sqrt{g\bar{h}}$ 时,水流为急流。

(三)流态判别数——弗劳德数 Fr

对临界流来说,断面平均流速恰好等于微波相对波速,即 $v=c=\sqrt{g\bar{h}}$,则此式可改写为

$$\frac{v}{\sqrt{g\bar{h}}}=1 \tag{4-29}$$

$\frac{v}{\sqrt{g\bar{h}}}$是一个无量纲数,称为弗劳德数,用符号 Fr 表示。显然,对临界流来说,弗劳德数恰好等于1,因此也可用弗劳德数 Fr 来判别明渠水流的流态。

当 $Fr=\frac{v}{\sqrt{g\bar{h}}}<1$ 时,水流为缓流。

当 $Fr=\frac{v}{\sqrt{g\bar{h}}}=1$ 时,水流为临界流。

当 $Fr=\frac{v}{\sqrt{g\bar{h}}}>1$ 时,水流为急流。

弗劳德数 Fr 在水力学中是一个极为重要的判别数,为了加深理解,下面将对它的物理意义进行讨论,可把弗劳德数 Fr 的表达式改写为

$$Fr=\frac{v}{\sqrt{g\bar{h}}}=\sqrt{\frac{2\frac{v^2}{2g}}{\bar{h}}} \tag{4-30}$$

由式(4-30)可以看出,弗劳德数 Fr 反映了过水断面单位重量液体平均动能$\frac{v^2}{2g}$与平均势能$\bar{h}$之比。当水流的平均势能$\bar{h}$ 等于平均动能$\frac{v^2}{2g}$的 2 倍时,即 $Fr=1$,水流是临界流。水流为急流时,其平均势能小于 2 倍的平均动能;水流为缓流时,其平均势能大于 2 倍的平均动能。

二、断面比能与临界水深

前面主要从运动学的角度分析了明渠水流的三种流态,而这三种流态所表现出来的

能量特性也是不同的,下面从能量的角度来进行分析。

(一)断面比能与断面比能曲线

在一底坡较小的明渠渐变流中,任取一过水断面,如图4-10所示。以0—0为基准面,其断面最低点的位置高度为z_0,断面水深为h,断面平均流速为v,则过水断面上单位重量液体所具有的总能量E为

$$E = z_0 + h + \frac{\alpha v^2}{2g} \tag{4-31}$$

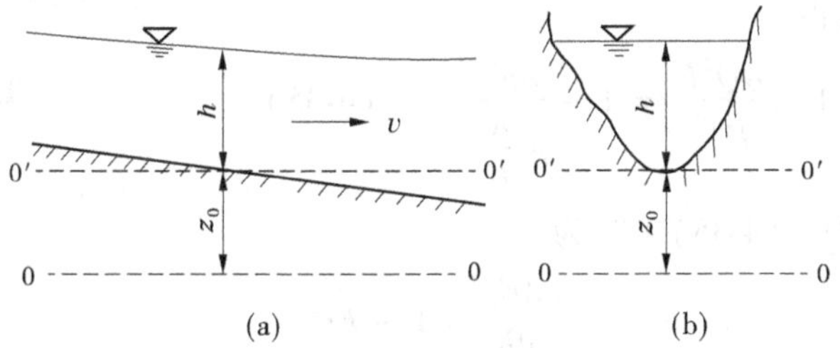

图4-10

如果我们把基准面选在渠底这一特殊位置,则此时以渠底水平面0′—0′为基准面计算得到的断面单位重量液体所具有的总机械能称为断面单位能量,简称断面比能,用E_s来表示,即

$$E_s = h + \frac{\alpha v^2}{2g} \tag{4-32}$$

不难看出,断面比能E_s是过水断面上单位重量液体总能量E的一部分,两者相差的数值乃是两个基准面之间的高差z_0。

由式(4-32)可知,当流量Q和过水断面的形状及尺寸一定时,断面比能仅仅是水深的函数,即$E_s = f(h)$,按照此函数可以绘出断面比能随水深变化的关系曲线,该曲线称为断面比能曲线。下面定性分析断面比能曲线随水深的变化情况。

流量Q一定,当水深$h \to 0$时,断面面积$A \to 0$,则流速水头$\frac{\alpha Q^2}{2gA^2} \to \infty$,故$E_s = h + \frac{\alpha Q^2}{2gA^2} \to \infty$;当水深$h \to \infty$时,$A \to \infty$,则$\frac{\alpha Q^2}{2gA^2} \to 0$,因而$E_s = h + \frac{\alpha Q^2}{2gA^2} \to \infty$。若以$h$为纵坐标,以$E_s$为横坐标,根据上述讨论,绘出的断面比能曲线见图4-11。断面比能在K点处获得最小值$E_{s\min}$。K点把曲线分成上下两支。曲线的下支以横坐标轴为渐近线,上支以与坐标轴成45°夹角并通过原点的直线(直线$y = x$)为渐近线。在上支,断面比能随水深的增加而增加;在下支,断面比能随水深的增加而减小。

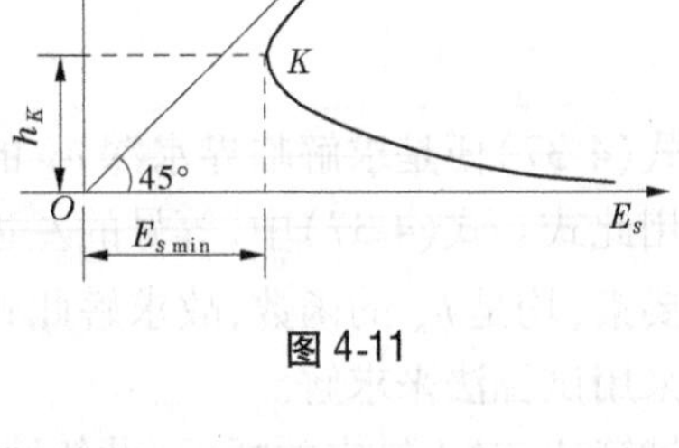

图4-11

若将式(4-32)对水深h求导,可以进一步了解断面比能曲线的变化规律。

$$\frac{dE_s}{dh} = \frac{d}{dh}\left(h + \frac{\alpha Q^2}{2gA^2}\right) = 1 - \frac{\alpha Q^2}{gA^3}\frac{dA}{dh} \tag{4-33}$$

如图 4-12 所示，当过水断面水深 h 增加一个微量 dh 时，过水断面面积 A 也要增加一微量 dA，由图可得，$dA = Bdh$，即

$$\frac{dA}{dh} = B \tag{4-34}$$

代入式(4-33)，得

$$\frac{dE_s}{dh} = 1 - \frac{\alpha Q^2 B}{gA^3} = 1 - \frac{\alpha v^2}{g\dfrac{A}{B}} \tag{4-35}$$

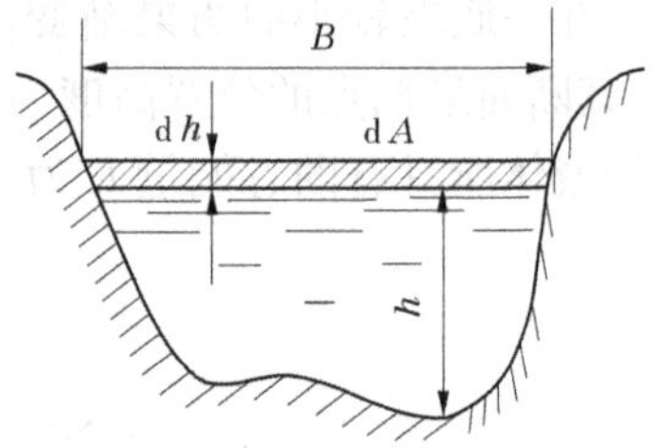

图 4-12

若取 $\alpha = 1.0$，则式(4-35)可写为

$$\frac{dE_s}{dh} = 1 - Fr^2 \tag{4-36}$$

式(4-36)说明，明渠水流的断面比能随水深的变化规律取决于断面上的弗劳德数 Fr。对于缓流，$Fr < 1$，则$\frac{dE_s}{dh} > 0$，相当于比能曲线的上支，断面比能随水深的增加而增加；对于急流，$Fr > 1$，则$\frac{dE_s}{dh} < 0$，相当于比能曲线的下支，断面比能随水深的增加而减少；对于临界流，$Fr = 1$，则$\frac{dE_s}{dh} = 0$，相当于断面比能曲线上下两支的分界点，断面比能取得最小值。

（二）临界水深 h_K

从断面比能曲线可看出，断面比能随水深的变化而变化，并能达到一个最小值。我们把断面比能取得最小值时的水深，称为临界水深，用 h_K 表示。即 $E_s = E_{smin}$ 时，得水深 $h = h_K$，如图 4-11 所示。

临界水深 h_K 的计算公式可根据上述定义得出。

令 $dE_s/dh = 0$，以求 $E_s = E_{smin}$时的水深 h_K，由式(4-35)得

$$1 - \frac{\alpha Q^2 B_K}{gA_K^3} = 0$$

或

$$\frac{\alpha Q^2}{g} = \frac{A_K^3}{B_K} \tag{4-37}$$

式(4-37)便是求解临界水深 h_K 的一般表达式，任意形状断面渠道临界水深的计算都可采用此式。式(4-37)中，等号的左边是已知值，等号右边 B_K 及 A_K 为相应于临界水深的水力要素，均是 h_K 的函数，故求解此式可得 h_K。由于 A^3/B 一般是水深 h 的隐函数形式，故常采用试算法来求解。

试算法：对于给定的断面，设各种 h 值，依次算出相应的 A、B 和 A^3/B 值。以 A^3/B 为横坐标，以 h 为纵坐标作图（见图 4-13）。

由式(4-37)知，图 4-13 中对应于 $A^3/B = \alpha Q^2/g$ 的水深便是 h_K。

对于矩形断面的明渠水流，其临界水深 h_K 可用以下关系式求得：

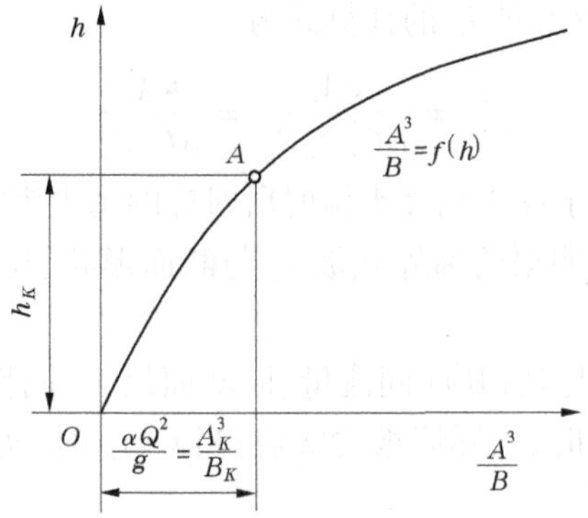

图 4-13

矩形断面的水面宽度 B 等于底宽 b，代入式(4-37)，即

$$\frac{\alpha Q^2}{g}=\frac{b^3h_K^3}{b}=b^2h_K^3 \tag{4-38}$$

则

$$h_K=\sqrt[3]{\frac{\alpha Q^2}{gb^2}}=\sqrt[3]{\frac{\alpha q^2}{g}} \tag{4-39}$$

式中 q——单宽流量，$m^3/(s \cdot m)$，$q=Q/b$。

可见，在底宽 b 一定的矩形断面明渠中，水流在临界水深状态下，$Q=f(h_K)$。利用这种水力性质，工程上出现了有关的测量流量的简便设施。

在实际工程中，对于梯形断面或圆形断面渠道的临界水深 h_K 的确定，常可在有关的水力计算图表中查得，或编程求解，从而避免了上述复杂的计算。

三、临界底坡、缓坡与陡坡

在流量、断面形状、尺寸及糙率一定的棱柱体顺坡渠道中，水流作均匀流动，若只改变明渠的底坡 i，则相应的均匀流正常水深 h_0 亦随之而改变，将此关系曲线绘出，如图 4-14 所示。如果变至某一底坡，其均匀流的正常水深 h_0 恰好与临界水深 h_K 相等，此坡度定义为临界底坡，用 i_K 来表示。

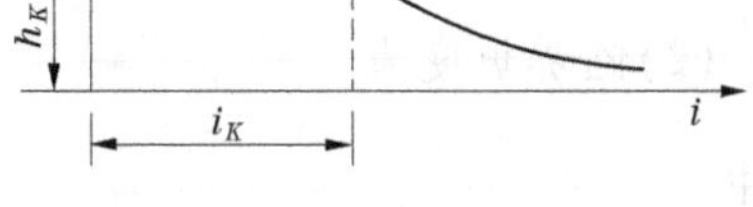

图 4-14

不难理解，当底坡 i 增大时，正常水深 h_0 将减小；反之，当 i 减小时，正常水深 h_0 将增大。从该曲线上必能找出一个正常水深恰好与临界水深相等的 K 点。曲线上 K 点所对应的底坡即为临界底坡 i_K。

在临界底坡上作均匀流时，一方面它要满足临界流方程式

$$\frac{\alpha Q^2}{g}=\frac{A_K^3}{B_K} \tag{4-40}$$

另一方面又要同时满足均匀流的基本方程式

$$Q=A_KC_K\sqrt{R_Ki_K} \tag{4-41}$$

联解上列两式可得临界底坡 i_K 的计算式为

$$i_K = \frac{gA_K}{\alpha C_K^2 R_K B_K} = \frac{g\chi_K}{\alpha C_K^2 B_K} \tag{4-42}$$

式中 R_K、χ_K、C_K——渠中水深为临界水深时所对应的水力半径、湿周、谢才系数。

由式(4-42)不难看出，明渠的临界底坡 i_K 与断面形状、尺寸、糙率和流量有关，而与渠道的实际底坡 i 无关。

一个坡度为 i 的明渠，与其相应(同流量、同断面尺寸、同糙率)的临界底坡相比较可能有三种情况，即：当 $i < i_K$ 时，实际底坡为缓坡；当 $i = i_K$ 时，实际底坡为临界底坡；当 $i > i_K$ 时，实际底坡为陡坡。

此外，由图4-14可以看出，明渠水流为均匀流时，若 $i < i_K$，则正常水深 $h_0 > h_K$，说明缓坡上的均匀流为缓流；若 $i > i_K$，则正常水深 $h_0 < h_K$，说明陡坡上的均匀流为急流；若 $i = i_K$，则正常水深 $h_0 = h_K$，说明临界坡上的均匀流为临界流。

所以，在明渠均匀流的情况下，用底坡的类型就可以判别均匀流流态。

$i < i_K$，底坡为缓坡，且 $h_0 > h_K$，说明缓坡上的均匀流一定为缓流。

$i = i_K$，底坡为临界坡，且 $h_0 = h_K$，说明临界坡上的均匀流一定为临界流。

$i > i_K$，底坡为陡坡，且 $h_0 < h_K$，说明陡坡上的均匀流一定为急流。

但一定要强调，这种判别只适用于均匀流的情况，非均匀流就不一定了。

必须指出，上述关于渠底坡度的缓、急之称，是对于一定流量来讲的。对于某一渠道，底坡已经确定，但当流量改变时，所对应的 h_K(或 i_K)也发生变化，从而该渠道的底坡(缓坡或陡坡)也可能随之改变。

【例题4-5】 一条长直的矩形断面渠道($n = 0.02$)，宽度 $b = 5$ m，正常水深 $h_0 = 2$ m 时通过流量 $Q = 40\ m^3/s$。试分别用 h_K、i_K、Fr 来判别该明渠水流的缓、急状态。

解：对于矩形断面明渠有：

(1)临界水深为

$$h_K = \sqrt[3]{\frac{\alpha Q^2}{gb^2}} = \sqrt[3]{\frac{1.0 \times 40^2}{9.80 \times 5^2}} = 1.87(\text{m})$$

可见 $h_0 = 2\ \text{m} > h_K = 1.87\ \text{m}$，此均匀流为缓流。

(2)临界坡度为

$$i_K = \frac{g\chi_K}{\alpha C_K^2 B_K}$$

其中

$$B_K = b = 5\ \text{m}$$

$$A_K = bh_K = 5 \times 1.87 = 9.35(\text{m}^2)$$

$$\chi_K = b + 2h_K = 5 + 2 \times 1.87 = 8.74(\text{m})$$

则

$$i_K = \frac{g\chi_K}{\alpha C_K^2 B_K} = \frac{9.8 \times 8.74}{1.0 \times (\frac{1}{0.02} \times 1.07^{1/6}) \times 5} = 0.006\ 7$$

另外

$$i = \frac{Q^2}{K^2}$$

而

$$K = AC\sqrt{R}$$

其中
$$A = bh_0 = 5 \times 2 = 10(\mathrm{m}^2)$$
$$\chi = b + 2h_0 = 5 + 2 \times 2 = 9(\mathrm{m})$$
$$R = \frac{A}{\chi} = \frac{10}{9} = 1.11(\mathrm{m})$$
$$K = AC\sqrt{R} = \frac{A}{n}R^{2/3} = \frac{10}{0.02} \times 1.11^{2/3} = 536(\mathrm{m}^3/\mathrm{s})$$

则
$$i = \frac{Q^2}{K^2} = \frac{40^2}{536^2} = 0.005\,6$$

可见 $i = 0.005\,6 < i_K = 0.006\,7$，此均匀流为缓流。

（3）弗劳德数为
$$Fr^2 = \frac{\alpha v^2}{gh}$$

其中
$$h = h_0 = 2\ \mathrm{m}$$
$$v = \frac{Q}{A} = \frac{Q}{bh_0} = \frac{40}{5 \times 2} = 4(\mathrm{m/s})$$

则
$$Fr^2 = \frac{v^2}{gh} = \frac{4^2}{9.8 \times 2} = 0.816 < 1$$

可见 $Fr < 1$，此均匀流为缓流。

单元五　水跃与水跌

学习目标：了解水跃和水跌，掌握共轭水深及水跃长度的计算方法。

由于在水面曲线分析和计算中，经常遇到流态的过渡问题，下面来讨论两种水力现象。缓流和急流是明渠水流的两种不同流态。当水流从一种流态向另一种流态过渡时，会产生局部水力现象——水跌和水跃。

一、水跃

水跃是明渠水流从急流过渡到缓流时水面突然跃起的局部水力现象。例如，水流由陡坡流向缓坡，由陡坡下泄的急流过渡到缓坡上的缓流时，水流一定产生水跃现象，如图4-15所示。同样，由闸、坝下泄的急流过渡到下游河渠中的缓流时，也一定会形成水跃，如图4-16所示。

水跃内部结构大体上可分为两部分。水跃的上部称为表面旋滚区，该区域充满着剧烈翻滚的旋涡，回转剧烈，并掺入大量气泡；水跃的下部称为主流区，上游下泄的流量全部经过此区流向下游，此区域流速很大，在短距离内水深迅速增加，主流急剧扩散，流态从急流转变为缓流（见图4-17(a)）。在水跃段内，表面旋滚区和主流扩散区之间存在大量的质量、动量交换，不能截然分开，水流内部发生强烈的摩擦和撞击，从而使水跃段内产生较大的能量损失。

水跃是明渠急变流的重要水流现象，它的发生不仅增加上、下游水流衔接的复杂性，

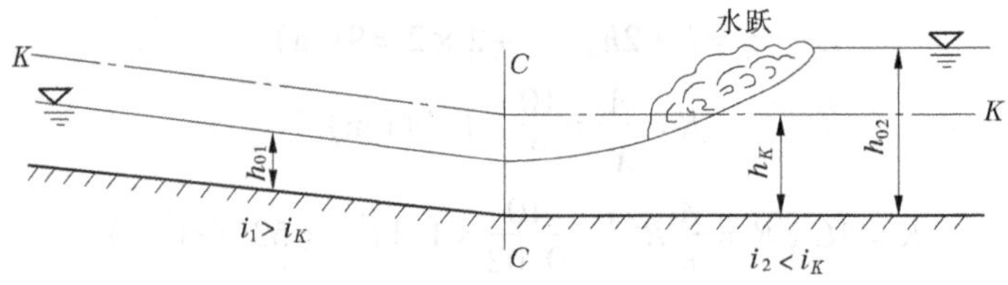

图 4-15

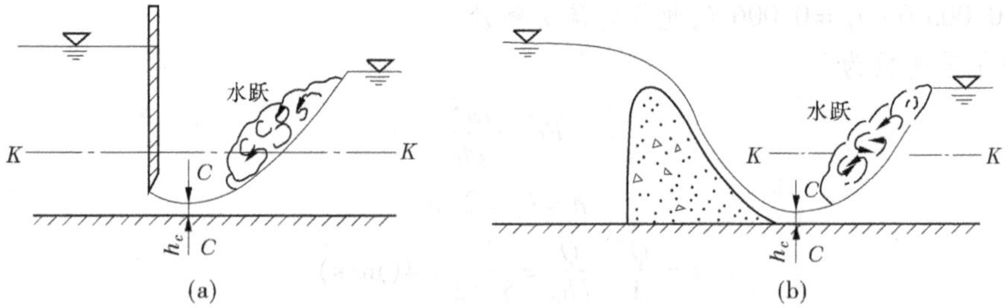

图 4-16

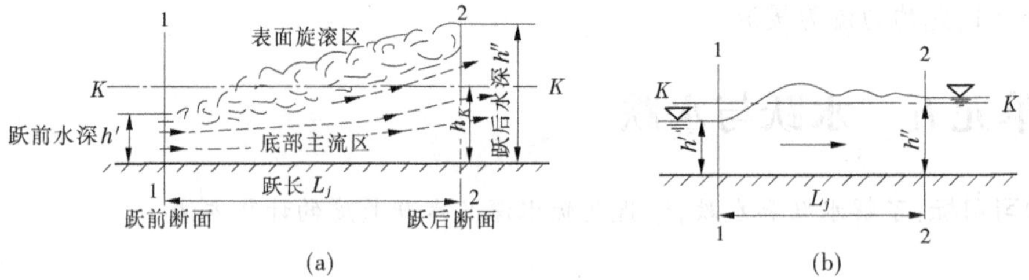

图 4-17

还引起大量的能量损失,是实际工程中有效的消能方式。

如图 4-17(a)所示为棱柱体平底明渠中发生的水跃。表面旋滚起点的过水断面 1—1 为跃前断面,相应断面的水深 h' 为跃前水深;表面旋滚末端的过水断面 2—2 为跃后断面,相应断面的水深 h'' 为跃后水深。水跃前、后两断面的水深差 $h'' - h' = a$ 称为水跃高度,水跃前后两断面之间的水平距离称为水跃长度,用 L_j 表示。

水跃上部并非任何情况下都有表面旋滚存在。试验观测得知,表面旋滚是否存在与强烈程度,主要取决于跃前断面的弗劳德数 Fr_1 的大小。当 $1 < Fr_1 < 1.7$ 时,水跃表面只形成一系列起伏不大的波浪,波峰沿流程下降直至消失,此种水流称为波状水跃,如图 4-17(b)所示。波状水跃称无表面旋滚,且消能效果很差。因此,为区别起见,称有表面旋滚的水跃为完全水跃,称无表面旋滚的水跃(波状水跃)为不完全水跃。

下面对表征水跃运动规律的基本方程进行推导,以确定水跃跃前、跃后水深及水跃长度的计算方法。

(一)水跃基本方程

这里仅讨论平坡($i=0$)棱柱体渠道中的完全水跃。在推导水跃基本方程时,由于水跃区内具有较大能量损失,不能忽略不计,又没有一个确定相应能量损失 h_w 的计算公式,应用能量方程来建立水跃方程还有困难，故只能应用恒定总流的动量方程来推导。

图 4-18 为棱柱体平底明渠中的完全水跃，取跃前断面 1—1 和跃后断面 2—2 之间的水跃段为隔离体，并且在推导水跃过程中，根据水跃发生的实际情况，作了下列一些假设。

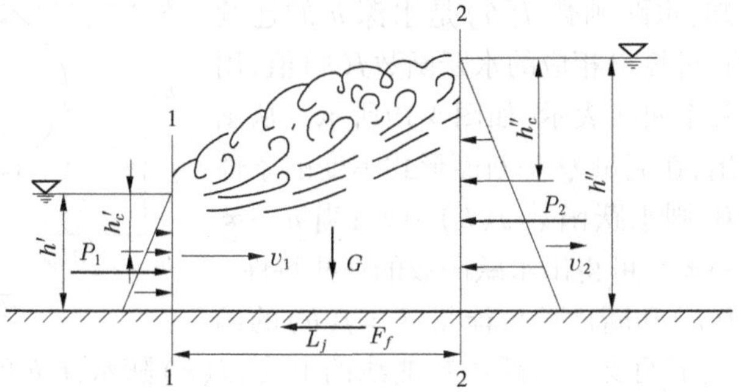

图 4-18

（1）水跃段长度较短，水跃与边界之间的切应力又不大，水流与渠底的摩擦阻力较小，可以忽略不计。

（2）跃前、跃后两过水断面上水流近似为渐变流，作用在该两断面上动水压强的分布可以按静水压强的分布规律计算，因而有

$$P_1 = \gamma h_c' A_1, \quad P_2 = \gamma h_c'' A_2 \tag{4-43}$$

式中 A_1——跃前断面面积；

A_2——跃后断面面积；

h_c'——跃前断面形心点的水深；

h_c''——跃后断面形心点的水深。

（3）设跃前、跃后两过水断面上的动量修正系数相等，即 $\beta_1 = \beta_2 = 1.0$。

在上述假设下，对水跃段建立水流方向（水平方向）的动量方程，由于重力在水流方向的投影为零，且水跃边界切应力为零，故作用在水跃段水体上的力只有两端断面的动水压力 P_1、P_2，则得

$$P_1 - P_2 = \frac{\gamma Q}{g}(v_2 - v_1) \tag{4-44}$$

因 $v_1 = \frac{Q}{A_1}, v_2 = \frac{Q}{A_2}$，动水压力按静水压力计算，代入上式整理得

$$\frac{Q^2}{gA_1} + h_c' A_1 = \frac{Q^2}{gA_2} + h_c'' A_2 \tag{4-45}$$

（二）水跃函数

由水跃基本方程可知，等式两边都是一样的表示形式。当明渠的断面形状、尺寸及流量一定时，水跃函数便是水深 h 的函数，则称此函数为水跃函数，用 $J(h)$ 表示，即

$$J(h) = \frac{Q^2}{gA} + h_c A \tag{4-46}$$

于是水跃的基本方程式（4-46）又可写成如下形式

$$J(h') = J(h'') \tag{4-47}$$

式中 h'、h''——跃前、跃后水深。

对于某一流量 Q，两水深具有相同的水跃函数 $J(h)$，因此 h' 和 h'' 又称为水跃的共轭水深。

由式(4-46)可知，水跃函数 $J(h)$ 是水深 h 的连续函数，设一系列 h 值，可算出相应的水跃函数 $J(h)$ 值，用 $J(h)\sim h$ 水跃函数关系曲线表示，如图4-19所示。从图中曲线关系可以看出，在流量 Q 和断面形式不变的条件下，当 $h\to 0$ 时，$A\to 0$，则水跃函数 $J(h)\to\infty$；当 $h\to\infty$ 时，$A\to\infty$，则 $J(h)\to\infty$。可得出水跃函数的一些特性。

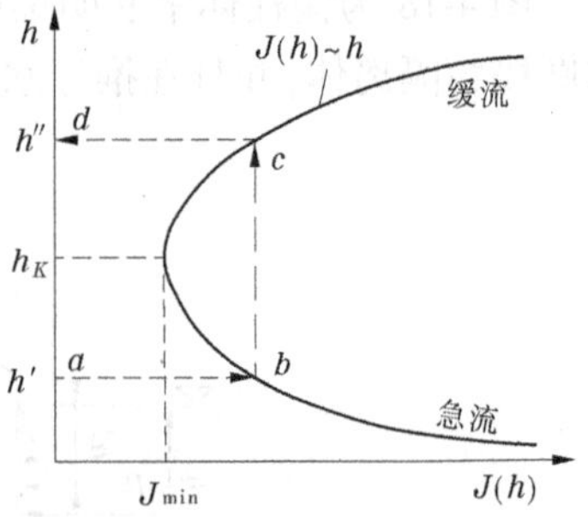

图 4-19

(1)水跃函数 $J(h)$ 和断面单位能量 $E_s=f(h)$ 的函数曲线一样，具有上、下两支。水跃函数曲线的上支，$J(h)$ 随水深 h 的增加而增加，$h>h_K$，水流为缓流；水跃函数曲线的下支，$J(h)$ 随水深 h 的增加而减小，$h<h_K$，水流为急流。

(2)水跃函数 $J(h)$ 值存在一个最小值 J_{min}。可以证明，水跃函数 $J(h)$ 最小值时对应的水深就是临界水深 h_K。

(3)除最小值点外，一个水跃函数值对应两个水深(跃前水深 h' 和跃后水深 h'')，它代表了一种条件下产生的水跃。h' 越小，h'' 越大。

对于非矩形断面平底明渠的水跃，可利用水跃函数曲线来求共轭水深。如已知 h' 求 h'' 时，可设一系列的 h 值，分别求出相应的 $J(h)=\dfrac{Q^2}{gA}+h_cA$ 值，作 $J(h)\sim h$ 关系曲线。可由 h' 值在纵坐标上找到一点 a，过 a 点作水平线交水跃函数曲线下支于 b 点，过 b 点作垂线交曲线上支于 c 点，则 c 点的纵坐标 d 点的数值即为与 h' 相对应的跃后水深 h''，如图4-19中画箭头和虚线所示。

(三)矩形断面棱柱体平底明渠中共轭水深的计算

对于矩形断面的棱柱形渠道，有

$$A=bh,\quad h_c=\frac{h}{2},\quad q=\frac{Q}{b}$$

代入水跃基本方程式(4-45)后得

$$\frac{(bq)^2}{gbh'}+\frac{h'}{2}bh'=\frac{(bq)^2}{gbh''}+\frac{h''}{2}bh''$$

上式两端分别除以 b 得

$$\frac{q^2}{gh'}+\frac{(h')^2}{2}=\frac{q^2}{gh''}+\frac{(h'')^2}{2}$$

将上式整理简化为

$$(h')^2h''+h'(h'')^2-\frac{2q^2}{g}=0$$

将 h' 看做未知量，h'' 看作已知量；或将 h'' 看做未知量，h' 看作已知量。上式为二次方程，用求根公式得

$$h'=\frac{h''}{2}\left(\sqrt{1+8\frac{q^2}{g(h'')^3}}-1\right)\tag{4-48}$$

$$h'' = \frac{h'}{2}\left[\sqrt{1 + 8\frac{q^2}{g(h')^3}} - 1\right] \tag{4-49}$$

因为水流过水断面的弗劳德数有下列关系：

$$Fr^2 = \frac{v^2}{gh} = \frac{\left(\frac{Q}{A}\right)^2}{gh} = \frac{\left(\frac{bq}{bh}\right)^2}{gh} = \frac{q^2}{gh^3} \tag{4-50}$$

于是式(4-48)、式(4-49)又有如下形式

$$h' = \frac{h''}{2}(\sqrt{1 + 8Fr_2^2} - 1) \tag{4-51}$$

$$h'' = \frac{h'}{2}(\sqrt{1 + 8Fr_1^2} - 1) \tag{4-52}$$

$$h' = \frac{h''}{2}\sqrt{1 + 8\frac{v_2^2}{gh''}} - 1 \tag{4-53}$$

$$h'' = \frac{h'}{2}\sqrt{1 + 8\frac{v_1^2}{gh'}} - 1 \tag{4-54}$$

式(4-51)～式(4-54)即为平底矩形断面棱柱体渠道中水跃的共轭水深关系式。对于底坡不大的矩形棱柱体明渠中的水跃，也可近似应用上式；对于渠底坡度较大的矩形明渠，其水跃的基本方程，则要考虑重力的影响，也就是说，重力在水流方向上的分力不能略去不计，其推演过程此处从略。

(四)水跃长度 L_j

水跃长度是水工建筑物下游消能段(尤其是建筑物下游加固保护段)尺寸设计的主要依据之一，但由于水跃运动非常复杂，至今仍没有成熟的计算水跃长度的理论公式。一方面由于水跃位置是不断摆动的，不易测准；另一方面因为不同的研究者选择跃后断面的标准不一致，因而虽然各种经验公式很多，但对同一种水跃，各种公式算出的水跃长度值也相差较大。

实际工程中，仍采用经验公式计算水跃长度，下面介绍几个常用的计算平底矩形断面明渠水跃长度 L_j 的经验公式。

(1)以跃后水深 h'' 表示的，如：

美国垦务局公式 $$L_j = 6.1h'' \tag{4-55}$$

该式适用范围为 $4.5 < Fr_1 < 10$。

(2)以水跃高度 a 表示的，如：

①欧拉—佛托斯基公式 $$L_j = 6.9(h'' - h') = 6.9a \tag{4-56}$$

②长江科学院根据资料将系数取为4.4～6.7。

(3)以 Fr_1 表示的，如：

①成都科技大学公式 $$L_j = 10.8h'(Fr_1 - 1)^{0.93} \tag{4-57}$$

该式系根据宽度为0.3～1.5 m的水槽上 $Fr_1 = 1.72 \sim 19.55$ 的试验资料总结而来的。

②陈椿庭公式 $$L_j = 9.4h'(Fr_1 - 1) \tag{4-58}$$

③切尔托乌索夫公式　$L_j = 10.3h'(Fr_1 - 1)^{0.81}$　(4-59)

在公式的适用范围内，式(4-55)～式(4-59)计算结果比较接近。式(4-59)适用于 Fr_1 值较小的情况，在 Fr_1 值较大时计算结果与其他公式相比偏小。

（五）水跃的消能量

水跃会产生巨大的能量损失，这是由于水跃内部流速分布极度不均，同时存在强烈的紊动。紊动动能可达水流平均动能的30%。

水跃总的消能量，应包括水跃段 L_j 以及跃后流段 L_{jj} 的消能量。为简便起见，工程中一般只计算水跃段消除的能量，并以跃前断面与跃后断面的能量差作为水跃的消能量，即

$$\Delta H_j = H_1 - H_2 \tag{4-60}$$

式中　ΔH_j——水跃段的消能量；

H_1、H_2——跃前与跃后断面的总水头。

水跃消能量与跃前断面水流的总流量的比值，称为水跃消能率，以 K_j 表示，其计算公式为

$$K_j = \frac{\Delta H_j}{H_1} \tag{4-61}$$

分析表明，水跃消能率仅是跃前断面弗劳德数 Fr_1 的函数。Fr_1 越大，消能率越高。所以，Fr_1 不同，水跃形式、流态和消能率也不同，如图4-20所示。

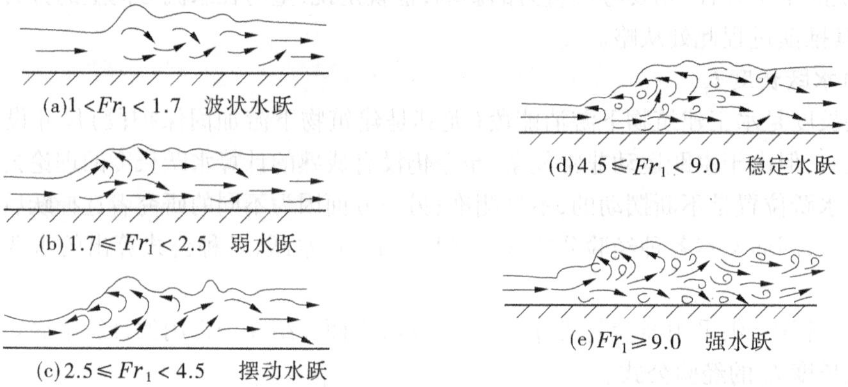

(a) $1 < Fr_1 < 1.7$　波状水跃

(b) $1.7 \leqslant Fr_1 < 2.5$　弱水跃

(c) $2.5 \leqslant Fr_1 < 4.5$　摆动水跃

(d) $4.5 \leqslant Fr_1 < 9.0$　稳定水跃

(e) $Fr_1 \geqslant 9.0$　强水跃

图4-20

(1)当 $1 < Fr_1 < 1.7$ 时，为波状水跃。因跃前断面的动能小，水跃段表面不能形成旋滚，只有部分动能转变为波动能量，消能率很小。

(2)当 $1.7 \leqslant Fr_1 < 2.5$ 时，为弱水跃。水面产生小旋滚，但紊动微弱，消能率 $K_j <$ 20%，跃后水面较平稳。

(3)当 $2.5 \leqslant Fr_1 < 4.5$ 时，为摆动水跃。水跃不稳定，水跃段中的底部高速流水间歇向上蹿升，跃后水面波动较大，消能率 $K_j = 20\% \sim 45\%$。

(4)当 $4.5 \leqslant Fr_1 < 9.0$ 时，为稳定水跃。水跃的消能率较高，$K_j = 45\% \sim 70\%$，跃后水面平稳。若建筑下游采用水跃消能，最好使 Fr_1 位于此范围。

(5)当 $Fr_1 \geqslant 9.0$ 时，为强水跃。水跃消能率 $K_j > 70\%$，但跃后段会产生较强水面波

动,并向下游传播较远距离,通常需要采取措施稳定水流。

【例题 4-6】 某矩形断面泄水建筑物,在其下游的平底渠道中产生了水跃。已知,泄流量 $Q=30\ m^3/s$,渠宽 $b=2\ m$,已知跃前水深 $h'=0.8\ m$。试求:(1)跃后水深 h'';(2)水跃长度 L_j;(3)水跃段单位宽度上的水跃消能率。

解:(1)已知 $q=\frac{Q}{b}=\frac{30}{2}=15\ m^2/s$,$h'=0.8\ m$,则跃后水深为

$$h''=\frac{h'}{2}\left(\sqrt{1+8\frac{q^2}{g(h')^3}}-1\right)=\frac{0.8}{2}\times\left(\sqrt{1+8\times\frac{15^2}{9.8\times0.8^3}}-1\right)=7.187(m)$$

(2)水跃长度计算,计算跃前断面弗劳德数为

$$Fr_1=\sqrt{\frac{q^2}{gh'^3}}=\sqrt{\frac{15^2}{9.8\times0.8^3}}=6.696$$

用各家公式计算比较,按式(4-55)~式(4-58)进行计算:

$$L_j=6.1h''=43.84(m)$$

$$L_j=6.9(h''-h')=44.07(m)$$

$$L_j=10.8h'(Fr_1-1)^{0.93}=43.57(m)$$

$$L_j=9.4h'(Fr_1-1)=42.83(m)$$

彼此相差不到3%。若按式(4-59)计算,则

$$L_j=10.3h'(Fr_1-1)^{0.81}=33.72(m)$$

与前几式结果比较,可相差近24%。

(3)水跃消能率。

①跃前、跃后断面按渐变流进行处理。

②计算基准面取在渠底。

③计算点取在水面上。

因此,水跃的消能量为

$$\Delta H_j=H_1-H_2=\left(z_1+\frac{p_1}{\gamma}+\frac{v_1^2}{2g}\right)-\left(z_2+\frac{p_2}{\gamma}+\frac{v_2^2}{2g}\right)$$

$$=\left[h'+0+\frac{\left(\frac{Q}{A_1}\right)^2}{2g}\right]-\left[h''+0+\frac{\left(\frac{Q}{A_2}\right)^2}{2g}\right]$$

$$=\left[h'+\frac{\left(\frac{bq}{bh'}\right)^2}{2g}\right]-\left[h''+\frac{\left(\frac{bq}{bh''}\right)^2}{2g}\right]$$

$$=\left[0.8+\frac{\left(\frac{15}{0.8}\right)^2}{2\times9.8}\right]-\left[7.187+\frac{\left(\frac{15}{7.187}\right)^2}{2\times9.8}\right]$$

$$=11.328(m)$$

水跃消能率为

$$K_j = \frac{\Delta H_j}{H_1} = \frac{\Delta H_j}{h' + 0 + \frac{\left(\frac{bq}{bh'}\right)^2}{2g}} = \frac{11.328}{0.8 + \frac{\left(\frac{15}{0.8}\right)^2}{2 \times 9.8}} = 60.46\%$$

二、水跌

当明渠水流由缓流过渡到急流的时候，水面会在短距离产生连续而急剧的降落，这种水流现象称为水跌。水跌一般发生在明渠纵向边界突然降低的地段（底坡突变或有跌坎处），如图4-21、图4-22所示。由于边界的突变，水流底部和下游的受力条件显著改变，使重力占主导地位，它力图将水流的势能转变成动能，从而使水面急剧下降，形成局部的急变流流段，水面也急剧地从临界水深线之上降落到临界水深线之下。

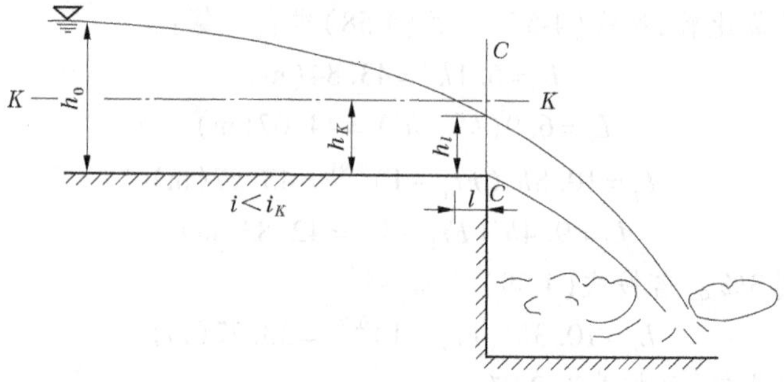

图 4-21

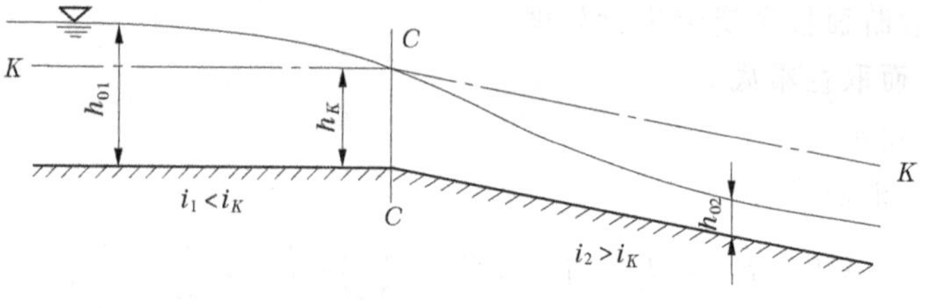

图 4-22

如图4-21所示，棱柱体缓坡明渠末端有一垂直跌坎，在上游较远处，缓坡渠道上的均匀流为缓流，其水深大于临界水深。渠道末端存在的跌坎使阻力减小，水流在重力作用下加速运动，水深沿流程减小，水面沿流程下降，并在跌坎附近产生一连续而急剧的降落。水流在跌坎处以临界流状态通过，又以水舌形式自由泄落。跌坎附近产生的这种局部水力现象称为水跌。

如图4-22所示，当渠道底坡由缓坡变为陡坡时，缓坡上游的均匀流为缓流，水深大于临界水深；陡坡上的均匀流为急流，水深小于临界水深。在水流从上游缓坡流向下游陡坡的过程中，水面下降，同样以临界流状态在断面突变处附近通过，形成水跌。

上述的例子说明，水流由缓流过渡到急流时，一定要经过临界流断面。水跌上游为缓流，水深大于临界水深，水跌下游的水深小于临界水深，因此转折断面附近水深应等于临界水深。根据试验观察，由于急变流的水面变化规律与渐变流有所不同，水流流线很弯曲，实际跌坎断面的水深约为 $0.7h_K$，而水深等于 h_K 的断面约出现在渠底突变处偏上游 $l=(3\sim4)h_K$ 处，如图 4-21 所示。

但在进行水面曲线分析时，实际通常将渠底突变处断面 $C—C$ 近似当做发生临界流的面，如图 4-21、图 4-22 所示。由于渠道长度一般很长，这样简化处理，并不影响水面曲线计算的精度。

单元六 明渠恒定非均匀渐变流水面曲线的定性分析

学习目标：了解棱柱体明渠水面线的分类，掌握水面线的绘制方法。

一、棱柱体明渠水深沿程变化的微分方程

由前述可知断面比能 $E_s=E-z_0$，方程两边同时对流程 l 求导，得

$$\frac{\mathrm{d}E_s}{\mathrm{d}l}=\frac{\mathrm{d}E}{\mathrm{d}l}-\frac{\mathrm{d}z_0}{\mathrm{d}l}$$

而

$$\frac{\mathrm{d}E}{\mathrm{d}l}=-J,\quad \frac{\mathrm{d}z_0}{\mathrm{d}l}=-i$$

所以

$$\frac{\mathrm{d}E_s}{\mathrm{d}l}=-J-(-i)=i-J \tag{4-62}$$

式(4-62)即为断面比能沿流程的变化规律。

又由断面比能随水深的变化规律，得

$$\frac{\mathrm{d}E_s}{\mathrm{d}h}=1-Fr^2 \tag{4-63}$$

由式(4-62)和式(4-63)可得

$$\frac{\mathrm{d}h}{\mathrm{d}l}=\frac{i-J}{1-Fr^2} \tag{4-64}$$

对于人工渠道，不管是否是棱柱体渠道，只要其水流为恒定非均匀渐变流，其局部水头损失 $\mathrm{d}h_j$ 都很小，可以忽略不计，沿程水头损失仍近似用均匀流关系式 $\mathrm{d}h_f=\frac{Q^2}{K^2}\mathrm{d}l=J\mathrm{d}l$ 来计算。

定性分析恒定非均匀渐变流水面线形状和性质的理论依据，是恒定非均匀渐变流水深沿流程变化的微分方程，即

$$\frac{\mathrm{d}h}{\mathrm{d}l}=\frac{i-\frac{Q^2}{K^2}}{1-Fr^2} \tag{4-65}$$

对于顺坡明渠，能发生均匀流，上式中的流量可用均匀流公式 $Q=K_0\sqrt{i}$ 计算，则上式变为

$$\frac{\mathrm{d}h}{\mathrm{d}l}=i\frac{1-\left(\frac{K_0}{K}\right)^2}{1-Fr^2} \tag{4-66}$$

式中 K_0——对应于 h_0 的流量模数；

K——对应于实际非均匀流水深 h 的流量模数。

式(4-66)就是棱柱体明渠水深沿程变化的微分方程，利用式(4-66)可定性分析棱柱体明渠水面线的沿程变化。当$\frac{dh}{dl}>0$时，水深沿程增加，水流做减速运动，水面曲线为壅水曲线；当$\frac{dh}{dl}<0$时，水深沿程减小，水流做加速运动，水面曲线为降水曲线。

二、水面线的分类

(一)明渠的底坡

由式(4-50)可以看出，分子反映水流的不均匀程度，分母反映水流的缓急程度。因此，水流不均匀程度需要与正常水深 h_0 作对比，水流缓急程度需要与临界水深 h_K 作对比，由此可见：在棱柱形渠道中其水深沿程变化的规律与上述两方面的因素有关。水面曲线形式必然与底坡 i 以及实际水深 h 与正常水深 h_0、临界水深 h_K 之间的相对位置有关。为此，可将水面线根据底坡的情况和实际水深变化的范围加以区分。

(1)顺坡渠道 $i>0$，有三种情况。

第 1 种情况：缓坡，$i<i_K$。

第 2 种情况：陡坡，$i>i_K$。

第 3 种情况：临界坡，$i=i_K$。

(2)平坡渠道，$i=0$。

(3)逆坡渠道，$i<0$。

将上述五种底坡绘出，如图 4-23 所示。当棱柱体正坡渠道中通过某一流量而发生非均匀渐变流时，可通过均匀流公式和临界流公式确定对应的正常水深 h_0 和临界水深 h_K。正常水深就是均匀流时的水深，而正常水深线为均匀流水面线，用 $N—N$ 线表示。棱柱体渠道中临界水深 h_K 也是沿流程不变的，用 $K—K$ 线表示渠道中各断面的临界水深 h_K 的大小。$N—N$ 线、$K—K$ 线和渠底线是三条相互平行的直线。如图 4-23 所示为各种底坡时的正常水深 $N—N$ 线和临界水深 $K—K$ 线的相对关系。

(二)水流分区

根据渠道中实际水面线相对于 $N—N$ 线、$K—K$ 线的位置，可以将底坡以上空间分成三个区：

为了区分各区中的水面曲线，规定：$N—N$ 线和 $K—K$ 线以上的流区，即 $h>h_0$，$h>h_K$，称为 a 区，a 区中产生的水面曲线称为 a 型水面曲线；$N—N$ 线和 $K—K$ 线之间的流区，即 $h_K>h>h_0$ 或 $h_0>h>h_K$，称为 b 区，b 区中产生的水面曲线称为 b 型水面曲线；$N—N$ 线和 $K—K$ 线以下的流区，即 $h<h_0$，$h<h_K$，称为 c 区，c 区中产生的水面曲线称为 c 型水面曲线。因此，正坡渠道中的缓坡和陡坡渠道里，存在 a、b、c 三区。正坡中的临界坡渠道，因为 $h_0=h_K$，$N—N$ 线和 $K—K$ 线重合，没有 b 区，而只有 a 区和 c 区。在平坡和逆坡渠道中，也不可能发生均匀流，或者说要发生均匀流，须使正常水深变为无穷大，因而没有 a 区，而只有 b 区和 c 区。

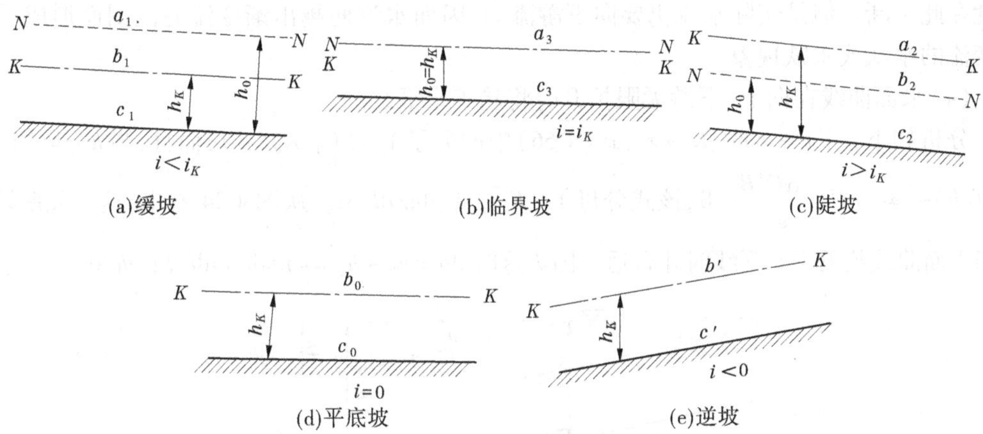

图 4-23

由于不同底坡中同流区的水面曲线也不相同,因而又规定:缓坡渠道中的水面线用右下角标"1"表示,即 a_1、b_1、c_1;陡坡渠道的水面线用右下角标"2"表示,即 a_2、b_2、c_2;临界坡渠道中的水面线用右下角标"3"表示,即 a_3、c_3;平坡渠道中的水面曲线用右下角标"0"表示,即 b_0、c_0;逆坡渠道中的水面线用右上角标"′"表示,即 b'、c'。可见,棱柱体渠道中可能发生的水面曲线共有 a_1、b_1、c_1、a_2、b_2、c_2、a_3、c_3、b_0、c_0、b'、c'等 12 种。

三、棱柱体渠道中水面曲线的定性分析

(一)棱柱体渠道水面线的定性分析方法

现着重对顺坡($i>0$)棱柱体渠道中水面曲线变化规律进行讨论。由图 4-23 可见,在顺坡渠道中有缓坡 3 个区,陡坡 3 个区,临界坡 2 个区,这 8 个区共有 8 种水面曲线。通过对水面曲线基本微分方程式(4-66)进行分析,可得如下规律:

(1)在 a、c 区内的水面曲线,水深沿程增加,即 $\mathrm{d}h/\mathrm{d}l>0$,而 b 区的水面曲线,水深沿程减小,即 $\mathrm{d}h/\mathrm{d}l<0$。

分析如下:a 区中的水面曲线,其水深 h 均大于正常水深 h_0 和临界水深 h_K。由 $h>h_0$ 得 $K=AC\sqrt{R}>K_0=A_0C_0\sqrt{R_0}$,式(4-66)的分子 $1-(K_0/K)^2>0$。当 $h>h_K$ 时,则 $Fr<1$,该式的分母 $1-Fr^2>0$。由此得 $\mathrm{d}h/\mathrm{d}l>0$,说明 a 区的水面曲线的水深沿程增加,即为壅水曲线;c 区中的水面曲线,其水深 h 均小于 h_0 和 h_K,式(4-66)中的分子与分母均为负值,由此可得 $\mathrm{d}h/\mathrm{d}l>0$,这说明 c 区水面曲线的水深沿程增加,亦为壅水曲线;b 区中的水面曲线,其水深介于 h_0 和 h_K 之间,引用基本微分方程式(4-66),可证得 $\mathrm{d}h/\mathrm{d}l<0$,说明 b 区水面曲线的水深沿程减小,即为降水曲线。

(2)水面曲线与正常水深线 $N—N$ 渐近相切。

分析如下:当 $h\to h_0$ 时,$K\to K_0$,式(4-66)的分子 $1-(K_0/K)^2\to0$,则 $\mathrm{d}h/\mathrm{d}l\to0$,说明在非均匀流动中,当 $h\to h_0$ 时,水深沿程不再变化,水流成为均匀流动。

(3)水面曲线与临界水深线 $K—K$ 呈正交。

分析如下:当 $h\to h_K$ 时,$Fr\to1$,式(4-66)的分母 $1-Fr^2\to0$,由此可得 $\mathrm{d}h/\mathrm{d}l\to\pm\infty$。这说明在非均匀流动中,当 $h\to h_K$ 时,水面线将与 $K—K$ 线垂直,即渐变流水面曲线的连

续性在此中断。但是实际水流仍要向下游流动,因而水流便越出渐变流的范围而形成了急变流的水跃或水跌现象。

(4)水面曲线在向上、下游无限抬升时将趋于水平线。

分析如下:当 $h\to\infty$ 时,$K\to\infty$,式(4-66)中的分子 $1-(K_0/K)^2\to1$;而且,当 $h\to\infty$ 时,$A=f(h)\to\infty$,$Fr^2=\dfrac{\alpha Q^2B}{gA^3}\to0$,该式分母 $1-Fr^2\to1$,$\mathrm{d}h/\mathrm{d}l\to i$。从图4-24看出,这一关系只有当水面曲线趋近于水平线时才合适。因为这时 $\mathrm{d}h=h_2-h_1=\sin\theta\mathrm{d}l=i\mathrm{d}l$,故 $\mathrm{d}h/\mathrm{d}l=i$。

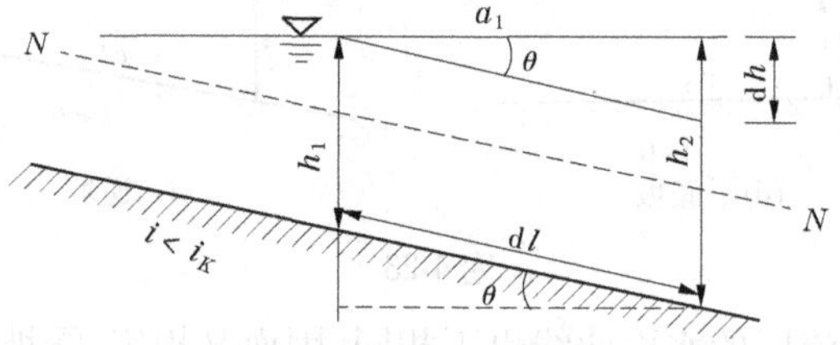

图 4-24

(5)在临界坡渠道($i=i_K$)的情况下,N—N 线与 K—K 线重合,上述(2)与(3)的结论在此出现相互矛盾。

从式(4-66)可见,当 $h\to h_0=h_K$ 时,$\mathrm{d}h/\mathrm{d}l=0/0$,因此要另行分析。

将式(4-64)的分母改写为

$$1-\frac{\alpha Q^2B}{gA^3}=1-\frac{\alpha K_0^2i_KB}{gA^3}\frac{C^2R}{C^2R}=1-\frac{\alpha K_0^2i_K}{g}\frac{BC^2}{A^2C^2R}\frac{R}{A}$$

$$=1-\frac{\alpha i_KC^2}{g}\frac{B}{\chi}\frac{K_0^2}{K^2}=1-j\frac{K_0^2}{K^2}$$

式中,$j=\dfrac{\alpha i_KC^2B}{g\chi}$,为几个水力要素的组合数。

在水深变化较小的范围内,近似地认为 j 为一常数,则

$$\lim_{h\to h_0=h_K}\left(\frac{\mathrm{d}h}{\mathrm{d}l}\right)=\lim_{h\to h_0=h_K}i\frac{\dfrac{\mathrm{d}}{\mathrm{d}h}\left(1-\dfrac{K_0^2}{K^2}\right)}{\dfrac{\mathrm{d}}{\mathrm{d}h}\left(1-j\dfrac{K_0^2}{K^2}\right)}=\frac{i}{j}\tag{4-67}$$

再考虑到 $i_K=\dfrac{g\chi_K}{\alpha C_K^2B_K}$,当 $h\to h_K$ 时,$j\approx1$,故有

$$\lim_{h\to h_0=h_K}\left(\frac{\mathrm{d}h}{\mathrm{d}l}\right)\approx i\tag{4-68}$$

这说明,a_3 与 c_3 型水面曲线在接近 N—N 线或 K—K 线时都近乎水平(见图4-25)。

根据上述水面曲线变化的规律,便可勾画出顺直渠道中可能有的8种水面曲线的形状,如图4-25所示。

需要指出的是,上述水面曲线变化的几条规律,对于平坡渠道及逆坡渠道一般也能适用。对于平坡渠道($i=0$)的水面曲线形式和逆坡渠道($i<0$)的水面曲线形式,如图4-26所示,可采用上述类似方法分析,在此不再一一讨论。

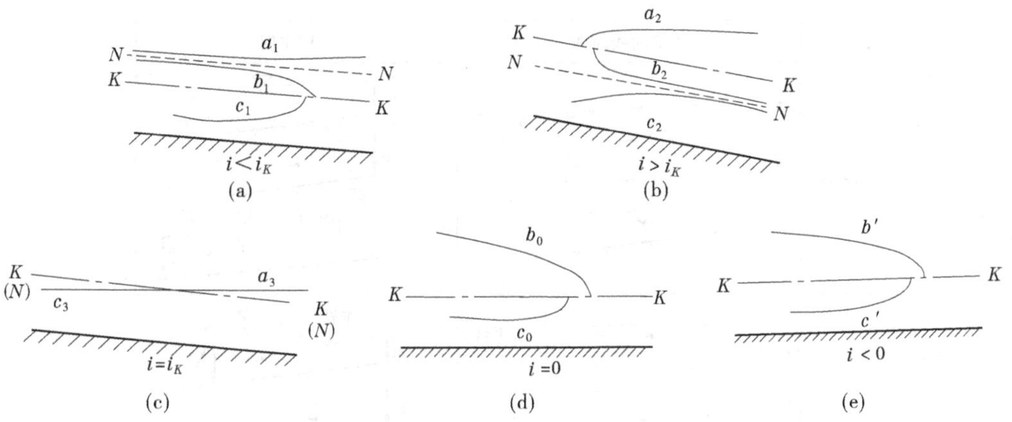

图 4-25

综上所述，在棱柱形渠道的恒定非均匀渐变流中，共 12 种水面曲线，即顺坡渠道 8 种，平坡与逆坡渠道各 2 种，现将这 12 条水面曲线的简图和工程实例归结为如图 4-26 所示。

在具体进行水面曲线分析时，可参照以下步骤进行：

(1)根据已知条件，给出 N—N 线和 K—K 线(平坡和逆坡渠道无 N—N 线)。

(2)从水流边界条件出发，即从实际存在的或经水力计算确定的，已知水深的断面(控制断面)出发(急流从上游往下游分析，缓流从下游往上游分析)，确定水面曲线的类型，并参照其壅水、降水的性质和边界情形，进行描绘。

(3)如果水面曲线中断，出现了不连续而产生水跌或水跃时，要作具体分析。一般情况下，水流至跌坎处便形成水跌现象。水流从急流到缓流，便发生水跃现象。至于形成水跃的具体位置，则还要根据水跃原理以及水面曲线计算理论作具体分析后才能确定。

(二)定性分析水面线注意事项

为了能正确地分析水面曲线还必须了解以下几点：

(1)上述 12 种水面曲线，只表示了棱柱形渠道中可能发生的渐变流的情况，至于在某一底坡上出现的究竟是哪一种水面曲线，则根据具体情况而定，但每一种具体情况的水面曲线都是唯一的。

(2)在正底坡长渠道中，在距干扰物相当远处，水流仍为均匀流。这是水流重力与阻力相互作用，力图达到平衡的结果。

(3)由缓流向急流过渡时产生水跌；由急流向缓流过渡时产生水跃。

(4)由缓流向缓流过渡时只影响上游，下游仍为均匀流；由急流向急流过渡时只影响下游，上游仍为均匀流。

(5)临界底坡上的水面线为特殊情形，当实际水深趋近于正常水深，同时趋近临界水深时，水面线既不垂直也不渐近于 N—N 线、K—K 线，而是以水平线趋近于均匀流。

(6)水面曲线进行定性分析和定量计算时必须从已知水深的断面开始，这种断面称为控制断面。根据干扰波的传播特性，急流的控制断面在上游，应自上而下分析，推算水面线；缓流的控制水深在下游，应自下而上分析，推算水面线。

【例题 4-7】 底坡改变引起的水面曲线连接分析实例。

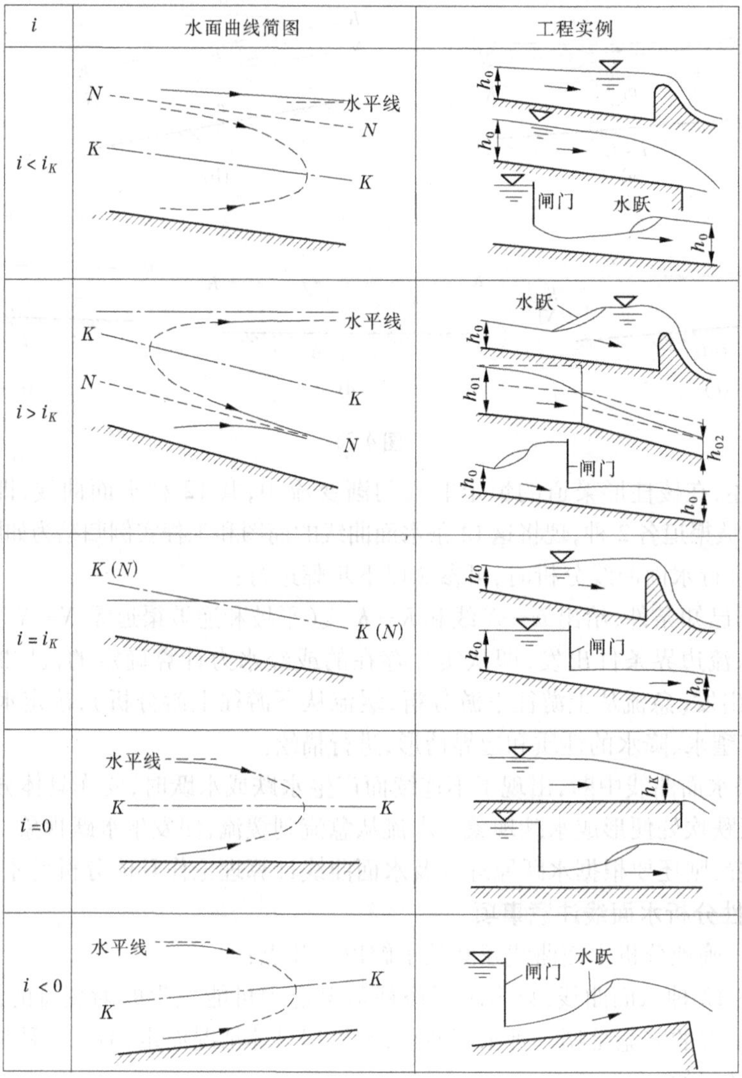

图 4-26

现设有顺直棱柱形渠道在某处发生变坡，为了分析变坡点前后产生何种水面曲线连接，需按以下两个步骤进行。

步骤一：根据已知条件（流量 Q、渠道断面形状和尺寸、糙率 n 及底坡 i）可以判别两个底坡 i_1 及 i_2 各属何种底坡，从而定性地画出 $N—N$ 线及 $K—K$ 线。

步骤二：根据各渠段上控制断面水深（对充分长的顺坡渠道可以认为有均匀流段存在）判定水深的变化趋势（沿程增加或是减少）；根据这个趋势，在这两种底坡上选择符合要求的水面曲线进行连接。

以下举例均认为已完成步骤一，仅讲述步骤二。

（1）$0 < i_1 < i_2 < i_K$（见图 4-27）。由于两段渠道均为缓坡渠道，且 $h_{01} > h_{02}$，两段渠道的上下游很远处为均匀流，即上游水面应在正常水深线 $N_1—N_1$ 处，下游水面则在 $N_2—N_2$

处，如图4-27所示。这时水深应由较大的h_{01}降到较小的h_{02}，所以水面曲线应为降水曲线。在缓坡上只有b_1型降水曲线。即水深从h_{01}通过b_1曲线逐渐减小，到交界处恰等于h_{02}，而下游段渠道上仅有均匀流。

(2)$0<i_2<i_1<i_K$(见图4-28)。由于两段渠道均为缓坡渠道，且$h_{01}<h_{02}$，两段渠道的上下游很远处为均匀流，即上游水面应在正常水深线N_1—N_1处，下游水面则在N_2—N_2处，如图4-28所示。这时水深应由较小的h_{01}壅高到较大的h_{02}，所以水面曲线应为壅水曲线。水深从N_1—N_1处上升到N_2—N_2处，必须是上游段为a_1型壅水曲线和下游段N_2—N_2处水面线衔接才有可能，如图4-28所示。

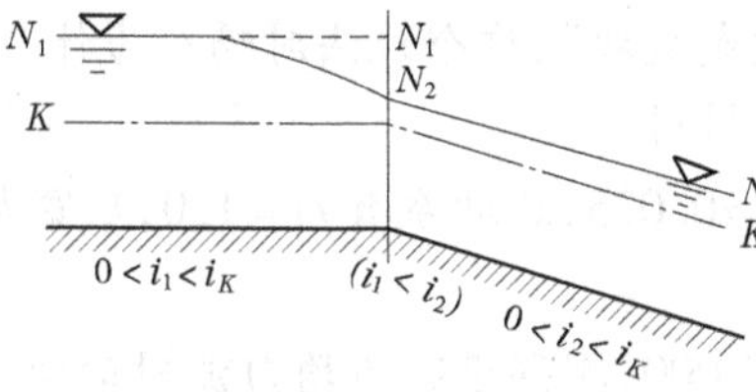

图4-27

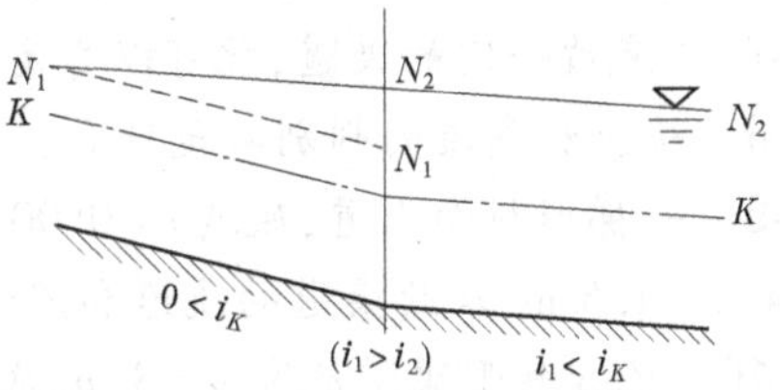

图4-28

(3)$0<i_1<i_K<i_2$(见图4-29)。此时$h_{01}>h_K>h_{02}$。正常水深线N_1—N_1、N_2—N_2与临界水深线K—K如图4-29所示。水深将由较大的h_{01}逐渐下降到较小的h_{02}，水面必须采取降水曲线的形式。在这两种底坡上只有b_1及b_2型降水曲线可以满足这一要求，因此在上游渠道发生b_1型降水曲线，在下游渠道发生b_2型降水曲线。它们在变坡处水深为h_K，如图4-29所示。

(4)$0<i_2<i_K<i_1$(见图4-30)。由于$h_{01}<h_K$是急流，而$h_{02}<h_K$是缓流，所以从h_{01}过渡到h_{02}乃是急流过渡为缓流。此时必然发生水跃。这种连接又有三种可能，如图4-30所示。究竟发生哪一种，在何处发生，应根据h_{01}和h_{02}的大小作具体分析。

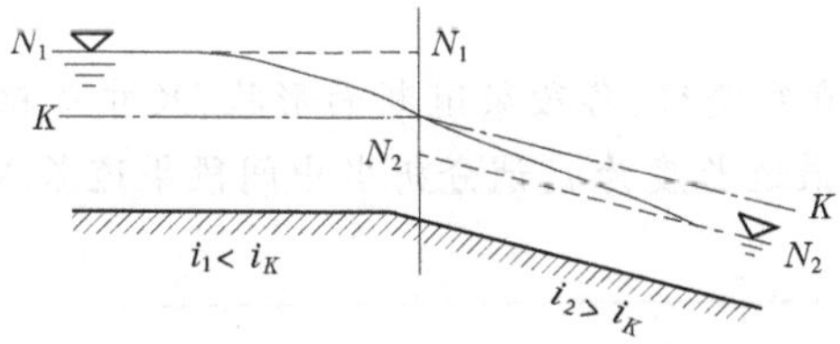

图4-29

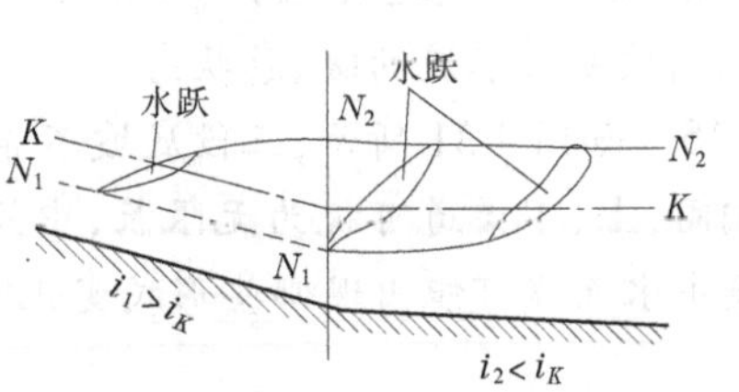

图4-30

求出与h_{01}共轭的跃后水深h''_{01}，并与h_{02}比较，有以下三种可能：

①当$h_{02}<h''_{01}$时，水跃发生在i_2渠道上，称为远驱式水跃。这说明下游段的水深h_{02}，挡不住上游段的急流而被冲向下游。水面连接由c_1型壅水曲线及其后面的水跃组成，为远离式水跃连接。

②当$h_{02}=h''_{01}$时，水跃发生在底坡交界断面处，称为临界水跃。

③当$h_{02}>h''_{01}$时，水跃发生在i_1渠道上，即发生在上游渠段，称为淹没水跃。

练习题

4-1　明渠水流分为哪几类？

4-2　明渠均匀流的渠底坡度 i、水面坡度 J_z、水力坡度 J 有什么关系？

4-3　产生明渠均匀流，渠道必须满足哪些条件？

4-4　为什么平坡和逆坡上不能产生均匀流？

4-5　糙率选得大了，设计出来的渠道断面是大还是小，会产生什么后果？

4-6　渠道的断面设计是否都应按水力最佳断面设计？

4-7　"底坡一定的渠道，就可以肯定它是陡坡或缓坡"，这个说法对吗？为什么？

4-8　缓流和急流的判别数是什么？如何用它判别？

4-9　一梯形断面渠道，底坡 $i=0.005$，糙率 $n=0.025$，边坡系数 $m=1.0$，底宽 $b=2.0$ m，水深 $h=1.5$ m，求此渠道的流速和流量。

4-10　已知矩形渠道底宽 $b=8$ m，底坡 $i=1/2\,000$，测得渠道为均匀流时的流量 $Q=20$ m^3/s，水深 $h_0=1.5$ m，试计算渠道糙率 n 值。

4-11　一条黏土渠，需要输送的流量为 3.0 m^3/s，初步确定渠道底坡 i 取 0.007，$m=1.5$，$n=0.025$，$b=2.0$ m，试用试算法和图解法求渠道中的正常水深，并校核渠中流速。

4-12　某矩形断面长渠，底宽 $b=2$ m，糙率 $n=0.017$，底坡 $i=0.000\,7$，通过的流量 $Q=6.9$ m^3/s，试用不同的方法判断渠道的底坡属于陡坡还是缓坡，渠道中产生的均匀流是急流还是缓流？

4-13　有一梯形土渠，底宽 $b=12$ m，断面边坡系数 $m=1.5$，粗糙系数 $n=0.025$，通过流量 $Q=18$ m^3/s，求临界水深及临界坡度。

4-14　有一按水力最佳断面设计的浆砌石的矩形断面长渠道，已知：底宽 $b=4$ m，粗糙系数 $n=0.017$，通过的流量 $Q=8$ m^3/s，动能修正系数 $\alpha=1.1$。试分别用 h_K、i_K、Fr 及 v_K 来判别该明渠水流的缓、急状态。

4-15　如图 4-31 所示，三段底坡不等的直线明渠，各段渠道断面形状、尺寸及粗糙系数均相同，上、下渠道可视为无限长，中间段渠道长度为 l，试分析当中间段渠道长度 l 变化时渠中水面线可能出现哪些形式变化？

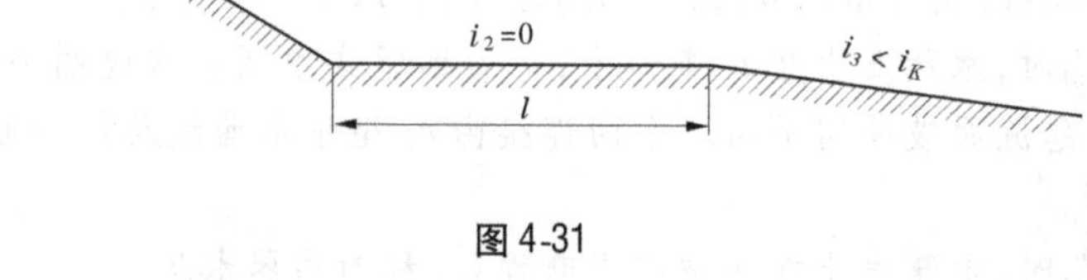

图 4-31

4-16　闸门下游矩形渠道中发生水跃，已知 $b=6$ m，$Q=12.5$ m^3/s，跃前断面流速 $v_1=7$ m/s，求跃后水深、水跃长度。

项目五　过流建筑物的水力计算

【学习内容】 闸孔出流与堰流的概念；闸孔出流；堰流；水工建筑物下游水流衔接与消能。

单元一　闸孔出流与堰流的概念

学习目标：了解闸孔出流和堰流的判别。

在容器壁上开孔，液体经孔口泄流的水力现象，称为孔口出流，如图 5-1(a)所示。若容器壁较厚或在孔口上加设短管，而且容器壁厚度或短管长度是孔口尺寸的 3 ~4 倍，这段短管称为管嘴。液体经过管嘴的泄流，称为管嘴出流，如图 5-1(b)所示。

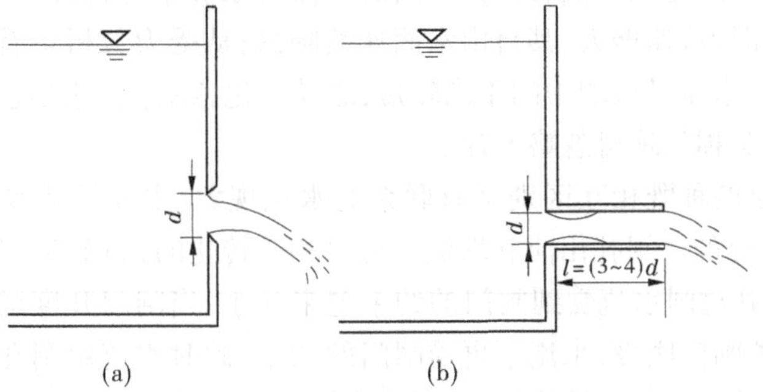

图 5-1

在水利工程中，为了泄放洪水、引水灌溉、发电、给水等目的，常修建水闸和溢洪道等泄水建筑物，以控制和调节河渠中的水位和流量。水流受到闸门和胸墙的控制，水流由闸门下缘的闸孔流出，其自由水面不连续，这种水流现象称为闸孔出流。闸孔出流实质上就是一种大的孔口出流，通常把孔口出流和闸孔出流统称为孔流。

当闸门(或胸墙)对水流不起控制作用或无闸泄流时，水流受到挡水部分建筑物或两侧边墙束窄的阻碍，上游水位壅高，水流经过建筑物顶部溢流，这种对水流有部分约束作用而顶部自由泄水的建筑物叫堰。过堰溢流水面为连续的自由降落水面，这种水流现象称为堰流。

根据堰顶水头 H 和堰顶厚度 δ 间比值的不同，可将堰流分为三种类型：

(1)薄壁堰流。堰顶很薄，$\delta/H \leq 0.67$，此时水流沿流动方向几乎不受堰顶厚度的影响。堰顶常做成锐缘，水舌下缘与堰顶只有线的接触，水面呈单一的自由跌落，如图 5-2(a)所示。

(2)实用堰流。堰顶稍厚,$0.67<\delta/H\leqslant2.5$,此时水舌的下缘与堰顶呈面的接触,水流受到堰顶的约束和顶托,但这种作用不大。水流通过堰顶时主要受重力作用,水流仍然是单一的自由跌落,如图 5-2(b)所示。

(3)宽顶堰流。堰顶厚度较大,$2.5<\delta/H\leqslant10$。当$2.5<\delta/H\leqslant4$时,堰顶厚度对水流的顶托作用已经非常明显,在堰顶进口处,水面会发生明显跌落。$4<\delta/H\leqslant10$时,水面线与堰顶成近似平行,出口水面线还会发生第二次变化,如图 5-2(c)所示。

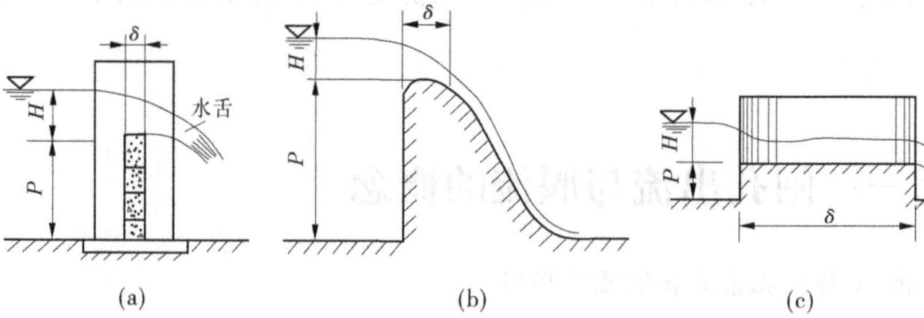

图 5-2

如果堰顶厚度继续增加,即$\delta/H>10$时,堰顶水流的沿程水头损失不能忽略,此时的水流已属明渠水流了。

不同类型的堰流,它们虽然有各自不同的水流现象和水力特征,但也有共同点,那就是:水流流经堰顶时,流速增大,其自由水面连续降落;从受力分析来看,都是重力起主要作用;另外,考虑到水流经过堰顶的距离较短,流动变化急剧,它们的能量损失以局部水头损失为主,沿程水头损失均可忽略不计。

孔流与堰流是两种既相互区别又有联系的水流现象,主要是从水面是否受闸门(或胸墙)的控制来区分的。闸孔出流和堰流是可以相互转化的,如图 5-3 所示。随着闸门的开度 e 逐渐加大,其过闸水流受到闸门的约束愈来愈小;当闸门开度增大到一定值时,闸前水面下降并脱离闸门底缘,水流不再受闸门的约束,此时水流由闸孔出流转变为堰流。相反,当闸门开度减小到一定数值后,水面将接触闸门的下缘,闸门又对水流起控制作用,

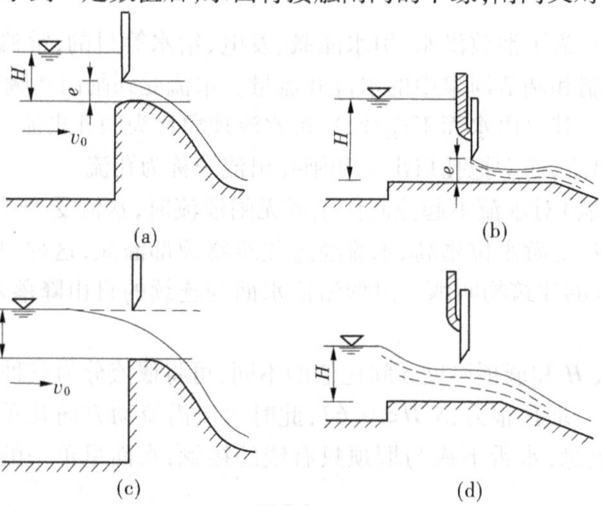

图 5-3

此时水流由堰流转变为闸孔出流。工程上一般采用下列经验数值作为判别孔流与堰流的界限:闸底坎为平顶型坎时,$e/H \leq 0.65$,为闸孔出流;$e/H > 0.65$,为堰流。闸底坎为曲线型坎时,$e/H \leq 0.75$,为闸孔出流;$e/H > 0.75$,为堰流。其中,e 为闸孔开度,H 为闸前水头,e/H 为闸门的相对开度。

堰流及闸孔出流是水利工程中常见的水流现象,下面将分别介绍孔流和堰流的计算公式并讨论其影响因素。

单元二 闸孔出流

学习目标:掌握各种闸孔出流的计算方法。

在水利工程中,闸门的类型主要有弧形闸门和平板闸门两种。闸门的底坎型式主要有平顶型坎和曲线型坎两种。

根据闸前水头 H、闸孔开度 e 和下游水深 h_t 等的不同,闸孔出流有不同的水流流态。设收缩断面 h_c 的跃后共轭水深为 h_c'',h_t 为下游水深。当 $h_t < h_c''$ 时,在收缩断面后先形成一段壅水曲线,然后再在下游发生水跃,称为远驱式水跃,如图 5-4(a)所示;当 $h_t = h_c''$ 时,水跃发生在收缩断面处,称为临界式水跃,如图 5-4(b)所示。在这两种情况下,下游水位均不影响闸孔泄流量,称为闸孔自由出流。而当 $h_t > h_c''$ 时,水跃发生在收缩断面上游,且淹没了收缩断面,发生淹没水跃,此时的下游水位影响了闸孔泄流量,称为闸孔淹没出流,如图 5-4(c)所示。

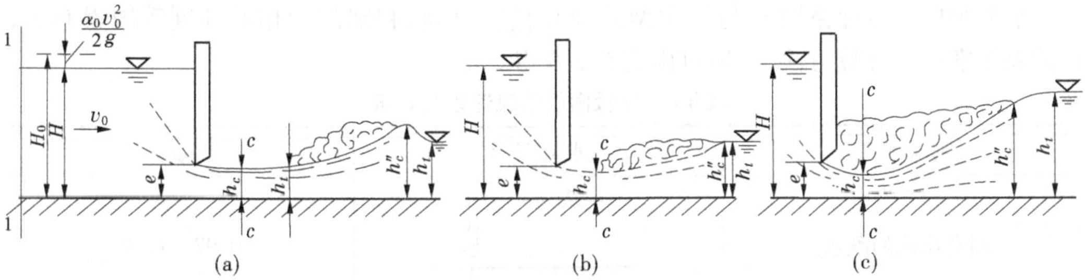

图 5-4

一、平顶型坎上闸孔自由出流

(一)平板闸门下自由出流

如图 5-4(a)、(b)所示,水流通过闸孔后,因受惯性影响而发生垂向收缩,在距离闸门 $(0.5 \sim 1)e$ 处出现水深最小的收缩断面,其流线近似平行,可看做渐变流断面。此时,令 $\frac{h_c}{e} = \varepsilon'$,$\varepsilon'$称为垂直收缩系数。对断面 1—1 与断面 c—c 写能量方程

$$H + 0 + \frac{\alpha_0 v_0^2}{2g} = h_c + \frac{\alpha_c v_c^2}{2g} + \zeta \frac{v_c^2}{2g} \tag{5-1}$$

式中　$\zeta\frac{v_c^2}{2g}$——水流从断面 1—1 至断面 c—c 的局部水头损失。

经整理得

$$H_0 = h_c + (1+\zeta)\frac{v_c^2}{2g} \tag{5-2}$$

故

$$v_c = \frac{1}{\sqrt{1+\zeta}}\sqrt{2g(H_0 - h_c)} = \varphi\sqrt{2g(H_0 - h_c)} \tag{5-3}$$

式中　φ——闸孔的流速系数，$\varphi = \frac{1}{\sqrt{1+\zeta}}$。

设闸孔宽度为 b，则收缩断面面积 $A_c = b\varepsilon' e$，通过闸孔的流量为

$$Q = \varphi\varepsilon' be\sqrt{2g(H_0 - h_c)} = \mu_0 be\sqrt{2g(H_0 - h_c)} \tag{5-4}$$

式中　μ_0——闸孔出流的流量系数，$\mu_0 = \varphi\varepsilon'$，它与过闸水流的收缩程度、收缩断面的流速分布和闸孔水头损失等因素有关。

底部为锐缘的平板闸门 ε' 值，可根据表 5-1 查得。

表 5-1　平板闸门垂直收缩系数

e/H	0.10	0.15	0.20	0.25	0.30	0.35	0.40
ε'	0.615	0.618	0.620	0.622	0.625	0.628	0.630
e/H	0.45	0.50	0.55	0.60	0.65	0.70	0.75
ε'	0.638	0.645	0.650	0.660	0.675	0.690	0.705

平板闸门的流速系数 φ 与闸坎型式、闸门底缘形状和闸门的相对开度等因素有关，目前尚无准确的计算方法，一般可由表 5-2 查得。

表 5-2　平板闸门的流速系数 φ 值

闸坎型式	水流图形	φ
闸孔出流的跌水	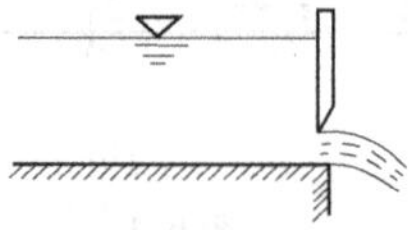	0.97 ~ 1.00
闸下底孔出流	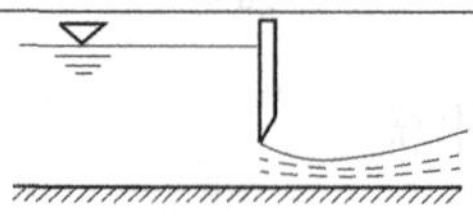	0.95 ~ 1.00
堰顶有闸门的曲线型实用堰流	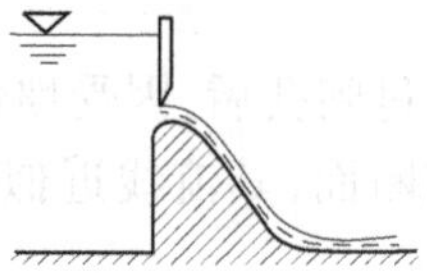	0.85 ~ 0.95
闸底坎高于渠底的闸孔出流	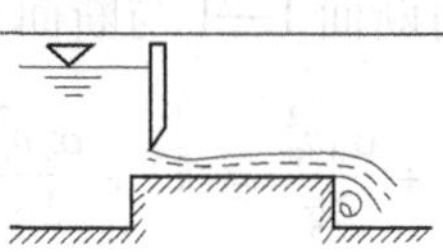	0.85 ~ 0.95

在实际工程中，为了实测流量系数，就需要先测 Q 和 h_c，然后再算出 μ_0 值。由于实测收缩水深 h_c 值比较困难，而且还不容易测准确，因此为便于应用，可将式(5-4)改写为

$$Q = \mu be\sqrt{2gH_0} \tag{5-5}$$

式中 μ——闸孔流量系数，$\mu = \mu_0\sqrt{1 - h_c/H_0}$，其大小可按经验公式(5-6)计算。

$$\mu = 0.60 - 0.18\frac{e}{H} \tag{5-6}$$

应用范围为 $0.1 < e/H < 0.65$。

【例题 5-1】 某泄洪闸，如图 5-4(a)所示，闸门采用矩形平板闸门，当闸孔开度 $e = 2$ m 时，闸前水头 $H = 8$ m。已知闸前宽 $B = 10$ m，闸孔宽 $b = 8$ m，流量系数 φ 取 0.97，下游水深较小，为自由出流，求过闸流量。

解：(1)按式(5-4)计算流量。

由于 $\frac{e}{H} = \frac{2}{8} = 0.25 < 0.65$，故为闸孔出流。

查表 5-1 得垂直收缩系数 $\varepsilon' = 0.622$，流量系数 $\mu_0 = \varphi\varepsilon' = 0.97 \times 0.622 = 0.603$，$h_c = \varepsilon' e = 0.622 \times 2 = 1.244$(m)。

初步计算取 $H_0 = H = 8$ m，得

$$Q = \mu_0 be\sqrt{2g(H_0 - h_c)}$$
$$= 0.603 \times 8 \times 2 \times \sqrt{2 \times 9.8 \times (8 - 1.244)} = 111.02(\mathrm{m^3/s})$$

根据初步计算的流量，求得行近流速为

$$v_0 = \frac{Q}{BH} = \frac{111.02}{10 \times 8} = 1.39(\mathrm{m/s})$$

则
$$H_0 = H + \frac{v_0^2}{2g} = 8 + \frac{1.39^2}{2 \times 9.8} = 8.1(\mathrm{m})$$

$$Q = 0.603 \times 8 \times 2 \times \sqrt{2 \times 9.8 \times (8.1 - 1.244)} = 111.8(\mathrm{m^3/s})$$

(2)按式(5-5)计算流量。

流量系数 $\mu = 0.60 - 0.18\frac{e}{H} = 0.60 - 0.18 \times 0.25 = 0.555$

初步计算取 $H_0 = H = 8$ m，得

$$Q = \mu be\sqrt{2gH_0} = 0.555 \times 8 \times 2 \times \sqrt{2 \times 9.8 \times 8} = 111.2(\mathrm{m^3/s})$$

$$v_0 = \frac{111.2}{10 \times 8} = 1.39(\mathrm{m/s})$$

则
$$H_0 = H + \frac{v_0^2}{2g} = 8 + \frac{1.39^2}{2 \times 9.8} = 8.1(\mathrm{m})$$

$$Q = 0.555 \times 8 \times 2 \times \sqrt{2 \times 9.8 \times 8.1} = 111.9(\mathrm{m^3/s})$$

计算结果基本一致。

(二)弧形闸门下自由出流

如图 5-5 所示，弧形闸门闸孔出流的水流特性与平面闸门相似。其不同点在于，弧形闸门的挡水面板更接近于流线的形状，对水流的阻力影响小于平板闸门。弧形闸门的垂

直收缩系数 ε'，主要与闸门下缘切线与水平方向夹角 θ 的大小有关，一般可根据表 5-3 确定。表中 θ 值按下式计算：

$$\cos\theta = \frac{c-e}{R} \tag{5-7}$$

式中各符号意义如图 5-5 所示。

表 5-3　弧形闸门垂直收缩系数 ε'

θ(°)	35	40	45	50	55	60	65	70	75	80	85	90
ε'	0.789	0.766	0.742	0.720	0.698	0.678	0.662	0.646	0.635	0.627	0.622	0.620

由于弧形闸门在出流时，收缩断面水深 h_c 很难测定，因而常采用流量系数 μ 来计算流量。弧形闸门的流量系数，可用下面给出的经验公式来确定：

$$\mu = \left(0.97 - 0.81 \times \frac{\theta}{180°}\right) - \left(0.56 - 0.18 \times \frac{\theta}{180°}\right)\frac{e}{H} \tag{5-8}$$

适用条件是：$25° < \theta \leqslant 90°$，$0 < e/H < 0.65$。

【例题 5-2】 如图 5-5 所示为单孔弧形闸门自由出流，闸门宽 $b = 5$ m，弧形闸门半径 $R = 5$ m，$c = 3.5$ m，闸门开度 $e = 0.6$ m，闸前水头 $H = 3$ m，不计行近流速，试计算过闸流量。

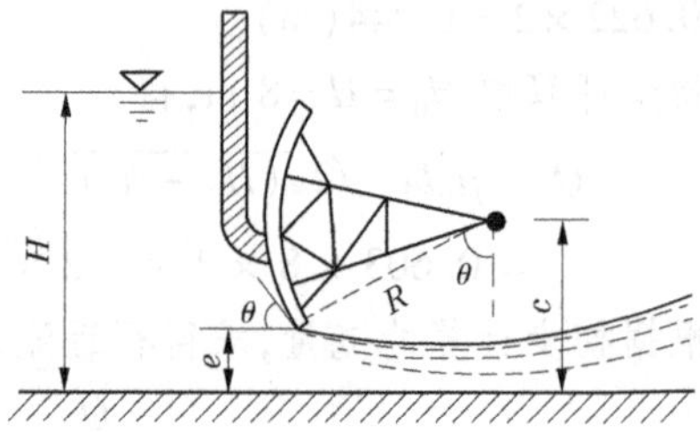

图 5-5

解：因 $e/H = 0.6/3 = 0.2 < 0.65$，故为闸孔出流。

$$\cos\theta = \frac{c-e}{R} = \frac{3.5-0.6}{5} = 0.58$$

所以 $\theta = 54.6°$，则流量系数为

$$\mu = \left(0.97 - 0.81 \times \frac{\theta}{180°}\right) - \left(0.56 - 0.81 \times \frac{\theta}{180°}\right)\frac{e}{H}$$

$$= \left(0.97 - 0.81 \times \frac{54.6°}{180°}\right) - \left(0.56 - 0.81 \times \frac{54.6°}{180°}\right) \times 0.2 = 0.66$$

行近流速不计，则 $H_0 = H$，因此过闸流量为

$$Q = \mu be\sqrt{2gH_0} = 0.66 \times 5 \times 0.6 \times \sqrt{2 \times 9.8 \times 3} = 15.18(\mathrm{m^3/s})$$

二、平顶型坎上闸孔淹没出流

闸孔淹没出流的判别标准是下游水深大于收缩水深的共轭水深，即 $h_t > h_c''$。当闸孔为淹没出流时，其泄流能力比同样情况下自由出流的泄流能力要小，可用小于 1.0 的淹没系数 σ_s 反映淹没对闸孔出流的影响，即

$$Q = \sigma_s \mu be\sqrt{2gH_0} \tag{5-9}$$

式中　μ——闸孔自由出流的流量系数；

σ_s——淹没系数，可由 e/H 及 $\Delta z/H$ 查图 5-6 得到，Δz 为闸上、下游水位差。

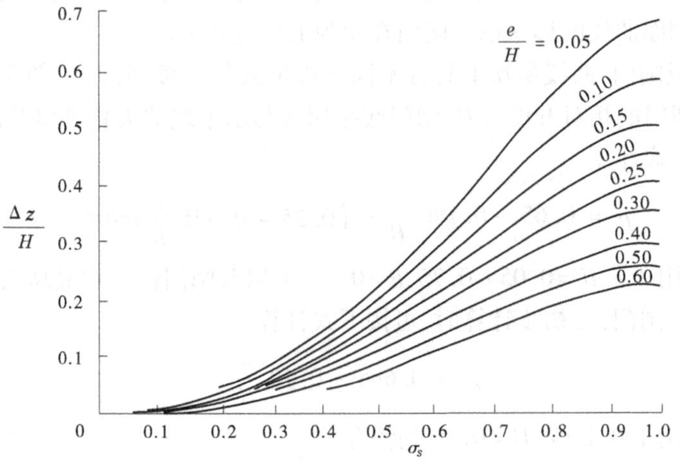

图 5-6

【例题 5-3】 某无坎平底闸，设矩形平板闸门。闸前水头 $H=5.04$ m，闸孔净宽 $b=7.0$ m，闸门开度 $e=0.6$ m，下游水深 $h_t=3.92$ m，流速系数 $\varphi=0.97$，$v_0=0$，求过闸流量。

解：先判断出流性质：$\frac{e}{H}=\frac{0.6}{5.04}=0.119<0.65$，为闸孔出流。

查表 5-1 得 $\varepsilon'=0.616$，$h_c=\varepsilon' e=0.616\times0.6=0.37$ m，取 $v_0\approx0$，可知 $H_0=H$，则收缩断面的流速为

$$v_c=\varphi\sqrt{2g(H_0-h_c)}=0.97\times\sqrt{2\times9.8\times(5.04-0.37)}=9.28(\text{m/s})$$

$$Fr_c=\frac{v_c}{\sqrt{gh_c}}=\frac{9.28}{\sqrt{9.8\times0.37}}=4.875$$

$$h_c''=\frac{h_c}{2}(\sqrt{1+8Fr_c^2}-1)=\frac{0.37}{2}\times(\sqrt{1+8\times4.875^2}-1)=2.37(\text{m})$$

流量系数　$\mu=0.60-0.18\frac{e}{H}=0.60-0.18\times\frac{0.6}{5.04}=0.579$

因 $h_t=3.92\text{ m}>h_c''=2.37$ m，故为淹没出流。

由 $\frac{e}{H}=\frac{0.6}{5.04}=0.119$ 和 $\frac{\Delta z}{H}=\frac{5.04-3.92}{5.04}=0.222$，查图 5-6 得 $\sigma_s=0.53$，则

$$Q=\sigma_s\mu be\sqrt{2gH_0}=0.53\times0.579\times7.0\times0.6\times\sqrt{2\times9.8\times5.04}=12.81(\text{m}^3/\text{s})$$

三、曲线型坎上闸孔自由出流

因曲线型坎上闸孔自由出流的流线受坎顶曲线的影响，当闸前水流沿整个坎前水深向闸孔汇流时，水流的收缩比平底闸孔要完善得多，过闸后水流沿溢流坝面下泄，坎上水流为急变流。因受重力作用，下泄水流的厚度越向下越薄，不像平底闸那样具有明显的收缩断面。因此，曲线型坎上闸孔出流的流量系数不同于平顶型坎，它们有不同的流量系数。流量公式与平顶型坎公式相同，即

$$Q=\mu be\sqrt{2gH_0}\tag{5-10}$$

式中 μ——曲线型坎上闸孔自由出流的流量系数，与闸门的型式、闸门的相对开度、底坎剖面曲线的形状以及闸门在坎顶的位置有关。

（1）对于平板闸门：曲线型坎上具有不同底缘形式的平板闸门（见图 5-7），流量系数与闸门的型式、闸门的相对开度 e/H、闸门底缘切线与水平线的夹角 θ 以及闸门在坎顶的位置有关，可按下式计算

$$\mu = 0.65 - 0.186\frac{e}{H} + \left(0.25 - 0.375\frac{e}{H}\right)\cos\theta \tag{5-11}$$

式(5-11)适用于 $e/H = 0.05 \sim 0.75$，$\theta = 0° \sim 90°$以及闸门位于坎最高点的情况。

（2）对于弧形闸门，在初步计算时，可按下式计算

$$\mu = 0.685 - 0.19\frac{e}{H} \tag{5-12}$$

式(5-12)适用于 $0.1 < e/H < 0.75$ 的情况。

四、曲线型坎上闸孔淹没出流

在实际工程中，曲线底坎上的闸孔出流为淹没的情况比较少见。一般当下游水位超过坎顶时，即认为是淹没出流，如图 5-8 所示，其流量可近似用下式计算

$$Q = \mu be\sqrt{2g(H_0 - h_s)} \tag{5-13}$$

式中 μ——曲线型坎上闸孔自由出流的流量系数；

h_s——下游水面超过坎顶的高度。

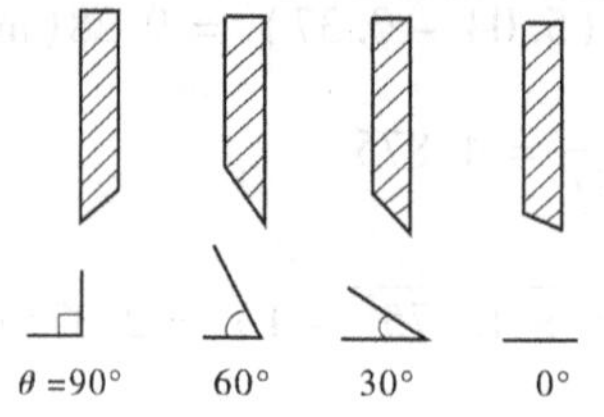

图 5-7

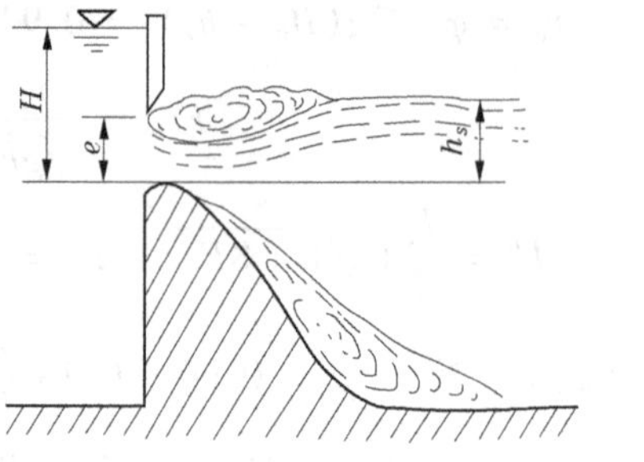

图 5-8

单元三 堰 流

学习目标：掌握各种堰流的计算方法。

一、堰流的基本公式

应用能量方程来推求堰流的基本公式。如图 5-9 所示，为薄壁堰自由出流。以通过堰顶的水平面为基准面，对断面 0—0 和断面 1—1 写能量方程。堰前断面 0—0 符合渐变流条件，而断面 1—1 流线为急变流断面，该断面动水压强不符合直线分布规律，故用

$\overline{z + \frac{p}{\gamma}}$ 表示断面1—1单位势能的平均值。过堰水流的能量损失可以只考虑局部水头损失，由此可得

$$H + 0 + \frac{\alpha_0 v_0^2}{2g} = \overline{z + \frac{p}{\gamma}} + (\alpha_1 + \zeta)\frac{v_1^2}{2g}$$

令 $H + \frac{\alpha_0 v_0^2}{2g} = H_0, \overline{z + \frac{p}{\gamma}} = \xi H_0, \varphi = \frac{1}{\sqrt{1 + \zeta}}$

则 $$v_1 = \varphi\sqrt{2gH_0(1 - \xi)}$$

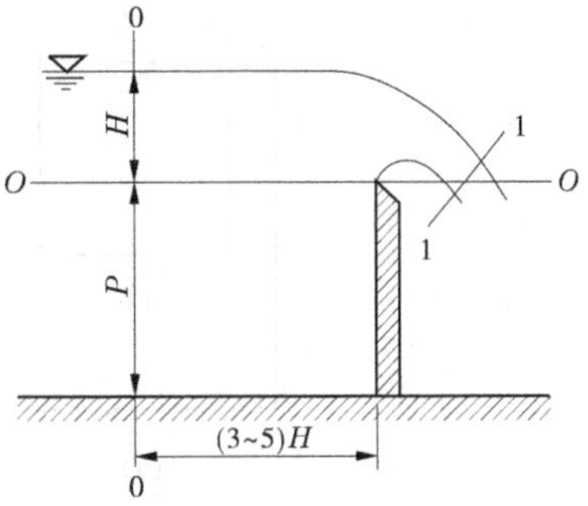

图 5-9

设堰的溢流宽度为 b，断面1—1水舌厚度用 kH_0 表示，k 为反映堰顶水流垂直收缩的系数，则断面1—1的过水面积按矩形计算为 kH_0b，故流量为

$$Q = Av_1 = kH_0b\varphi\sqrt{2gH_0(1 - \xi)} \quad (5\text{-}14)$$

令 $\varphi k\sqrt{1 - \xi} = m$，则

$$Q = mb\sqrt{2g}H_0^{3/2} \quad (5\text{-}15)$$

式中 m——流量系数，反映了堰顶水头 H 及堰的边界条件对流量的影响。

式(5-15)是针对堰顶过水断面为矩形的薄壁堰流建立的，但它具有普遍性，对实用堰流和宽顶堰流都是适用的。

在实际应用中，有的堰顶总净宽度小于上游引水渠道宽度 B_0，或堰顶上设有边墩(或翼墙)及闸墩 $B = nb$(n 为闸孔数，b 为单孔净宽)。这将使过堰水流发生侧向收缩，减小了有效溢流宽度，降低了过水能力，这种堰流称为有侧收缩堰流；反之，称为无侧收缩堰流。另外，当堰的下游水位较高，或下游堰高较小时，会使堰的泄流量减小。这种堰流就称为淹没出流；反之，就叫自由出流。因此，在堰流计算中，考虑到侧收缩与淹没对流量减小的影响，在公式中分别乘以两个都小于1的系数，即侧收缩系数 ε、淹没系数 σ_s 进行修正，这样堰流的基本公式为

$$Q = \sigma_s\varepsilon mB\sqrt{2g}H_0^{3/2} \quad (5\text{-}16)$$

二、薄壁堰流的水力计算

根据堰口形状的不同，薄壁堰可分为矩形薄壁堰、三角形薄壁堰等。由于薄壁堰流具有稳定的水头与流量关系，一般多用于实验室及小河渠的流量测量。另外，曲线型实用堰的剖面型式往往根据薄壁堰流水舌的下缘曲线确定，因此研究薄壁堰流具有实际意义。

(一)矩形薄壁堰流

利用矩形薄壁堰(见图5-10)测流时，为了得到较高的量测精度，一般要求：

(1)单孔无侧收缩(堰宽与上游引水渠宽度相同，即 $b = B_0$)。

(2)下游水位低，不影响出流。

(3)堰上水头 $H > 2.5$ cm。因为当 H 过小时，水流将贴堰溢出，不起挑，出流将不稳定。

(4)水舌下面的空间应与大气相通，否则，由于溢流水舌把空气带走，压强降低，水舌

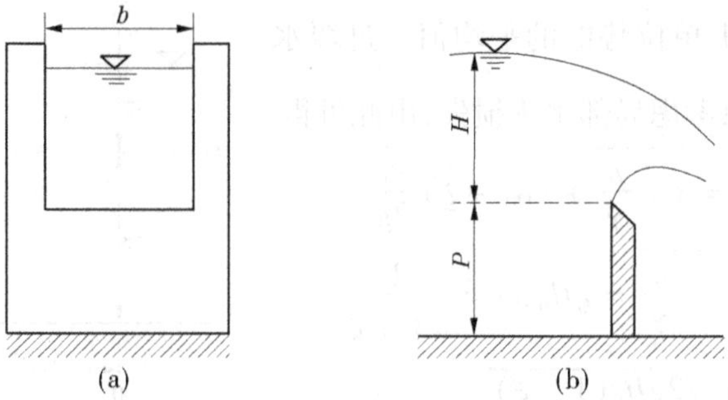

图 5-10

下面形成局部真空,出流将不稳定。因此,在无侧收缩、自由出流时,矩形薄壁堰流的流量公式为

$$Q = mb\sqrt{2g}H_0^{3/2} \tag{5-17}$$

为应用方便,可以把行近流速的影响包括在流量系数中。为此,把上式改写为

$$Q = m_0 b\sqrt{2g}H^{3/2} \tag{5-18}$$

式中　m_0——考虑行近流速水头影响的流量系数。

无侧收缩的矩形薄壁堰流的流量系数可由雷保克公式计算

$$m_0 = 0.403\,4 + 0.053\,4\frac{H}{P} + \frac{1}{1\,610H - 4.5} \tag{5-19}$$

式中　H——堰顶水头;

P——上游堰高。

适用条件:$H \geqslant 0.025$ m,$H/P \leqslant 2$。

有侧收缩的矩形薄壁堰的流量系数可用下式确定:

$$m_0' = 0.430\,2 + \frac{0.006\,6}{P} + 0.053\,4\frac{H}{P} - 0.096\,7\sqrt{\frac{(B_0 - B)H}{B_0 P}} + 0.007\,68\sqrt{\frac{B_0}{P}} \tag{5-20}$$

式中　H——堰顶水头;

P——上游堰高;

B——堰宽;

B_0——引水渠宽。

适用条件:$B_0 = 0.5 \sim 6.3$ m;$B = 0.15 \sim 5$ m;$H = (0.03 \sim 0.45)\sqrt{B}$;$\frac{BP}{B_0^2} \geqslant 0.06$。

当下游水位超过堰顶一定高度时,堰的过水能力开始减小,这种溢流状态称为淹没堰流。在淹没出流时,水面有较大的波动,水头不易测准,故作为测流工具的薄壁堰不宜在淹没条件下工作。为了保证薄壁堰不淹没,一般要求 $z/P_1 > 0.7$。其中,z 为上、下游水位差,P_1 为下游堰高。

(二)直角三角形薄壁堰流

当测量较小流量时,为了提高量测精度,常采用三角形薄壁堰。三角形薄壁堰在小水头时堰口水面宽度较小，流量的微小变化将引起水头的显著变化，因此在量测小流量时比矩形堰的精度高，如图 5-11 所示。

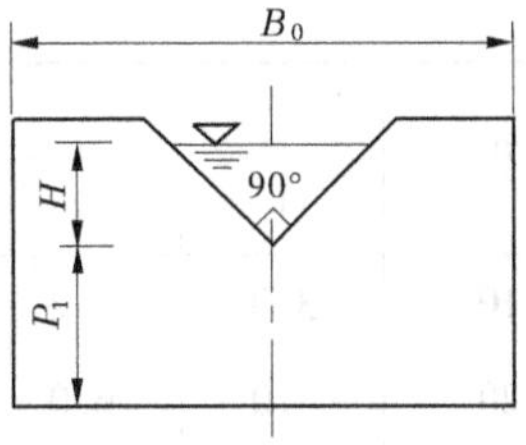

图 5-11

直角三角形薄壁堰的流量计算公式为

$$Q = 1.4H^{5/2} \tag{5-21}$$

适用条件：$H = 0.105 \sim 0.25$ m；堰高 $P_1 \geqslant 2H$，渠宽 $B_0 \geqslant (3 \sim 4)H$。

【例题 5-4】 某矩形渠道设有一矩形无侧收缩薄壁堰，已知堰宽 $B = 1$ m，上、下游堰高 $P = P_1 = 0.8$ m，堰上水头 $H = 0.5$ m，为自由出流，求通过薄壁堰的流量。

解：按式(5-19)计算流量系数 m_0，得

$$m_0 = 0.403\,4 + 0.053\,4\frac{H}{P} + \frac{1}{1\,610H - 4.5}$$

$$= 0.403\,4 + 0.053\,4 \times \frac{0.5}{0.8} + \frac{1}{1\,610 \times 0.5 - 4.5} = 0.438$$

$$Q = m_0 B\sqrt{2g}H^{3/2} = 0.438 \times 1 \times \sqrt{2 \times 9.8} \times 0.5^{3/2} = 0.686(\text{m}^3/\text{s})$$

三、实用堰流的水力计算

（一）实用堰的剖面形状

在实际工程中，实用堰可分为两大类型：一是用当地材料修筑的中、低溢流堰，堰顶剖面常做成折线型，称为折线型实用堰；二是用混凝土修筑的中、高溢流堰，堰顶制成适合水流自由溢流情况的曲线型，称为曲线型实用堰。

曲线型实用堰又可分为真空和非真空两种剖面型式。水流溢过堰面时，堰顶表面不出现真空现象的剖面，称为非真空剖面堰；反之，称为真空剖面堰。真空剖面堰在溢流时，溢流水舌部分脱离堰面，脱离部分的空气不断地被水流带走，压强降低，从而造成真空。一方面由于真空现象的存在，堰面出现负压，势能减少，过堰水流的动能和流速增大，流量也相应增大，所以真空堰具有过水能力较大的优点；另一方面，堰面发生真空，使堰面可能受到正负压力的交替作用，造成水流不稳定。当真空达到一定程度时，堰面还可能发生气蚀而遭到破坏。所以，真空剖面堰一般较少使用。

一般曲线型实用堰的剖面由以下几个部分组成：上游直线段 AB（可为铅垂线，也可做成斜坡段），堰顶曲线段 BC，下游斜坡段 CD 及反弧段 DE，如图 5-12 所示。

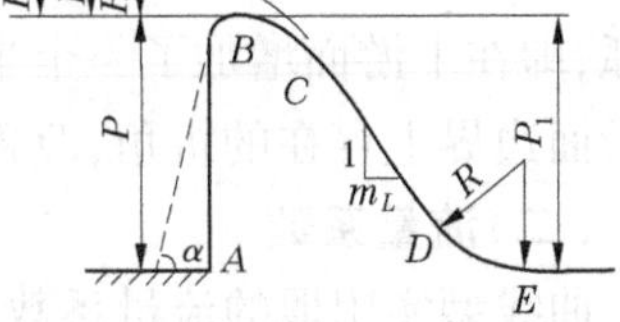

图 5-12

下面斜坡段的坡度由堰的稳定和强度要求确定，一般取 1∶0.65 ~ 1∶0.75；反弧段 DE 的圆弧半径 R 可根据下游堰高 P_1 和设计水头 H_d 由表 5-4 查得。当 $P_1 < 10$ m时，可采用 $R = 0.5P_1$；当 $H_d > 9$ m 时，R 近似用 $R = H_d + P_1/4$ 计算。

表 5-4　曲线型实用堰的圆弧半径值　（单位：m）

P_1	H_d								
	1	2	3	4	5	6	7	8	9
10	3.0	4.2	5.4	6.5	7.5	8.5	9.6	10.6	11.6
20	4.0	6.0	7.8	8.9	10.0	11.0	12.2	13.3	14.3
30	4.5	7.5	9.7	11.0	12.4	13.5	14.7	15.8	16.8
40	4.7	8.4	11.0	13.0	14.5	15.8	17.0	18.0	19.0
50	4.8	8.8	12.2	14.5	16.5	18.0	19.2	20.3	21.3
60	4.9	8.9	13.0	15.5	18.0	20.0	21.2	22.2	23.2

堰顶曲线段是设计曲线型实用堰的关键。国内外对堰面形状有不同的设计方法，其轮廓线可用坐标或方程来确定。以往多采用克－奥型剖面，设计出的堰面偏厚，流量系数小。目前，国内外采用较多的是 WES 剖面，该剖面与其他形式的剖面相比，在过水能力、堰面压强分布和节省材料等方面要优越一些。

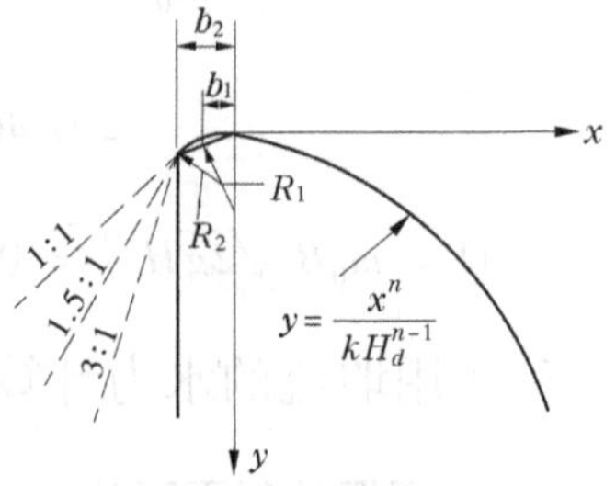

图 5-13

WES 剖面如图 5-13 所示，其堰顶上游部分曲线用两端圆弧连接，堰顶下游的曲线用方程表示：

$$y = \frac{x^n}{kH_d^{n-1}} \tag{5-22}$$

式中　k、n——与上游迎水面坡度有关的参数，其值见表 5-5。

表 5-5　WES 标准剖面曲线方程参数

上游堰面坡度	k	n	R_1	R_2	b_1	b_2
垂直	2.000	1.850	$0.5H_d$	$0.2H_d$	$0.175H_d$	$0.282H_d$
3:1	1.936	1.836	$0.68H_d$	$0.21H_d$	$0.139H_d$	$0.237H_d$
1.5:1	1.939	1.810	$0.48H_d$	$0.22H_d$	$0.115H_d$	$0.214H_d$
1:1	1.873	1.776	$0.45H_d$	0	$0.119H_d$	0

对上游垂直的 WES 型实用堰，后人通过试验，又将原堰顶上游的两段圆弧改为三段圆弧，即在上游面增加了一个半径为 R_3 的圆弧，如图 5-14 所示。这样设计避免了原有的上游面边界上存在的折角，改善了堰面压力条件，增加了堰的过流能力。

（二）流量系数

曲线型实用堰的流量系数主要取决于上游堰高与设计水头之比（P/H_d）、堰顶全水头与设计水头之比（H_0/H_d）以及堰上游面的坡度。其中，H_d 为设计水头。在工程设计中，一般选用 $H_d=(0.75\sim0.95)H_{max}$（$H_{max}$ 为对应于最高洪水位的堰顶水头），这样可以保证在实际 H_0 等于或小于 H_d 的大部分情况下堰面不会出现真空。当然，在 H_0 大于 H_d 时，

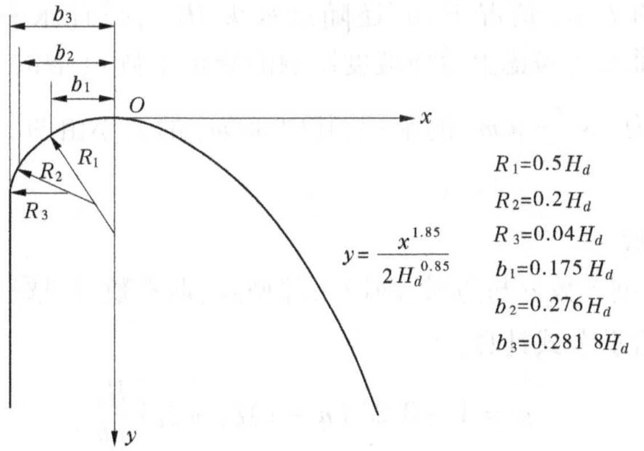

图 5-14

堰面仍可能出现真空，但因这种水头出现的机会少，所以堰面出现暂时的、在容许范围内的真空值是可以的。在堰的运用过程中，H_0 常不等于 H_d。当 $H_0<H_d$ 时，过水能力减小，$m<m_d$；当 $H_0>H_d$ 时，堰的过水能力增大，$m>m_d$。

对于 WES 型实用堰，在堰上游面垂直，且 $P/H_d\geq1.33$ 时，可认为是高堰，不考虑行近流速水头。在这种情况下，若 $H_0=H_d$，即实际工作全水头刚好等于设计水头时，WES 型堰的流量系数 $m_d=0.502$；若 $H_0\neq H_d$，m 值由图 5-15 查出。

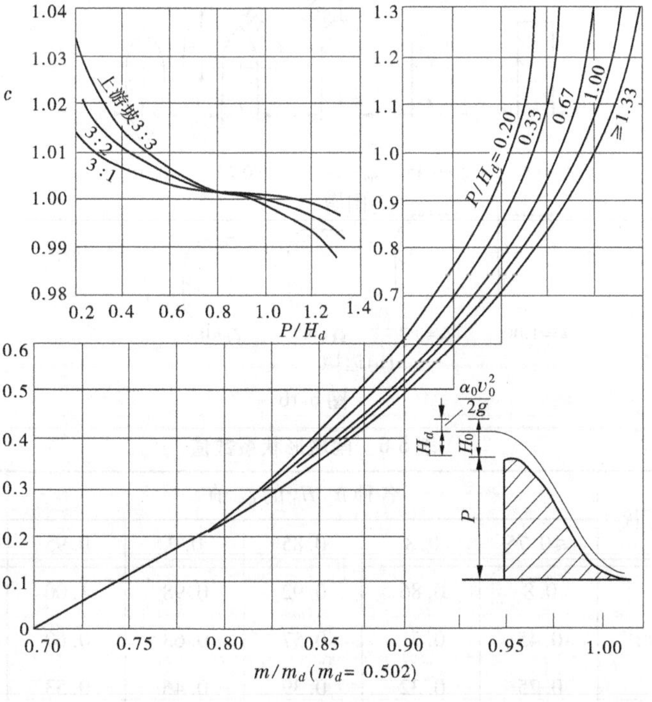

图 5-15

在 $P/H_d<1.33$ 时，认为是低堰，行近流速较大，流量系数 m 随 P/H_d 值的减小而减

小。同时，在相同的 P/H_d 情况下，m 还随总水头 H_0 与设计水头 H_d 的比值而变化。图 5-15中左上角的曲线为考虑上游面坡度影响的修正系数 c（堰的上游面为垂直时，$c=1$）。流量系数值应为 $c\times\frac{m}{m_d}\times m_d$ 的乘积，其中 m/m_d 的大小由图 5-15 右下角的曲线查出。

（三）侧收缩系数

试验证明，侧收缩系数 ε 与边墩、闸墩头部型式、堰孔数目、堰孔尺寸以及总水头 H_0 有关。可按下面的经验公式计算：

$$\varepsilon = 1 - 0.2[(n-1)\zeta_0 + \zeta_k]\frac{H_0}{nb} \tag{5-23}$$

式中　n——溢流孔数；

b——每孔的净宽；

H_0——堰顶全水头；

ζ_0——闸墩形状系数，在 $h_s/H_0 \leqslant 0.75$ 时由图 5-16(a) 查得，$h_s/H_0 > 0.75$ 时由表 5-6查得；

ζ_k——边墩形状系数，由图 5-16(b) 查得。

式(5-23)在应用中，若 $H_0/b>1$，不管 H_0/b 数值多少，仍用 $H_0/b=1$ 代入计算。

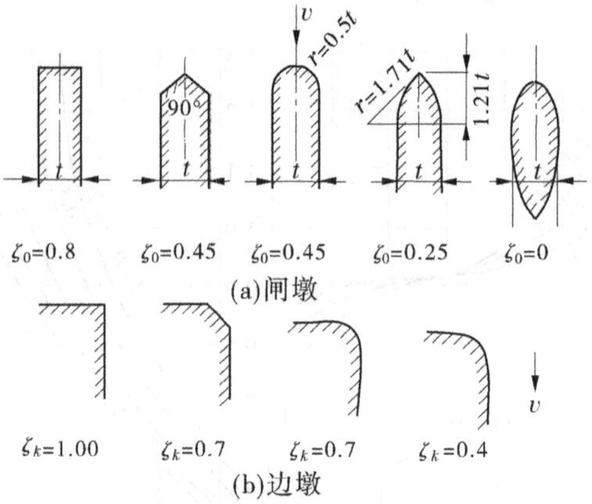

图 5-16

表 5-6　闸墩形状系数值

闸墩头部平面形状	各种 h_s/H_0 的 ζ_0 值					说明
	≤0.75	0.8	0.85	0.9	0.95	
矩形	0.8	0.86	0.92	0.98	1.00	h_s 为下游水位超过堰顶的高度
半圆形或尖角形	0.45	0.51	0.57	0.63	0.69	
尖圆形	0.25	0.32	0.39	0.46	0.53	

（四）淹没系数

对 WES 型剖面，当下游水位超过堰顶一定数值，即 $h_s/H_0>0.15$ 时（h_s 为下游水面超过堰顶的高度)，堰下游形成淹没水跃，过堰水流受到下游水位顶托，过水能力减小，形成淹没出流。

如果下游堰顶高较小，即 $P_1/H_0<2$ 时，即使下游水位低于堰顶，过堰水流受下游护坦的影响，也会产生类似淹没的效果而使过水能力减小。因此，淹没系数可根据 P_1/H_0 及 h_s/H_0 由图5-17查得。图中 $\sigma_s=1.0$ 的曲线右下方的区域即为自由出流区($h_s/H_0\leqslant 0.15, P_1/H_0\geqslant 2$)，它不受下游水位及护坦高程的影响。

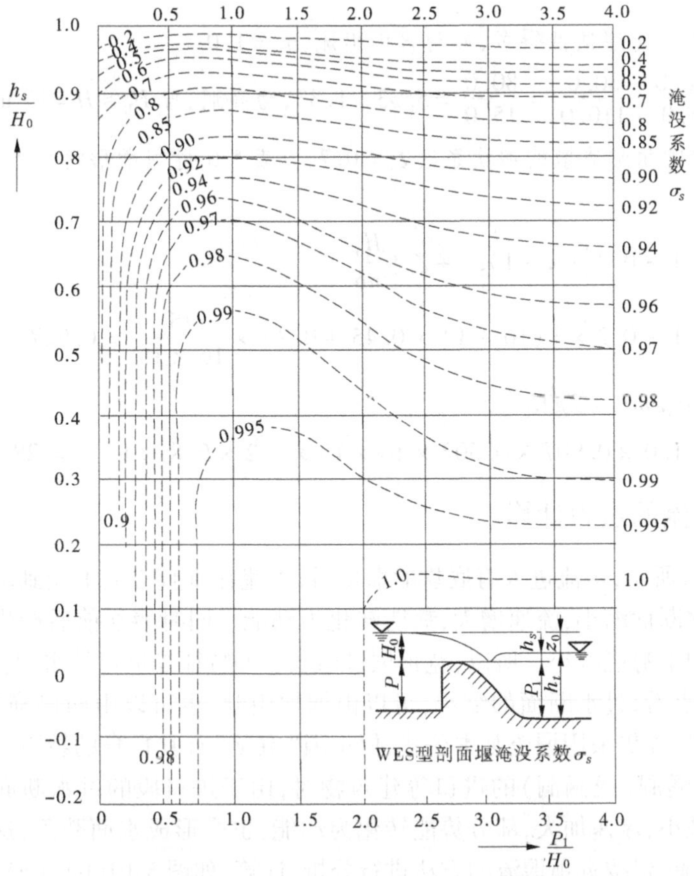

图5-17

中小型水利工程常用当地材料如条石、砖或木材做成折线型低堰，断面形状一般有梯形、矩形、多边形等，如图5-18所示。

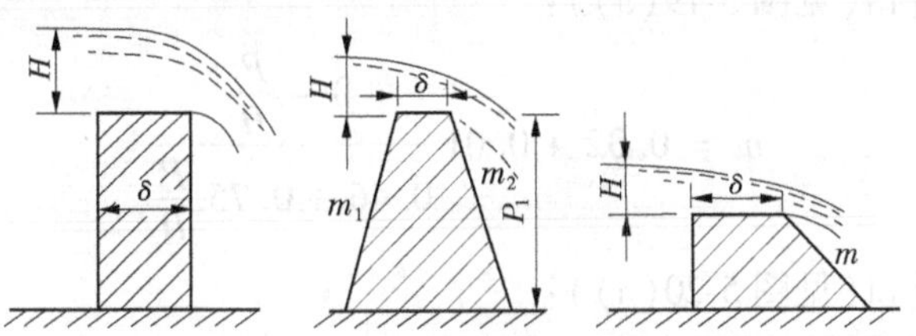

图5-18

折线型实用堰中以梯形实用堰用得较多，梯形实用堰流量仍可按堰流的基本公式计算。其流量系数 m 与堰顶厚度、相对堰高 P_1/H 和前后坡度有关，应用时可由《水力计算手册》查取。侧收缩系数、淹没系数可近似按曲线型实用堰的方法来确定。

【例题 5-5】 某水利枢纽的溢流坝采用 WES 型标准剖面实用堰，闸墩的头部为半圆形，边墩头部为圆角形，共 16 孔，每孔净宽 15 m。已知堰顶高程为 110.0 m，下游河床为 30.0 m。当上游设计水位为 125.0 m 时，相应下游水位为 52.0 m，流量系数 $m = 0.502$，求过堰流量。

解：因下游水位比堰顶低得多，应为自由出流，$\sigma_s = 1.0$。

因 $\dfrac{P}{H_d} = \dfrac{110.0 - 30.0}{125.0 - 110.0} = \dfrac{80.0}{15.0} = 5.33 > 1.33$，为高堰，取 $H_0 \approx H = 15$ m。

查图 5-16 得圆角形边墩的形状系数 $\zeta_k = 0.7$，查表 5-6 得闸墩形状系数 $\zeta_0 = 0.45$，侧收缩系数为

$$\varepsilon = 1 - 0.2[(n-1)\zeta_0 + \zeta_k]\frac{H_0}{nb}$$

$$= 1 - 0.2 \times [(16-1) \times 0.45 + 0.7] \times \frac{15}{16 \times 15} = 0.907$$

$$Q = \sigma_s \varepsilon m B \sqrt{2g} H_0^{3/2}$$

$$= 1.0 \times 0.907 \times 0.502 \times 16 \times 15 \times \sqrt{2 \times 9.8} \times 15^{3/2} = 28\ 105(\text{m}^3/\text{s})$$

四、宽顶堰流的水力计算

如图 5-19(a)所示，水流进入有底坎的堰顶后，水流在垂直方向上受到堰坎边界的约束，堰顶上的过水断面缩小，流速增大，势能转化为动能。同时堰坎前后产生的局部水头损失，也导致堰顶上势能减小。所以，宽顶堰过堰水流的特征是进口处水面会发生明显跌落。从水力学观点看，过水断面的缩小，可以由堰坎引起，也可以由两侧横向约束引起。宽顶堰流的水力计算仍采用堰流基本公式，但也因“宽顶”有其自身的特点。当明渠水流流经桥墩、渡槽、隧洞（或涵洞）的进口等建筑物时，由于进口段的过水断面在平面上收缩，使过水断面减小，流速加大，部分势能转化为动能，也会形成水面跌落，这种流动现象称为无坎宽顶堰流，仍按宽顶堰流的方法进行分析、计算，如图 5-19(b)、(c)、(d)所示。

（一）流量系数

宽顶堰的流量系数取决于堰的进口形状和堰的相对高度 P/H，不同的进口堰头形状，可分别按下列方法确定。

（1）直角前沿进口（见图 5-19(a)）：

$$m = 0.32 + 0.01\frac{3 - \dfrac{P}{H}}{0.46 + 0.75\dfrac{P}{H}} \tag{5-24}$$

（2）圆角前沿进口（见图 5-20(a)）：

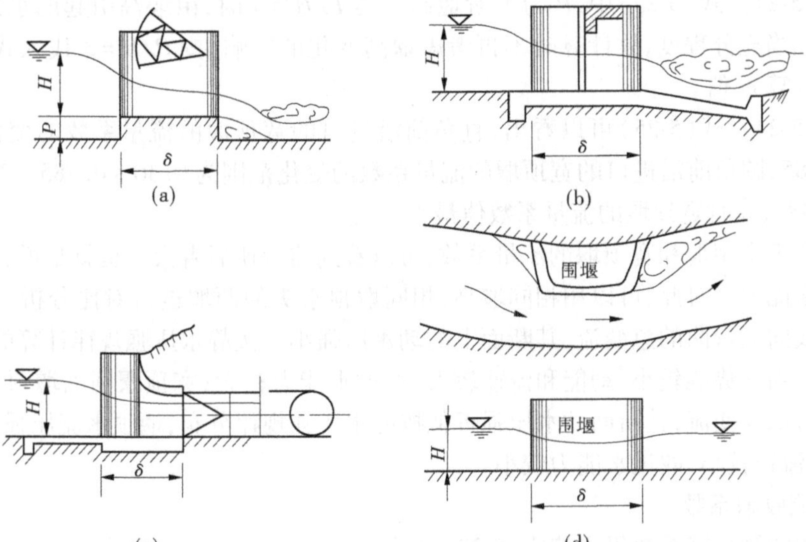

图 5-19

$$m = 0.36 + 0.01\frac{3 - \frac{P}{H}}{1.2 + 1.5\frac{P}{H}} \tag{5-25}$$

(3)斜坡式进口(见图 5-20(b))。流量系数 m 可根据 P/H 及上游堰面倾角 θ 的余切值,由表 5-7 选取。

图 5-20

表 5-7　上游面倾斜的宽顶堰的流量系数 m 值

P/H	$\cot\theta$				
	0.5	1.0	1.5	2.0	≥2.5
0	0.385	0.385	0.385	0.385	0.385
0.2	0.372	0.377	0.380	0.382	0.382
0.4	0.365	0.737	0.377	0.380	0.381
0.6	0.361	0.370	0.376	0.379	0.380
0.8	0.357	0.368	0.375	0.378	0.379
1.0	0.355	0.367	0.374	0.377	0.378
2.0	0.349	0.363	0.371	0.375	0.377
4.0	0.345	0.361	0.370	0.374	0.376
6.0	0.344	0.360	0.369	0.374	0.376
8.0	0.343	0.360	0.369	0.374	0.376

在式(5-24)、式(5-25)中,P 为上游堰高。当 $P/H \geq 3$ 时,由堰高引起的水流垂向收缩已达到相当充分程度,故计算时不再考虑堰高变化的影响,按 $P/H = 3$ 代入式(5-24)、式(5-25)计算 m 值。

由式(5-24)、式(5-25)可以看出,直角前沿进口的宽顶堰的流量系数的变化范围为 0.32 ~ 0.385;圆角前沿进口的宽顶堰的流量系数的变化范围为 0.36 ~ 0.385。当 $P/H = 0$ 时,$m = 0.385$,此时宽顶堰的流量系数值最大。

比较一下实用堰和宽顶堰的流量系数,可以看到前者比后者大。也就是说,实用堰有较大的过水能力。对此,可以用相同堰高、相同堰顶水头的两堰进行对比分析:实用堰顶水流是流线向上弯曲的急变流,其断面上的动水压强小于按静水压强规律计算的值,即堰顶水流的压强和势能较小,动能和流速较大,故过水能力较大;宽顶堰则因堰顶水流是流线近似平行的渐变流,其断面动水压强近似按静水压强规律分布,堰顶水流压强和势能较大,动能和流速较小,故过水能力较小。

(二)侧收缩系数

宽顶堰的侧收缩系数仍可按式(5-23)计算。

(三)淹没系数

试验证明,当下游水位较低时,进入堰顶的水流因受到堰顶垂直方向的约束在进口产生水面跌落,并在进口后约 $2H$ 处形成收缩断面。该断面的水深 $h_c < h_K$,堰顶水流处于急流状态,水流流出堰顶后,水面产生第二次跌落,称此宽顶堰流为自由出流。当下游水位升高时,只要它低于堰顶的临界水深或 K—K 线,则宽顶堰一定是自由出流。

当堰下游水位升高到影响宽顶堰的过流能力时,就成为淹没出流,如图 5-21 所示。试验表明,当 $h_s/H_0 > 0.8$时,形成淹没出流。淹没系数 σ_s 可根据 h_s/H_0 由表 5-8查出。

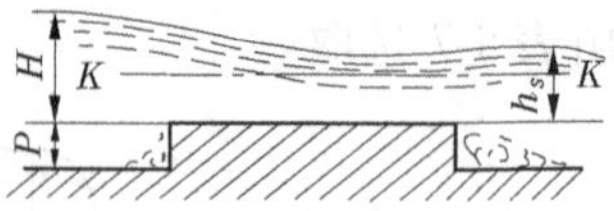

图 5-21

表 5-8 宽顶堰的淹没系数 σ_s

h_s/H_0	0.80	0.81	0.82	0.83	0.84	0.85	0.86	0.87	0.88	0.89
σ_s	1.00	0.995	0.99	0.98	0.97	0.96	0.95	0.93	0.90	0.87
h_s/H_0	0.90	0.91	0.92	0.93	0.94	0.95	0.96	0.97	0.98	
σ_s	0.84	0.82	0.78	0.74	0.70	0.65	0.59	0.50	0.40	

无坎宽顶堰流在计算流量时,仍可使用宽顶堰流的公式。但在计算中不再单独考虑侧向收缩的影响,而是把它包含在流量系数中一并考虑,即

$$Q = \sigma_s m' B \sqrt{2g} H_0^{3/2} \tag{5-26}$$

式中 m'——包含侧收缩影响在内的流量系数,可根据进口翼墙形式及平面收缩程度,由表 5-9 查得,表中 B_0 为引水渠的宽度,B 为闸孔宽度,r 为翼墙圆角半径。

无坎宽顶堰流的淹没系数可近似由表 5-8 查得。

表 5-9 无坎宽顶堰的流量系数值

$\frac{B}{B_0}$	直角形翼墙	八字形翼墙			圆角形翼墙		
		$\cot\theta$			$\frac{r}{B}$		
		0.5	1.0	2.0	0.2	0.3	≥0.5
0	0.320	0.343	0.350	0.353	0.349	0.354	0.360
0.1	0.322	0.344	0.351	0.354	0.350	0.355	0.361
0.2	0.324	0.346	0.352	0.355	0.351	0.356	0.362
0.3	0.327	0.348	0.354	0.357	0.353	0.357	0.363
0.4	0.330	0.350	0.356	0.358	0.355	0.359	0.364
0.5	0.334	0.352	0.358	0.360	0.357	0.361	0.366
0.6	0.340	0.356	0.361	0.363	0.360	0.363	0.368
0.7	0.346	0.360	0.364	0.366	0.363	0.366	0.370
0.8	0.355	0.365	0.369	0.270	0.368	0.371	0.373
0.9	0.367	0.373	0.375	0.376	0.375	0.376	0.378
1.0	0.385	0.385	0.385	0.385	0.385	0.385	0.385

【例题 5-6】 某进水闸，闸底坎为具有圆角前沿进口的宽顶堰，堰顶高程为 22.00 m，渠底高程为 21.00 m。共 10 个孔，每孔净宽 8 m，闸墩头部为半圆形，边墩头部为流线型。当闸门全开时，上游水位为 25.50 m，下游水位为 23.20 m，不考虑闸前行近流速的影响，求过闸流量。

解：(1)判断下游是否淹没：

$$P = 22.00 - 21.00 = 1.00(\text{m})$$
$$H = 25.50 - 22.00 = 3.50(\text{m})$$

$\frac{h_s}{H_0} = \frac{23.20 - 22.00}{25.50 - 22.00} = 0.34 < 0.8$，为自由出流。

(2)求流量系数：

$$m = 0.36 + 0.01\frac{3 - \frac{P}{H}}{1.2 + 1.5\frac{P}{H}} = 0.36 + 0.01 \times \frac{3 - \frac{1}{3.50}}{1.2 + 1.5 \times \frac{1}{3.50}} = 0.377$$

(3)求侧收缩系数 ε：

查图 5-16 得边墩形状系数 $\zeta_k = 0.4$，闸墩形状系数 $\zeta_0 = 0.45$，则

$$\varepsilon = 1 - 0.2[(n-1)\zeta_0 + \zeta_k]\frac{H_0}{nb}$$
$$= 1 - 0.2 \times [(10-1) \times 0.45 + 0.4] \times \frac{3.50}{10 \times 8} = 0.961$$

$$Q = \varepsilon m B\sqrt{2g}H_0^{3/2}$$

$$= 0.961 \times 0.377 \times 10 \times 8 \times \sqrt{2 \times 9.8} \times 3.50^{3/2} = 840.2(\mathrm{m^3/s})$$

单元四　水工建筑物下游水流衔接与消能

学习目标：了解水工建筑物下游水流的各种消能形式。

一、概述

在河道上建造挡水建筑物后，抬高了上游河道水位，流速减小，水流的动能减少而势能增加。当水流经泄水建筑物（如溢流坝、溢洪道、隧洞及水闸等）宣泄到下游时，在上下游落差的作用下，通过泄水建筑物下泄的水流往往具有很高的流速，加上这类建筑物的泄水宽度比原河床小，使得泄流相对集中，单宽流量加大，从而导致这类下泄水流都具有很大的能量。

如果对水流的衔接不加控制或控制不当，那么具有巨大动能的水流就会冲刷下游河床及岸坡，同时还会造成下游恶劣流态（如回流、波浪、折冲水流等），影响建筑物的正常运行，甚至威胁建筑物本身的安全。

采取工程措施，控制泄水建筑物下游的水流衔接与消能，从而保证建筑物的安全是泄水建筑物水力设计中的一项重要内容。水流衔接消能的工程措施很多，按照泄出水流与尾水及河床的相对位置，泄水建筑物下游水流衔接与消能形式主要有以下几种。

（一）底流式衔接消能

利用水跃消能原理，在泄水建筑物的下游修建消力池，使水跃发生在池内，通过水跃的表面旋滚和强烈紊动以消除余能，并实现急流向下游缓流的衔接过渡。由于衔接段高流速的主流在底部，故称为底流式衔接消能，如图 5-22 所示。

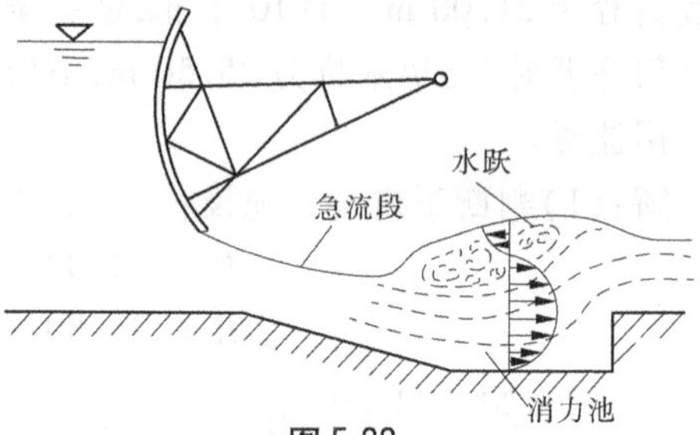

图 5-22

（二）挑流式消能

利用泄出水流本身挟带的较大的动能，在泄水建筑物出流处采用挑流鼻坎将水流向空中挑射，再降落到离建筑物较远的下游，冲刷坑的位置离建筑物较远，不致影响建筑物的安全，如图 5-23 所示。水流通过水舌在空气中的扩散、空气的摩阻以及挑流水舌落入冲刷坑水垫中所形成的两个旋滚可消除大部分余能。

挑流式衔接消能适用于中高水头的泄水建筑物，其下游无需作护坦或消力池，比较经济。

（三）面流式消能

在泄水建筑物出流处修建低于下游水位的跌坎，将宣泄的高速急流导入下游水流的表层，坎后形成的底部旋滚可隔开主流以免其直接冲刷河床。余能主要通过水舌扩散、流速分布调整、底部旋滚及其与主流的相互作用而消除。由于高速主流位于表面，故称为面流式衔接消能，如图 5-24 所示。

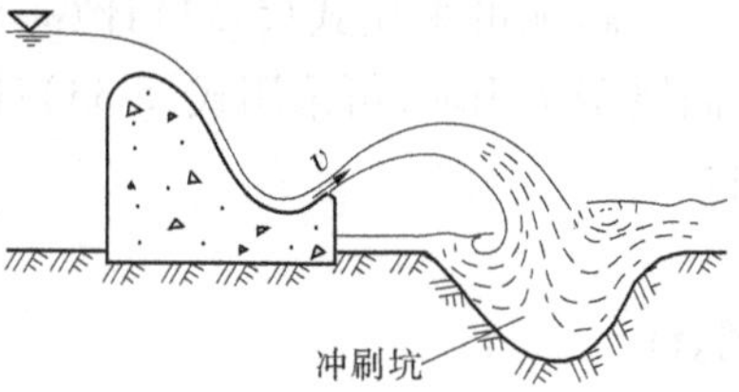

图 5-23

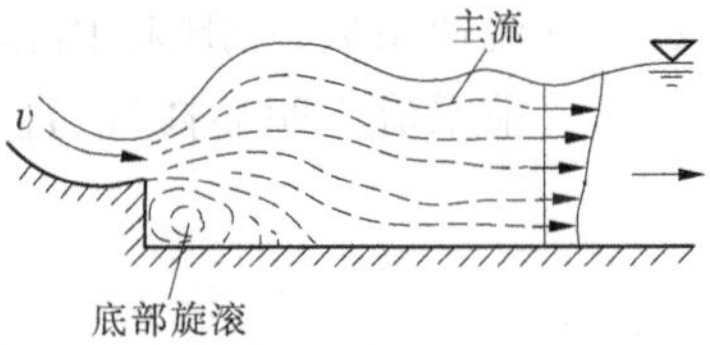

图 5-24

除上述三种常见消能方式外，一些新型的消能方式也在不断发展。如戽流式消能、竖井消能、孔板消能、宽尾墩消能等。在工程实践中，具体采用哪一种消能方式必须结合工程的运用要求，并兼顾水力、地形、地质条件等进行综合分析，因地制宜地加以选择。

本节只介绍最常用的底流式和挑流式衔接与消能的设计和计算。

二、底流式衔接与消能的水力计算

底流式消能基本的消能形式，在一般的水闸、中小型溢流坝或地质条件较差的各类泄水建筑物中，常采用底流式消能。

采用底流式消能首先应分析建筑物下游的水流衔接形式，即判定水跃发生的位置，然后确定必要的工程措施。

（一）收缩断面水深计算

以图 5-25 所示的溢流坝为例，建立收缩断面水深计算的基本方程。

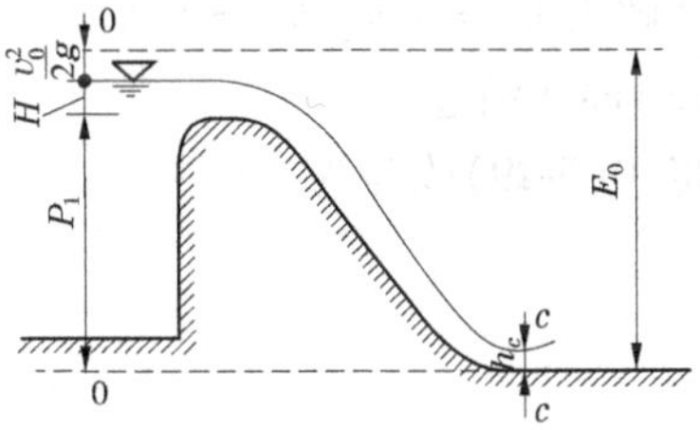

图 5-25

先通过收缩断面底部的水平面为基准面，列出坝前断面 0—0 及收缩断面 c—c 的能量方程式，即

$$E_0 = h_c + \frac{\alpha_c v_c^2}{2g} + \zeta \frac{v_c^2}{2g} = h_c + (\alpha_c + \zeta) \frac{v_c^2}{2g} \tag{5-27}$$

对任意断面 $v_c = \dfrac{Q}{A_c}$，则

$$E_0 = h_c + \frac{Q^2}{2gA_c^2\varphi^2} \tag{5-28}$$

对矩形断面 $A_c = bh_c$，取单宽流量 $q = Q/b$ 计算，则

$$E_0 = h_c + \frac{q^2}{2g\varphi^2 h_c^2} \tag{5-29}$$

其中

$$E_0 = P_1 + H_0 = P_1 + H + \frac{\alpha_0 v_0^2}{2g} \tag{5-30}$$

$$\varphi = \frac{1}{\sqrt{\alpha_c + \zeta}} \tag{5-31}$$

式中 E_0——坝前断面的总水头；

φ——流速系数，一般采用经验公式计算，对于高坝可采用式(5-32)计算，对于坝前水流无明显掺气，且 $P_1/H<30$ 的曲线型实用堰，可采用式(5-33)计算。

$$\varphi = \left(\frac{q^{\frac{2}{3}}}{s}\right)^{0.2} \tag{5-32}$$

式中 s——上游水位至收缩断面底部的垂直距离，m。

$$\varphi = 1 - 0.0155\frac{P_1}{H} \tag{5-33}$$

由于式(5-28)和式(5-29)均为 h_c 的三次方程，因此求 h_c 时一般采用试算法、图解法或逐次渐进法。

(1)试算法。已知溢流坝断面形状、尺寸、E_0、Q 和 φ 时，据式(5-28)或式(5-29)应用试算法求解 h_c 的步骤如下：

假设一个 h_c，计算式(5-28)或式(5-29)的右边，如计算值恰好等于给出的 E_0 值，则所设的 h_c 即为所求；否则，再重设 h_c 进行计算，直到相等或相接近为止。

(2)图解法。对于矩形断面的 h_c，可借助曲线求解，步骤如下：

①据已知条件计算 h_K 和 $\xi_0(\xi_0=E_0/h_K)$。

②据 φ 和 ξ_0 在附图1的关系曲线上求得 $\xi_c=\dfrac{h_c}{h_K}$ 和 $\xi''_c=\dfrac{h''_c}{h_K}$。

③解得 $h_c=\xi_c h_K$，$h''_c=\xi''_c h_K$。

(3)逐次渐进法。

将式(5-29)改写为

$$h_c = \sqrt{\frac{\dfrac{q^2}{2g\varphi^2}}{E_0 - h_c}} \tag{5-34}$$

计算步骤如下：

①将 $h_c=0$ 代入式(5-34)的右边计算得 h_{c1}。

②将 h_{c1} 仍代入式(5-34)的右边计算得 h_{c2}，比较 h_{c1} 和 h_{c2}，如两者相等，则 h_{c2} 即为所求 h_c；否则，再将 h_{c2} 代入式(5-34)计算得 h_{c3}，再比较，如不满足，再计算，就这样逐次渐进，直至两者相等或相接近为止。

除图解法外，求得 h_c 后还需根据水跃方程求解 h''_c，以便判断水跃衔接形式。

(二)水跃衔接形式的判断

经闸、坝下泄的水流在泄流过程中，势能不断转化为动能。在建筑物下游某过水断面上水深达到最小值，而流速达到最大值，这个断面称为收缩断面，该断面水深为收缩水深 h_c。收缩断面水深 h_c 一般小于临界水深 h_K，水流呈急流；而河道下游水深 h_t 往往大于临界水深 h_K，水流呈缓流，水流从急流向缓流过渡，必然发生水跃。假设水跃自收缩断面处开始发生，则 h_c 即为跃前水深 h'，由水跃方程可算出对应的跃后水深 h''_c。根据下游河道的水深 h_t(即实际的跃后水深)与 h''_c 的相对大小，下游水流流态将与以下三种水跃衔接情况有关。

1. 临界式水跃衔接

当 $h_t = h_c''$ 时，表明此时下游水深 h_t 正好等于收缩断面水深 h_c 所对应的跃后水深 h_c''，则水跃自收缩断面处开始发生，这种水跃称为临界式水跃，这种水流衔接称为临界式水跃衔接，如图 5-26所示。

2. 远离式水跃衔接

当 $h_t < h_c''$ 时，表明下游水深 h_t 对应的跃前水深 h' 大于收缩断面水深 h_c，此时收缩断面处不会发生水跃，水流继续保持急流状态，随着水流沿程扩散，水深由收缩断面水深 h_c 逐渐增大，当其达到 h' 时，水跃自该断面处开始发生。这种发生在收缩断面下游的水跃称为远离式水跃，这种衔接就称为远离式水跃衔接，如图 5-27 所示。

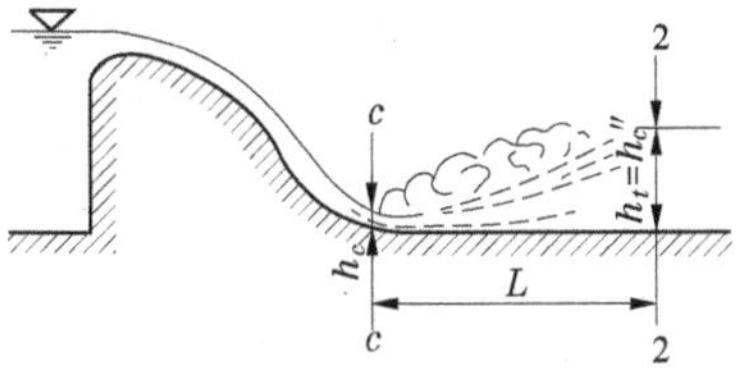

图 5-26

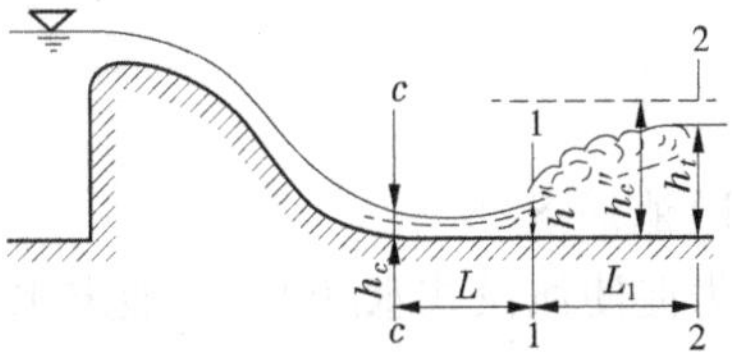

图 5-27

3. 淹没式水跃衔接

当 $h_t > h_c''$ 时，表明与下游水深 h_t 相应的跃前水深 h' 必小于收缩断面水深 h_c。从理论上讲，此时水跃的起始断面应在收缩断面的上游，整个水跃将被推向上游，使收缩断面处于水跃旋滚之下，这种收缩断面处于水跃旋滚之下的水跃称为淹没式水跃，这种衔接就称为淹没式水跃衔接，如图 5-28 所示。

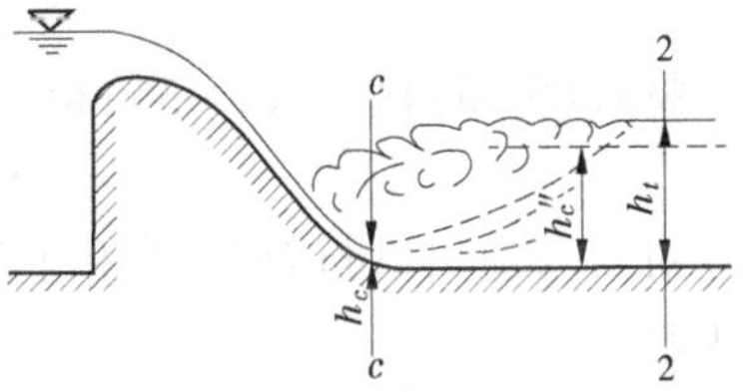

图 5-28

上述三种水跃衔接形式中，远离式水跃对工程最为不利。因其急流长，所需加固的河段较长，不经济，所以不采用。临界式水跃不稳定，下泄流量稍有增加或下游水位略有降低，就转化为远离式水跃，也不宜采用。因此，从减少急流段保护长度、水跃位置的稳定性要求及消能效果等几方面综合考虑，采用稍有淹没（淹没系数 $\sigma_j = 1.05 \sim 1.10$）的水跃衔接形式进行消能最为有利。

（三）消力池的水力计算

当底流式衔接为远离式水跃时，为了改变这种不利的水面衔接形式，必须增加下游水深，迫使远离式水跃变为工程需要的稍有淹没（淹没系数 $\sigma_j = 1.05 \sim 1.10$）的水跃。从而缩短下游河床上急流保护段的长度，达到在最短距离内集中消能以确保主体建筑物安全的目的。消力池就是一种控制水跃并利用水跃消除余能的水工建筑物。

消力池的形式有以下三种：①挖深式，降低护坦高程，在下游形成的消力池；②消力坎式，在护坦末端修建消能坎来壅高水位，在坎前形成消力池；③综合式。

1. 挖深式消力池计算

形成消力池后，水跃将发生在池内（见图 5-29）。离开消力池的水流，由于竖向收缩，过水断面变小，动能增加，水面跌落一个 Δz 值，其水流特性与淹没宽顶堰相似。

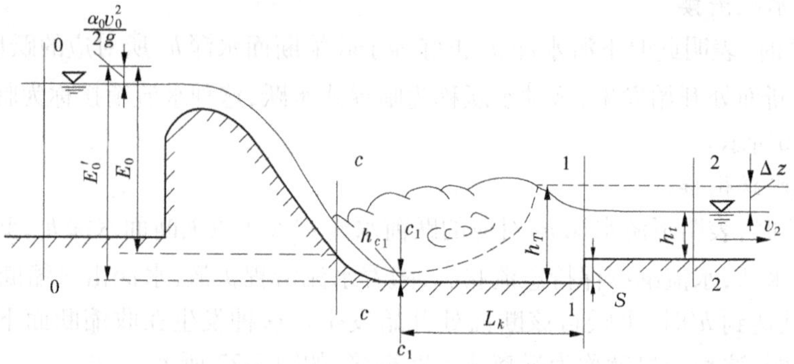

图 5-29

1) 池深 S

为促使淹没式水跃产生,池末水深 h_T 应为

$$h_T = \sigma_j h''_{c1} \tag{5-35}$$

淹没系数 $\sigma_j = 1.05 \sim 1.10$。

$$h_T = S + h_t + \Delta z \tag{5-36}$$

将式(5-35)代入式(5-36)得

$$S = \sigma_j h''_{c1} - (h_t + \Delta z) \tag{5-37}$$

对消力池出口断面 1—1 和下游断面 2—2 列能量方程(以通过断面 2—2 底部的水平面为基准面):

$$(\Delta z + h_t) + \frac{\alpha_1 v_1^2}{2g} = h_t + \frac{\alpha_2 v_2^2}{2g} + \zeta \frac{v_2^2}{2g} \tag{5-38}$$

整理后有

$$\Delta z = (\alpha_2 + \zeta) \frac{v_2^2}{2g} - \frac{\alpha_1 v_1^2}{2g} = \frac{v_2^2}{2g\varphi'^2} - \frac{\alpha_1 v_1^2}{2g} \tag{5-39}$$

消力池出口的流速系数 $\varphi' = \dfrac{1}{\sqrt{\alpha_2 + \zeta}}$,一般取 $\varphi' = 0.95$。

令 $\alpha_1 = 1.0$,将 $v_2 = q/h_t, v_1 = q/(\sigma_j h''_{c1})$ 代入式(5-39),则

$$\Delta z = \frac{q^2}{2g}\left[\frac{1}{(\varphi' h_t)^2} - \frac{1}{(\sigma_j h''_{c1})^2}\right] \tag{5-40}$$

由于应用式(5-37)和式(5-40)求解池深时,h''_{c1} 应该是护坦降低以后的收缩断面水深 h_{c1} 对应的跃后水深,而护坦高程降低后,E_0 增至 $E'_0 = E_0 + S$,收缩断面位置由断面 c—c 下移至断面 c_1—c_1,所以用式(5-28)求 h_{c1} 时,式中的 E_0 应当用 E'_0 代替。因此,S 与 h''_{c1} 之间是一种复杂的隐函数关系,求解 S 一般采用试算法。

在式(5-37)中略去 Δz,并用护坦降低前收缩断面水深的共轭水深 h''_c 代替 h''_{c1},可得到粗略估算池深的近似公式为

$$S = \sigma_j h''_c - h_t \tag{5-41}$$

式中 σ_j——淹没系数,取 1.05。

2)消力池池长 L_k

$$L_k = (0.7 \sim 0.8)L_j \tag{5-42}$$

式中 L_j——自由水跃长度。

3)消力池设计流量 $Q_{设}(q_{设})$

上述消力池的池深和池长的设计都是针对一给定流量进行的,但消力池建成后,必须在规定的不同流量 Q 下工作,由于 Q 不同,将导致 h_c、h_t 及 S、L_k 不同。为保证在给定的流量范围内,消力池均能安全可靠地工作,必须选择一个合适的流量对消力池尺寸进行设计,该流量称为消力池的设计流量,以 $Q_{设}(q_{设})$ 表示。

从简化公式(5-41)可以看出,池深 S 是随($h_c'' - h_t$)增大而增加的。所以,可以认为,相当于($h_c'' - h_t$)为最大时的流量即为池深的设计流量。据此求出的池深 S,是各种流量下所需消力池深度的最大值。

实际计算时,应在给定的流量范围内,对不同的流量计算 h_c 及 h_c''。在直角坐标系上绘制 $h_c'' = \varphi(q)$ 的关系曲线;同时,将已知的 $h_t = f(q)$ 的关系曲线也绘入同一坐标系上(见图 5-30)。从该图上找出 $(h_c'' - h_t)_{max}$时的相应流量,即为消力池池深 S 的设计流量。

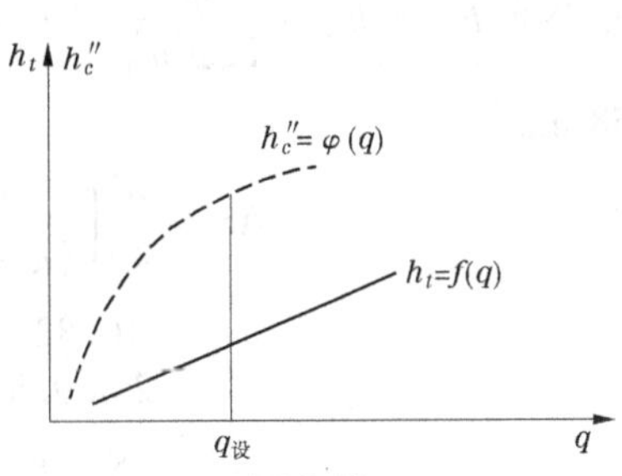

图 5-30

因为消力池的长度取决于水跃长度 L_j,一般来说,水跃长度系随流量的增加而增大,所以消力池长度的设计流量应为建筑物通过的最大流量。

【例题 5-7】 某分洪闸如图 5-31 所示,底坎为曲线型低堰,泄洪单宽流量 $q = 10.82$ $m^3/(s \cdot m)$,流速 $v_0 = 1.53$ m/s,流速系数 $\varphi = 0.95$,其他有关数据见图 5-31。试设计挖深式消力池的池深 S。

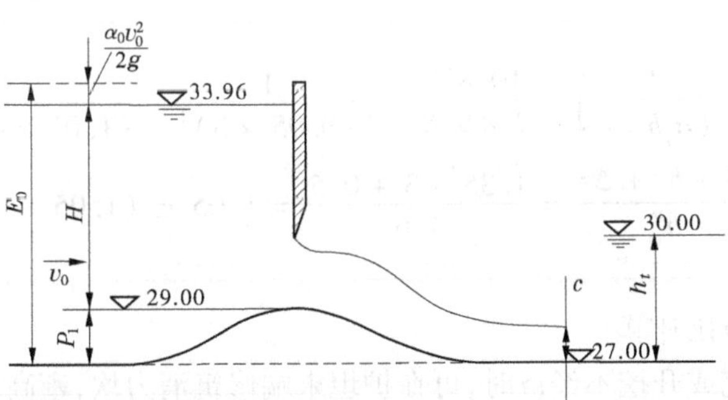

图 5-31

解:(1)判断下游水流的衔接形式。

$$\frac{v_0^2}{2g} = \frac{1.53^2}{2 \times 9.8} = 0.12(\text{m})$$

$$E_0 = P_1 + H + \frac{v_0^2}{2g} = 33.96 - 27.00 + 0.12 = 7.08(\text{m})$$

应用公式 $E_0=h_c+\frac{q^2}{2g\varphi^2h_c^2}$ 计算收缩断面水深 h_c，有

$$7.08=h_c+\frac{10.82^2}{2\times9.8\times0.95^2\times h_c^2}$$

通过迭代求得 $h_c=1.05\ \mathrm{m}$

$$h_c''=\frac{h_c}{2}\left(\sqrt{1+8\frac{q^2}{gh_c^3}}-1\right)=\frac{1.05}{2}\times\left(\sqrt{1+8\times\frac{10.82^2}{9.8\times1.05^3}}-1\right)=4.3(\mathrm{m})$$

已知下游水深 $h_t=3\ \mathrm{m}<h_c''$，发生了远离式水跃衔接，需修建挖深式消力池。

(2)求消能池深度。应用试算法计算，假设 $S=1.3\ \mathrm{m}$。

$$E_0'=E_0+S=7.08+1.3=8.38(\mathrm{m})$$

应用公式 $E_0'=h_{c1}+\frac{q^2}{2g\varphi^2h_{c1}^2}$ 计算收缩断面水深 h_{c1}，通过迭代求得 $h_{c1}=0.96\ \mathrm{m}$，$h_{c1}''=4.58\ \mathrm{m}$。

$$\Delta z=\frac{q^2}{2g}\left[\frac{1}{(\varphi'h_t)^2}-\frac{1}{(\sigma_jh_{c1}'')^2}\right]$$
$$=\frac{10.82^2}{2\times9.8}\times\left[\frac{1}{(0.95\times3)^2}-\frac{1}{(1.05\times4.58)^2}\right]=0.48(\mathrm{m})$$
$$\sigma_j=\frac{S+h_t+\Delta z}{h_{c1}''}=\frac{1.3+3+0.48}{4.58}=1.04$$

需要再次试算，假设 $S=1.35\ \mathrm{m}$，则

$$E'_0=E_0+S=7.08+1.35=8.43(\mathrm{m})$$

应用公式 $E_0'=h_{c1}+\frac{q^2}{2g\varphi^2h_{c1}^2}$ 计算收缩断面水深 h_{c1}，通过迭代求得 $h_{c1}=0.94\ \mathrm{m}$，$h_{c1}''=4.6\ \mathrm{m}$。

$$\Delta z=\frac{q^2}{2g}\left[\frac{1}{(\varphi'h_t)^2}-\frac{1}{(\sigma_jh_{c1}'')^2}\right]=\frac{10.82^2}{2\times9.8}\times\left[\frac{1}{(0.95\times3)^2}-\frac{1}{(1.05\times4.6)^2}\right]=0.5(\mathrm{m})$$
$$\sigma_j=\frac{S+h_t+\Delta z}{h_{c1}''}=\frac{1.35+3+0.5}{4.6}=1.05\in(1.05\sim1.1)$$

所以，$S=1.35\ \mathrm{m}$。

2. 消力坎式消力池计算

当河床不易开挖或开挖不经济时，可在护坦末端修筑消力坎，壅高坎前水位形成消力池，以保证在建筑物下游产生稍有淹没的水跃。池内水流现象，如图 5-32 所示。从图中可以看出，这类消力池池内水流现象与挖深式消力池基本相同，不同之处在于出池水流不是宽顶堰流，而是折线型实用堰流。消力坎式消力池的计算包括确定坎高 C 及池长 L_k。

1)坎高 C

为保证池内产生稍有淹没的水跃，坎前水深 h_T 应为

$$h_T=\sigma_jh_c'' \tag{5-43}$$

由图 5-32 可知

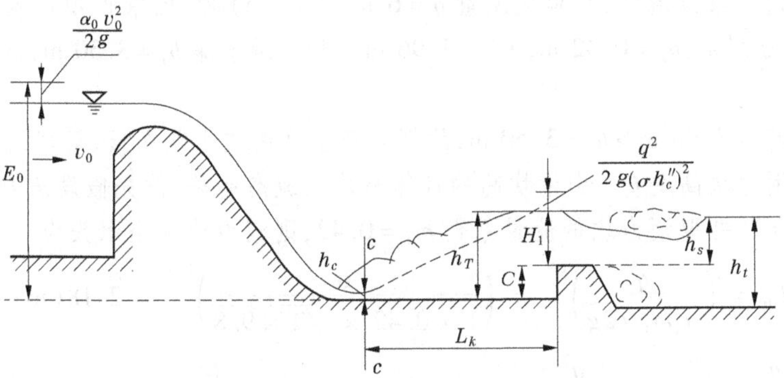

图 5-32

$$h_T = C + H_1 \tag{5-44}$$

式中　C——坎高；

H_1——坎顶水头。

则
$$C = \sigma_j h_c'' - H_1 \tag{5-45}$$

当出坎水流为折线型实用堰流时，坎顶水头 H_1 可用堰流公式计算：

$$H_1 = H_{10} - \frac{v_0^2}{2g} = \left(\frac{q}{\sigma_s m_1 \sqrt{2g}}\right)^{2/3} - \frac{q^2}{2g(\sigma_j h_c'')^2} \tag{5-46}$$

则
$$C = \sigma_j h_c'' + \frac{q^2}{2g(\sigma_j h_c'')^2} - \left(\frac{q}{\sigma_s m_1 \sqrt{2g}}\right)^{2/3} \tag{5-47}$$

$$\sigma_s = f\left(\frac{h_t - C}{H_{10}}\right) = f\left(\frac{h_s}{H_{10}}\right) \tag{5-48}$$

式中　m_1——折线型实用堰的流量系数，一般取 $m_1 = 0.42$；

σ_s——消力坎淹没系数，其大小与下游水深和坎高有关。

试验表明：当 $\frac{h_s}{H_{10}} \leqslant 0.45$ 时，为非淹没堰，$\sigma_s = 1$；当 $\frac{h_s}{H_{10}} > 0.45$ 时，为淹没堰，σ_s 值可根据相对淹没度 $\frac{h_s}{H_{10}}$ 查表 5-10 确定。

表 5-10　消能坎的淹没系数 σ_s

h_s/H_{10}	≤0.45	0.50	0.55	0.60	0.65	0.70	0.72	0.74	0.76	0.78
σ_s	1.00	0.990	0.985	0.975	0.960	0.940	0.930	0.915	0.900	0.885
h_s/H_{10}	0.80	0.82	0.84	0.86	0.88	0.90	0.92	0.95	1.00	
σ_s	0.865	0.845	0.815	0.785	0.750	0.710	0.651	0.535	0.000	

应当指出的是，如果消力坎为非淹没堰，则应校核坎后的水流衔接情况。如坎后为临界或远离式水跃衔接，必须设置第二道消力坎或采取其他消能措施。消力坎的流速系数一般取 0.90 ~ 0.95。

2）消力池池长 L_k

池长 L_k 的计算与挖深式消能池相同。

【例题5-8】 某溢流坝，在单宽流量 $q=6\ m^3/(s\cdot m)$ 时，已求得坝址收缩断面水深及其共轭水深分别是：$h_c=0.42$ m，$h''_c=3.96$ m。若下游水深 $h_t=3.50$ m，试设计一消力坎式消力池。

解：因为 $h''_c=3.96\ m>h_t=3.50$ m，故坝下产生远离式水跃衔接，需建消力池。

(1)计算消力坎高度 C。由于坎高的计算与坎顶流态有关，故先假设消力坎为非淹没式堰，即令 $\sigma_s=1$，并取消力坎的流量系数 $m_1=0.42$，则消力坎顶全水头为

$$H_{10}=\left(\frac{q}{\sigma_s m_1\sqrt{2g}}\right)^{2/3}=\left(\frac{6}{1\times0.42\times\sqrt{2\times9.8}}\right)^{2/3}=2.18(m)$$

$$H_1=\left(\frac{q}{\sigma_s m_1\sqrt{2g}}\right)^{2/3}-\frac{q^2}{2g(\sigma_j h''_c)^2}=2.18-\frac{6^2}{2\times9.8\times(1.05\times3.96)^2}=2.07(m)$$

将 H_1 代入式(5-45)可得坎高 C_1

$$C_1=\sigma_j h''_c-H_1=1.05\times3.96-2.07=2.09(m)$$

现在校核坎后的衔接形式。因为

$$\frac{h_s}{H_{10}}=\frac{h_t-C_1}{H_{10}}=\frac{3.50-2.09}{2.18}=\frac{1.41}{2.18}=0.65>0.45$$

所以，消力坎为淹没堰，$\sigma_s<1$，采用逐次渐近法重算坎高。

据 $\frac{h_s}{H_{10}}=0.65$，查表5-10得 $\sigma_s=0.960$。

$$H_{10}=\left(\frac{q}{\sigma_s m_1\sqrt{2g}}\right)^{2/3}=\left(\frac{6}{0.960\times0.42\times4.43}\right)^{2/3}=2.24(m)$$

$$C_2=\sigma_j h''_c-H_1=1.05\times3.96+\frac{6^2}{2\times9.8\times(1.05\times3.96)^2}-2.24=2.02(m)$$

$$\frac{h_s}{H_{10}}=\frac{h_t-C_2}{H_{10}}=\frac{3.5-2.02}{2.24}=\frac{1.48}{2.24}=0.66$$

查表5-10得 $\sigma_s=0.956$。

$$H_{10}=\left(\frac{q}{\sigma_s m_1\sqrt{2g}}\right)^{2/3}=\left(\frac{6}{0.956\times0.42\times4.43}\right)^{2/3}=2.25(m)$$

$$C_3=\sigma_j h''_c-H_1=1.05\times3.96+\frac{6^2}{2\times9.8\times(1.05\times3.96)^2}-2.25=2.01(m)$$

因 C_3 与 C_2 很接近，故取 $C=2.01$ m。

(2)池长计算。

$$L_k=(0.7\sim0.8)L_j$$

$$L_j=6.9(h''_c-h_c)=6.9\times(3.96-0.42)=24.43(m)$$

$$L_k=0.7\times24.43\sim0.8\times24.43=17.10\sim19.54(m)$$

因此，$L_k=18$ m。

三、挑流消能的水力计算

在中、高水头的泄水建筑物中，因下泄水流的流速和单宽流量往往较大，常采用挑流

消能形式。挑流消能建筑物的作用是使水流通过挑流鼻坎时被挑入空中,使之跌落在远离建筑物的下游河床。

挑流消能的原理:一是空中消能,即利用被鼻坎挑射出的水股在空中的扩散掺气消耗一部分动能;二是水下消能,即利用扩散了的水舌落入下游河床时,与下游河道水体发生碰撞并在水舌入水点附近形成的两个大旋滚消耗剩余的大部分动能。如潜入河底水后的冲刷能力仍大于河床抗冲能力,将对河床造成冲刷,形成冲刷坑。随着坑深的增加,坑内水垫厚度增加,潜入水后冲刷能力逐渐减弱,冲刷坑趋于稳定。

挑流消能水力计算的主要任务是:

(1)计算挑距 L。

(2)计算坑深 T。

(3)选择挑坎型式,确定挑坎高程、反弧半径 r、挑射角 θ。

(一)挑距的计算

挑距是指挑坎末端至冲刷坑最深点间的水平距离。

计算挑距的目的是确定冲刷坑最深点的位置。挑距由空中挑距 L_0 和水下挑距 L_1 组成,即

$$L = L_0 + L_1 \tag{5-49}$$

1. 空中挑距 L_0

空中挑距 L_0 是指挑坎末端至水舌轴线与下游水面交点间的水平距离。

对平滑的连续式挑坎,如图 5-33 所示,假定挑坎出口断面 1—1 上流速分布均匀,且为 v_1。略去空气阻力和水舌扩散影响,把抛射水流的运动视为自由抛射体的运动,应用质

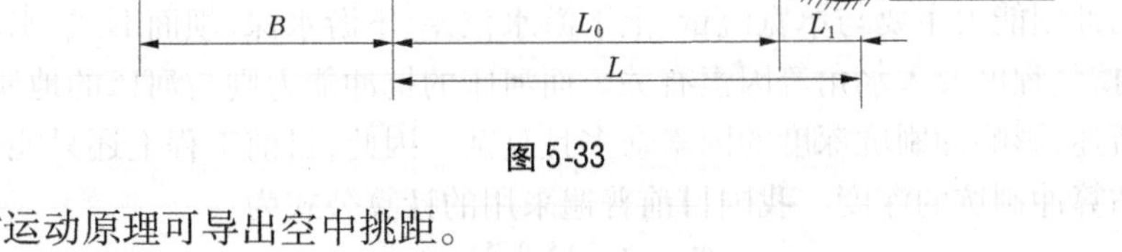

图 5-33

点自由抛射运动原理可导出空中挑距。

$$L_0 = \varphi^2 S_1 \sin 2\theta \left(1 + \sqrt{1 + \frac{a - h_t}{\varphi^2 S_1 \sin^2\theta}}\right) \tag{5-50}$$

式中　S_1——上游水面至挑坎顶部的高差;

a——挑坎高度,即下游河床至挑坎顶部的高差;

θ——鼻坎挑射角;

h_t——冲刷坑后下游水深;

φ——坝面流速系数,可按经验公式计算。

根据长江流域规划办公室整理的一些原型观测及模型观测资料,φ 的经验公式为

$$\varphi = \sqrt[3]{1 - \frac{0.055}{K^{0.5}}} \tag{5-51}$$

其中

$$K = \frac{q}{\sqrt{g}S_1^{1.5}} \tag{5-52}$$

该式用于 $K = 0.004 \sim 0.15$ 的情况,当 $K > 0.15$ 时,取 $\varphi = 0.95$。

2. 水下挑距 L_1

水舌自断面 2—2 进入下游水体后,属于射流的潜没扩散运动,与质点自由抛射运动有一定区别,近似认为是直线运动,则

$$L_1 = \frac{T + h_t}{\tan\beta} \tag{5-53}$$

其中

$$\tan\beta = \sqrt{\tan^2\theta + \frac{a - h_t + \frac{h_1}{2}\cos\theta}{\varphi^2(S_1 - h_1\cos\theta)\cos^2\theta}} \tag{5-54}$$

式中 T——冲刷坑深度;

h_t——冲刷坑下游水深;

β——水舌入水角;

h_1——1—1 断面的水深。

对于高坎,$S_1 \gg h_1$,h_1 可忽略($h_1 = 0$)。将式(5-50)、式(5-53)、式(5-54)代入式(5-49)得

$$\begin{aligned} L &= L_0 + L_1 \\ &= \varphi^2 S_1 \sin 2\theta\left(1 + \sqrt{1 + \frac{a - h_t}{\varphi^2 S_1 \sin^2\theta}}\right) + \frac{t_s + h_t}{\sqrt{\tan^2\theta + \frac{a - h_t}{\varphi^2 S_1 \cos^2\theta}}} \end{aligned} \tag{5-55}$$

(二)冲刷坑深度的估算

冲刷坑深度取决于水舌跌入下游水面后的冲刷能力及河床的抗冲能力。

水舌的冲刷能力主要与单宽流量、上下游水位差、下游水深、坝面形式、水流在空中的能量损失、掺气程度及入水角等因素有关。而河床的抗冲能力则与河床的地质条件有关。

综上所述,影响冲刷坑深度的因素众多且复杂。因此,目前工程上还只能依靠一些经验公式来估算冲刷坑的深度。我国目前普遍采用的计算公式为

$$T = K_s q^{0.5} z^{0.25} - h_t \tag{5-56}$$

式中 T——冲刷坑深度,m;

z——上下游水位差,m;

h_t——冲刷坑下游水深,m;

K_s——抗冲系数,与河床的地质条件有关。国内水利工程的研究和规范提出:坚硬完整的基岩 $K_s = 0.9 \sim 1.2$,坚硬但完整性较差的基岩 $K_s = 1.2 \sim 1.5$,软弱破碎、裂隙发育的基岩 $K_s = 1.5 \sim 2.0$。

冲刷坑是否会危及建筑物的基础，一般用冲刷坑后坡 i 来判断。冲刷坑后坡 i 是指冲刷坑最深点与挑流鼻坎末端同河床交点的连线的坡度，$i = T/L$。当 $i < i_c$ 时，就认为冲刷坑不会危及建筑物安全。i_c 为许可的冲刷坑最大后坡，规范提出 $i_c = 1/2.5 \sim 1/5$。

（三）连续式挑坎尺寸的拟定

1. 挑坎型形式

常用的挑坎有连续式及差动式两种（见图 5-34）。连续式挑坎，施工方便，比相同条件下的差动式挑坎射程远。差动式挑坎是将挑坎做成齿状，使通过挑坎的水流分成上下两层，垂直方向有较大的扩散，以减轻对河床的冲刷；但流速高时易产生空蚀。目前采用较多的是连续式挑坎。

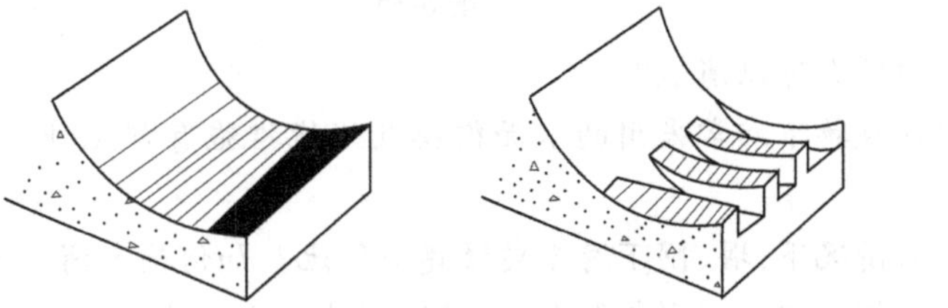

(a)连续式　　(b)差动式

图 5-34

2. 连续式挑坎尺寸拟定

1）挑坎高程

挑坎高程越低，出口断面流速越大，射程越远。同时，挑坎高程低，工程量也小，可以降低造价。但是，当下游水位较高并超过挑坎达一定程度时，水流挑不出去，达不到挑流消能的目的。所以，工程设计中常使挑坎最低高程等于或略低于下游最高尾水位。这时，由于挑流水舌将水流推向下游，因此紧靠挑坎下游的水位仍低于挑坎高程。

2）反弧半径

水流在挑坎反弧段内运动时产生的离心力，将使反弧段内压强加大。反弧半径愈小，离心力愈大，挑坎内水流的压能增大，动能减小，射程也减小。因此，为保证有较好的挑流条件，反弧半径 r_0 至少应大于 $4h_c$（h_c 为反弧段最低点水深），一般取 $r_0 = (6 \sim 10)h_c$。

3）挑角 θ

按质点抛射运动考虑，当挑坎高程与下游水位同高时，挑角 θ 越大，射程 L_0 越大，但同时入水角 β 也增大，水下射程 L_1 减小，所以 L 变化不大，且入水角 β 的增大将导致冲刷坑深度 T 增加。另外，当 $Q_{实} < Q_{起挑}$时，由于动能不足，水流挑不出去，将在反弧段内行成旋涡。所以，挑角 θ 不宜过大，一般为 15°~35°。

练习题

5-1　何为堰和堰流？

5-2　闸孔出流和堰流有什么区别和联系？

5-3　闸孔出流发生淹没出流时，下游是否一定为淹没式水跃？

5-4　堰流流量计算时关键要确定哪些系数？这些系数受哪些因素影响？

5-5　图 5-35 中的溢流坝只是作用水头不同，其他条件完全相同，试问：流量系数 m 哪个最大？哪个最小？为什么？

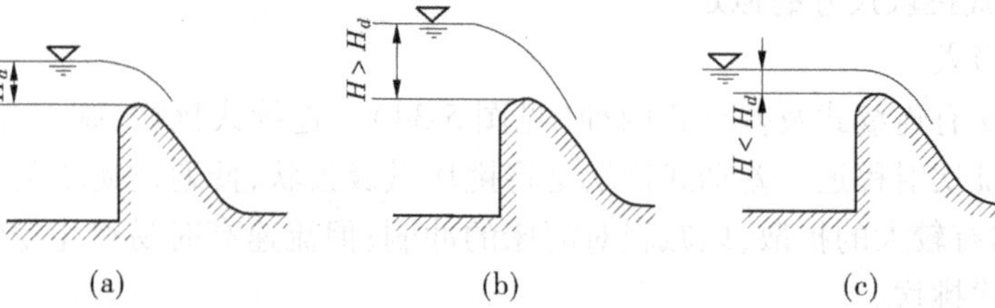

图 5-35

5-6　水跃为什么可以消能？

5-7　泄水建筑物下游常采用的水面衔接及消能措施有哪几种？它们各自的水流特征是什么？

5-8　在什么情况下，堰、闸下游需要修建消能池？如何确定消能池的深度及长度？

5-9　有一无侧收缩的矩形薄壁堰，上游堰高为 0.5 m，堰宽为 0.8 m，堰顶水头 H 为 0.6 m，下游水位不影响堰顶出流。求通过堰的流量。

5-10　某平底水闸，采用平板闸门。已知水头 H 为 4 m，闸孔宽度 b 为 5 m，闸门开度 e 为 1 m，行近流速为 1.2 m/s。试求下游为自由出流时的流量。

5-11　如图 5-36 所示，某渠道进水闸上游用矩形缓坡短渠道与水库连结，库水位已知且保持不变，闸后为陡坡长渠道，闸前渠道、闸门的断面尺寸、渠长及粗糙系数均已知（渠道进口处的水头损失可以忽略不计），试分析：

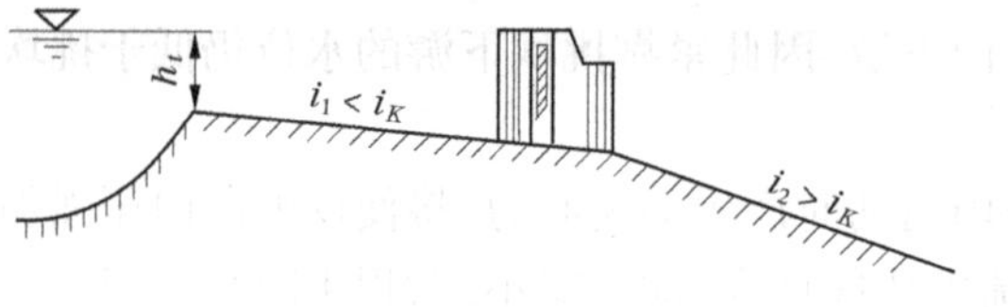

图 5-36

（1）当闸门开度已知且一定时，如何确定泄流量？

（2）如果闸门开度变化，定性分析流量及水面线如何变化？有可能产生哪几种水面曲线？（以上只讨论恒定流的情况）

5-12　有一溢流坝，下游坝高 $P_1=14$ m，单宽流量 $q=8.25\ m^3/(s\cdot m)$，流量系数 $m=0.45$，下游河道水深 $h_t=3.05$ m，河道与坝同宽，为矩形，流速系数 $\varphi=0.96$。试求：

（1）收缩断面的水深 h_c。

（2）判定是否采取消能设施。

（3）若需消能，不计挖深影响，初步估算消力池池深 S（$S=1.05h_c''-h_t$）。

项目六 水文循环及径流形成

【学习内容】 水文循环;河流与流域;降水;蒸发和下渗;径流;流域水量平衡。

单元一 水文循环

学习目标:明白水文循环的定义,了解影响水文循环的因素。

地球上的水以液态、固态和气态的形式分布于海洋、陆地、大气和生物机体中,这些水体构成了地球的水圈。水圈中的各种水体在太阳的辐射下不断地蒸发变成水汽进入大气,并随气流的运动输送到各地,在一定条件下凝结形成降水。降水部分被植物截留并蒸发。落到地面的雨水一部分渗入地下,另一部分形成地面径流沿江河汇入大海。渗入地下的水,有的被土壤或植物根系吸收,然后通过蒸发或散发返回大气;有的渗透到较深的土层形成地下水,并以泉水或地下水流的形式渗入河流回归大海。水圈中的各种水体通过这种不断蒸发、水汽输送、凝结、降落、下渗、地面径流和地下径流的往复循环过程,称为水文循环,也称为水循环。

按水文循环的规模与过程,可分为大循环和小循环。从海洋蒸发的水汽被气流输送到陆地形成降水,其中一部分以地面径流和地下径流的形式从河流汇入海洋;另一部分重新蒸发返回大气。这种海陆间的水分交换过程称为大循环或外循环。在大循环运动中,水一方面在地面和上空通过降水和蒸发进行纵向交换,另一方面通过河流在海洋和陆地之间进行横向交换。海洋从空中向大陆输送大量水汽,陆地则通过河流把水输送到海洋里。海洋是陆地降水的主要水汽来源,海洋上蒸发的水汽在海洋上空凝结后,以降水的形式落到海洋里,或陆地上的水经蒸发凝结又降落到陆地上,这种局部的水文循环称为小循环或内循环。前者称为海洋小循环,后者称为内陆小循环。内陆小循环对内陆地区降水有着重要作用。因为内陆地区距离海洋很远,从海洋直接输送到内陆的水汽不多,通过内陆局部地区的水文循环,使水汽逐步向内陆输送,这是内陆地区主要的水汽来源。由于水汽在向内陆输送过程中会逐渐损耗,故内陆距海洋越远,输送的水汽量越少,降水量越小。水文循环中的各种现象如图 6-1 所示。

水文循环是地球上最重要、最活跃的物质循环之一。在水文循环过程中,水的物理状态、水质、水量等都在不断地变化,水通过蒸发、水汽输送、降水和径流四个环节进行着交换。水在自然界循环的路径和过程极其复杂多变。有的地区湿润多雨,水量丰沛;有的地区则干旱少雨,河湖干涸。同一地区有时大雨滂沱,江河横溢;有时却久旱少雨,江河枯竭。正是由于自然界的水文循环,才形成这种永无终止、千变万化的水文现象。

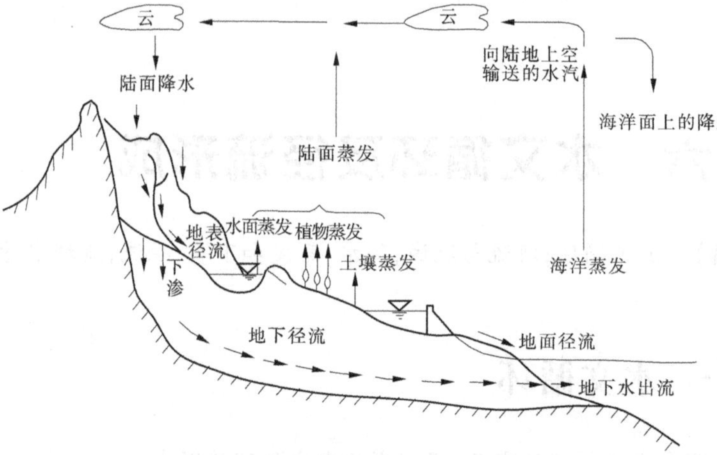

图 6-1　水文循环

水在自然界中的循环运动，为人类带来了取之不尽、用之不竭的水资源，对人类的生活和生产活动有着重大的影响。研究水文循环的目的在于认识它的基本规律，揭示其内在联系，这对合理开发和利用水资源，抗御洪旱灾害，改造自然，利用自然都有十分重要的意义。

单元二　河流与流域

学习目标：明白河流与流域的定义，了解河流的基本参数。

一、河流

（一）河流的形成与分段

降落到地面的雨水，除下渗、蒸发等损失外，在重力的作用下沿着一定的方向和路径流动，这种水流称为地面径流。地面径流长期侵蚀地面，冲成沟壑，形成溪流，最后汇集成河流。河流流经的谷地称为河谷，河谷底部有水流的部分称为河床或河槽。面向下游，左边的河岸称为左岸，右边的河岸称为右岸。河流是水文循环的一条主要路径，它和人类的关系最为密切。

一条河流沿水流方向，自高向低可分为河源、上游、中游、下游和河口五段。河源是河流的发源地，多为泉水、溪涧、冰川、湖泊或沼泽等。上游紧接河源，多处于深山峡谷中，坡陡流急，河谷下切强烈，常有急滩或瀑布。中游河段坡度渐缓，河槽变宽，两岸常有滩地，冲淤变化不明显，河床较稳定。下游是河流的最下段，一般处于平原区，河槽宽阔，河床坡度和流速都较小，淤积明显，浅滩和河湾较多。河口是河流的终点，即河流注入海洋或内陆湖泊的地方。这一段因流速骤减，泥沙大量淤积，往往形成三角洲，注入海洋的河流，称为外流河，如长江、黄河等；流入内陆湖泊或消失于沙漠中的河流，称为内流河或内陆河，如新疆的塔里木河和青海的格尔木河等。

(二)河流的基本特征

1. 河流的长度

自河源沿主河道至河口的距离称为河流长度,简称河长,以 km 计。其值可在适当比例尺的地形图上量得。

2. 河流断面

河流断面包括横断面和纵断面。垂直于水流方向的断面称为横断面,简称断面,其一般形状如图 6-2 所示。断面内自由水面高出某一水准基面的高程称为水位。枯水期水流所占部分为基本河床,或称为主槽;洪水泛滥所及部分为洪水河床,或称为滩地。只有主槽而无滩地的断面称为单式断面,既有主槽又有滩地的断面称为复式断面。河流横断面能表明河床的横向变化,断面内通过水流的部分称为过水断面,其大小随断面形状和水位而变。

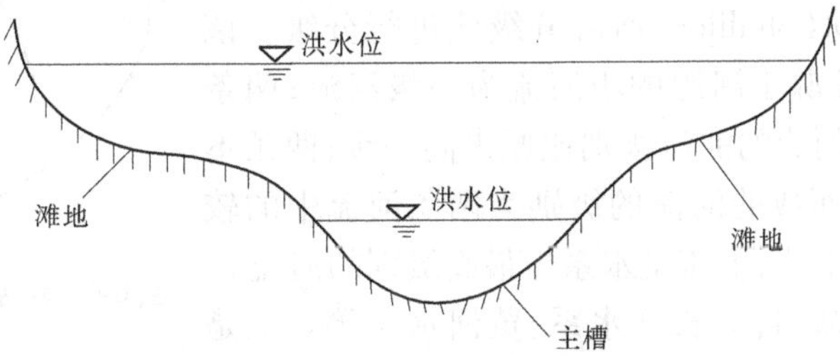

图 6-2 河流横断面

河流中沿水流方向各断面最大水深点的连线称为中泓线,沿中泓线的断面称为河流的纵断面。河流纵断面能反映河床的沿程变化。

3. 河道纵比降

任意河段两端的高程差 Δh 称为落差,单位河长的落差称为河道纵比降,简称比降,用小数或千分数表示。河流沿程各河段的比降都不相同,一般自河源向河口逐渐减小。当河段纵断面近于直线时,比降按式(6-1)计算:

$$J = \frac{h_1 - h_0}{l} = \frac{\Delta h}{l} \tag{6-1}$$

式中 J——河段的比降;

h_1、h_0——河段上、下断面河底高程,m;

l——河段长度,m。

当河底高程沿程变化时,可在纵断面图(如图 6-3 所示)上从下断面河床处作一斜线,使斜线以下面积相等,该斜线的坡度即为河道的平均比降,其计算式为

$$J = \frac{(h_0 + h_1)l_1 + (h_1 + h_2)l_2 + \cdots + (h_{n-1} + h_n)l_n - 2h_0L}{L^2} \tag{6-2}$$

式中 h_0、…、h_n——自下游到上游沿程各点的河底高程,m;

l_0、…、l_n——相邻两点间的河长,m;

L——河段全长,m。

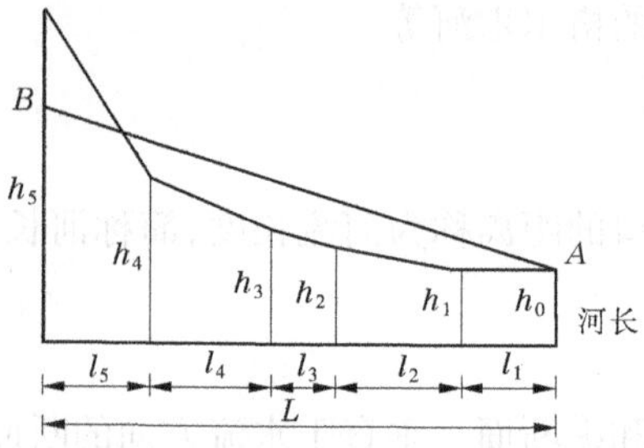

图 6-3　河流纵断面示意图

(三)水系

脉络相通的大小河流所构成的系统称为水系，又称河系或河网，如图 6-4 所示。水系中直接流入海洋、湖泊的河流称为干流，流入干流的河流称为支流。为了区别干支流，常采用斯特拉勒(Stralilcr)河流分级法进行分级。该法可表述为：直接发源于河源的小河流为一级河流；两条同级别的河流汇合而成的河流级别比原来高一级；两条不同级别的河流汇合而成的河流的级别为两条河流中的较高者。以此类推至干流，干流是水系中最高级别的河流。

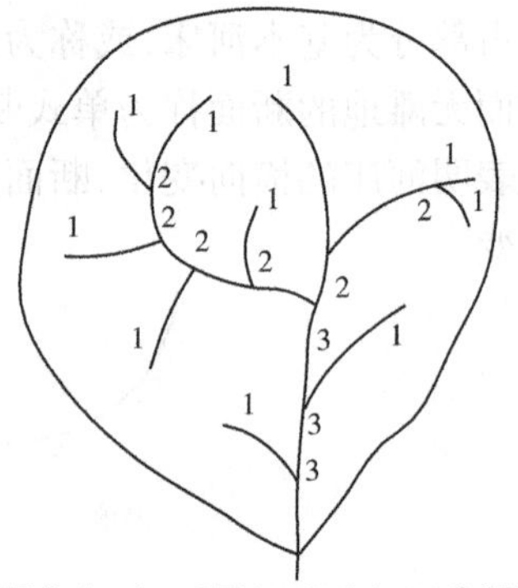

图 6-4　河系及河流分级示意图

水系常以干流命名，如长江水系、黄河水系等。但是干流和支流是相对的，根据干支流的分布情况，一般将水系分为扇形水系、羽状水系、平行水系和混合型水系。前三种为基本类型。

二、流域

(一)定义

汇集地面水和地下水的区域称为流域，也就是分水线包围的区域。相邻两流域的界限称为分水线，如图 6-5 所示。分水线有地面、地下之分。当地面分水线与地下分水线相重合时，称为闭合流域，否则为非闭合流域。在实际工作中，除有石灰岩溶洞等特殊的地质情况外，对于一般流域，当对所研究的问题无太大影响时，多按闭合流域考虑。

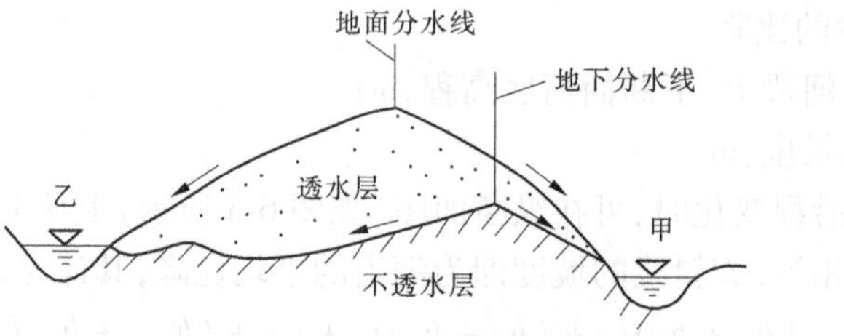

图 6-5　地面分水线及地下分水线示意图

流域是相对于某一出口断面而言的。当不指明断面时，流域即指河口断面以上的区域。

(二)流域基本特征

1. 流域面积

流域分水线包围区域的平面投影面积，称为流域面积，记为 F，以 km^2 计。可在适当比例尺的地形图上勾绘出流域分水线，量出其流域面积。

2. 流域的长度和平均宽度

流域长度就是流域轴长，记为 L。以流域出口为中心向河源方向作一组不同半径的同心圆，在每个圆与流域分水线相交处作割线，各割线中点的连线的长度即为流域的长度，以 km 计。流域面积与流域长度之比称为流域平均宽度，记为 B，以 km 计。

3. 流域形状系数

流域平均宽度与流域长度之比称为流域形状系数，记为 K。扇形流域的形状系数较大，狭长形流域的形状系数则较小，所以流域形状系数在一定程度上以定量的方式反映流域的形状。

4. 流域自然地理特征

流域自然地理特征包括流域的地理位置、气候特征、下垫面条件等。

(1)流域的地理位置。流域的地理位置以流域所处的经纬度来表示，它可以反映流域所处的气候带，说明流域距离海洋的远近，反映水文循环的强弱。

(2)流域的气候特征。包括降水、蒸发、湿度、气温、气压、风等要素。它们是河流形成和发展的主要影响因素，也是决定流域水文特征的重要因素。

(3)流域的下垫面条件。下垫面指流域的地形、地质构造、土壤和岩石性质、植被、湖泊、沼泽等情况，这些要素以及上述河道特征、流域特征都反映了每一水系形成过程的具体条件，并影响径流的变化规律。在天然情况下，水文循环中的水量、水质在时间和地区上的分布与人类的需求是不相适应的。为了解决这一矛盾，长期以来人类采取了许多措施，如兴修水利、植树造林、水土保持、城市化等措施来改造自然以满足人类的需要。人类的这些活动在一定程度上改变了流域的下垫面条件，从而引起水文特征的变化。因此，当研究河流及径流的动态特性时，需对流域的自然地理特征及其变化状况进行专门的研究。

单元三　降　水

学习目标：了解降水的成因与分类，掌握点降雨及面降雨的特性分析方法。

降水是指液态或固态的水汽凝结物从云中降落到地面的现象，如雨、雪、雹、露、霜等。其中以雨、雪为主。降水是水文循环中最活跃的因子，它是一种水文要素，也是一种气象要素。因此，降水现象是水文学和气象学共同研究的对象。我国大部分地区，一年内降水以雨水为主，降雪仅占少部分，所以这里降水主要指降雨。

一、降雨的成因与分类

自海洋、河湖、水库、潮湿土壤及植物叶面等蒸发出来的水汽进入大气后，由于分子本身的扩散和气流的传输作用分散于大气中。空气中的水汽含量有一定的限度，在一定温度下空气中最大的水汽含量称为饱和湿度，如果空气中的水汽含量达到了饱和或过饱和，多余的水汽就要发生凝结。如果地面有团湿热未饱和空气，其在某种外力作用下上升，上升高度越高，气压越低。因此，在上升过程中，这团空气的体积就要膨胀，体积膨胀消耗内能,结果必然导致气团温度下降,这种现象称为动力冷却。空气中的水汽随着气温的降低而凝结,凝结的内核是空气中的微尘、烟粒等。水汽分子凝结成小水滴后聚集成云。小水滴继续吸附水汽,并受气流涡动作用,相互碰撞结合成大水滴,直到其重量超过上升气流顶托力时下降成雨。因此,水汽、上升运动和冷却凝结是形成降水的三个因素。按照空气抬升形成动力冷却的原因降雨分为锋面雨、地形雨、对流雨和气旋雨。

(一)锋面雨

湿度、温度及运动方向基本相同的大空气块称为气团,其范围一般较大,从数百千米到数千千米。两个温湿特性不同的气团相遇时,其接触区称为锋面。锋面与地面的交线称为锋线。锋面雨便是在峰面产生的降雨。按照冷暖气团的相对运动方向将锋面雨分为冷锋雨和暖锋雨。当冷气团向暖气团一侧移动,二者相遇时,因冷空气较重而楔入暖气团下方,迫使暖气团上升,形成冷锋而致雨,称为冷锋雨。冷锋雨的特点是雨强大、范围较小、历时较短。当冷气团静止,暖气团势力较强,向冷气团一方推进,二者相遇时,暖气团将沿界面爬升至冷气团之上形成降雨,叫暖锋雨。暖锋雨的特点是雨强不大、范围较广、历时较长。

(二)地形雨

空气在运移过程中,遇山脉的阻挡,气流被迫沿迎风坡上升,由于动力冷却而成云致雨,称为地形雨。此外,山脉的形状对降雨也有影响,如喇叭口、马蹄形的地形,若它们的开口朝向气流来向,则易使气流辐合上升,产生较大的降雨。地形雨的降雨特性因空气本身温湿特性、运行速度以及地形特点而异,差别较大。

(三)对流雨

因地表局部受热,气温向上递减率过大,大气稳定性降低。由于太阳辐射的作用,下层空气膨胀上升,与上层空气形成对流运动。上升的空气形成动力冷却而致雨称为对流雨。对流雨多发生在夏季酷热的午后,一般降雨强度大、范围小、历时短,降雨面积分布小,常伴有雷电,故又称为雷阵雨。

(四)气旋雨

当局部地区气压较低时,四周气流会向中心辐合运动,然后转向高空,气流中的水汽因动力冷却成云致雨,称为气旋雨。按热力学性质分类,气旋可分为温带气旋和热带气旋两类,相应产生的降水分别称为温带气旋雨和热带气旋雨。气旋雨时常伴随大风,一般雨量大、强度高,常常造成灾害。

此外,根据我国气象部门的规定,按照 1 h 或 24 h 的降雨量将降雨分为:

小雨——1 h 的雨量 $\leqslant$2.5 mm 或 24 h 雨量 $<$10.0 mm;

中雨——1 h 的雨量为 2.6 ~ 8.0 mm 或 24 h 雨量为 10.0 ~ 24.9 mm;

大雨——1 h 的雨量为 8.1 ~ 15.9 mm 或 24 h 雨量为 25.0 ~ 49.9 mm;

暴雨——1 h 的雨量 $\geqslant$16.0 mm 或 24 h 雨量 $\geqslant$50.0 mm。

二、点降雨的特性及分析方法

所谓点降雨量,是指一个雨量观测站承雨器(口径约 20 cm)所在地的降雨量。点降雨的特性可用降雨量、降雨历时和降雨强度(简称雨强)等特征量以及雨量、雨强在时程上的变化来反映。

降雨量指一定时段内落在某一点或某一面积上的总雨量，常以深度表示，单位以 mm 计。在标明降雨量时一定要指明时段，常用的降雨时段分别有分、时、日、月、年等，相应的雨量称为时段雨量、日雨量、月雨量、年雨量。

降雨历时指一次降雨从开始到结束所经历的时间，以 min 或 h 计。

降雨强度指单位时间内的降雨量，以 mm/min 或 mm/h 计。

三、面降雨的特性及分析计算

（一）面雨量的特性分析

所谓面雨量，是指在一定区域面积上的平均雨量。在降雨径流分析中，与洪水大小相应的必须是流域面积上的面平均雨量。降雨量在时间上的变化过程及空间上的分布情况常用降雨等值线、平均雨量—面积曲线、平均雨量—历时—面积曲线等来表示。

1. 降雨等值线

对于面积较大的流域，为了表示一定时段内的降雨空间分布情况，可绘制降雨等值线（也称等雨量线）。降雨等值线图的具体做法与测量学中绘制等高线地形图的方法相似，首先根据需要，将一定时段内流域及其周边邻近雨量站的同期雨量标注在相应位置上，然后按照各站降雨量的大小用地理插值法，并参考地形和气候变化进行勾绘，如图 6-6 所示。降雨等值线图是研究降雨分布、暴雨中心移动及计算流域平均面雨量的有力工具。但在绘制降雨等值线图的时候要求有足够的且控制良好的雨量站点。

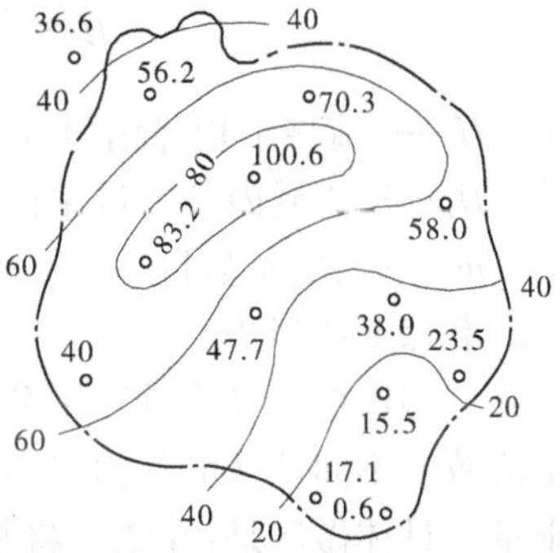

图 6-6 降雨等值线图

2. 平均雨量—面积曲线

对于一场暴雨，从等雨量线图上的暴雨中心算起，分别量取不同等雨量线所包围的面积，并计算各面积内的平均雨量，以雨量线为纵坐标、面积为横坐标绘制曲线，如图 6-7 所示。曲线表示不同笼罩面积所对应的平均雨量。可以看出平均雨量随笼罩面积的增大而减少。

3. 平均雨量—历时—面积曲线

流域上的一次降雨，其空间分布是不均匀的，除用等雨量线表示外，还可以根据不同历时的等雨量线图，从暴雨中心起，分别量取不同等雨量线所包围的面积，并分别计算各条等雨量线范围内的平均雨量，以雨量线为纵坐标、面积为横坐标、历时为参数点绘成图，如图 6-8 所示。由图 6-8 可知，当降雨历时一定时，暴雨所笼罩的面积越大，则平均雨量越小；当暴雨笼罩的面积一定时，历时越长，雨量越大。

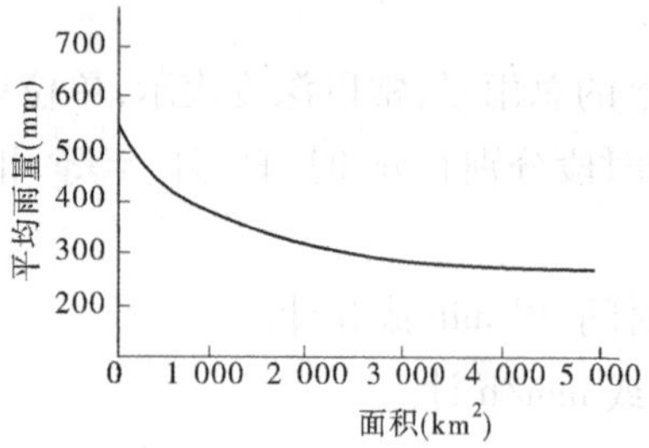

图 6-7 平均雨量—面积曲线

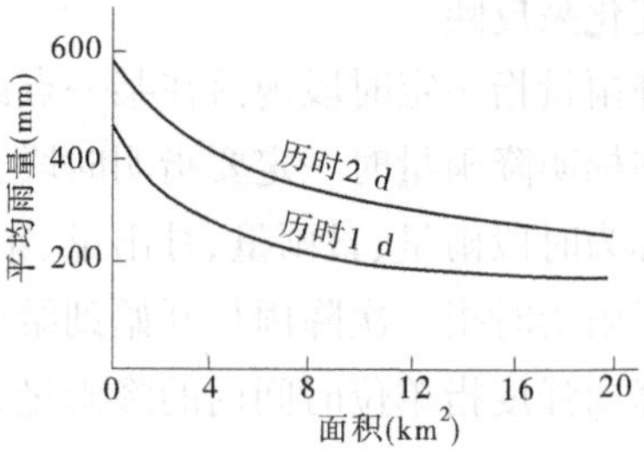

图 6-8 平均雨量—历时—面积曲线

(二)流域面平均雨量的计算

1. 算术平均法

当流域内雨量站分布较均匀,地形起伏变化不大时,可用流域内各站雨量的算术平均值作为流域平均雨量,计算公式为

$$\overline{H} = \frac{H_1 + H_2 + \cdots + H_n}{n} = \frac{1}{n}\sum_{i=1}^{n} H_i \tag{6-3}$$

式中 $\overline{H}$——流域平均降雨量,mm;

H_i——流域内各雨量站雨量($i = 1,2,\cdots,n$),mm;

n——雨量站数目。

2. 泰森多边形法

泰森多边形法又称垂直平分法。当流域内雨量站分布不均匀或地形变化较大时,可假定流域上不同地区的降雨量与距其最近的雨量站的雨量相近,并用其值计算流域面平均雨量。具体做法是:在图上将相邻雨量站用直线连成若干个三角形(尽可能连成锐角三角形),而后对各连线作垂直平分线,连接这些垂线的交点,得到若干个多边形(如图 6-9所示),各个多边形内各有一个雨量站,即以该多边形面积作为该雨量站所控制的面积,则区域平均降水量可按面积加权法求得,计算公式为

$$\overline{H} = \frac{H_1 f_1 + H_2 f_2 + \cdots + H_n f_n}{F} = \sum_{i=1}^{n} H_i \frac{f_i}{F} \tag{6-4}$$

式中 f_i——各多边形的面积($i = 1,2,\cdots,n$),km^2;

F——流域面积,km^2。

3. 等雨量线法

等雨量线法适用于面积较大,地形变化显著而有足够数量雨量站的地区。具体做法为:先绘制出等雨量线(如图 6-10 所示),再用求积仪或其他方法量得各相邻等雨量线间的面积,乘以两雨量线的平均雨深,得出该面积上的降水量,而后将各部分面积上的降水总量相加,再除以总面积即得出区域平均降水量,计算公式为

$$\overline{H} = \frac{1}{F}\sum_{i=1}^{n} \frac{1}{2}(H_i + H_{i+1}) f_i \tag{6-5}$$

式中 f_i——两条相邻等雨量线之间的流域面积,km^2。

4. 降雨点面关系法

当流域内雨量站少,或各雨量站观测不同步时,可用降雨的点面关系来计算面雨量。

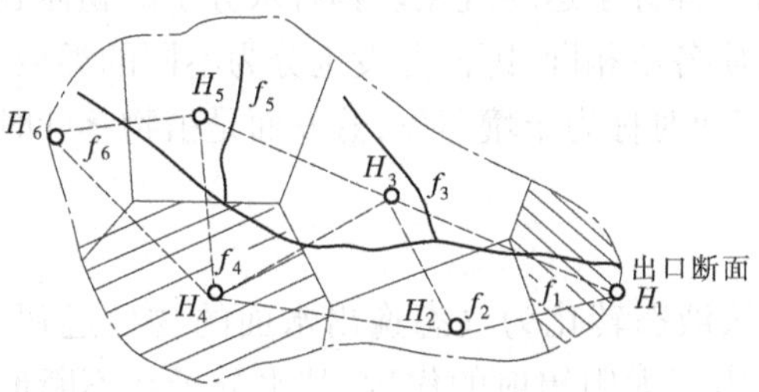

图 6-9　泰森多边形法

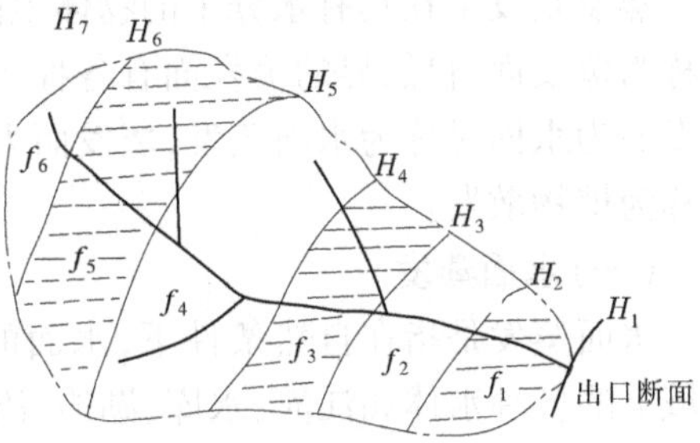

图 6-10　等雨量线法

其计算公式为

$$\overline{H} = \alpha H_0 \tag{6-6}$$

式中　α——点雨量与面雨量的比值,也称点面雨量折算系数;

H_0——点雨量,mm。

降雨的点面关系是指降雨中心或流域中心附近代表站的点雨量与一定范围内的面雨量之间的关系。它又可分为动点动面关系和定点定面关系。以降雨等值线图上降雨中心的点雨量与其周围各条等雨量线所包围的面积上的平均雨量之比所建立的点面关系叫动点动面关系;而以流域中心或流域内某一点作为定点,以流域面积作为定面,计算点绘某历时各次暴雨点雨量与流域面平均雨量之间的关系,称为定点定面关系。

由于暴雨的走向、雨量大小及地区分布的随机性,定点定面关系通常很不稳定,而且建立时需要充分的雨量资料,因此我国水文计算中采用的暴雨点面关系,一般是动点动面关系。

以上四种方法,算术平均法最为简单,但要求的条件较高;泰森多边形法适用性较强,且有一定精度,尤其是在流域内雨量站网一定的情况下,求得各站的面积权重系数可一直沿用,或用计算机进行计算,所以在水文上应用广泛,但在降雨分布发生变化时,计算结果不一定符合实际;等雨量线法是根据等雨量线图来计算的,因此计算精度最高,但它要有足够的雨量站,且每次计算都要绘制等雨量线,并量计相邻两条等雨量线之间的流域面积,所以计算工作量大,实际工作中应用有限;降雨点面关系法更为简单,但需要知道点面关系图,在流域雨量资料较差或缺乏时应用较多。

单元四　蒸发和下渗

学习目标:了解蒸发和下渗的定义,掌握蒸发的分类,了解土壤蒸发及下渗的过程。

一、蒸发

蒸发是水文循环中自降水到达地面后由液态或固态转化为水汽返回大气的阶段。蒸发是水文循环的重要环节之一,而对径流形成来说,蒸发则是一种损失。蒸发在水量平衡研究和水利工程规划中是不可忽视的影响因素。

蒸发是发生在具有水分子的物体表面上的一种分子运动现象。具有水分子的物体表面称为蒸发面，自然界的蒸发面有各种形态，性质各不相同，因而蒸发也分为不同的类型。蒸发面为水面时称为水面蒸发，蒸发面为土壤表面时称为土壤蒸发，蒸发面是植物茎叶时则称为植物散发。

（一）水面蒸发

水面蒸发是指在自然条件下，水面的水分从液态转化为气态逸出水面的物理过程。流域上的各种水体如江河、水库、湖泊、沼泽等，由于太阳辐射的作用，其水分子在不断地运动着，当一部分水分子所具有的动能大于水分子之间的内聚力时，便从水面逸出变成水汽进入空中，进而向四周及上空扩散；与此同时，另一部分水分子又从空中返回到水面。影响水面蒸发的因素主要有气温、湿度、风速、水质及水面大小等。

（二）土壤蒸发

土壤蒸发是土壤中所含水分以水汽的形式逸入大气的现象，土壤蒸发过程是土壤失去水分或干化的过程。土壤是一种有孔介质，具有吸收、保持和输送水分的能力，因此土壤蒸发还受土壤水分运动的影响。由此可知，土壤蒸发比水面蒸发复杂。

湿润的土壤，其蒸发过程一般可分为三个阶段。第一阶段，土壤十分湿润，土壤中存在自由重力水，并且土层中毛细管也上下沟通，水分从表面蒸发后，能得到下层的充分供应。这一阶段，土壤蒸发主要发生在表层，蒸发速度稳定，蒸发量 E 等于或接近相同气象条件下的蒸发能力 EM。这一阶段，气象条件是影响蒸发的主要原因。由于蒸发耗水，土壤含水量不断减少，当土壤含水量降到田间持水量 $W_{田}$ 以下时，土壤中毛细管的连续状态将逐渐被破坏，从土层内部由毛细管作用上升到土壤表面的水分也将逐渐减少，这时进入第二阶段。在第二阶段，随着土壤含水量的减少，供水条件越来越差，土壤蒸发率也就越来越小。此时，土壤蒸发不仅与气象因素有关，而且随着土壤含水量的减少而减少。土壤蒸发率与土壤含水量 W 大体成正比。土壤含水量减小至毛管断裂含水量 $W_{断}$，毛管水完全不能到达地表后，进入第三阶段。在第三阶段，毛管向土壤表面输送水分的机制完全遭到破坏，水分只能以薄膜水或气态水的形式向地表移动，运动十分缓慢，蒸发率微小。在这种情况下，不论是气象因素还是土壤含水量对土壤蒸发均不起明显作用。

（三）植物散发

植物散发是指在植物生长期，水分从叶面和枝干蒸发进入大气的过程，又称蒸腾。植物散发比水面蒸发及土壤蒸发更为复杂，它与土壤环境、植物的生理结构以及大气状况有密切的关系。不同植物的散发量不同，同一种植物在不同的生长阶段散发量也不同。由于植物的光合作用与太阳辐射有关，大约有 95% 的散发量发生在白天。当气温降至 4 ℃时，植物生长基本停止，相应的散发量也变得极小。植物生于土壤，因而植物散发和土壤蒸发总是同时存在的，二者合称为陆面蒸发，它是流域蒸发的主要组成部分。

（四）流域总蒸发

流域总蒸发包括水面蒸发，土壤蒸发，植物截留、蒸发及植物散发。其确定方法一般有两种：一种是先分别计算流域内各个单项的蒸散发量，然后加权求出总蒸发量。但由于一个流域的下垫面极其复杂，有河流、湖泊、土壤岩石和不同的植被等，分项计算不仅因难，也欠准确，所以这种方法目前还难以实现。另一种是先对流域进行综合研究，再用水量平衡法或经验公式间接计算出流域总蒸发量。

二、下渗

下渗是指降落到地面上的雨水从地表渗入土壤内的运动过程。下渗不仅直接决定地面径流量的大小，而且影响土壤水分的增长，以及表层流与地下径流的形成。因此，分析下渗的物理过程和规律，对认识径流形成的物理机制有重要的意义。

（一）下渗的物理过程

当降雨持续不断地落在干燥土层表面时，雨水将从包气带上界不断地渗入土壤。渗入土中的水分在分子力、毛管力和重力的作用下发生运动。按水分所受的力和运动特征，下渗可分为三个阶段。

1. 渗润阶段

下渗的水分主要受分子力的作用，被土壤颗粒吸收而成薄膜水。若土壤十分干燥，这一阶段十分明显。当土壤含水量达到最大分子持水量时，分子力不再起作用，这一阶段结束。

2. 渗漏阶段

下渗水分主要在毛管力、重力作用下，沿土壤孔隙向下作不稳定流动，并逐步充填土壤孔隙直至饱和，此时毛管力消失。

3. 渗透阶段

当土壤孔隙充满水达到饱和时，水分在重力作用下呈稳定流动。

一般将前两个阶段统称为渗漏阶段。渗漏属于非饱和水流运动，而渗透则属于饱和水流的稳定运动。在实际下渗过程中，这两个阶段并无明显分界。各阶段是相互交错进行的。

（二）下渗率和下渗能力

单位时间内渗入单位面积土壤中的水量称为下渗率或下渗强度，记为f，以 mm/min 或 mm/h 计。在充分供水条件下的下渗率则称为下渗能力。通常用下渗率或下渗能力随时间的变化过程来定量描述土壤下渗规律，如图6-11所示的下渗能力随时间的变化过程线，称为下渗能力曲线，简称下渗曲线，并以$f(t)—t$表示。下渗的最初阶段，下渗的水分被土壤颗粒吸收以及充填土壤孔隙，下渗率很大。随着时间的增长，下渗水量越来越多，土壤含水量也逐渐增大，下渗率逐渐减小。当土壤孔隙充满水时，下渗趋于稳定，此时的下渗率称为稳定下渗率，记为f_c。这样把下渗曲线划分为不稳定下渗阶段（渗漏阶段）和稳定下渗阶段（渗透阶段）。这种变化规律与下渗物理过程的机制是一致的。

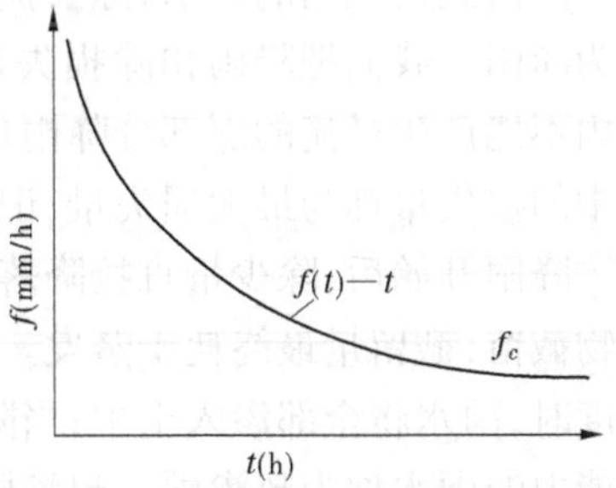

图 6-11　下渗能力（容量）曲线

单元五　径　流

单元目标：了解径流的形成过程，掌握流量、径流量、径流深、流量模数、径流系数等径流的表示方法。

径流是指降水所形成的，沿着流域地面和地下向河川、湖泊、水库、洼地等流动的水流。其中，沿着地面流动的水流称为地面径流或地表径流；沿土壤、岩石孔隙流动的水流称为地下径流；汇集到河流后，在重力作用下沿河床流动的水流称为河川径流。径流因降水形式和补给来源的不同，可分为降雨径流和融雪径流，我国大部分河流以降雨径流为主。

一、径流的形成过程

流域内，自降雨开始到水流汇集到流域出口断面的整个物理过程，称为径流形成过程，如图 6-12 所示。径流的形成是一个相当复杂的过程，为了便于分析，一般把它概括为产流过程和汇流过程两个阶段。

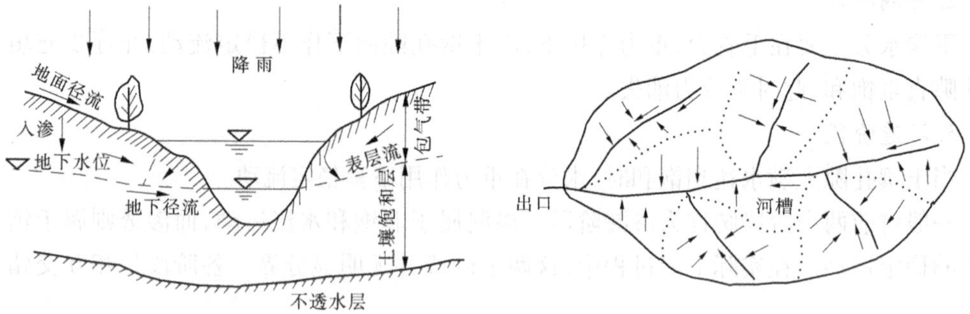

(a)坡面汇流　　(b)河网汇流

图 6-12　径流形成过程示意图

(一)产流过程

降落到流域内的雨水，除去损失部分，剩下的部分形成径流。降雨扣除损失后的雨量称为净雨。我们把降雨扣除损失形成净雨的过程称为产流过程，净雨量也称为产流量。降雨不能产生径流的那部分降雨量称为损失量。在前期十分干旱的情况下，降雨产流过程中的损失量称为最大损失量，记为 I_m。

降雨开始后，除少量直接降落在河面上形成径流外，一部分滞留在植物枝叶上，称为植物截留，截留量最终耗于蒸发。降落到地面的雨水将向土中下渗，当降雨强度小于下渗强度时，雨水将全部渗入土中；当降雨强度大于下渗强度时，雨水按下渗能力下渗，超出下渗能力的雨水称为超渗雨。超渗雨会形成地面积水，积蓄于地面上大大小小的坑洼，称为填洼。填洼水量最终消耗于蒸发和下渗。随着降雨的持续进行，满足了填洼的地方开始产生地面径流，形成地面径流的净雨，称为地面净雨。下渗到土中的水分，首先被土壤吸收，使包气带土壤含水量不断增加，当达到田间持水量后，下渗趋于稳定。继续下渗的雨水沿着土壤孔隙流动，一部分会从坡侧土壤孔隙流出，注入河槽形成径流，称为表层流或壤中流，形成表层流的净雨称为表层流净雨；另一部分会继续向深处下渗，到达地下水面后，以地下水的形式补给河流，称为地下径流。形成地下径流的净雨称为地下净雨，包括浅层地下水（潜水）和深层地下水（承压水）。

必须着重指出：就目前的水文科学水平，要正确划分地面径流、表层流和地下径流是非常困难的，所以实用上一般只把实测的总径流过程划分为地面径流和地下径流，相应地，净雨也只划分为地面净雨和地下净雨。表层流与地面径流的性质相近。通常把它归并到地面径流中，表层流净雨也自然地归入地面净雨中。

（二）汇流过程

净雨沿坡面从地面和地下汇入河网，然后再沿着河网汇集到流域出口断面，这一完整的过程称为流域汇流过程。前者称为坡面汇流，后者称为河网汇流。

坡面汇流分为三种情况：一是超渗雨满足了填洼后产生的地面净雨沿坡面流到附近河网的过程，称为坡面漫流。坡面漫流流程较短，一般不超过数百米，历时亦短。地面净雨经坡面漫流注入河网，形成地面径流。大雨时地面径流是构成河流流量的主要来源。二是表层流净雨沿坡面侧向表层土壤孔隙流入河网，形成表层流径流。表层流流动比地面径流慢，到达河槽也较迟，但对历时较长的暴雨，数量可能很大，成为河流流量的主要组成部分。三是地下净雨向下渗透到地下潜水面或深层地下水体后，沿水力坡度最大的方向流入河网，称为坡地地下汇流。深层地下水汇流很慢，所以降雨以后，地下水流可以维持很长时间，较大河流可以终年不断，是河川的基本径流，所以常称为基流。这几种径流由于所流经的路径不同，各自的汇流速度也就不同。一般地面径流最快，表层流次之，地下径流则最慢。

各种径流经坡地汇流注入河网，从支流到干流，从上游向下游，最后流出流域出口断面，这个过程称为河网汇流过程。坡地水流进入河网后，使河槽水量增加，水位升高，这就是河流洪水的涨水阶段。在涨水阶段，由于河槽贮蓄一部分水量，所以对任一河段，下断面流量总小于上断面流量。随降雨和坡地漫流量的逐渐减少直至完全停止，河槽水量减少，水位降低，这就是退水阶段。这种现象称为河槽调蓄作用。

必须指出，降雨、产流和汇流，是从降雨开始到水流流出流域出口断面经历的全过程，它们在时间上并无截然的分界，而是同时交错进行的。

二、径流的表示方法

径流在一年内和多年期间的变化特性，称为径流情势，前者称为年内变化或年内分配，后者称为年际变化。河川径流情势常用流量、径流量、径流深、径流模数、径流系数的大小来表示。

（一）流量

单位时间内通过河流某一断面的水量称为流量，记为 Q，以 m^3/s 计。流量随时间的变化过程，用流量过程线表示。水文中常用的流量还有日平均流量、月平均流量、年平均流量、多年平均流量及指定时段的平均流量。

（二）径流量

径流量指时段 T 内通过河流某一断面的总水量，记为 W，以 m^3、万 m^3 或亿 m^3 计，有时也以时段平均流量与时段的乘积为单位，如$(m^3/s) \cdot d$、$(m^3/s) \cdot$月等。

（三）径流深

径流深指将径流量平铺在整个流域面积上所得的水层深度，记为 Y，以 mm 计，计算公式为

$$Y = \frac{W}{1\,000F} = \frac{\overline{Q}T}{1\,000F} \tag{6-7}$$

式中 W——时段 T 内径流量，m^3；

$\overline{Q}$——时段 T 内平均流量，m^3/s；

T——计算时段，s；

F——流域面积，km^2。

（四）径流模数

流域出口断面流量与流域面积之比值称为径流模数，记为 M，以 $L/(s \cdot km^2)$ 计，计算公式为

$$M = \frac{1\,000Q}{F} \tag{6-8}$$

随着对 Q 赋予不同的意义，径流模数也有不同的含义，如 Q 为洪峰流量，相应的 M 为洪峰径流模数；如 Q 为多年平均流量，相应的 M 为多年平均径流模数等。

（五）径流系数

某一时段的径流深 Y 与相应时段内流域平均降雨深度 H 之比值称为径流系数，记为 α。计算公式为

$$\alpha = \frac{Y}{H} \tag{6-9}$$

因 $Y < H$，故 $\alpha < 1$。

单元六　流域水量平衡

学习目标：理解水量平衡原理，掌握水量平衡方程式。

一、水量平衡原理

在水文循环过程中，任一区域、任一时段进入水量与输出水量之差额必等于其蓄水量的变化量，这就是水量平衡原理。水量平衡原理是水文学的基本原理，水量平衡法是分析研究水文现象，建立水文要素之间定性或定量关系，了解其时空变化规律等的主要方法之一。

根据水量平衡原理，可列出水量平衡方程式

$$I - O = W_2 - W_1 = \Delta W \tag{6-10}$$

式中 I——时段内输入区域的各种水量之和；

O——时段内输出区域的各种水量之和；

W_1——时段初区域内的蓄水量；

W_2——时段末区域内的蓄水量;

ΔW——时段内区域蓄水量的变化量,$\Delta W>0$ 表示时段内区域蓄水量增加,相反,$\Delta W<0$ 表示时段内区域蓄水量减少。

水量平衡原理在降雨径流过程分析、水利计算、水资源评价等方面应用非常广泛。

二、流域水量平衡

在河流水资源开发利用中主要研究流域的水量平衡问题。若是闭合流域,又无跨流域引水,流域内的用水量不计,可得到闭合流域的水量平衡方程式为

$$H-(E+Y)=\Delta W \tag{6-11}$$

式中 H——区域平均降水量;

Y——区域地面径流量;

E——区域蒸发量。

在实际工作中,常取研究时段为一年,则式(6-11)称为闭合流域年水量平衡方程式。

对于多年平均情况,因为 ΔW 有正有负,故水量平衡方程式为

$$H_0=E_0+Y_0 \tag{6-12}$$

式中 H_0——多年平均降水量;

E_0——多年平均蒸发量;

Y_0——多年平均径流量。

式(6-12)称为闭合流域多年平均水量平衡方程。

练习题

6-1 河川径流是由流域降雨形成的,为什么久晴不雨河水仍然川流不息?

6-2 毁林开荒为什么会加剧下游的洪水灾害?

6-3 物质不灭定律在自然界水循环中是如何体现的?水资源为什么具有可恢复性?

6-4 为何我国夏季常常发生大洪水?

6-5 为什么我国的年降水量从东南沿海向西北内陆递减?

6-6 对于闭合流域来说,为什么径流系数必然小于1?

6-7 为什么围垦湖泊会使洪水加剧?

6-8 某流域可概化为正方形,流域内对称分布4个水量站,在一次降雨中4站测得的雨量(mm)如图6-13所示。分别用算术平均法、泰森多边形法计算面平均雨量。

6-9 某水库坝址以上集水面积 $F=12\ 500\ \text{km}^2$,流域多年平均降水量 $H=1\ 200\ \text{mm}$,坝址处多年平均流量 $Q=100\ \text{m}^3/\text{s}$。试求:多年平均径流量 W,径流深 Y,径流模数 M,径流系数 α。

6-10 某断面控制的流域面积 $F=1\ 000\ \text{km}^2$,某年7月流域平均降雨量 $H=240\ \text{mm}$,该月的径流系数 $\alpha=0.50$。试求:该月的径流深 Y,径流总量 W,径流模数 M 及月平均流量 Q。

6-11 若将全球作为一个独立的单元系统来看,当已知全球海洋的多年平均蒸发量

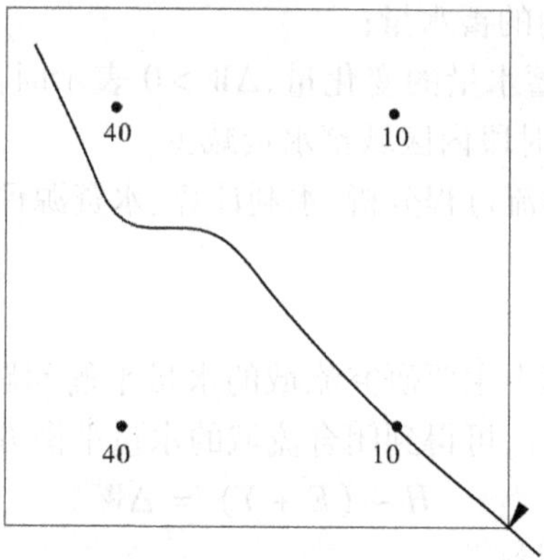

图 6-13

$E_{海}=50\ 500\ km^3$，陆地多年平均蒸发量 $E_{陆}=72\ 000\ km^3$ 时，试根据全球的水量平衡原理推算全球多年平均降水量。

6-12　某流域的面积 $F=1\ 500\ km^2$，其中湖泊等水面面积 $F_{水}=400\ km^2$，多年平均降雨量 $H=1\ 300.0\ mm$，多年平均水面蒸发量 $E_{水}=1\ 100.0\ mm$，多年平均陆面蒸发量 $E_{陆}=700.0\ mm$，拟围湖造田 200 km^2，那么围湖造田后的多年平均流量变化有多大？

项目七 水文统计的基本方法

【学习内容】 概率、频率与重现期;随机变量及其概率分布;频率计算。

水文现象是一种自然现象,它既具有必然性的一面,又具有偶然性的一面。

必然现象是指事物在发展、变化中必然会出现的现象。例如,流域上的降水或融雪必然沿着流域的不同路径流入河流、湖泊或海洋,形成径流。这是一种必然的结果。

偶然现象是指事物在发展、变化中可能出现也可能不出现的现象。如上所述,降水必然形成径流,但是河流上任一断面的流量每年每月都不相同,属于偶然现象,或称随机现象。统计学的任务就是要从偶然现象中揭露事物的规律。这种规律需要从大量的随机现象中统计出来,称为统计规律。

数学中研究随机现象统计规律的学科称为概率论,而由随机现象的一部分试验资料去研究总体现象的数字特征和规律的学科称为数理统计学。概率论与数理统计学是密切相联的,数理统计学必须以概率论为基础,概率论往往把由数理统计学所揭露的事实提高到理论认识。

水文统计的任务就是研究和分析水文随机现象的统计变化特性,并以此为基础对水文现象未来可能的长期变化作出在概率意义下的定量预估,以满足工程规划、设计、施工以及运营期间的需要。

单元一 概率、频率与重现期

学习目标:理解概率、频率与重现期的概念,掌握重现期的计算方法。

一、概率的基本概念

(一)事件

在概率论中,对随机现象的观测叫作随机试验,随机试验的结果称为事件。事件可以是数量性质的,例如某河某断面处最大洪峰流量值;也可以是属性性质的,例如刮风、下雨等。事件可以分为三种:

(1)必然事件。在每次试验中一定会出现的事件叫作必然事件。例如,长江汉口站年最大洪峰大于零,这是必然事件。

(2)不可能事件。在任何一次试验中都不会出现的事件叫作不可能事件。例如,流域内普遍连续降雨而河道出口处水位下降,这是不可能事件。

(3)随机事件。在一次随机试验中可能出现,也可能不出现的事件叫作随机事件。

例如,某河某断面某年出现的最大洪峰可能大于某一个数值,也可能小于某一个数值,事先不能确定,这是随机事件。

（二）概率

在同等可能的条件下,随机事件在试验的结果中可能出现,也可能不出现,但其出现或不出现的可能性大小则不相同。为了比较随机事件出现的可能性大小,必须有一个数量标准,这个数量标准就是随机事件的概率。

随机事件的概率可由下式计算:

$$P(A) = \frac{k}{n} \times 100\% \tag{7-1}$$

式中 $P(A)$——在一定条件组合下,出现随机事件 A 的概率;

k——出现随机事件 A 的结果数;

n——在试验中所有可能出现的结果数。

显然,必然事件的概率等于1,不可能事件的概率等于0,随机事件的概率介于0与1之间。

式(7-1)只适用于古典型随机试验,即试验的所有可能结果都是等可能的,且试验可能结果的总数是有限的。事实上,水文事件不一定具备这种性质。为了计算在一般情况下随机事件的概率,下面提出随机事件频率的概念。

二、频率

设随机事件 A 在重复 n 次试验中出现了 m 次,则称

$$p(A) = \frac{m}{n} \times 100\% \tag{7-2}$$

为事件 A 在 n 次试验中出现的频率。

当试验次数 n 不大时,事件的频率有明显的随机性;但当试验次数足够大时,随机事件 A 出现的频率具有一定的稳定性。随着试验次数的无限增大,随机事件的频率稳定在某一个数附近,此时频率趋于概率。正因如此,对于水文现象,可以用频率作为概率的近似值。

三、重现期

由于频率是概率论中的一个概念,比较抽象,因此在水文分析计算中又常用重现期来代替频率表示随机事件出现的可能性大小。所谓重现期,是指某随机事件在长期过程中平均多少年出现一次,称为多少年一遇,用字母 T 表示。频率与重现期的关系在不同的情况下有不同的表示方法。

在研究暴雨洪水时,一般设计频率 $p < 50\%$,其重现期为

$$T = \frac{1}{p} \quad (年) \tag{7-3}$$

例如,某防洪工程设计依据洪水频率为5%,代入式(7-3),得重现期 $T = 20$ 年,即该洪水是平均20年一遇。

在灌溉、发电、供水工程规划设计时，需要研究枯水问题，一般设计频率 $p>50\%$，其重现期为

$$T=\frac{1}{1-p} \quad (年) \tag{7-4}$$

例如，某灌区设计依据的枯水频率为 $p=95\%$，代入式(7-4)，得重现期 $T=20$ 年，表示该工程按 20 年一遇的枯水作为设计标准。

必须指出，因为水文现象一般并无固定的周期，所谓多少年一遇，是指长期过程中的平均情况。如百年一遇表示大于或等于某一级别的洪水平均 100 年出现一次，但并不意味着每隔 100 年就必须遇上一次。此处着重强调的是长期过程中的平均情况，对于某个历史阶段（如 1900～1999 年）具体的 100 年来说，大于或等于这个级别的洪水可能出现几次，也可能一次都未出现。

单元二　随机变量及其概率分布

学习目标：了解随机变量的类型，掌握离散型随机变量的分布，掌握随机变量的三个统计参数。

一、随机变量

概率论的重要基本概念，除事件、概率外，还有随机变量。

随机试验的结果可以是一个数量，有些虽然不是数量，但可以用数量来表示。这样的量随着试验的重复可以取得不同的数值，而且带有随机性，我们称这样的变量为随机变量。简言之，随机变量是在随机试验中测量到的数。水文现象中的随机变量一般是指某种水文特征值，如某水文站的年径流、洪峰流量等。

随机变量可分为如下两大类型。

（一）离散型随机变量

若随机变量仅能取得一个有限区间内的某些间断的离散数值，则称其为离散型随机变量。例如，掷一颗骰子，出现的点数只可能取得 1、2、3、4、5、6 共 6 种数值，不能取得相邻两数值间的任何值，这些出现点数就是随机变量。

（二）连续型随机变量

若随机变量可以取得一个有限区间的任何数值，则称此随机变量为连续型随机变量。例如，河流水文站的流量和水位，可以在 0 和极限值之间变化，因而它们可以是 0 与极限值之间的任何数值。

二、随机变量的概率分布

随机变量可以取得所有可能值中的任何一个值。例如，随机变量 X 可能取 x_1 值，也可能取 x_2 值、x_3 值…，但是取某一可能值的机会是不同的，有的机会大，有的机会小。所以，随机变量的取值与其概率有一定的对应关系。一般将这种关系称为随机变量的概率

分布。如离散型随机变量 X 的概率分布就可表示为

$$P(X = x_i) = p_i \quad (i = 1,2\cdots) \tag{7-5}$$

也可用表格或图来表示。

对连续型随机变量而言，由于它的所有可能取值有无限多个，而取个别值的概率为零，因此无法研究个别值的概率，只能研究某个区间的概率，或研究事件 $X\geqslant x$ 的概率、$X\leqslant x$ 的概率。两者是可以相互转换的，只需研究一种就够了。水文学习惯研究事件$X\geqslant x$的概率及其分布。

事件 $X\geqslant x$ 的概率 $P(X\geqslant x)$ 随随机变量取值 x 而变化，所以 $P(X\geqslant x)$ 是 x 的函数，这个函数称为随机变量 x 的分布函数，记为 $F(x)$，即

$$F(x) = P(X \geqslant x_i) \tag{7-6}$$

$F(x)$代表随机变量 X 大于等于某一取值 x_i 的概率。

三、随机变量的统计参数

从统计数学的观点来看，随机变量的概率分布曲线或分布函数较完整地描述了随机现象，然而在许多实际问题中，随机变量的分布函数不易确定，或有时不一定都需要用完整的形式来说明随机变量，而只要知道个别代表性的数值能说明随机变量的主要特征就够了。这种能说明随机变量的统计规律的某些数字特征，称为随机变量的统计参数。

水文现象的统计参数反映其基本的统计规律，能概括水文现象的基本特性和分布特点，也是频率曲线估计的基础。

统计参数有总体与样本之分。总体是某随机变量所有取值的全体，样本则是从总体中任意抽取的一个部分，样本中所包括的项数则称为样本容量。水文现象的总体通常是无限的，它是指自古迄今以至未来长远岁月所有的水文系列。显然，水文随机变量的总体是未知的，只能靠有限的样本观测资料去估计总体的统计参数或总体的分布规律。也就是说，由样本统计参数来估计总体统计参数。水文计算中常用的样本统计参数有如下几种。

（一）均值

设某水文变量的观测系列为 $x_1, x_2, \cdots, x_n$，则其均值为

$$x = \frac{x_1 + x_2 + \cdots + x_n}{n} = \frac{1}{n}\sum_{i=1}^{n} x_i \tag{7-7}$$

均值表示系列的平均情况，可以说明这一系列总体水平的高低。例如，甲河多年平均流量为 2 460 m^3/s，乙河多年平均流量为 201 m^3/s，说明甲河的水资源比乙河丰富。

（二）均方差

从以上分析可知，均值能反映系列中各变量的平均情况，但不能反映系列中各变量值集中或离散的程度。例如，有两个系列：

甲系列为 5，10，15；

乙系列为 2，10，18。

这两个系列的均值相同，都等于 10，但其离散程度却不相同。直观地看，第一系列只变化于 5 ~ 15，而第二系列的变化范围则增大到 2 ~ 18。离散程度是以均方差来反映的。

均方差用 σ 表示，计算公式为

$$\sigma = \sqrt{\frac{\sum_{i=1}^{n}(x_i - \bar{x})^2}{n-1}} \tag{7-8}$$

以上甲、乙两系列，各自的均方差可按式(7-8)计算，则有

$$\sigma_{甲} = \sqrt{\frac{(5-10)^2 + (10-10)^2 + (15-10)^2}{3-1}} = 5$$

$$\sigma_{乙} = \sqrt{\frac{(2-10)^2 + (10-10)^2 + (18-10)^2}{3-1}} = 8$$

显然，甲系列的离散程度小，乙系列的离散程度大。

（三）变差系数

均方差虽然能说明系列的离散程度，但对均值不相同的两个系列，用均方差来比较其离散程度就不合适了。例如，有两个系列：

丙系列为 5，10，15，$\bar{x}=10$；

丁系列为 995，1 000，1 005，$\bar{x}=1\ 000$。

按式(7-8)计算它们的均方差，都等于 5，说明这两个系列的绝对离散程度是相同的，但因其均值一个是 10，另一个是 1 000，它们对均值的相对离散程度就很不相同了。可以看出，丙系列中的最大值和最小值与均值之差都是 5，这相当于均值的 5/10 = 1/2；而在丁系列中，最大值和最小值与均值之差虽然也都是 5，但只相当于均值的 5/1 000 = 1/200，在近似计算中，这种差距甚至可以忽略不计。

为了克服以均方差衡量系列离散程度的这种缺点，数理统计中用均方差与均值之比作为衡量系列相对离散程度的一个参数，称为变差系数 C_v。变差系数为一无因次的数，用小数表示，其计算公式为

$$C_v = \frac{\sigma}{\bar{x}} = \frac{1}{\bar{x}}\sqrt{\frac{\sum_{i=1}^{n}(x_i - \bar{x})^2}{n-1}} = \sqrt{\frac{\sum_{i=1}^{n}(K_p - 1)^2}{n-1}} \tag{7-9}$$

式中　K_p——模比系数，$K_p = \frac{x_i}{\bar{x}}$。

在上述两系列中，丙系列的 $C_v = 0.5$，丁系列的 $C_v = 0.005$，这就说明丙系列的变化程度远比丁系列大。

对水文现象来说，变差系数的大小反映了河川径流在多年中的变化情况。例如，由于南方河流水量充沛，丰水年和枯水年的年径流相对来说变化较小，所以南方河流的变差系数一般比北方河流要小。

（四）偏差系数

变差系数只能反映系列的离散程度，不能反映系列在均值两边的对称程度。在水文统计中，主要采用偏差系数 C_s 作为衡量系列不对称程度的参数，其计算公式为

$$C_s = \frac{\sum_{i=1}^{n}(x_i - \bar{x})^3}{(n-3)\bar{x}^3 C_v^3} = \frac{\sum_{i=1}^{n}(K_p - 1)^3}{(n-3)C_v^3} \tag{7-10}$$

偏差系数也为一无因次数。当系列关于$\bar{x}$对称时，$C_s=0$，此时随机变量大于均值与小于均值的出现机会相等，亦即均值所对应的频率为50%。当系列关于$\bar{x}$不对称时，$C_s\neq0$，其中，当正离差的立方占优势时，$C_s>0$，称为正偏；当负离差的立方占优势时，$C_s<0$，称为负偏。在正偏情况下，随机变量大于均值比小于均值出现的机会小，亦即均值所对应的频率小于50%，负偏情况下则刚好相反。

单元三　频率计算

学习目标：了解经验频率曲线及理论频率曲线，掌握适线法的计算原理，了解三点法计算统计参数。

频率计算是水文统计中常用的方法之一。其实质内容就是用水文样本资料系列的频率分布（或统计参数）去估计总体的概率分布（或统计参数），并以此对河流未来的水文情势作出较为科学的预估，为水利工程的规划、设计、施工和管理运用提供合理的水文依据。

一、经验频率曲线

经验频率曲线是由实测资料绘制而成的，它是水文频率计算的基础，具有一定的实用性。

（一）经验频率计算

设某水文要素的实测系列共有 n 项，按由大到小的次序排列为 $x_1,x_2,\cdots,x_m,\cdots,x_n$。经验频率就是在系列中大于及等于样本 x_i 的出现次数与样本容量的比值，计算公式为

$$p=\frac{m}{n}\times100\% \tag{7-11}$$

式中　p——等于和大于 x_i 的经验频率；

n——样本容量，即观测资料的总项数。

例如，在上面系列中大于及等于 x_2 的项数为2，其经验频率应为 $2/n$。如果 n 项实测资料是总体，则上述计算经验频率的公式是合理的，但水文实测资料都是样本资料，欲从这些有限资料来估计总体，就不太合理。例如，当 $m=n$ 时，最末项 x_m 的频率 $p=m/n=100\%$，即样本的末项 x_m 就是总体中的最小值，显然不符合实际情况，因为随着观测年数的增多，总会有更小的数值出现。为了修正由样本推算总体出现的不合理估算，我国一般采用数学期望公式，该公式形式简单，在水文统计中有一定的水文理论依据，是水文分析计算中最常用的经验频率计算公式，计算结果比较符合实际，其计算公式如下：

$$p=\frac{m}{n+1}\times100\% \tag{7-12}$$

（二）经验频率的绘制

首先介绍频率格纸，它是水文分析计算中绘制频率曲线的一种专用格纸，其纵坐标为均匀分格，表示随机变量取值；横坐标为不均匀分格，表示累积频率（%）。在这种频率格纸上绘制的频率曲线，两端的坡度比在普通方格纸上绘制的大大变缓，对曲线的外延较为有利。

计算出各数值对应的经验频率后，在频率格纸上点绘经验点(p_i, x_i)，目估过点群中心绘制一条光滑的频率曲线，即经验频率曲线。有了经验频率曲线，就可以在线上查出某一频率所对应的随机变量值。

二、理论频率曲线

水文计算中的理论频率曲线是指具有一定数学方程的频率曲线。理论频率曲线在数学上有很多类型，而各种曲线均有自己的数学方程，一般表示为

$$P = F(x) \text{ 或 } F(x) = P(X \geqslant x_i) \tag{7-13}$$

式中，$F(x)$称为概率分布函数，简称分布函数。

我国水文频率计算一般采用皮尔逊Ⅲ型曲线。

（一）皮尔逊Ⅲ型曲线介绍

英国生物学家皮尔逊通过对很多资料的分析研究，提出一种概括性的曲线族，包括13种分布曲线，其中第Ⅲ型曲线被引入水文计算中，成为当前水文计算中常用的频率曲线。

皮尔逊Ⅲ型曲线，通常简称为P－Ⅲ型线，它是一条一端有限、一端无限的不对称单峰、正偏曲线，如图7-1所示。数学上称为伽玛分布，其概率密度函数为

$$f(x) = \frac{\beta^{\alpha}}{\Gamma(\alpha)}(x - a_0)^{\alpha-1}e^{-\beta(x-a_0)} \tag{7-14}$$

式中 $\Gamma(\alpha)$——α的伽玛函数；

α、β、a_0——参数。

显然，α、β、a_0确定以后，该密度函数也随之确定。可以推证，这三个统计参数与总体的统计参数$\bar{x}$、C_v、C_s具有下列关系

$$\left.\begin{aligned} \alpha &= \frac{4}{C_s^2} \\ \beta &= \frac{2}{\bar{x}C_vC_s} \\ a_0 &= \bar{x}\left(1 - \frac{2C_v}{C_s}\right) \end{aligned}\right\} \tag{7-15}$$

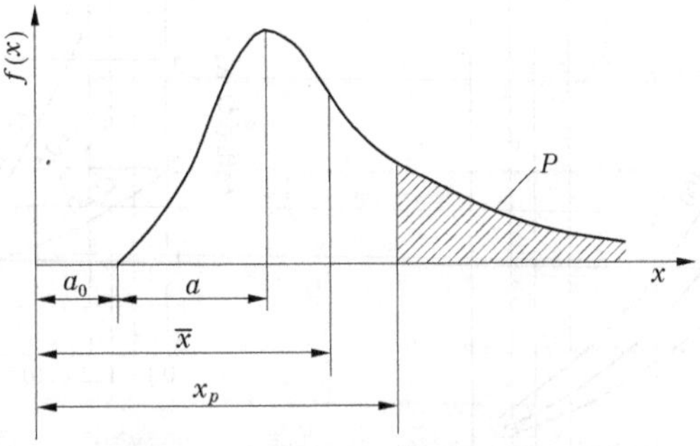

图7-1 P－Ⅲ型概率密度曲线

由上式可知，只要求出三个统计参数$\bar{x}$、C_v、C_s，就可以得出P－Ⅲ型频率曲线的密度函数。但是，在水文计算上常用的是累积频率分布曲线，所以对式(7-15)进行积分，可得

P－Ⅲ型频率曲线的分布函数

$$P = F(x) = \frac{\beta^{\alpha}}{\Gamma(\alpha)}\int_{x_p}^{\infty}(x-a_0)^{\alpha-1}e^{-\beta(x-a_0)}dx \tag{7-16}$$

式中，P 即为 $P(X \geqslant x_p)$，见图 7-1 中的阴影部分。

由式(7-15)可看出，计算 P 值非常麻烦，为了简化水文计算，前人已经通过数学推导，根据拟定的 C_s 值进行计算，制成了一套专用数表（见附表 1 和附表 2）供查用。与数表相应的计算公式为

$$x_p = K_p \bar{x} = (\Phi_p C_v + 1)\bar{x} \tag{7-17}$$

式中　Φ_p——离均系数，是 $p(\%)$ 和 C_s 的函数，见附表 1；

K_p——模比系数，是 $p(\%)$ 和 C_v 的函数，见附表 2，当 C_v 与 C_s 成一定倍比时，可以直接查此表。

（二）三个统计参数（$\bar{x}$、C_v、C_s）对 P－Ⅲ型频率曲线的影响

1. 均值 $\bar{x}$ 对 P－Ⅲ型频率曲线的影响

当 P－Ⅲ型频率曲线的另外两个参数 C_v 和 C_s 不变时，均值 $\bar{x}$ 的不同可以使频率曲线发生很大的变化，我们把 $C_v=0.5$，$C_s=1.0$，而 $\bar{x}$ 分别为 50、75、100 的 3 条 P－Ⅲ型频率曲线同绘于图 7-2 中，从图中可以看出：均值 $\bar{x}$ 主要影响曲线的高低。当 C_v 和 C_s 相同时，由于均值不同，频率曲线的位置也就不同，均值大的频率曲线位于均值小的频率曲线之上。

2. 变差系数 C_v 对 P－Ⅲ型频率曲线的影响

为了消除均值的影响，我们以模比系数 K_p 为变量绘制频率曲线，如图 7-3 所示，当 $C_v=0$ 时，随机变量的取值都等于均值，故频率曲线即为 $K_p=1$ 的一条水平线。C_v 越大，说明随机变量相对于均值越离散，因而频率曲线将越偏离 $K_p=1$ 的水平线。随着 C_v 的增大，频率曲线的偏离程度也随之增大，显得越来越陡。所以，变差系数主要影响曲线的陡缓程度。

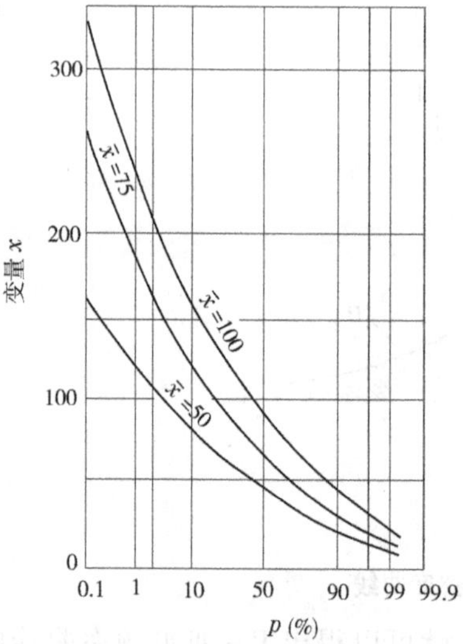

图 7-2　均值 $\bar{x}$ 对 P－Ⅲ型频率曲线的影响

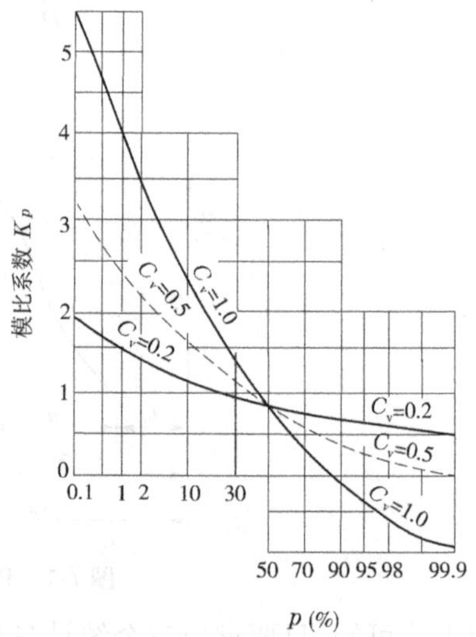

图 7-3　变差系数 C_v 对 P－Ⅲ型频率曲线的影响

3. 偏差系数 C_s 对 P－Ⅲ型频率曲线的影响

图 7-4 为 $C_v=0.1$ 时各种不同的 C_s 对频率曲线的影响情况。从图中可以看出，正偏情况下，C_s 愈大时，均值（图中 $K_p=1$）对应的频率越小，频率曲线的中部越向左偏，且上段越陡，下段越平缓。所以，偏差系数主要影响曲线的弯曲程度。

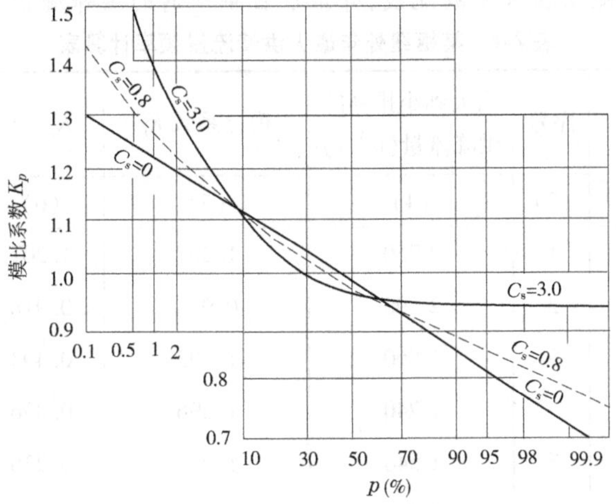

图 7-4 偏差系数 C_s 对 P－Ⅲ型频率曲线的影响

三、现行频率计算方法——适线法

适线法是以经验频率点据为基础，在一定的适线准则下，求解与经验点据拟合最优的频率曲线参数，这是一种较好的能满足水文频率分析要求的估计方法。适线法一直是我国估计洪水频率曲线统计参数的主要方法。其步骤如下：

（1）将实测资料由大到小排列，计算各项的经验频率，在频率格纸上点绘经验点据（以纵坐标为变量的取值，横坐标为对应的经验频率）。

（2）选定水文频率分布线型（一般选用皮尔逊Ⅲ型）。

（3）假定一组参数$\bar{x}$、C_v 和 C_s。当用矩法估计时，因 C_s 的抽样误差太大，一般不计算 C_s，而是根据经验假定 C_s 为 C_v 的某一倍数。

（4）根据假定的$\bar{x}$、C_v 和 C_s，查附表 1 或附表 2，计算 x_p 值，以 x_p 为纵坐标，p 为横坐标，即可得到频率曲线。将此线画在绘有经验点据的图上，看其与经验点据配合的情况，若不理想，则修改参数（主要调整 C_v 以及 C_s）再次进行计算。

（5）根据频率曲线与经验点据的配合情况，从中选择一条与经验点据配合较好的曲线作为采用曲线。相应于该曲线的参数便可以看作是对总体参数的估值。

（6）求指定频率的水文变量设计值。

由此可见，适线法层次清楚，图像显明，方法灵活，操作容易，所以在水文计算中被广泛采用。

在实际工作中，有两种适线方法：一种是人为目估适线，即通过人为的主观判断，决定适线的优劣。此法简单灵活，并能反映设计人员的经验，但适线结果因人而异，任意性大。

另一种方法是计算机适线，它是把理论频率曲线与经验点据的拟合误差最小作为适线准则，优选统计参数。但是这种方法不便于处理样本资料中的特大值或特小值，难以区分点的不同精度，因此使用有关程序时要特别注意。

【例题 7-1】 某枢纽处实测 21 年的年最大洪峰流量资料列于表 7-1 中第(1)、(2)栏，试根据该资料用矩法初选参数配线，并推求百年一遇的洪峰流量。

表 7-1 某枢纽处年最大洪峰流量频率计算表

年份	洪峰流量 (m^3/s)	序号	由大到小排列的洪峰流量(m^3/s)	模比系数 K_p	K_p-1	$(K_p-1)^2$	$p(\%)$
(1)	(2)	(3)	(4)	(5)	(6)	(7)	(8)
1945	1 540	1	2 750	1.207	1.207	1.456 8	4.5
1946	980	2	2 390	0.918	0.918	0.842 7	9.1
1947	1 090	3	1 860	1.493	0.493	0.243 0	13.6
1948	1 050	4	1 740	1.396	0.396	0.156 8	18.2
1949	1 860	5	1 540	1.236	0.236	0.055 7	22.7
1950	1 140	6	1 520	1.220	0.220	0.048 4	27.3
1951	790	7	1 270	1.019	0.019	0.000 4	31.8
1952	2 750	8	1 260	1.011	0.011	0.000 1	36.4
1953	762	9	1 210	0.971	−0.029	0.000 8	40.9
1954	2 390	10	1 200	0.963	−0.037	0.001 4	45.5
1955	1 210	11	1 140	0.915	−0.085	0.007 2	50.0
1956	1 270	12	1 090	0.875	−0.125	0.015 6	54.5
1957	1 200	13	1 050	0.843	−0.157	0.024 6	59.1
1958	1 740	14	1 050	0.843	−0.157	0.024 6	63.6
1959	883	15	980	0.786	−0.214	0.045 8	68.2
1960	1 260	16	883	0.709	−0.291	0.084 7	72.7
1961	408	17	794	0.637	−0.363	0.131 8	77.3
1962	1 050	18	790	0.634	−0.366	0.134 0	81.8
1963	1 520	19	762	0.611	−0.389	0.151 3	86.4
1964	483	20	483	0.388	−0.612	0.374 5	90.9
1965	794	21	408	0.327	−0.673	0.452 9	95.5
总计	26 170		26 170	21.000	0.000	4.253 4	

具体步骤如下：

(1)点绘经验频率曲线。

将原始资料按由大到小次序排列，列入表 7-1 中第(4)栏，用公式 $p=\frac{m}{n+1}\times100\%$ 计算经验频率，列入表 7-1 中第(8)栏，并将第(4)栏与第(8)栏的数值对应绘出经验频率点于频率格纸上。

(2)按无偏估值公式计算统计参数。

年最大洪峰流量的均值为

$$\overline{Q}=\frac{\sum_{i=1}^{n}Q_i}{n}=\frac{26\ 170}{21}=1\ 246(\mathrm{m^3/s})$$

变差系数为

$$C_v=\sqrt{\frac{\sum_{i=1}^{n}(K_p-1)^2}{n-1}}=0.46$$

(3)选配皮尔逊Ⅲ型频率曲线。

$\overline{Q}=1\ 246\ \mathrm{m^3/s}$，$C_v=0.5$，并假定 $C_s=2C_v=1.0$，查附表 2，读出不同 p 值对应的 K_p 值，乘以 $\overline{Q}$ 得相应的 Q_p 值，列入表 7-2。

表 7-2 洪峰频率计算表

频率 p(%)	第一次配线 $\overline{Q}=1\ 246$ $C_v=0.5$ $C_s=1.0$		第二次配线 $\overline{Q}=1\ 246$ $C_v=0.6$ $C_s=1.2$		第三次配线 $\overline{Q}=1\ 246$ $C_v=0.6$ $C_s=1.5$	
	K_p	Q_p	K_p	Q_p	K_p	Q_p
(1)	(2)	(3)	(4)	(5)	(6)	(7)
1	2.51	3 127	2.89	3 601	3.00	3 738
5	1.94	2 417	2.15	2 679	2.17	2 704
10	1.67	2 081	1.80	2 243	1.80	2 243
20	1.33	1 657	1.44	1 794	1.42	1 769
50	0.92	1 146	0.89	1 109	0.86	1 072
75	0.64	797	0.56	698	0.56	698
90	0.44	548	0.35	436	0.39	486
95	0.34	424	0.26	324	0.32	399
99	0.21	262	0.13	162	0.24	299

将表 7-2 中的第(1)、(3)两栏的对应数值点绘成曲线，发现所选频率曲线的中段与经验频率点据配合较好。但头部偏于经验频率点据的下方，而尾部又偏于经验频率点据的上方。

改变参数,重新配线。由第一次配线结果表明,需要增大 C_v 值。现取 $C_v=0.6$,$C_s=2C_v=1.2$,再查附表 2,计算不同 p 值对应的 Q_p 值,列于表 7-2 中,经与经验频率点据配合,发现头部配合较好,但尾部与经验频率点据偏低较多。

再次改变参数,第三次配线。在第二次配线的基础上,为使尾部抬高与经验频率点据相配合,需增大 C_s 值。因此,取 $C_s=2.5C_v=1.5$,再次计算皮尔逊Ⅲ型频率曲线,发现与经验频率点据配合较为合适,即作为采用的皮尔逊Ⅲ型频率曲线,如图 7-5 所示。

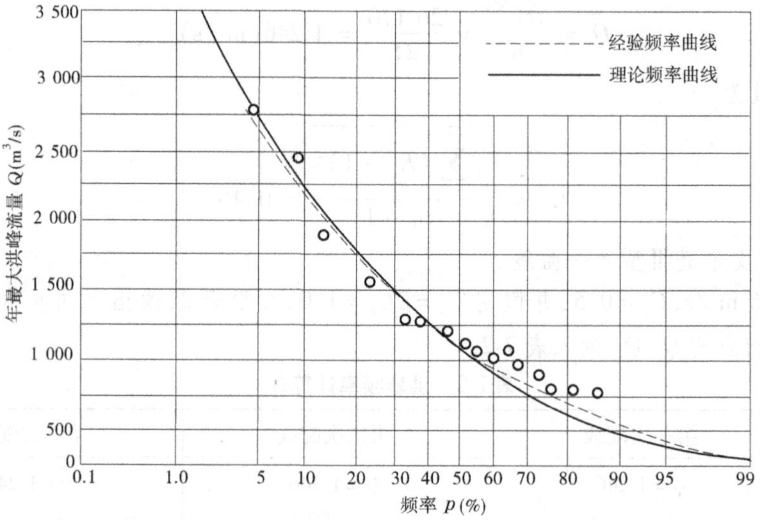

图 7-5　某枢纽处年最大洪峰流量频率曲线

(4)推求百年一遇的设计洪峰流量。

由表 7-2 第(6)、(7)栏,查得 $p=1\%$ 对应的流量 $Q_p=3\ 738\ m^3/s$。

四、三点法估算统计参数

上例中,适线用到的三个统计参数的初始值是由矩法公式列表计算出来的,工作量相对较大,尤其当系列较长时更是如此。因此,实际中还常用另一种估算统计参数初始值的方法——三点法。

所谓三点法,是根据实测资料系列计算点绘出经验频率曲线后,在曲线上按照点子的频率范围选取三个点,三点的取法应结合经验点最前一点和最后一点的频率大小分别选 1% — 50% — 99%、3% — 50% — 97%、5% — 50% — 95%、10% — 50% — 90% 等。与三个频率相应的变量值 x_{p1}、x_{p2}、x_{p3} 可分别在曲线上查出。查出各点坐标值(p_1、x_{p1})、(p_2、x_{p2})、(p_3、x_{p3}),分别代入 $x_p=(\Phi_p C_v+1)\bar{x}=\bar{x}+\sigma\Phi_p$ 建立如下联立方程:

$$\left.\begin{aligned} x_{p1} &= \bar{x}+\sigma\Phi_{p1} \\ x_{p2} &= \bar{x}+\sigma\Phi_{p2} \\ x_{p3} &= \bar{x}+\sigma\Phi_{p3} \end{aligned}\right\} \tag{7-18}$$

解以上方程组,得出下列公式

$$\left.\begin{aligned} S &= \frac{x_{p1} - 2x_{p2} + x_{p3}}{x_{p1} - x_{p3}} \\ C_s &= \Phi(S) \\ \sigma &= \frac{x_{p1} - x_{p3}}{\Phi_{p1} - \Phi_{p3}} \\ x &= x_{p2} - \Phi_{p2}\sigma \end{aligned}\right\} \tag{7-19}$$

式中，S 称为偏度系数，是 p 和 C_s 的函数。当 p 一定时，S 仅为 C_s 的函数。S 和 C_s 的关系由附表 3 查算。

无论是矩法还是三点法估计的统计参数，一般在实用中很少单独使用，通常都是与适线法相结合，作为适线法初选参数的一种手段。

练习题

7-1 概率和频率有什么区别和联系？

7-2 重现期与频率有何关系？$p=90\%$ 的枯水年，其重现期为多少年？含义是什么？

7-3 何谓经验频率？经验频率曲线如何绘制？

7-4 水文计算中常用的频率格纸的坐标是如何划分的？

7-5 现行水文频率计算适线法的实质是什么？简述适线法的步骤。

7-6 某水利枢纽工程施工期预定 3 年，施工用的围堰的设计标准按 10 年一遇洪水设计，求在施工期内一次也不发生设计洪水的概率。

7-7 某站年雨量系列符合 P－Ⅲ型频率曲线分布，经频率计算已求得该系列的统计参数：均值 $\overline{H}=900$ mm，$C_v=0.20$，$C_s=0.60$，试结合表 7-3 推求百年一遇雨量。

表 7-3 P－Ⅲ型频率曲线离均系数 Φ_p 值表

C_s	$p(\%)$				
	1	10	50	90	95
0.30	2.54	1.31	－0.05	－1.24	－1.55
0.60	2.75	1.33	－0.10	－1.20	－1.45

项目八　年径流和多年平均输沙量的计算

【学习内容】 概述;具有长期实测资料时设计年径流的分析计算;缺乏实测资料时设计年径流的分析计算;枯水径流分析计算;河流多年平均输沙量的分析计算。

单元一　概　述

学习目标:理解年径流的概念及特征,了解年径流分析计算的内容和目的。

一、年径流及其特征

在一个年度内,通过河流某断面的水量,叫作该断面以上流域的年径流量。年径流量可用年平均流量(m^3/s)、年径流深(mm)、年径流总量(万 m^3 或亿 m^3)或年径流模数($m^3/(s \cdot km^2)$)表示。

我国水文年鉴中,年径流量是按日历年度统计的,而在水文水利计算中,年径流量通常是按水文年度或水利年度统计的。水文年度以水文现象的循环规律来划分,即从每年汛期开始时起到下一年汛期开始前止;对于北方春汛河流,则以融雪情况来划分水文年度。水利年度是以水库蓄泄周期来划分的。水文年度和水利年度的起止日期划分各地不一,均有具体规定。

年径流具有如下一些特性:

(1)年径流的年内变化。河川径流的主要来源为大气降水,大气降水在年内分配是不均匀的,有多雨季节和少雨季节,径流量也随之呈现出汛期与非汛期。一般汛期水量大且变化剧烈,非汛期水量小且变化平稳,并且各年汛期与非汛期起止日期、历时长短不会完全一致,但为了便于统计分析通常都取为一致。

(2)年径流的年际变化。主要表现为丰水年、平水年、枯水年交替出现的现象。一般将年径流量值大于多年平均年径流量的年份称为丰水年,将年径流量值接近多年平均年径流量的年份称为平水年,将年径流量值小于多年平均年径流量的年份称为枯水年。

在实测年径流系列中,往往发现连续丰水年组或连续枯水年组交替出现的现象,连续2~3年年径流偏丰或偏枯的现象极为常见;连续3~5年也不罕见,有的甚至在10年以上。这种连续丰水段或连续枯水段的交替出现,会形成从十几年到几十年的较长周期。

二、年径流分析计算的目的和内容

(一)年径流分析计算的目的

年径流分析计算是水资源利用工程中最重要的工作之一。设计年径流是衡量工程规模和确定水资源利用程度的重要指标。

水资源利用工程包括水库蓄水工程、供水工程、水力发电工程和航运工程等，其设计标准用保证率表示，反映对水利资源利用的保证程度，即工程规划设计的既定目标不被破坏的年数占运用年数的百分比。例如，一项水资源利用工程，有 90% 的年份可以满足其规划设计确定的目标，则其保证率为 90%，依此类推。推求不同保证率的年径流量及其分配过程，就是设计年径流分析计算的主要目的。

（二）年径流分析计算的内容

年径流分析计算的内容如下：

（1）进行基本资料和信息的收集和复查。年径流分析的基本资料和信息，包括设计流域和参证流域的自然地理概况、流域河道特征、有明显人类活动影响的工程措施、水文气象资料，以及前人分析的有关成果。其中水文资料，特别是径流资料为收集的重点。

（2）年径流量的频率分析计算。对年径流系列较长且较完整的资料，可直接进行频率分析，确定所需的设计年径流量。对缺乏资料的流域，应尽量设法延长其径流系列，或用间接方法，经过合理的论证和修正，移用参证流域的设计成果。

（3）提供设计年径流的时程分配。在设计年径流量确定以后，参照本流域或参证流域代表年的径流分配过程，确定年径流在年内的分配过程。

（4）对分析成果进行合理性检查。包括检查分析计算的主要环节，与以往已有设计成果和地区性综合成果进行对比，对设计成果的合理性作出论证。

单元二　具有长期实测资料时设计年径流的分析计算

学习目标：了解年径流资料的可靠性、一致性和代表性的审查方法。

一、年径流资料的审查

水文资料是水文分析计算的依据，它直接影响着工程设计的精度和工程安全。因此，对于使用的水文资料必须慎重地从可靠性、一致性、代表性三方面进行审查。新中国成立前的水文资料质量较差，甚至有伪造资料的情况，应予以重点审查。

（一）资料的可靠性

设计年径流计算的依据是流量的整编资料，应对原始资料进行去伪存真的分析；各级测站因资料精度不一，使用时要注意分析审查。

1. 水位资料

主要审查基准面和水准点、水尺零点高程的变化情况。

2. 流量资料

主要审查水位流量关系曲线定得是否合理，是否符合测站特性。同时，还可根据水量平衡原理，进行上下游站、干支流站的年、月径流对照，检查其可靠性。

（二）资料的一致性

进行设计年径流计算时，需要的年径流系列必须是具有同一成因条件的统计系列，即要求统计具有一致性。一致性是建立在流域气候条件和下垫面条件的基本稳定性上的。一般认为气候条件的变化极其缓慢，可认为是基本稳定的。但当流域上有农林、水土改良措施及设计断面的上游有蓄水和引水工程以及发生分洪、河流改道等人类活动时，常引起下垫面条件的迅速变化，从而使径流情势发生渐进性变化，破坏了径流形成的一致性条件。

为此，需要对实测资料进行一致性的修正。一般是将人类活动后的系列修正到流域大规模治理以前的同一条件上，消除径流形成条件不一致的影响后，再进行分析计算。

（三）资料系列的代表性

资料系列的代表性是指实测年径流系列作为一个样本与总体之间离差的情况。离差越小，两者越接近，说明该样本代表性好；反之，则说明该样本代表性差。系列代表性分析的目的是：评价实测年径流系列的偏丰、偏枯程度；分析不同步长系列统计参数的稳定性；了解多年系列丰、枯周期变化情况，作为插补延长的参考。

当设计站有 n 年实测年径流系列时，为检查其系列的代表性，可选择同一地区具有 N 年长系列的参考变量进行对比分析。计算长、短系列的统计参数$\overline{Q}_N$、C_{vN}和$\overline{Q}_n$、C_{vn}。如两者统计参数相近，可推断设计站 n 年的年径流系列也具有代表性；如两者统计参数相差较大（一般相差值超过 5% ~10%），则认为设计站 n 年径流系列缺乏代表性，这时应尽量插补延长系列，以提高系列的代表性。

资料系列代表性分析的实质是分析设计站实测 n 年径流系列能否作为样本来估计总体。代表性越好，抽样误差就越小。

二、设计代表站的长期年、月流量系列的选取

所谓长期年径流系列，是指设计代表站断面或参证流域断面实测径流系列，其长度不小于规范规定的年数，即不应小于 20 年。实测径流资料可从水文年鉴上直接引用，由于水文年鉴上刊布的数据是按日历年分界的，在进行频率计算前必须将数据按水利年度重新排列，并按表格的形式给出，如表 8-1 所示。

表 8-1　某河某断面历年逐月平均流量　（单位：m^3/s）

时段	月份												年平均
	6	7	8	9	10	11	12	1	2	3	4	5	
1961 ~1962	149	278	168	176	122	72.0	50.0	43.0	28.0	41.4	56.0	65.0	104
1962 ~1963	152	229	323	144	191	84.0	35.8	29.4	25.1	25.1	50.0	89.5	115
⋮	⋮	⋮	⋮	⋮	⋮	⋮	⋮	⋮	⋮	⋮	⋮	⋮	⋮
1967 ~1968	150	252	620	504	283	145	77.7	56.6	45.6	42.9	114	117	201
⋮	⋮	⋮	⋮	⋮	⋮	⋮	⋮	⋮	⋮	⋮	⋮	⋮	⋮
1972 ~1973	269	339	189	241	160	105	68.0	48.7	38.3	41.0	119	176	150
⋮	⋮	⋮	⋮	⋮	⋮	⋮	⋮	⋮	⋮	⋮	⋮	⋮	⋮
1979 ~1980	190	339	189	241	160	105	68.0	48.7	38.3	41.0	119	176	169
平均值	250	330	208	253	150	103	60.8	50.7	41.7	38.1	109	136	153

三、设计代表年的年、月流量计算

设计年径流指的是相应于设计频率的年径流量,设计年径流量在年内各月(或旬)的分配称为设计年内分配,通常是采用按代表年(典型年)径流过程缩放的办法求得的,因此也称为设计代表年的年、月径流量。

设计代表年的年、月流量计算内容包括设计年径流量及设计时段径流量的计算和设计年径流量的年内分配。

(一)设计年径流量及设计时段径流量的计算

1. 确定计算时段

在确定设计代表年的径流时,一般要求年径流量及一些计算时段的径流量达到指定的设计保证率,因此在对年径流量进行频率计算时,常需要对其他时段的径流量也进行计算。此时根据工程需要确定计算时段:如以灌溉为主的水库,可取灌溉期为径流计算时段;以发电为主的水电工程以年及枯水期为计算时段,据此计算发电量及保证出力。

2. 频率计算

如计算时段为年,则按水利年度统计年、月径流量,构成新的年径流量系列;如计算时段为枯水期 4 个月,则统计历年连续最枯 4 个月总水量,组成枯水系列。用频率计算方法,计算出年径流量(或时段径流量),即为设计年径流量(或设计时段径流量)。

选取的径流系列年份应尽可能连续。当调查到历史特枯(丰)水年或实测中有一特(丰)枯水年,经考证确定其重现期后,合理修正其在样本中计算的经验频率,再进行绘点配线确定统计参数。

3. 成果的合理性检查

应用水文统计方法推求的成果必须符合水文现象的客观规律。因此,需要对所求频率曲线和统计参数进行下列合理性检查:

(1)与上下游、干支流或邻近河流的年径流量统计参数进行比较分析。年径流量的均值、变差系数在地区上的分布应符合一般规律。即径流量的均值应随流域面积的增大而增大,变差系数一般随流域面积的增大而减小。

(2)与流域平均年降水量统计参数进行比较。一般年径流量的均值(以径流深表示)应小于流域平均年降水量均值,年径流量的变差系数应大于年降水量的变差系数。

(二)设计年径流的年内分配计算

设计年径流的年内分配一般采用缩放代表年径流过程的方法求得,常用的方法有同倍比法和同频率法。

1. 代表年的选择

代表年应从测验精度较高的实测年份中选取,常选出丰、平、枯三个年份为代表年。选出的代表年的年径流量和调节供水期的径流量应接近于设计年径流量。若满足此条件的代表年不只一个,可选出供水期径流较小的年份为代表年。

2. 同倍比法

代表年选定以后,求出设计年径流量 W_P 与代表年的年径流量 W_D 的比例系数 K,即

$$K = \frac{W_P}{W_D} \tag{8-1}$$

以 K 值遍乘代表年的逐月平均流量，即得设计年径流量过程。

若计算时段是枯水期，则计算设计时段径流量 W_{tP} 与代表时段径流量 W_{tD} 的比值 K_t，即

$$K_t = \frac{W_{tP}}{W_{tD}} \tag{8-2}$$

以 K_t 值遍乘代表年的逐月平均流量，即得设计时段径流的分配。

因年内各月均采用同一倍比，故称之为同倍比法。同倍比法计算简单，但是推求出的设计年径流过程各控制时段的径流量并不一定全部符合设计频率。因此，实际工作中还常采用同频率法进行计算。

3. 同频率法

同频率法也称多倍比法，即将代表年各月（旬）的径流量分段按不同的倍比缩放。例如，若要求设计最小 1 个月、最小 3 个月、最小 5 个月以及全年的径流量（W_{1P}、W_{3P}、W_{5P}和 W_{12P}）都符合设计频率，则各时段的缩放倍比为

最小 1 个月的倍比
$$K_1 = \frac{W_{1P}}{W_{1D}} \tag{8-3}$$

最小 3 个月其余两个月的倍比
$$K_{3-1} = \frac{W_{3P} - W_{1P}}{W_{3D} - W_{1D}} \tag{8-4}$$

最小 5 个月其余两个月的倍比
$$K_{5-3} = \frac{W_{5P} - W_{3P}}{W_{5D} - W_{3D}} \tag{8-5}$$

全年其余 7 个月的倍比
$$K_{12-5} = \frac{W_{12P} - W_{5P}}{W_{12D} - W_{5D}} \tag{8-6}$$

同频率法求出的设计年径流的年内分配，其各时段流量都符合设计频率的要求。但由于采用了几个一般来说不会相同的倍比缩放，破坏了年径流的分配形状，因此对同频率法所得的成果要进行成因分析，以及径流年内分配的合理性分析。

【例题 8-1】 某设计站设计年径流量 $Q_p = 118.5\ m^3/s$，设计最大 1 个月、最大 3 个月的径流量分别为 450（m^3/s）· 月、896（m^3/s）· 月，典型年年径流量为 128 m^3/s，年内分配见表 8-2，试用同频率法计算设计年的年内分配。

解：（1）计算缩放倍比。

代表年最大 1 个月（9 月）的水量 $W_{1D} = 450$（m^3/s）· 月；代表年最大 3 个月（8、9、10 月）的水量 $W_{3D} = 896$（m^3/s）· 月。

$$K_1 = \frac{450}{415} = 1.084$$

$$K_{3-1} = \frac{896 - 450}{864 - 415} = 0.993$$

$$K_{12-3} = \frac{118.5 \times 12 - 896}{128 \times 12 - 864} = 0.783$$

（2）用同频率法计算设计年内分配，如表 8-2 所示。

表 8-2 同频率法计算设计年径流年内分配计算表 (单位:m^3/s)

月份	1	2	3	4	5	6	7	8	9	10	11	12
典型年	42.3	55.8	85.5	91.0	83.3	40.7	99.3	204	415	245	123	77.6
缩放倍数	0.783	0.783	0.783	0.783	0.783	0.783	0.783	0.993	1.084	0.993	0.783	0.783
设计年	33.1	43.7	66.9	71.3	65.2	31.9	77.8	202.6	449.9	243.3	96.3	60.8

单元三 缺乏实测资料时设计年径流的分析计算

学习目标:掌握等值线图法和水文比拟法计算设计年径流。

在部分中小设计流域内,有时只有零星的径流观测资料,且无法延长其系列,甚至完全没有径流观测资料,则只能利用一些间接的方法对其设计径流量进行估算。采用这类方法的前提是设计流域所在的区域内有水文特征值的综合分析成果,或在水文相似区内有径流系列较长的参证站可资利用。

一、等值线图法

我国已绘制了全国和分省(区、市)的水文特征值等值线图和表,其中年径流深等值线图及 C_v 等值线图可供中小流域进行设计年径流量估算时直接采用。

(一)多年平均年径流量的估算

水文特征值的等值线图是表示水文特征值的地理分布规律的方法。当影响某一水文特征值的因素主要是分区性因素(如气候因素)时,则该特征值就随地理坐标的不同而发生连续均匀的变化,利用这种特性就可以在地图上作出它的等值线图;反之,若影响某一水文特征值的因素主要是非分区性因素(如下垫面因素、流域面积、河槽下切深度、湖泊、沼泽等),该特征值就不随地理坐标而连续变化,也就无法作出等值线图。对于同时受分区性因素和非分区性因素影响的特征值,如果能设法消除非分区性因素的影响,就可提高等值线图的精度。

影响闭合流域多年平均年径流量的主要因素是气候因素——降雨和蒸发。由于降雨量和蒸发量具有地理分布规律,因此多年平均年径流量也具有这种规律,可以绘制等值线图,并用它来推求缺乏实测径流资料的多年平均年径流量。为了消除流域面积这一非分区性因素的影响,等值线图以多年平均径流深(单位 mm)表示。

对于某一点的水文特征值(如降水量、蒸发量等),可将观测值直接标注在地图上的观测点处,然后绘出该特征值的等值线图。但是对于径流量来说,河流任一测流断面的径流量是由断面以上流域各点的径流汇集而成的。径流量不是该断面处的数值,而是流域的平均值。所以,在绘制多年平均径流深等值线图时,不应将数值点绘在流域断面处,而应点绘在流域的形心处。所谓流域形心,就是沿任意几个方向都能将流域面积划分为两等分的几条直线的交点。在山区,径流有随高程的增加而加大的趋势,故常将数值点绘在流域的平均高程处。

由于多年平均径流深等值线图是按上述原则绘制的,因此在应用该图来推求无实测径流资料情况下设计断面处的多年平均径流量时,先在等值线图上勾绘出设计流域工程所在断面以上的流域分水线,并找出流域形心位置。当流域面积较小,穿过流域内的等值线条数较少时,可直接采用直线内插法查出流域形心处的数值,即为设计流域多年平均年径流深。当设计流域面积较大,穿过流域内的等值线条数较多时,则应采用面积加权平均法来计算流域的多年平均径流深。

必须指出,多年平均年径流深等值线图,一般都是依据中等流域的实测径流资料绘制的。因此,等值线图应用于中等流域比较合适,成果精度较高。若应用于小流域,由于小流域一般属于非闭合流域,不能汇集全部地下径流,可能造成地下径流量的差异,必要时要进行实地调查,适当加以修正。

(二)年径流量变差系数 C_v 的估算

年径流量的 C_v 值也有等值线图可供查算。其方法与年径流均值估算方法类似,但可以更简单一点,即按比例内插出流域形心处的 C_v 值就可以了。但应注意的是,年径流量 C_v 等值线图的精度一般比较低,特别适用于小流域。由于小流域支流少,水量丰枯补偿小,同时地下水补给少,故小流域年径流量 C_v 值大于大、中流域。因此,把依据中等流域资料绘制的年径流量 C_v 等值线图用于小流域时,由图上查出的 C_v 值可能比实际的偏小,必须结合具体条件加以修正。

(三)年径流量偏差系数 C_s 的估算

年径流量偏差系数 C_s 一般在地区上变化规律不明显,通常表示为分区图(表),可直接选取 C_s/C_v 的倍比。一般采用 $C_s=2C_v$。

二、水文比拟法

水文比拟法是将参证流域的水文特征值移用到设计流域上来的一种方法。应用这种方法的关键在于选择合适的参证流域,参证流域应符合以下条件:

(1)参证流域应具有长期实测径流资料,而且代表性良好。

(2)参证流域与设计流域必须属于同一气候区且自然地理条件相似。

(3)参证流域面积与设计流域面积不能相差太大。

根据以上条件选出参证流域以后,若设计流域面积与参证流域面积相差不超过3%,可直接将参证站三个统计参数移用到设计站来。若流域面积相差在3%～15%,则应按面积比修正的方法来推求设计站多年平均流量,即

$$Q_{0,设}=\frac{F_{设}}{F_{参}}Q_{0,参} \tag{8-7}$$

式中　$Q_{0,设}$、$Q_{0,参}$——设计流域和参证流域多年平均流量;

$F_{设}$、$F_{参}$——设计流域和参证流域的流域面积。

当流域面积相差超过15%时,不能简单地按面积比修正,尚需考虑其他因素的影响。至于年径流量的 C_v 值和 C_s/C_v 值,可直接移用参证流域的相应数值,或根据流域特性的差异略加修正。

对于无实测径流资料的地区,设计年径流的年内分配广泛采用水文比拟法,即将参证流域的代表年(或典型年)的径流年内分配百分数移用到设计流域中,进而推求设计年径流的年内分配。

单元四　枯水径流分析计算

学习目标:了解不同条件下枯水径流的频率计算方法。

一、概述

对于一个水文年度,河流的枯水径流是指当地面径流减少时,河流的水源主要靠地下水补给的河川径流。一旦流域地下蓄水耗尽或地下水位降低到不能再补给河道,河道内会出现断流现象。这就会引起严重的干旱缺水。因此,枯水径流与工农业供水和城市生活供水等关系甚为密切,必须予以足够的重视。

对于枯水径流的分析,通常采用如下几种方式:

(1)年或供水期的最小流量频率计算;

(2)用等值线法或水文比拟法估算;

(3)绘制日平均流量历时曲线。

二、枯水径流的频率计算

枯水径流可以用枯水流量或枯水位进行分析。枯水径流的频率计算与年径流相似,但有一些比较特殊的问题必须作必要的说明。

(一)枯水流量频率计算

1. 资料的选取和审查

有20年以上连续实测资料时,可对最小流量系列进行频率分析计算,推求出各种设计频率的最小流量。一般年最小瞬时流量太容易受人为影响,所以常取全年(或几个月)的最小连续几天平均流量作为分析对象,如年最小1日、5日或7日平均流量。枯水流量的实测精度一般比较低,且受人类活动影响较大。因此,在分析计算时更应注意对原始资料的可靠性和一致性的审查。

2. 当 $C_s<2C_v$ 时,对频率曲线的处理

对枯水流量频率进行计算时,经配线常有可能出现 C_s 小于 $2C_v$ 的情况,使得在设计频率较大(如 $p=97\%$,$p=98\%$ 等)时,所推求的设计枯水流量有可能会出现小于零的数值。这是不符合水文现象规律的,目前常用的处理方法是用零来代替。

3. 当 $C_s<0$ 时,对频率曲线的处理

水文特征值的频率曲线在一般情况下都是呈下凹的形状,但枯水流量(或枯水位)的经验分布,有时会出现凸上的趋势,如图8-1所示。如用矩法公式计算 C_s,则 $C_s<0$,因此必须用负偏频率曲线对经验点据进行配线。而现有的P－Ⅲ型频率曲线离均系数 Φ_p 值或 K_p 值由查表所得均属于正偏情况,故不能直接应用于负偏分布的配线,需作一定的处

理。经数学计算可得

$$\Phi(-C_s,p)=\Phi(C_s,1-p) \quad (8\text{-}8)$$

也就是说,当 C_s 为负时,频率 p 的 Φ 值与 C_s 值为正,频率 $1-p$ 的 Φ 值,其绝对值相等,符号相反。

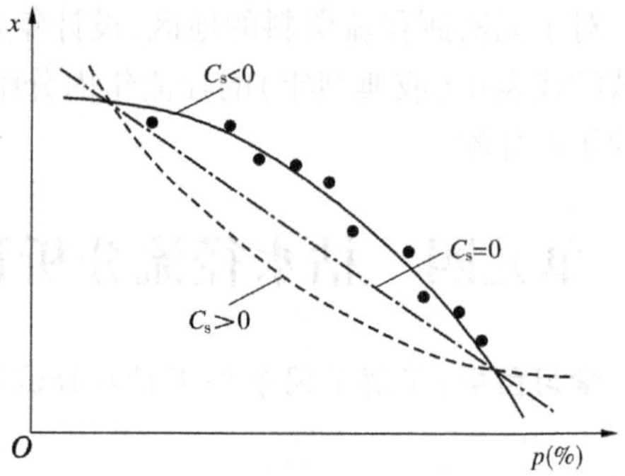

图 8-1 水文特征值频率曲线

必须指出,在进行枯水径流频率计算中,当遇到 $C_s<2C_v$ 或 $C_s<0$ 的情况时,应特别谨慎。此时,必须对样本作进一步的审查,注意曲线下部流量偏小的一些点据,可能是受人为的抽水影响而造成的;并且必须对特枯年的流量(特小值)的重现期作仔细认真的考证,合理地确定其经验频率,然后进行配线。总之,要避免因特枯年流量人为的偏小,或其经验频率确定的不当,而错误地将频率曲线定为 $C_s<2C_v$ 或 $C_s<0$ 的情况。但如果资料经一再审查或对特小值进行处理后,频率分布仍属 $C_s<2C_v$ 或 $C_s<0$ 的情况,即可按上述方法确定。

(二)枯水位频率计算

有时生产实际需要推求设计枯水位。当设计断面附近有较长的水位观测资料时,可直接对历年枯水位进行频率计算。但只有河道变化不大,且不受水工建筑物影响的天然河道,水位资料才具有一致性,才可以直接用来进行频率计算并推求设计水位;而在河道变化较大的地方,应先用流量资料推求设计流量,再通过水位流量关系曲线转换成设计水位。

用枯水位进行频率计算时,必须注意以下基准面情况:

(1)统一观测断面的水位资料系列,不同时期所取的基准面可能不一致,如原来是用测站基准面,后来是用绝对基准面,则必须统一转换到同一个基准面上,再进行统计分析。

(2)在水位频率计算中,如果基准面不同,统计参数的均值 $\overline{Z}$ 和 C_v 也就不同,而 C_s 不变。在地势高的地区,往往水位数值很大,即相对来说水位基准面很低,因此均值太大,则 C_v 值变小,相对误差增大,不宜直接作频率计算。在实际工作中常以最低水位(或断流水位)作为统计计算时的基准面,即将实际水位都减去一个常数 a 后再作频率计算。但经适线法频率计算最后确定采用的统计参数,都应还原到实际基准面的情况下,然后才能用以推求设计枯水位。若以 Z 表示进行频率计算的水位系列,以 $Z+a$ 表示实际的水位系列,则两系列的统计参数可以按下式转换

$$\left.\begin{aligned}\overline{Z}_{Z+a}&=\overline{Z}+a\\C_{v,Z+a}&=\frac{\overline{Z}}{\overline{Z}+a}C_{v,Z}\\C_{s,Z+a}&=C_{s,Z}\end{aligned}\right\}\qquad(8\text{-}9)$$

(3)有时需将同一河流上的不同测站统一到同一基准面上,这时可将各个测站原有的水位资料各自加上一个常数 a(基准面降低时 a 为正,基准面增高时 a 为负)。如各站系列的统计参数已经求得,则只需按式(8-9)转换,就能得到统一基准面后水位系列 $Z+a$ 的统计参数。

三、缺乏实测径流资料时设计枯水径流的计算

（一）设计枯水流量的推求

当工程拟建处断面缺乏实测径流资料时，通常采用等值线图法和水文比拟法估算枯水径流量。

1. 等值线图法

由枯水径流量的影响因素分析可知，非分区性因素对枯水径流的影响是比较大的，但随着流域面积的增大，分区性因素对枯水径流的影响会逐渐显著，所以就可以绘制出大中流域的枯水径流模数等值线图、C_v 等值线图及 C_s 分区图。由此就可求得设计流域年最小流量的统计参数，从而近似估算出流量。

2. 水文比拟法

在枯水径流的分析中，要正确使用水文比拟法，必须具备水文地质的分区资料，以便选择水文地质条件相近的流域作为参证流域。选定参证流域以后，即可将参证流域的枯水径流特征值移用于设计流域。同时，还需要通过野外查勘，将设计站的枯水流量与参证站同时实测的枯水流量进行对比，以便合理确定设计站的最小流量。

当参证站与设计站同在一条河的上下游时，可以采用与年径流量一样的面积比方法修正枯水流量。

（二）设计枯水位的推求

当设计断面处缺乏历年实测水位系列时，设计断面枯水位常移用上下游参证站的设计枯水位，但必须按一定方法加以修正才可移用。

1. 比降法

当参证站距设计断面较远，且河段顺直、断面形状变化不大、区间水面比降变化不大时，可用下式推算设计断面的设计枯水位，即

$$Z_{设} = Z_{参} \pm LJ_p \tag{8-10}$$

式中　$Z_{设}$、$Z_{参}$——设计断面与参证站的设计枯水位，m；

L——设计断面至参证站的距离，m；

J_p——设计断面至参证站的平均枯水水面比降。

2. 水位相关法

当参证站距离设计断面较远时，可在设计断面设置临时水尺与参证站进行对比观测，最好连续观测一个水文年度以上。然后建立两站水位相关关系，用参证站设计水位推求设计断面的设计水位。

3. 瞬时水位法

当设计断面的水位资料不多，难以与参证站建立相关关系时，可采用瞬时水位法。即选择枯水期水位稳定时，设计站与参证站若干次同时观测的瞬时水位资料（要求大致接近设计水位，并且涨落变化不超过 0.05 m），然后计算设计站与参证站各次瞬时水位差，并求出其平均值 $\Delta\overline{Z}$，则根据参证断面的设计枯水位 $Z_{参}$ 及瞬时平均差 $\Delta\overline{Z}$，按下式便可求得设计断面的设计枯水位 $Z_{设}$：

$$Z_{设} = Z_{参} \pm \Delta\overline{Z} \tag{8-11}$$

单元五 河流多年平均输沙量的分析计算

学习目标:掌握泥沙的含沙量、输沙率、输沙量、侵蚀模数等计量单位,了解多年平均输沙量的计算方法。

一、概述

河道中水流挟带的泥沙叫河流泥沙。河流泥沙给修建水利工程带来不少问题和危害。如在多沙河流上修建水库,水库将发生淤积,使库容逐渐减少,水库寿命缩短,防洪能力也逐渐降低;引水灌溉时,若河水含沙较多,则渠首渠系易发生淤积;引水发电时,泥沙进入水轮机组,引起过水部件发生磨损;对通航的河流,沿岸的冲刷与淤积也可能给航运造成困难。由此可见,泥沙问题影响国民经济的面很广,特别在我国,河流泥沙问题更为严重。

工程水文学研究河流泥沙的目的在于预估未来工程运用期内河流泥沙的数量和变化规律,为水利工程规划设计提供有关泥沙的资料和数据。

河流中的泥沙,按其运动形式可大致分为悬浮于水中并随之运动的悬移质、受水流冲击沿河底移动或滚动的推移质。由于水流条件随时变化,两者之间的划分均以泥沙在水流中某一时刻所处的状态而定。随着水流条件的变化,它们可以相互转化。一般工程上,主要估计悬移质输沙量和推移质输沙量。

二、泥沙的计量单位

(1)含沙量。单位体积的浑水内所含泥沙的质量,用ρ表示,以 kg/m³ 计。

(2)输沙率。单位时间通过河流某断面的泥沙质量,用Q_s表示,以 kg/s 计。若用Q表示断面流量,以 m³/s 计,则有

$$Q_s = \rho Q \tag{8-12}$$

(3)输沙量。某时段内通过河流某断面的泥沙质量,用W_s表示,以 kg 或 t 计,若时段T以 s 计,W_s以 kg 计,则

$$W_s = Q_s T \tag{8-13}$$

(4)侵蚀模数。单位流域面积上的输沙量,用M_s表示,以 t/km² 计。若W_s以 t 计,F为计算输沙量的流域或区域面积,以 km² 计,则

$$M_s = \frac{F}{W_s} \tag{8-14}$$

三、多年平均输沙量的估算

(一)多年平均悬移质年输沙量的计算

1. 具有长期实测泥沙资料的情况

当某断面具有长期($n = 12 \sim 15$ 年以上)实测流量及悬移质含沙量资料时,可直接用这些资料算出各年的悬移质年输沙量,然后用下式计算多年平均悬移质年输沙量W_{si}

(kg),并由下式计算多年平均悬移质年输沙量$\overline{W}_s$(kg):

$$\overline{W}_s = \frac{1}{n}\sum_{i=1}^{n} W_{si} \tag{8-15}$$

2. 具有短期实测泥沙资料的情况

当某断面具有短期悬移质输沙量资料时,可根据资料的具体情况采用不同的处理方法。

若某断面具有长期年径流量资料和短期悬移质年输沙量资料系列,且足以建立相关关系时,可利用这种相关关系,由长期年径流量资料插补延长悬移质年输沙量系列,然后求其多年平均年输沙量。

当年径流量与年输沙量的相关关系不密切,而某断面的上游或下游测站有长系列输沙量资料时,也可绘制该断面与上游(或下游)测站悬移质年输沙量相关图,如相关关系较好,即可用以插补展延系列。但须注意两测站间应无支流汇入,河槽情况无显著变化,自然地理条件大致相同。

如悬移质实测资料系列很短,只有两三年,不足以绘制相关线,则可粗略假定悬移质年输沙量与年径流量的比值的平均值为常数,于是多年平均悬移质年输沙量$\overline{W}_s$可由多年平均年径流量$\overline{W}$推算,即

$$\overline{W}_s = \frac{W_{si}}{W_i}\overline{W} \tag{8-16}$$

式中 W_{si}——某一实测年的悬移质年输沙量,kg;

W_i——相关年份的年径流量,m^3。

3. 缺乏泥沙资料的情况

当缺乏实测悬移质资料时,其多年平均年输沙量只能采用下述粗略方法进行估算。

1)侵蚀模数分区图

输沙量不能完全反映流域地表被侵蚀的程度,更不能与其他流域的侵蚀程度相比较。因为流域有大有小,若它们的出口断面所测得的输沙量相等,则小的流域被侵蚀程度一定比大的流域严重。因此,为了比较不同流域表面侵蚀情况,判断流域被侵蚀的程度,必须研究流域单位面积的输沙量,这个数值称为侵蚀模数。多年平均悬移质侵蚀模数可由下式计算:

$$\overline{M}_s = \frac{\overline{W}_s}{F} \tag{8-17}$$

式中 $\overline{W}_s$——某一实测年的悬移质年输沙量,t;

F——流域面积,km^2。

在我国各省(区、市)的水文手册中,一般均有多年平均悬移质侵蚀模数分区图。设计流域的多年平均悬移质侵蚀模数可以从图上所在的分区查出,将查出的数值乘以设计断面以上的流域面积,即为设计断面的多年平均悬移质年输沙量。必须指出,下垫面因素对河流泥沙径流的特征值影响很大,所以应考虑设计流域的下垫面情况作适当修正。

2）沙量平衡法

设$\overline{W}_{s上}$和$\overline{W}_{s下}$分别为某河干流上游站和下游站的多年平均年输沙量，$\overline{W}_{s支}$和$\overline{W}_{s区}$分别为上、下游两站间较大支流断面和除较大支流外的区间多年平均年输沙量，ΔW_s为上、下游两站间河岸的冲刷量（为正值）或淤积量（为负值），则可写出沙量平衡方程式：

$$\overline{W}_{s下} = \overline{W}_{s上} + \overline{W}_{s支} + \overline{W}_{s区} + \Delta W_s \tag{8-18}$$

当上、下游或支流中的任一测站为缺乏资料的设计站，而其他两站具有较长期的观测资料时，即可应用上式推求设计站的多年平均年输沙量。$\overline{W}_{s区}$和ΔW_s可由历年资料估计，如数量不大亦可忽略不计。

3）经验公式法

当完全没有实测资料，而且以上的方法都不适用时，可由经验公式进行粗估，例如

$$\overline{W}_s = \frac{a\sqrt{JW}}{100} \tag{8-19}$$

式中 $\overline{W}_s$——多年平均输沙量，t；

J——河道平均纵比降（‰）；

W——多年平均年径流量，m^3；

a——侵蚀系数，冲刷剧烈的区域可取6~8，冲刷中等的区域可取4~6，冲刷轻微的区域可取1~2，冲刷极轻的区域可取0.5~1。

（二）多年平均推移质年输沙量的计算

许多山区河流坡度较陡，加之山石破碎，水土流失严重，推移质来沙量往往很大，故对推移质的估计必须重视。

由于推移质的采样和测验工作还存在许多问题，它的实测资料比悬移质更为缺乏，因此推移质的估算不宜单以一种方法为准，应采用多种方法估算，经过分析比较，给出合理的数据。

具有多年推移质资料时，其算术平均值即为多年平均推移质输沙量。当缺乏实测推移质资料时，目前采用的方法都不太成熟，其中一种方法称为系数法，可供参考。该法考虑推移质输沙量（$\overline{W}_b$）与悬移质输沙量（$\overline{W}_s$）之间具有一定的比例关系，此关系在一定的地区和河道水文地理条件下相当稳定，可用系数法计算：

$$\overline{W}_b = \beta \overline{W}_s \tag{8-20}$$

式中 β——推移质输沙量与悬移质输沙量的比值。

β值可根据相似河流已有短期的实测资料估计，在一般情况下可参考下列数值：平原地区河流β=0.01~0.05；丘陵地区河流β=0.05~0.15；山区河流β=0.15~0.30。

另一种方法为经验公式法，是原武汉水利电力学院等根据国内4条河流、12座水库的推移质输沙量观测资料建立的，其计算公式为

$$\overline{W}_b = 0.06(QJ)^{0.97} M_s^{1.46} \tag{8-21}$$

式中 $\overline{W}_b$——多年平均推移质输沙量，万t；

Q——多年平均流量，m^3/s；

J——原河流平均比降（‰）；

M_s——多年平均悬移质输沙量模数，t/km²。

练习题

8-1　试分析年径流的基本特性及其影响因素。

8-2　分析具有实测资料时设计年径流的计算思路。

8-3　分析缺乏实测资料时设计年径流的计算方法。

8-4　比较分析枯水径流与年径流频率计算的异同。

8-5　分析影响河流输沙量的因素。

8-6　某河某站有24年实测径流资料，经频率计算已求得理论频率曲线为P－Ⅲ型曲线，年径流深均值 $Y=667$ mm，$C_v=0.32$，$C_s=2.0C_v$，试结合表8-3，求10年一遇枯水年和10年一遇丰水年的年径流深。

表8-3　P－Ⅲ型曲线离均系数 Φ_p 值表

C_s	p(%)				
	1	10	50	90	99
0.64	2.78	1.33	－0.09	－0.19	－1.85
0.66	2.79	1.33	－0.09	－0.19	－1.84

8-7　某水库多年平均流量 $Q=15$ m³/s，$C_v=0.25$，$C_s=2.0C_v$，年径流理论频率曲线为P－Ⅲ型曲线。

（1）按表8-4求该水库设计频率为90%的年径流量；

（2）按表8-5径流年内分配典型求设计年径流的年内分配。

表8-4　P－Ⅲ型曲线模比系数 K_p 值表

C_v	p(%)					
	20	50	75	90	95	99
0.20	1.16	0.99	0.86	0.75	0.70	0.89
0.25	1.20	0.98	0.82	0.70	0.63	0.52
0.30	1.24	0.97	0.78	0.64	0.56	0.44

表8-5　枯水代表年年内分配典型

月份	1	2	3	4	5	6	7	8	9	10	11	12	全年
年内分配(%)	1.0	3.3	10.5	13.2	13.7	36.6	7.3	5.9	2.1	3.5	1.7	1.2	100

8-8　设某站只有1998年的实测径流资料，其年平均流量 $Q=128$ m³/s，而邻近参证站（各条件和该站都很类似）则有长期径流资料，并知其 $C_v=0.30$，$C_s=0.60$，它在1998

年的年径流量在频率曲线上所对应的频率恰为 $p=90\%$，结合表8-6，试按水文比拟法估算该站多年平均流量。

表8-6　P－Ⅲ型曲线离均系数 Φ_p 值表

C_s	$p(\%)$					
	20	50	75	90	95	99
0.40	0.82	−0.07	−0.71	−1.23	−1.52	−2.03
0.60	0.80	−0.10	−0.72	−1.20	−1.45	−1.88

8-9　某流域出口处的多年平均流量 $Q=137\ m^3/s$，各年悬移质输沙量与年径流量之比 $\alpha_s=0.037$，试估算该流域多年平均悬移质输沙量。

项目九 设计洪水的分析计算

【学习内容】 概述;由流量资料推求设计洪水;由暴雨资料推求设计洪水;小流域设计洪水。

单元一 概 述

学习目标:理解设计洪水的概念,了解水利水电工程的等别、防洪标准,掌握设计洪水的三要素。

洪水是指暴雨或急促的融冰化雪和水库垮坝等引起的江河水量迅速增加及水位急剧上涨的一种自然现象。当洪水超过江河的防洪能力时,如不加以防范就会造成洪水灾害,危及工矿企业、人民的生命财产安全。

设计洪水是指水利水电工程规划、设计中所指定的各种设计标准的洪水。合理分析计算设计洪水,是水利水电工程规划设计中首先要解决的问题。

在河流上筑坝建库能在防洪方面发挥很大的作用,但是水库本身却直接承受着洪水的威胁,一旦洪水漫溢坝顶,将会造成严重灾害。为了处理好防洪问题,在设计水工建筑物时,必须选择一个相应的洪水作为依据,若此洪水定得过大,则会使工程造价增多而不经济,但工程却比较安全;若此洪水定得过小,虽然工程造价降低了,但遭受破坏的风险增大了。如何选择对设计的水工建筑物较为合适的洪水作为依据,涉及一个标准问题,称为设计标准。确定设计标准是一个非常复杂的问题,国际上尚无统一的设计标准。根据我国十余年工程实践经验,结合我国国情,水利部会同有关部门于1994年共同制定了《防洪标准》(GB 50201—94)作为强制性国家标准,自1995年1月1日起施行。GB 50201—94根据工程规模、效益和在国民经济中的重要性,将水利水电枢纽工程分为五等,见表9-1。

表9-1 水利水电枢纽工程的等别

工程等别	水库		防洪		治涝	灌溉	供水	水电站
	工程规模	总库容(亿 m^3)	城镇及工矿企业的重要性	保护农田(万亩)	治涝面积	灌溉面积(万亩)	城镇及工矿企业的重要性	装机容量(万 kW)
Ⅰ	大(1)型	≥10	特别重要	≥500	≥200	≥150	特别重要	≥120
Ⅱ	大(2)型	10~1.0	重要	500~100	200~60	150~50	重要	120~30
Ⅲ	中型	1.0~0.1	中等	100~30	60~15	50~5	中等	30~5
Ⅳ	小(1)型	0.1~0.01	一般	30~5	15~3	5~0.5	一般	5~1
Ⅴ	小(2)型	0.01~0.001		≤5	≤3	≤0.5		≤1

根据所属枢纽工程的等别、作用和重要性，可将水利水电枢纽工程的水工建筑物分为五级，见表9-2。

表9-2　水工建筑物的级别

工程等别	永久性水工建筑物		临时性水工建筑物等别
	主要建筑物	次要建筑物	
Ⅰ	1	3	4
Ⅱ	2	3	4
Ⅲ	3	4	5
Ⅳ	4	5	5
Ⅴ	5	5	

设计时根据建筑物级别选定不同频率作为防洪标准。这样，把洪水作为随机现象，以概率形式估算未来的设计值，同时以不同频率来处理安全和经济的关系。

水利水电工程建筑物防洪标准分为正常运用和非常运用两种。按正常运用洪水标准算出的洪水称为设计洪水，用它来决定水利水电枢纽工程的设计洪水位、设计泄洪流量等，宣泄正常运用洪水时，泄洪设施应保证安全和正常运行。GB 50201—94 规定的设计洪水标准见表9-3。

表9-3　水库工程水工建筑物的防洪标准

水工建筑物级别	防洪标准(重现期(年))				
	山区、丘陵区			平原区、滨海区	
	设计	校核		设计	校核
		混凝土坝、浆砌石坝及其他水工建筑物	土坝、堆石坝		
1	1 000～500	5 000～2 000	最大可能洪水 PMF 或 10 000～5 000	300～100	2 000～1 000
2	500～100	2 000～1 000	5 000～2 000	100～50	1 000～300
3	100～50	1 000～500	2 000～1 000	50～20	300～100
4	50～30	500～200	1 000～300	20～10	100～50
5	30～20	200～100	300～200	10	50～20

当河流发生比设计洪水更大的洪水时，选定一个非常运用洪水标准进行计算，算出的洪水称为非常运用洪水或校核洪水。GB 50201—94 规定的校核洪水标准见表9-3。

水利水电枢纽工程的泄洪设施，在有条件时可分为正常设施和非常设施两部分，宣泄非常运用洪水时，泄洪设施应保证满足泄量的要求，可允许消能设施和次要建筑物部分破坏，但不应影响枢纽工程主要建筑物的安全或发生河流改道等重大灾害性后果。有关永久性水工建筑物的坝、闸顶部安全超高和抗滑稳定安全系数在水工专业规范中有规定，这里不另述。

设计洪水包括设计洪峰流量、不同时段设计洪量及设计洪水过程线三个要素。推求设计洪水的方法有两种：由流量资料推求设计洪水和由暴雨资料推求设计洪水。当必须采用可能最大洪水作为非常运用洪水标准时，则由水文气象资料推求可能最大暴雨，然后计算可能最大洪水。

单元二　由流量资料推求设计洪水

学习目标：了解洪水资料的选样及审查方法，掌握“独立选样法”处理特大洪水，掌握设计洪水过程线的推求方法。

由流量资料推求设计洪峰及不同时段的设计洪量，可以使用数理统计方法计算符合设计标准的数值，一般称为洪水频率计算。

一、洪水资料的选样与审查

（一）资料审查

在应用资料之前，首先要对原始水文资料进行审查，洪水资料必须可靠，具有必要的精度，而且具备频率分析所必需的某些统计特性，例如洪水系列中各项洪水相互独立，且服从同一分布等。

资料审查主要包括三个方面，即可靠性、一致性和代表性。

洪水资料的可靠性即洪水资料的可靠程度，也就是洪水资料是否存在着种种较大的误差和错误。为使洪水资料具有可靠性，在统计分析之前就应该对原始资料进行复核，对测验精度、资料整编成果等作出分析评价。如问题较大，应先进行修正。

洪水资料的一致性是指洪水资料是否在同一条件下产生。为使洪水资料具有一致性，要在调查观测期中洪水形成条件相同，当使用的洪水资料受人类活动如修建水工建筑物、整治河道等的影响有明显变化时，应进行还原计算，将洪水资料换算到天然状态的基础上。

洪水资料的代表性是指样本的统计参数能否代表总体的统计特性。而洪水的总体难以获得，所以一般认为资料年限较长，并能包括大、中、小等各种洪水年份，则代表性较好。由此可见，通过研究古洪水、调查历史洪水、考证历史文献和系列插补延长等增加洪水系列的信息量方法，是提高洪水系列代表性的基本途径。

（二）样本选取

河流上一年内要发生多次洪水，每次洪水具有不同历时的流量变化过程，如何从历次洪水系列资料中选取表征洪水特征值的样本，是洪水频率计算的首要问题。

对于洪水系列，应采用年最大值原则选样，即从资料中逐年选取一个大流量和固定时段的最大洪水总量，组成洪峰流量和洪量系列。固定时段一般采用 1 d、3 d、5 d、7 d、15 d、30 d。对大流域、调洪能力大的工程，设计时段可以取得长一些；对小流域、调洪能力小的工程,设计时段可以取得短一些。

在设计时段以内,还必须确定一些控制时段,即洪水过程对工程调洪后果起控制作用的时段,这些控制时段洪量应具有相同的设计频率。同一年内所选取的控制时段洪量,可发生在同一次洪水中,也可不发生在同一次洪水中,关键是选取其最大值。例如,图 9-1 中最大 1 d 洪量与最大 3 d 洪量、最大 5 d 洪量不属于同一次洪水。

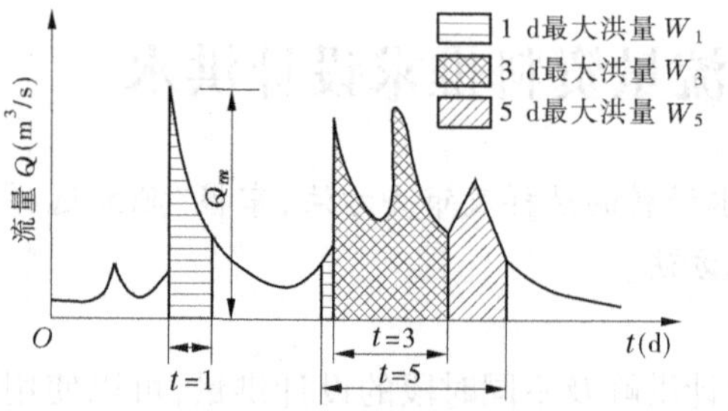

图 9-1　年最大值法选样示意图

二、设计洪峰流量和洪量系列的频率计算

(一)特大洪水处理

特大洪水是指实测系列和调查到的历史洪水中,比一般洪水大得多的稀遇洪水。我国实测流量资料系列一般不长,通过插补延长的系列也有限,若只根据短系列资料,出现一次新的大洪水以后,设计洪水数值就会发生变动,所得成果很不稳定。如果在频率计算中能够正确利用特大洪水资料,则会提高计算成果的稳定性。

特大洪水一般指的是历史洪水,但是在实测洪水系列中,若有大于历史洪水或数值相当大的洪水,也作为特大洪水。洪水系列(洪峰或洪量)有两种情况,一是系列中没有特大洪水值,在频率计算时,各项数值直接按大小次序统一排位,各项之间没有空位,序数 m 是连序的,称为连序系列,如图 9-2(a)所示;二是系列中有特大洪水值,特大洪水值的重现期(N)必然大于实测系列年数 n,而在 $N-n$ 年内各年的洪水数值无法查得,它们之间存在一些空位,由大到小是不连序的,称为不连序系列,如图 9-2(b)所示。

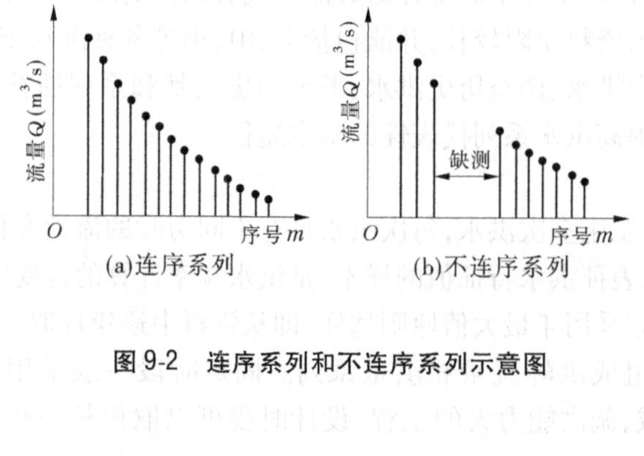

图 9-2　连序系列和不连序系列示意图

对于不连序系列，其经验频率与统计参数的计算与连序系列样本资料有所不同，这就是所谓的特大洪水的处理问题。

考虑特大洪水的不连序系列的经验频率，有以下两种估算方法。

1. 独立样本法

把实测系列与特大值系列都看作是从总体中独立抽出的两个随机连序样本，各项洪水可分别在各个系列中进行排位，实测系列的经验频率仍按连序系列经验频率公式计算。

$$p_m = \frac{m}{n+1} \tag{9-1}$$

特大洪水系列的经验频率计算公式为

$$p_M = \frac{M}{N+1} \tag{9-2}$$

式中　p_m——实测系列第 m 项的经验频率；
m——实测系列由大至小排列的序号；
n——实测系列的年数；
p_M——特大洪水第 M 项的经验频率；
M——特大洪水由大至小排列的序号；
N——自最远的调查考证年份至今的年数。

当实测系列内含有特大洪水时，此特大洪水亦应在实测系列中占序号。例如，实测为30年，其中有一个特大洪水，则一般洪水最大项应排在第二位，其经验频率 $P_2 = 2/(30+1) = 0.0645$。

2. 统一样本法

将实测系列与特大值系列共同组成一个不连序系列，作为代表总体的一个样本，不连序系列各项可在历史调查期 N 年内统一排位。

假设在历史调查期 N 年中有特大洪水 a 项，其中有 l 项发生在 n 年实测系列之内；历史调查期 N 年中的 a 项特大洪水的经验频率仍用式(9-2)计算。实测系列中其余的 $(n-l)$ 项，则均匀分布在 $1-p_{Ma}$ 频率范围内，p_{Ma} 为特大洪水第末项 $M=a$ 的经验频率，即

$$p_{Ma} = \frac{a}{N+1} \tag{9-3}$$

实测系列第 m 项的经验频率计算公式为

$$p_m = p_{Ma} + (1-p_{Ma})\frac{m-l}{n-l+1} \tag{9-4}$$

上述两种方法，我国目前都在使用，第一种方法比较简单，但是在使用式(9-1)和式(9-2)点绘不连序系列时，会出现所谓的重叠现象，而且在假定不连序系列是两个相互独立的连序样本条件下，没有对式(9-1)作严格的推导。当调查考证期 N 年中为首的数项历史洪水确系连序而无错漏，为避免历史洪水的经验频率与实测系列的经验频率的重叠现象，采用第二种方法较为合适。

(二)频率曲线线型的选择

样本系列各项的经验频率确定之后，就可以在频率格纸上确定经验频率点据的位置。

点绘时，可以不同符号分别表示实测、插补和调查的洪水点据，为首的若干个点据应标明其发生年份。通过点据中心，可以目估绘制出一条光滑的曲线，称为经验频率曲线。由于经验频率曲线是由有限的实测资料算出的，当求稀遇设计洪水数值时，需要对频率曲线进行外延，而经验频率曲线往往不能满足这一要求。为使设计工作规范化，便于各地设计洪水估计结果有可比性，世界上大多数国家根据当地长期洪水系列经验点据拟合情况，选择一种能较好地拟合大多数系列的理论线型，以供本国或本地区有关工程设计使用。

我国自 20 世纪 60 年代以来，一直采用皮尔逊Ⅲ型曲线作为洪水频率计算的依据。

（三）频率曲线参数估计

在洪水频率计算中，我国规范统一规定采用适线法。适线法有两种：一种是经验适线法（或称目估适线法），另一种是优化适线法。用适线法估计频率曲线的统计参数分为初步估计参数、用适线法调整初估值以及对比分析三个步骤。

矩法是一种简单的经典参数估计方法，它无需事先选定频率曲线线型，因而是洪水频率分析中广泛使用的一种方法。由矩法估计的参数及由此求得的频率曲线总是系数偏小，其中尤以 C_s 偏小更为明显。

在用矩法初估参数时，对于不连序系列，假定 $n-l$ 年系列的均值和均方差与除去特大洪水后的 $N-a$ 年系列的相等，即 $\bar{x}_{N-a}=\bar{x}_{n-l}$，$\sigma_{N-a}=\sigma_{n-l}$，可以导出参数计算公式：

$$\bar{x}=\frac{1}{N}\left(\sum_{j=1}^{a}x_j+\frac{N-a}{n-l}\sum_{i=l+1}^{n}x_i\right) \tag{9-5}$$

$$C_v=\frac{1}{\bar{x}}\sqrt{\frac{1}{N-1}\left[\sum_{j=1}^{a}(x_j-\bar{x})^2+\frac{N-a}{n-l}\sum_{i=l+1}^{n}(x_i-\bar{x})^2\right]} \tag{9-6}$$

式中 x_j——特大洪水，$j=1,2,\cdots,a$；

x_i——一般洪水，$i=l+1,l+2,\cdots,n$。

偏差系数 C_s 抽样误差较大，一般不宜直接计算，而是参考相似流域分析成果，选用一定的 C_s/C_v 作为初始值。

（四）推求设计洪峰、洪量

根据上述方法计算的参数初估值，用适线法求出洪水频率曲线，然后在频率曲线上求得相应于设计频率的设计洪峰和各统计时段的设计洪量。

有关水文频率曲线适线法的步骤、计算实例，以及适线时应考虑的事项，已在项目八作了具体介绍，但未涉及特大洪水处理问题，本单元将用一个实例，考虑加入特大洪水，具体说明用矩法配线推求设计洪峰的方法。

【例题 9-1】 某河水文站实测洪峰流量资料共 30 年，历史特大洪水 2 年，历史考证期 102 年，试用矩法初选参数进行配线，推求该水文站 200 年一遇的洪峰流量。

解：(1) 计算经验频率，并点绘经验频率曲线，见图 9-3。

用式(9-2)计算特大洪水的经验频率，式中 $N=102$，计算成果列入表 9-4 第(3)栏。用式(9-3)计算一般洪水的经验频率，式中 $p_{Ma}=p_{M2}$，计算成果列入表 9-4 第(4)栏。

(2) 用矩法计算统计参数。用式(9-5)计算年最大洪峰流量的均值，式中 $N=102$、$n=30$、$a=2$、$l=0$，得

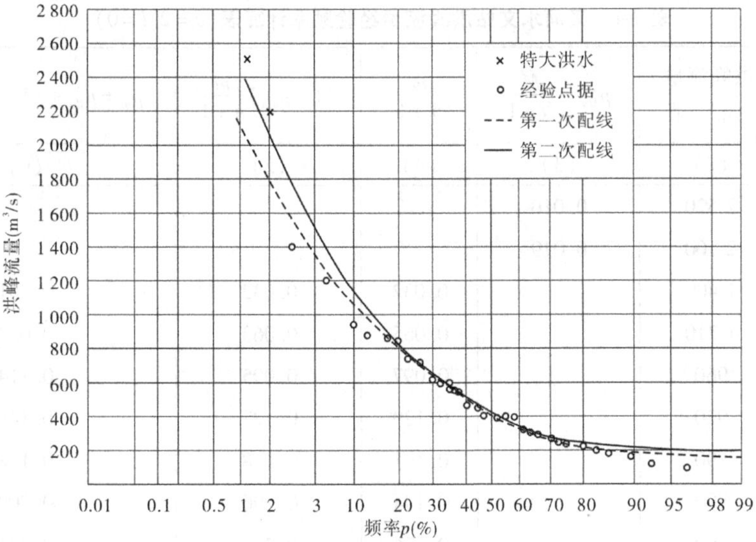

图 9-3 某站洪峰流量频率曲线

$$\bar{x} = \frac{1}{N}\left(\sum_{j=1}^{a}x_j + \frac{N-a}{n-l}\sum_{i=l+1}^{n}x_i\right) = \frac{1}{102}\times\left(4\ 620 + \frac{100}{30}\times 16\ 542\right) = 586$$

用式(9-6)计算年最大洪峰流量的变差系数,得

$$C_v = \frac{1}{\bar{x}}\sqrt{\frac{1}{N-1}\left[\sum_{j=1}^{a}(x_j-\bar{x})^2 + \frac{N-a}{n-l}\sum_{i=l+1}^{n}(x_i-\bar{x})^2\right]}$$

$$= \frac{1}{586}\sqrt{\frac{1}{101}\times(6\ 338\ 238 + 9\ 617\ 033)} = 0.68$$

(3)选配洪水频率曲线。根据统计参数计算成果,取 $C_v=0.7$,$C_s=3C_v$,查附表 2 得出相应于不同频率 p 的 K_p 值,列入表 9-5 第(2)栏,乘以 $\overline{Q}$ 得相应的 Q_p 值,列入表 9-5 第(3)栏。

将表 9-5 中第(1)、(3)栏的对应数值点绘成曲线,可见点绘的频率曲线中下段与经验频率点据配合较好,但中上段偏离特大洪水点子下方较多,因此必须进行调整。

第二次配线时适当将 C_v 增大,并取 $C_s=3.5C_v$,使曲线中上部与经验频率点据靠近,再查附表 2,得出相应于不同频率 p 的 K_p 值,列入表 9-5 第(4)栏,乘以 $\overline{Q}$ 得相应的 Q_p 值,列入表 9-5 第(5)栏,此时曲线与经验频率点据配合较好,可作为采用的洪水频率曲线。查 $p=0.5\%$ 对应的 K_p,得 $K_p=4.87$,按 $Q_p=K_p\overline{Q}$ 算得

$$Q_p = K_p\overline{Q} = 4.87\times 586 = 2\ 854(\mathrm{m^3/s})$$

即为所求的该水文站 200 年一遇的洪峰流量。或查附表 1,得 $\Phi=4.84$,代入 $X_p=\overline{X}(1+C_v\Phi)$,得 $Q_{0.5\%}=586\times(1+0.8\times4.84)=2\ 854\ \mathrm{m^3/s}$。

(五)设计成果的合理性分析

在洪水峰量计算中,不可避免地存在各种误差,为此必须对计算成果进行合理性检查,以便尽可能地提高精度。检查工作 般从以下二个方面进行:

表 9-4　某河水文站洪峰流量经验频率计算表($a=2, l=0$)

序号	洪峰流量(m^3/s)	$p_{Ma}=\frac{M}{N+1}$	$\frac{m}{n+1}$	$(1-p_{Ma})\frac{m}{n+1}$	$p_m=p_{Ma}+(1-p_{Ma})\frac{m}{n+1}$
(1)	(2)	(3)	(4)	(5)	(6)
	2 520	0.010			
	2 100	0.019			
1	1 400		0.032	0.032	0.051
2	1 210		0.065	0.063	0.083
3	960		0.097	0.095	0.114
4	920		0.129	0.127	0.146
5	890		0.161	0.158	0.178
6	880		0.194	0.190	0.209
7	790		0.226	0.221	0.241
8	784		0.258	0.253	0.272
9	670		0.290	0.285	0.304
10	650		0.323	0.316	0.336
11	638		0.355	0.348	0.367
12	590		0.387	0.380	0.399
13	520		0.419	0.411	0.431
14	510		0.452	0.443	0.462
15	480		0.484	0.474	0.494
16	470		0.516	0.506	0.526
17	462		0.548	0.538	0.557
18	440		0.581	0.569	0.589
19	386		0.613	0.601	0.620
20	368		0.645	0.633	0.652
21	340		0.677	0.664	0.684
22	322		0.710	0.696	0.715
23	300		0.742	0.728	0.747
24	288		0.774	0.759	0.779
25	262		0.806	0.791	0.810
26	240		0.839	0.822	0.842
27	220		0.871	0.854	0.873
28	200		0.903	0.886	0.905
29	186		0.935	0.917	0.937
30	160		0.968	0.949	0.968

表 9-5 频率曲线配线计算表

频率	第一次配线 $\overline{Q}=586$ $C_v=0.7$ $C_s=3C_v$		第二次配线 $\overline{Q}=586$ $C_v=0.8$ $C_s=3.5C_v$	
$p(\%)$	K_p	Q_p	K_p	Q_p
(1)	(2)	(3)	(4)	(5)
1	3.56	2 089.72	4.18	2 453.66
2	3.05	1 790.35	3.49	2 048.63
5	2.40	1 408.80	2.61	1 532.07
10	1.90	1 115.30	1.97	1 156.39
20	1.41	827.67	1.37	804.19
50	0.78	457.86	0.70	410.90
75	0.50	293.50	0.49	287.63
90	0.39	228.93	0.44	258.28
95	0.36	211.32	0.43	252.41
99	0.34	199.58	0.43	252.41

(1)根据本站频率计算成果,检查洪峰、各时段洪量的统计参数与历时之间的关系,一般说来,随着历时的增加,洪量的均值也逐渐增大,而时段平均流量的均值则随历时的增加而减小。C_v、C_s 在一般情况下随历时的增长而减小,但对于连续暴雨次数较多的河流,随着历时的增长,C_v、C_s 反而加大,浙江省新安江流域就有这种现象。所以,参数的变化还要和流域的暴雨特性和河槽调蓄作用等因素联系起来分析。

另外,还可以对各种历时的洪量频率曲线对比分析,要求各种曲线在使用范围内不应有交叉现象,当出现交叉时,应复查原始资料和计算过程有无错误,统计参数是否选择得当。

(2)将上下游站、干支流站及邻近地区各河流洪水的频率分析成果进行比较,如气候、地形条件相似,则洪峰、洪量的均值应自上游向下游递增,其模数则由上游向下游递减。如将上下游站、干支流站同历时最大洪量的频率曲线绘在一起,下游站、干流站的频率曲线应高于上游站和支流站,曲线间距的变化也有一定的规律。

(3)将暴雨频率分析成果进行比较。一般说来,洪水的径流深应小于相应天数的暴雨深,而洪水的 C_v 值应大于相应暴雨量的 C_v 值。

以上所述,可作为成果合理性检查的参考,如发现明显不合理之处,应分析原因,将成果加以修正。

三、设计洪水过程线的推求

设计洪水过程线是指具有某一设计标准的洪水过程线。但是,洪水过程线的形状千变万化,且洪水每年发生的时间也不相同,是一种随机过程,目前尚无完善的方法直接从洪水过程线的统计规律求出一定频率的过程线。尽管已有人从随机过程的角度对过程线作模拟研究,但尚未达到实用的目的。为了适应工程设计要求,目前仍采用放大典型洪水过程线的方法,使其洪峰流量和时段洪水总量的数值等于设计标准的频率值,即认为所得过程线是待求的设计洪水过程线。

放大典型洪水过程线时,根据工程和流域洪水特性,可选用同频率放大法或同倍比放大法。

(一)典型洪水过程线的选择

典型洪水过程线是放大的基础,从实测洪水资料中选择典型时,资料要可靠,同时应考虑下列条件:

(1)选择峰高量大的洪水过程线,其洪水特征接近于设计条件下的稀遇洪水情况。

(2)要求洪水过程线具有一定的代表性,即它的发生季节、地区组成、洪峰次数、峰量关系等能代表本流域上大洪水的特性。

(3)从水库防洪安全着眼,选择对工程防洪运用较不利的大洪水典型,如峰型比较集中、主峰靠后的洪水过程。

一般按上述条件初步选取几个典型,分别放大,并经调洪计算,取其中偏于安全的作为设计洪水过程线的典型。

(二)典型放大方法

目前采用的典型放大方法有峰量同倍比控制方法(简称同倍比放大法)和峰量同频率控制方法(简称同频率放大法)。

1. 同倍比放大法

此法是按洪峰或洪量同一个倍比放大典型洪水过程线的各纵坐标值,从而求得设计洪水过程线。因此,此法的关键在于确定以谁为主的放大倍比值。

如果以洪峰控制,其放大倍比为

$$K_Q = \frac{Q_{mP}}{Q_{mD}} \tag{9-7}$$

式中 K_Q——以洪峰控制的放大系数;

Q_{mP}——设计洪峰流量;

Q_{mD}——典型洪水过程的洪峰流量。

如果以洪量控制,其放大倍比为

$$K_{Wt} = \frac{W_{tP}}{W_{tD}} \tag{9-8}$$

式中 K_{Wt}——以量控制的放大系数;

W_{tP}——控制时段 t 的设计洪量；

W_{tD}——典型过程线在控制时段 t 的最大洪量。

采用同倍比放大时，若放大后洪峰或某时段洪量超过或低于设计很多，且对调洪结果影响较大，应另选典型。

2. 同频率放大法

此法要求放大后的设计洪水过程线的峰和不同时段（1 d、3 d…）的洪量均分别等于设计值。具体做法是先由频率计算求出设计的洪峰值 Q_{mP} 和不同时段的设计洪量值 W_{1P}、W_{3P}…，并求典型过程线的洪峰 Q_{mP} 和不同时段的洪量 W_{1D}、W_{3D}…，然后按洪峰、最大 1 d 洪量、最大 3 d 洪量的顺序，采用以下不同倍比值分别将典型过程进行放大。

洪峰放大倍比为

$$K_Q = \frac{Q_{mP}}{Q_{mD}} \tag{9-9}$$

最大 1 d 洪量放大倍比为

$$K_1 = \frac{W_{1P}}{W_{1D}} \tag{9-10}$$

最大 3 d 洪量中除最大 1 d 外，其余 2 d 的放大倍比为

$$K_{3-1} = \frac{W_{3P} - W_{1P}}{W_{3D} - W_{1D}} \tag{9-11}$$

以上说明，最大 1 d 洪量包括在最大 3 d 洪量之中，同理，最大 3 d 洪量包括在最大 7 d洪量之中。将典型洪水过程线的洪峰和不同时段的洪量乘以相应的放大系数，得放大的设计洪水过程线（见图 9-4），得出的设计洪水过程线上的洪峰和不同时段的洪量恰好等于设计值。由于各时段放大倍比不相等，放大后的过程线在时段分界处出现不连续现象，此时可徒手修匀，修匀后仍应保持洪峰和各时段洪量等于设计值。如放大倍比相差较大，要分析原因，采取措施消除不合理的现象。因此，时段划分不宜太多，视过程线的长度而定，一般以 3 段或 4 段为宜。

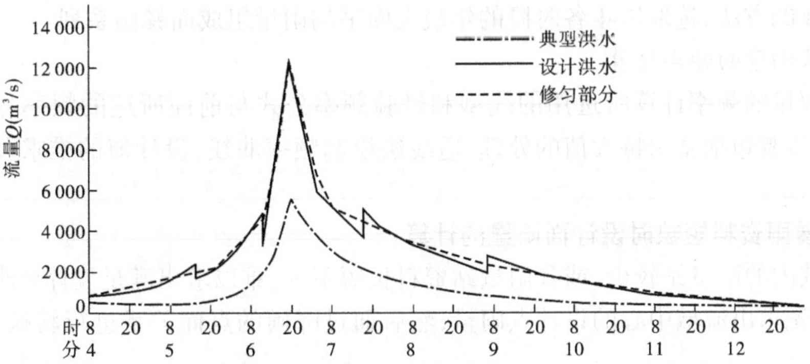

图 9-4　某水库 $p=0.1\%$ 设计洪水与典型洪水过程线

单元三　由暴雨资料推求设计洪水

学习目标：掌握设计暴雨的计算方法，掌握降雨径流相关图法、初损后损法推求设计净雨，掌握经验单位线、瞬时单位线法推求设计洪水过程线。

一、概述

我国大部分地区的洪水主要由暴雨形成。在实际工作中，中小流域常因流量资料不足无法直接用流量资料推求设计洪水，而暴雨资料一般较多，因此可用暴雨资料推求设计洪水。

由暴雨资料推求设计洪水的主要内容有：

(1)推求设计暴雨。根据实测暴雨资料，用统计分析和典型放大法求得设计暴雨。

(2)推求设计洪水过程线。由求得的设计暴雨，利用产流方案推求设计净雨过程，利用流域汇流方案由设计净雨过程求得设计洪水过程。

设计暴雨是指符合设计标准的面平均暴雨及过程。推求设计洪水所需的是流域上的设计面暴雨过程。根据当地雨量资料条件，计算方法可分资料充足和资料短缺两种。前者是由面平均雨量资料系列直接进行频率计算，方法类似于由流量资料推求设计洪水的方法，适用于雨量资料充分的流域；后者通过降雨的点面关系，由设计点雨量间接推求设计面雨量，有时直接以点代面，适用于雨量资料短缺的中小流域。

二、设计暴雨的计算

（一）设计暴雨的计算

1. 面暴雨量的选样

面暴雨资料的选样一般采用年最大值法。首先根据当地雨量的观测站资料和设计精度要求确定各计算时段，一般为6 h、12 h、1 d、3 d、7 d…，并计算各时段面平均雨量；然后按独立选样的方法，选取历年各时段的年最大面平均雨量组成面暴雨系列。

2. 面暴雨量的频率计算

面暴雨量的频率计算所选用的线型和经验频率公式与前面所述的频率分析计算相同，其计算步骤包括暴雨特大值的处理、适线法绘制频率曲线、设计值的推求及合理性分析等。

（二）暴雨资料短缺时设计面雨量的计算

当流域内的雨量站较少，或各雨量站资料长短不一，难以求出满足设计要求的面暴雨系列时，可先求出流域中心的设计点雨量，然后通过降雨的点面关系进行转换，求出设计面雨量。

1. 设计点雨量计算

求设计点雨量时，如果在流域中心处有雨量站且系列足够长，则可用该站的暴雨资料直接进行频率计算求得设计点雨量。如果在流域中心没有这种雨量站，则可先求出所在流域中心附近各测站的设计点雨量，然后通过地理插值，求出流域中心的设计点雨量；若流域缺乏暴雨资料，则通过各省（区）《水文手册》（图集）所提供的各时段年最大暴雨量的$\overline{H}$、C_v 等值线图及 C_s/C_v 的比值，计算设计点雨量。

此外，对于流域面积小、历时短的设计暴雨，也可采用暴雨公式计算设计点雨量。其方法是根据各地区的《水文手册》（图集）查得设计流域中心的 24 h 暴雨统计参数（$\overline{H}$、C_v、C_s），计算出该流域 24 h 设计雨量 $H_{24\,h,P}$，并按照暴雨公式求出设计雨力 S_P，其计算式为

$$S_P = H_{24\,h,P}24^{n-1} \tag{9-12}$$

任一历时的设计暴雨 $H_{t,P}$ 可通过暴雨公式转换得到，计算式为

$$H_{t,P} = S_P t^{n-1} \tag{9-13}$$

暴雨递减指数 n 要经过实测资料分析，通过地区综合得出。暴雨递减指数 n 一般不是常数，当 $t<t_0$ 时，$n=n_1$；当 $t \geq t_0$ 时，$n=n_2$（$t_0=1$ h 或 6 h）。具体应用时，可由当地的水文手册》（图集）查得。

2. 设计面暴雨量的计算

按上述要求求出设计点雨量后，就可由流域降雨点面关系，很容易地转换出流域设计平均雨量，即设计面暴雨量。

暴雨的点面关系是指暴雨中心或流域内某一特定位置的点雨量与一定范围内相应的面雨量之间的相关关系。

径流试验站的观测资料表明：当流域面积较小时，暴雨的时空分布基本均匀，可直接以点雨量代替面雨量，不作点面关系的转换。随着流域面积的增大，点面雨量的差异也随之加大。例如，某流域 $F=324$ km^2，流域内有 4 个雨量站，1983 年 7 月 26 日大暴雨，算得的最大 24 h 流域平均雨量为 115.7 mm，而 4 个站观测的最大 24 h 点雨量为 205.1 mm，最小点雨量为 38.9 mm，相差 5 倍多，最大点雨量为流域平均雨量的 1.8 倍。显然，用点雨量代替面雨量的误差一定较大，这时应通过点面关系将点雨量转换成面雨量。点面关系的建立有两种方式，分别介绍如下。

1）定点定面关系

用流域中心或流域内某一雨量站作为定点，以设计流域面积作为定面，计算某历时次暴雨的点雨量及相应的流域平均雨量，建立点雨量与面雨量的相关关系，叫作定点定面关系。

点面关系图以流域面积为横坐标，以面雨量与相应点雨量之比值，即点面折扣系数为纵坐标，其计算公式为

$$\alpha = H_F/H_0 \tag{9-14}$$

式中 α——点面折扣系数；

H_F——面雨量，mm；

H_0——代表站或流域中心处的点雨量，mm。

暴雨在地区上的分布是极不均匀的，其变化不受流域边界约束，只受气候、地形及自然条件的影响。因此，各次暴雨的点面关系均不相同，致使点面关系点距比较散乱。生产中常将点面关系取其平均或取外包线，加以综合后绘制成点面关系图。

2)动点动面关系

由于暴雨的走向、雨量大小及地区分布的随机性,有时定点定面关系很不稳定,建议在定点定面关系不好的情况下,可建立动点动面关系来推求设计面雨量。

动点动面关系根据某一历时的暴雨图分析计算求得。即以暴雨图上暴雨中心的点雨量与其四周等雨量线围成的面积的平均雨量建立点面关系。关系图的绘制与前述相同。但横坐标 F 已不是流域面积,而是各等雨量线包围的面积。将点面关系加以综合即得暴雨动点动面关系图。

以上两种点面关系,前者面积为固定的流域面积,点是特定的点。因暴雨中心不一定正好落在特定点上,因此点雨量不一定大于面雨量,故点面折扣系数可能出现大于1.0的情况,但经综合后均小于1.0;后者点的位置和面的范围都是变动的,点雨量是暴雨中心的雨量,因此一定大于面雨量,点面折扣系数均小于1.0。

各省(区)的《水文手册》(图集)中刊有不同历时暴雨的点面关系图(表),可供查用。当流域较小时,可直接用设计点雨量代替设计面暴雨量。

(三)设计暴雨的时程分配

拟定设计暴雨在时间上的分配过程的具体方法是:

在求出各种历时的设计面雨量后,首先在设计流域(若缺乏实测暴雨资料,则在其邻近流域)内选取一次实测大暴雨过程作为典型。典型暴雨的选择原则是:

(1)所选典型暴雨的分配过程应为本流域设计条件下比较容易发生的雨型,即所选的典型暴雨的雨峰个数、主雨峰位置、实际降雨时段数是大暴雨中较常见的;

(2)所选典型暴雨的雨量与设计暴雨量相近;

(3)所选典型暴雨的分配过程对工程不利,即为雨量集中、主峰偏后的暴雨。

然后采用同倍比法或者同频率法放大典型暴雨过程。有时在小流域上也可以采用单站雨量(点雨量)过程作为典型,但在大流域上应尽可能避免,因为单站的典型暴雨更容易产生偏大的结果。

【例题9-2】 某流域具有充分的雨量资料。经面暴雨量频率计算得各时段 $p=1\%$ 的设计雨量为 $H_{6\text{ h}}=64$ mm, $H_{24\text{ h}}=106$ mm, $H_{72\text{ h}}=178$ mm。求 $p=1\%$ 的设计暴雨过程。

解:(1)对流域内的某次实测大暴雨过程进行分析比较后,选定2002年7月的一次大暴雨作为典型,其暴雨过程见表9-6。

表9-6 某流域设计暴雨过程计算结果

时段(6 h)	1	2	3	4	5	6	7	8	9	10	11	12	合计
典型暴雨	12.2	6.8	0	20.0	1.5	3.8	4.7	11.3	46.7	21.5	3.8	8.7	141.0
放大倍比	1.27	1.27	1.27	1.27	1.27	1.27	1.12	1.12	1.37	1.12	1.27	1.27	
设计暴雨	15.5	8.6	0	25.4	1.9	4.8	5.3	12.6	64.0	24.1	4.8	11.0	178.0

(2)根据典型暴雨过程,经统计得典型最大6 h、24 h、72 h雨量及位置分别如下:

最大6 h为第9时段, $H_{D,6}=46.7$ mm;

最大24 h为第7~10时段, $H_{D,24}=84.2$ mm;

最大72 h为第1~12时段, $H_{D,72}=141.0$ mm。

(3)各种历时的放大倍比系数为

$$K_1=\frac{64.0}{46.7}=1.37$$

$$K_{4-1}=\frac{106.0-64.0}{84.2-46.7}=1.12$$

$$K_{4-3}=\frac{178.0-106.0}{141.0-84.2}=1.27$$

(4)用同频率控制放大法推求设计暴雨过程,将各放大倍比系数填在表9-6与典型暴雨过程相对应的位置上,通过放大计算得设计暴雨过程,如表9-6所示。

三、设计净雨的推求

净雨量是指降雨扣除损失后剩余的雨量,又称产流量。设计净雨的推求也就是设计条件下产流量的推求,是从设计暴雨中扣除损失量的计算过程。由于产流过程是十分复杂的过程,损失量一般无法直接预测,通常用间接的方法来确定,其常用方法有降雨径流相关图法和初损后损法。

(一)降雨径流相关图的确定

降雨径流相关图是指流域面雨量与所形成的径流深及影响因素之间的相关曲线。一般以次降雨量 H 为纵坐标,以相应的径流深 Y 为横坐标,以流域前期影响雨量 P_a 为参数,然后按点群分布的趋势和规律,定出一条以 P_a 为参数的等值线。这就是该流域的 $H—P_a—Y$ 三变量降雨径流相关图,如图9-5(a)所示。相关图作好后,要用若干次未参加制作相关图的雨洪资料,对相关图的精度进行检验与修正,以满足精度要求。当降雨径流资料不多,相关点据较少,按上述方法定线有一定困难时,可绘制简化的三变量相关图,即以 $H+P_a$ 为纵坐标,径流深 Y 为横坐标的 $H+P_a—Y$ 相关图,如图9-5(b)所示。

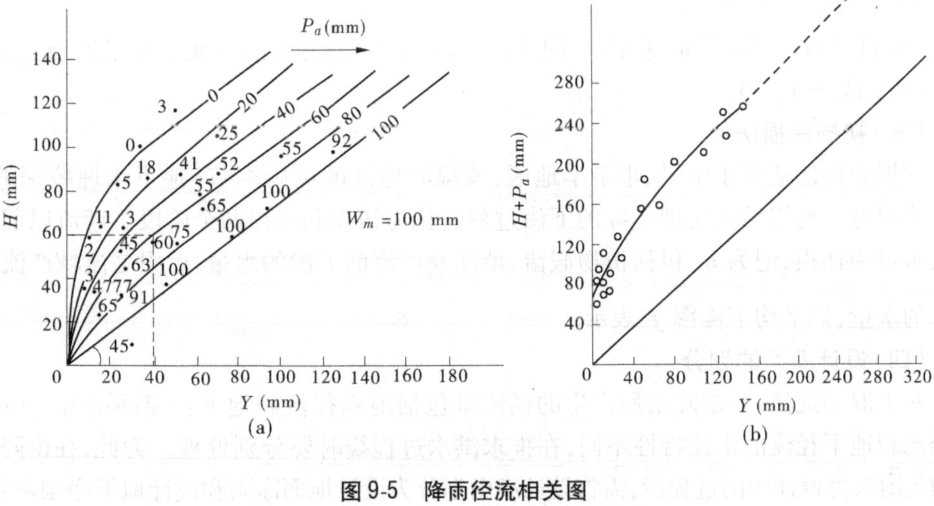

图9-5 降雨径流相关图

必须指出的是,降雨径流相关图中的径流有地面径流和总径流之分。两者有很大差别,前者是以超渗产流为基础建立的,而后者则是以蓄满产流为基础建立的。

有的省（区）对降雨径流相关图选配了数学公式；有的省（区）不考虑 P_a 值，直接建立两变量的降雨径流相关图；有的省（区）则直接采用直线表示上述两变量的降雨径流相关图，亦即径流系数法；而有的省（区）采用了理论的降雨径流关系，即蓄满产流模型来推求设计净雨。具体见各省（区）的《水文手册》（图集）。

（二）降雨径流相关图的应用

利用降雨径流相关图由设计暴雨及过程可查出设计净雨及过程。其方法是由时段累加暴雨量查降雨径流相关图曲线，得相应的时段累加净雨量，然后将相邻累加净雨量相减，得到各时段的设计净雨量。

需要强调的是，由实测降雨径流资料建立起来的降雨径流相关图应用于设计条件时，必须处理如下两方面的问题：

（1）降雨径流相关图的外延。设计暴雨常常超出实测点距范围，使用降雨径流相关图时，需对相关曲线作外延。以蓄满产流为主的湿润地区，其上部相关线接近于 45°直线，外延比较方便。干旱地区的产流方案外延任意性，必须慎重。

（2）设计条件下 P_{ap} 的确定。有长期实测暴雨洪水资料的流域，可直接计算各次暴雨的 P_a 值，用频率计算法求得设计值 P_{ap}。有时也用几场大暴雨所分析的 P_a 值，取其平均值作为 P_{ap} 值。

中小流域缺乏实测资料时，可采用各省（区）《水文手册》（图集）分析成果确定。P_{ap} 值大约为流域最大损失水量 I_m 的 2/3 倍，湿润地区大一些，干旱地区小一些。

设计产流过程的推求是利用降雨径流相关图（以 $Y=f(H+P_a)$ 表示）和 P_{ap} 值，其具体步骤如下：

（1）雨量过程按时序逐时段累加起来，求得时段累积雨量 $H_1=\Delta H_1, H_2=H_1+\Delta H_2, H_3=H_2+\Delta H_3\cdots$；

（2）在 $Y=f(H+P_a)$ 图上，用时段累积雨量加 P_{ap} 值为纵坐标，查读横坐标值，求得时段累积径流深 $Y_1, Y_2, Y_3\cdots$；

（3）将各时段累积径流深相减，即求得各时段径流深，从而也就求得了产流过程，即 $\Delta Y_1=Y_1, \Delta Y_2=Y_2-Y_1\cdots$。

（三）初损后损法

初损后损法适用于干旱、半干旱地区，或湿润地区的少雨季节（地下水埋藏深的）超渗产流模型。初损后损法把实际的下渗过程简化为初损和后损两个阶段。产流以前的总损失水量为初损，记为 I_0，包括植物截留、填洼及产流前下渗的水量；后损是流域产流以后下渗的水量，以平均下渗率 $\bar{f}$ 表示。

（四）设计净雨的划分

对于湿润地区，一次降雨所产生的径流量包括地面径流和地下径流两部分。由于地面径流和地下径流的汇流特性不同，在推求洪水过程线时要分别处理。为此，在由降雨径流相关图求得设计净雨过程后，需将设计净雨划分为设计地面净雨和设计地下净雨两部分。按蓄满产流方式，当流域降雨使包气带缺水得到满足后，全部降雨形成径流，其中按稳定入渗率 f_c 入渗的水量形成地下径流 h_g，降雨强度超过 f_c 的那部分水量形成地面径流 h_s。

该时段为 Δt，时段净雨为 h，则：

当 $i > f_c$ 时，有

$$h_g = f_c \Delta t$$

$$h_s = h - h_g = (i - f_c)\Delta t$$

当 $i \leqslant f_c$ 时，有

$$h_g = h = i\Delta t$$

$$h_s = 0$$

可见，f_c 是个关键数值，只要知道 f_c 就可以将设计净雨划分为 h_g 和 h_s 两部分。f_c 是流域土壤、地质、植被等因素的综合反映。如流域自然条件无显著变化，一般认为 f_c 是不变的，因此 f_c 可通过实测雨洪资料分析求得。各省（区）的《水文手册》（图集）中刊有 f_c 分析成果，可供无资料的中小流域查用。

对于干旱地区的超渗产流方式，除有少量的深层地下水外，几乎没有浅层地下径流，因此求得的设计净雨基本上全部是地面径流，不存在净雨划分问题。

四、设计洪水过程线

由径流形成过程可知，设计洪水过程线的推求就是设计净雨的汇流计算。一般中小流域的设计地面洪水过程线采用综合单位线法来推求。设计地下洪水过程线采用简化的方法推求。

（一）综合单位线法的基本概念

单位线法是把一次净雨产生的出口断面的地面径流过程线看成是由单位时段内单位净雨深经流域调蓄后在出口断面上形成的一条单位流量过程线（单位线），经倍比放大，错开时段叠加形成的。

小流域一般缺乏实测暴雨资料，往往不能直接求得单位线。此时，可根据附近地区的单位线，建立单位线要素（洪峰流量 Q_m、洪峰滞时 t_p 与总历时 T）与流域特征值的经验关系。对于无资料地区，只要知道它的流域特征，便可通过地区经验公式确定它的单位线要素，从而求得该流域的单位线。由于上述单位线要素与流域特征的经验关系是根据地区的各种流域特征资料综合而来的，故称为综合单位线。综合单位线又称为综合时段单位线和综合瞬时单位线两种。其中，综合瞬时单位线目前在全国应用得最为广泛，这里只介绍用综合瞬时单位线推求设计洪水过程线的方法。

（二）单位线的定义及其假定

单位线是指在特定的流域上，单位时段内均匀分布的单位地面净雨在流域出口断面所形成的地面径流过程线，如图 9-6(a) 所示。单位净雨（h）一般取 10 mm。单位时段则根据流域的特性而定，一般取涨洪历时的 1/4 ~ 1/2，常取的时段有 1 h、3 h、6 h、12 h 和 24 h 等。所取的时段不同，单位线也就不同，所以基于时段降雨资料分析出的单位线常称为时段单位线。

单位线包围的面积 W（径流量）换算成径流 Y 应为 10 mm，可据此校核单位线，即

$$Y = \frac{3.6\Delta t \sum q_i}{F} \tag{9-15}$$

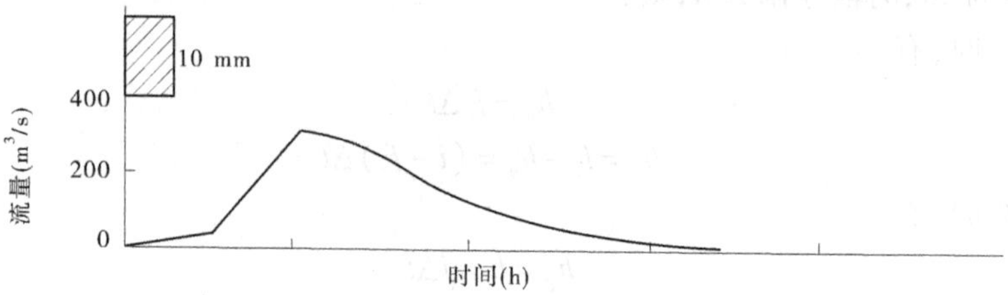

(a)单位线

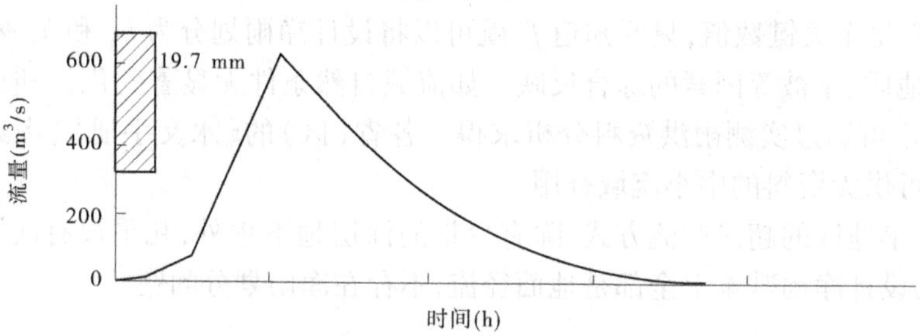

(b)第一时段地面净雨形成的部分径流

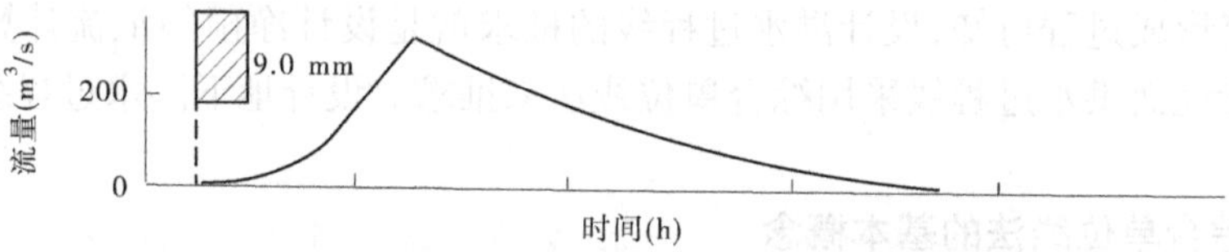

(c)第二时段地面净雨形成的部分径流

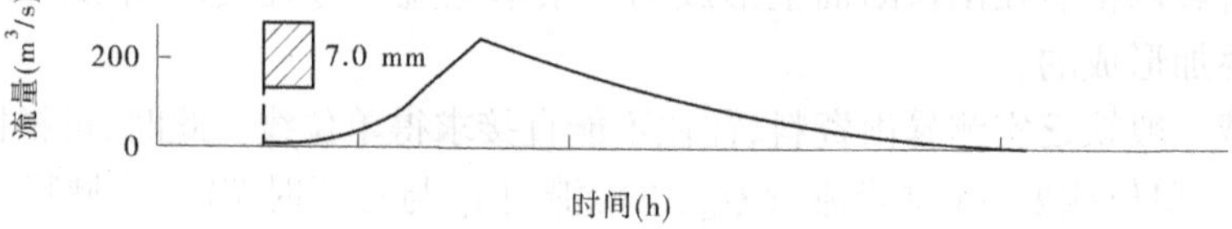

(d)第三时段地面净雨形成的部分径流

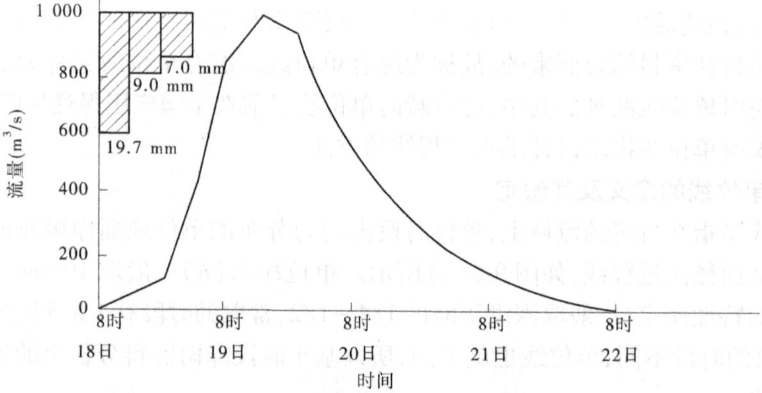

(e)本次降雨形成的地面径流过程线

图 9-6　单位线及推流计算示意图

式中 Y——径流深,mm;

F——流域面积,km^2;

Δt——单位线时段长,h;

q_i——单位线的纵坐标,m^3/s。

(1)倍比假定。如果单位时段内的净雨深不是1个单位,而是n个单位,则它所能形成的流量过程线总历时与单位线底宽相同,各时刻流量则为单位线的n倍。

(2)叠加假定。如果地面净雨历时不是一个时段,而是n个时段,则各时段净雨深所形成的部分流量之间互不干扰,出口断面的流量过程线等于n个部分流量过程错开时段相加,如图9-6所示。

(三)瞬时单位线的概念

瞬时单位线是指流域上均匀分布的瞬时时刻($\Delta t \to 0$)的单位净雨在出口断面处形成的地面径流过程线。其纵坐标常以$u(0,t)$或$u(t)$表示,无因次。瞬时单位线可用数学方程式表示,概括性强,便于分析。

J. E. Nash设想流域的汇流可看作是n个调蓄作用相同的串联水库的调节,且假定每一个水库的蓄泄关系为线性,则可导出瞬时单位线的数学方程为

$$u(t) = \frac{1}{K\Gamma(n)}\left(\frac{t}{K}\right)^{n-1} e^{-t/K} \tag{9-16}$$

式中 $u(t)$——t时刻的瞬时单位线纵高;

n——线性水库的个数;

$\Gamma(n)$——n的伽玛函数;

e——自然对数的底,e = 2.718 28;

K——线性水库的调节系数,具有时间单位。

单位线的上述两个基本假定同样适用于瞬时单位线,瞬时单位线与时间轴所包围的面积为1.0,即

$$\int_0^{\infty} u(0,t)\,dt = 1.0 \tag{9-17}$$

显然,决定瞬时单位线的参数只有n、K两个。n值越大,流域调节作用越强;K值相当于每个线性水库输入与输出的时间差,即滞时。整个流域的调蓄作用所造成的流域滞时为nK。只要求出流域的n值、K值,就可推求该流域的瞬时单位线。

(四)瞬时单位线的综合

瞬时单位线的综合实质上是参数n、K的综合。但是,在实际工作中一般并不直接对n、K进行综合,而是根据中间参数m_1、m_2等来间接综合,$m_1 = nK$,$m_2 = 1/n$。实践证明,n值相对稳定,综合的方法比较简单,如湖北省Ⅱ片的$n = 0.529F^{0.25}J^{0.2}$,江苏省山丘区的$n = 3$。因此,一般先对m_1进行地区综合,根据已确定的n值,就很容易确定K值。

对m_1进行地区综合一般首先通过建立单站的m_1与雨强i之间的关系,其关系式为$m_1 = ai^{-b}$,求出相应雨强为10 mm/h(或其他指定值)的$m_{1,(10)}$,然后将各站的$m_{1,(10)}$与流域地理因子(如F、J、L…)建立关系,$m_{1,(10)} = f(F, J, L\cdots)$,则$m_1 = m_{1,(10)} \times (10/i)^b$,从而

求得任一雨强 i 相应的 m_1。如湖北省Ⅱ片的 $m_{1,(10)}=1.64F^{0.231}J^{0.131}L^{-0.08}$。最后对指数 b 进行地区综合。一般 b 随流域面积的增大而减小。有时也可直接对单站的 $m_1—i$ 关系式中的 a、b 进行综合，而不经 $m_{1,(10)}$ 的转换，如黑龙江省的 $m_{1,(10)}=CF^{0.27}i^{-0.31}$，$C$ 可查图得到。

(五)瞬时单位线的应用

由于瞬时单位线是由瞬时净雨产生的，而实际应用无法提供瞬时净雨，所以用综合瞬时单位线推求设计地面洪水过程线时，需将瞬时单位线转换成时段为 Δt(与净雨时段相同)、净雨深为 10 mm 的时段单位线后，再进行汇流计算。具体步骤如下。

1. 求瞬时单位线的 S 曲线

S 曲线是瞬时单位线的积分曲线，其公式为

$$S(t)=\int_0^t u(0,t)\,\mathrm{d}t=\frac{1}{K\Gamma(n)}\int_0^{t/K}\left(\frac{t}{K}\right)^{n-1}\mathrm{e}^{-t/K}\mathrm{d}\left(\frac{t}{K}\right) \tag{9-18}$$

公式表明，$S(t)$ 曲线也是参数 n、K 的函数。生产中为了应用方便，已制成 $S(t)$ 关系表供查用，见附表 5。

2. 求无因次时段单位线

将求出的 $S(t)$ 曲线向后错开一个时段 Δt，即得 $S(t-\Delta t)$ 曲线，两条 S 曲线的纵坐标差即为时段为 Δt 的时段单位线，其计算公式为

$$u(\Delta t,t)=S(t)-S(t-\Delta t) \tag{9-19}$$

3. 求有因次时段单位线

根据单位线的特性，有因次单位线的纵坐标之和为 $\sum q_i=\dfrac{10F}{3.6\Delta t}$；而无因次时段单位线的纵坐标之和为 $\sum u(\Delta t,t)=1.0$。

有因次时段单位线的纵高 q_i 与无因次时段单位线的纵高 $u(\Delta t,t)$ 之比等于其总和之比，即

$$\frac{q_i}{u(\Delta t,t)}=\frac{\sum q_i}{\sum u(\Delta t,t)}=\frac{10F}{3.6\Delta t} \tag{9-20}$$

由此可见，时段为 Δt 时，10 mm 净雨深时段单位线的纵坐标为

$$q_i=\frac{10F}{3.6\Delta t}u(\Delta t,t) \tag{9-21}$$

4. 汇流计算

根据单位线的定义及倍比假定和叠加假定，用各时段设计地面净雨(换算成 10 mm 的倍数)分别去乘以单位线的纵高，得到对应的部分地面径流过程，然后把它们分别错开一个时段后叠加，即得到设计地面洪水过程。

由单位线的定义可知，单位线只能用来推求流域设计地面洪水过程线。湿润地区的设计洪水过程线还包括设计地形洪水过程线。如果流域的基流量较大，不可忽略，则还需加上基流。所以，湿润地区的设计洪水过程线是由设计地面洪水过程线、设计地下洪水过程线和基流三部分叠加而成的。干旱地区的设计地面洪水过程线即为所求的设计洪水过

程线。

设计地下洪水过程线可采用简化的三角形方法推求。该法认为地面、地下径流的起涨点相同,由于地下汇流较地面汇流慢,所以将地下径流过程线概化为三角形过程,且将峰值放在地面径流过程的终止点。三角形面积为地下径流总量 W_g,计算式为

$$W_g = \frac{Q_{m,g}T_g}{2} \tag{9-22}$$

而地下径流总量等于地下净雨总量,即 $W_g = 1\,000\ h_gF$,则

$$Q_{m,g} = \frac{2W_g}{T_g} = \frac{2\,000h_gF}{T_g} \tag{9-23}$$

式中　$Q_{m,g}$——地下径流过程线的洪峰流量,m^3/s;

T_g——地下径流过程总历时,s;

h_g——地下净雨深,mm;

F——流域面积,km^2。

按式(9-23)可计算出地下径流的峰值,其底宽一般取地面径流过程的2~3倍,由此可推求出设计地下径流过程。

【例题9 3】　江苏省某流域属山丘区,流域面积 $F = 118\ km^2$,干流平均坡度 $J = 0.05$,$p = 1\%$ 的设计地面净雨过程($\Delta t = 6$ h),$h_1 = 15$ mm,$h_2 = 25$ mm,设计地下总净雨深 $h_g = 9.5$ mm,基流 $Q_基 = 5\ m^3/s$,地下径流历时为地面径流的2倍。求该流域 $p = 1\%$ 的设计洪水过程线。

解:(1)推求瞬时单位线的 $S(t)$ 曲线和无因次时段单位线。

①根据该流域所在的区域,查《江苏省暴雨洪水手册》得 $n = 3$,$m_1 = 2.4(F/J)^{0.28} = 21.1$,则 $K = m_1/n = 21.1/3 = 7.0$。

②因 $\Delta t = 6$ h,用 $t = N\Delta t$,$N = (0,1,2\cdots)$ 算出 t,填入表9-7中的第(1)栏。

表9-7　设计洪水过程线计算

时段(6 h)	设计净雨(mm)	t/K	$S(t)$	$S(t-\Delta t)$	$u(t)$	$q(t)$ (m^3/s)	部分地面径流(m^3/s)		$Q_s(t)$ (m^3/s)	$Q_g(t)$ (m^3/s)	$Q_基$ (m^3/s)	Q_p (m^3/s)
							15 mm	12 mm				
(1)	(2)	(3)	(4)	(5)	(6)	(7)	(8)		(9)	(10)	(11)	(12)
0	15	0	0		0	0	0		0	0	5.0	5.0
1	25	0.9	0.063	0	0.063	3.4	5.1	0	5.1	0.2	5.0	10.3
2		1.7	0.243	0.063	0.180	9.8	14.7	8.5	23.2	0.4	5.0	28.6
3		2.6	0.482	0.243	0.239	13.1	19.7	24.5	44.2	0.6	5.0	49.8
4		3.4	0.660	0.482	0.178	9.7	14.6	32.8	47.4	0.8	5.0	53.2
5		4.3	0.803	0.660	0.143	7.8	11.7	24.3	36.0	1.0	5.0	42.0
6		5.1	0.884	0.803	0.081	4.4	6.6	19.5	26.1	1.2	5.0	32.3

续表 9-7

时段(6 h)	设计净雨(mm)	t/K	$S(t)$	$S(t-\Delta t)$	$u(t)$	$q(t)$ (m^3/s)	部分地面径流(m^3/s)		$Q_s(t)$ (m^3/s)	$Q_g(t)$ (m^3/s)	$Q_{基}$ (m^3/s)	Q_p (m^3/s)
							15 mm	12 mm				
(1)	(2)	(3)	(4)	(5)	(6)	(7)	(8)		(9)	(10)	(11)	(12)
7		6.0	0.938	0.884	0.054	3.0	4.5	11.0	15.5	1.4	5.0	21.9
8		6.9	0.968	0.938	0.030	1.6	2.4	7.5	9.9	1.6	5.0	16.5
9		7.7	0.983	0.968	0.015	0.8	1.2	4.0	5.4	1.8	5.0	12.0
10		8.6	0.991	0.983	0.008	0.4	0.6	2.0	2.9	2.0	5.0	9.6
11		9.4	0.995	0.991	0.004	0.2	0.3	1.0	1.3	2.2	5.0	8.5
12		10.3	0.998	0.995	0.003	0.2	0.3	0.5	0.8	2.4	5.0	8.2
13		11.1	0.999	0.998	0.001	0.1	0.2	0.5	0.7	2.6	5.0	8.3
14		12.0	1.000	0.999	0.001	0.1	0.2	0.3	0.5	2.8	5.0	8.3
15				1.000	0	0	0	0.3	0.3	3.0	5.0	8.3
16								0	0	3.2	5.0	8.2
17										3.0	5.0	8.0
18										2.8	5.0	7.8
										2.6	5.0	7.6
合计					1.0	54.6					5.0	

③由参数 $n=3$、$K=7.0$，计算 t/K，见表 9-7 第(3)栏，查附表 5 得瞬时单位线的 $S(t)$ 曲线，见第(4)栏。

④将 $S(t)$ 曲线顺时序向后移一个时段($\Delta t=6$ h)，得 $S(t-\Delta t)$ 曲线，见表 9-7 第(5)栏，用式(9-19)计算无因次时段单位线，见表 9-7 第(6)栏。

(2)将无因次时段单位线转换为 6 h、10 mm 的时段单位线。

用式(9-21)，将表 9-7 第(6)栏中的无因次时段单位线转换为有因次时段单位线，填入表 9-7 第(7)栏。

检验时段单位线，由

$$Y=\frac{3.6\Delta t\sum q_i}{F}=10\text{ mm}$$

因此，计算正确。

(3)设计洪水过程线的推求。

①计算设计地面径流过程。

根据单位线的特性，各时段设计地面净雨换算成 10 的倍数后，分别乘以单位线的纵坐标，得到相应的部分地面径流过程，然后把它们分别错开一个时段后叠加，便得到设计地面洪水过程，见表9-7第(8)、(9)栏。

②计算设计地下径流过程

$$T_g = 2T_s = 2 \times 16 \times 6 = 192(\text{h})$$

据式(9-23)计算，得 $Q_{m,g} = 3.2\ m^3/s$，按直线比例内插的每一时段地下径流的涨落均为 $0.2\ m^3/s$。经计算即可得出表9-7第(10)栏的设计地下径流过程。

③将设计地面径流、地下径流及基流(表9-7第(11)栏)相加，得设计洪水过程线，见表9-7第(12)栏。

单元四　小流域设计洪水

学习目标：了解小流域的概念，掌握推理公式法推求设计洪水，掌握小流域设计洪水过程线的推求方法。

一、概述

小流域设计洪水计算广泛应用于中、小型水利工程中，如修建农田水利工程的小水库，渠系上交叉建筑物如涵洞、泄洪闸等，铁路、公路上的小桥涵设计，城市和工矿地区的防洪工程都必须进行设计洪水计算，因此水文学上常常作为一个专门的问题进行研究。与大、中流域相比，小流域设计洪水具有以下三方面的特点：

(1)在小流域上修建的工程数量很多，往往缺乏暴雨和流量资料，特别是流量资料。

(2)小型工程一般对洪水的调节能力较小，工程规模主要受洪峰流量控制，因而对设计洪峰流量的要求高于对设计洪水过程的要求。

(3)小型工程的数量较多，分布面广，计算方法应力求简便，使广大基层水文工作者易于掌握和应用。小流域设计洪水计算工作已有100多年的历史，计算方法逐步充实和发展，由简单到复杂，由计算洪峰流量到计算洪水过程。归纳起来，有经验公式法、推理公式法、综合单位线法以及水文模型法等。本单元主要介绍推理公式法和经验公式法。

二、小流域设计暴雨

假定小流域设计暴雨与其所形成的洪峰流量具有相同频率。因小流域缺少实测暴雨系列，多采用以下步骤推求设计暴雨：

(1)按省(区、市)水文手册及《暴雨径流查算图表》上的资料计算特定历时的暴雨量。

(2)将特定历时的设计雨量通过暴雨公式转化为任一历时的设计雨量。

三、推理公式法

推理公式法是由暴雨资料推求设计洪水的一种简化方法。它是把流域上的产流、汇流条件均匀概化，利用等流时线原理，经过一定的推理过程，得出小流域设计洪峰流量的推求方法。

（一）推理公式的基本原理

在一个小流域中，若流域的最大汇流长度为 L，汇流时间为 τ，根据等流时线原理，当净雨历时 t_c 大于等于汇流历时 τ 时称全面汇流，即全面汇流 F 上的净雨汇流形成洪峰流量；当 t_c 小于 τ 时称部分汇流，即部分面积 F_{t_c} 的净雨汇流形成洪峰流量，形成最大流量的部分汇流面积 F_{t_c}，是汇流历时相差 t_c 的两条等流时线在流域中所包围的最大面积，又称最大等流时面积。

当 $t_c \geqslant \tau$ 时，根据小流域的特点，假定 τ 历时内净雨强度均匀，流域出口断面的洪峰流量 Q_m 为

$$Q_m = 0.278 \frac{h_\tau}{\tau} F \tag{9-24}$$

式中 h_τ——τ 历时内的净雨深，mm；

0.278——Q_m 单位为 m^3/s，F 的单位为 km^2、τ 的单位为 h 时的单位换算系数。

当 $t_c < \tau$ 时，只有部分面积 F_{t_c}上的净雨产生出口断面最大流量，计算公式为

$$Q_m = 0.278 \frac{h_R}{t_c} F_{t_c} \tag{9-25}$$

式中 h_R——次降雨产生的全部净雨深，mm。

F_{t_c}与流域形状、汇流速度和 t_c 大小等有关，因此详细计算是比较复杂的。生产实际中一般采用水文研究所简化的方法，其近似假定 F_{t_c} 随汇流时间的变化可概化为线性关系，即

$$F_{t_c} = \frac{F}{\tau} t_c \tag{9-26}$$

将式(9-26)代入式(9-25)，则部分汇流计算洪峰流量的简化公式为

$$Q_m = 0.278 \frac{h_R}{\tau} F \tag{9-27}$$

综合上述全面汇流（$t_c \geqslant \tau$）与部分汇流（$t_c < \tau$）的情况，计算洪峰流量的公式为

$$Q_m = 0.278 \frac{h_\tau}{\tau} F \qquad (t_c \geqslant \tau)$$

$$Q_m = 0.278 \frac{h_R}{\tau} F \qquad (t_c < \tau)$$

上两式即为推理公式的基本形式，其中：

$$\tau = \frac{0.278L}{mJ^{1/3} Q_m^{1/4}} \tag{9-28}$$

式中 J——流域平均坡度，包括坡面和河网，实用上以主河道平均比降来代表，以小数计；

L——流域汇流的最大长度，km；

m——汇流参数，与流域及河道情况等条件有关。

推理公式的基本形式简单、应用方便，是无资料情况下推求洪峰流量的常用方法。但它是在特定的概化条件下建立的，其基本假定如下：

(1)设计暴雨与设计洪峰为同频率。

(2)在流域汇流历时 τ 内,产流强度为时、空均匀不变的常数。

(3)将集雨面积概化为矩形,流域汇流符合线性规律。

式(9-24)及式(9-25)中的地面净雨计算可分为两种情况,如图 9-7 所示。

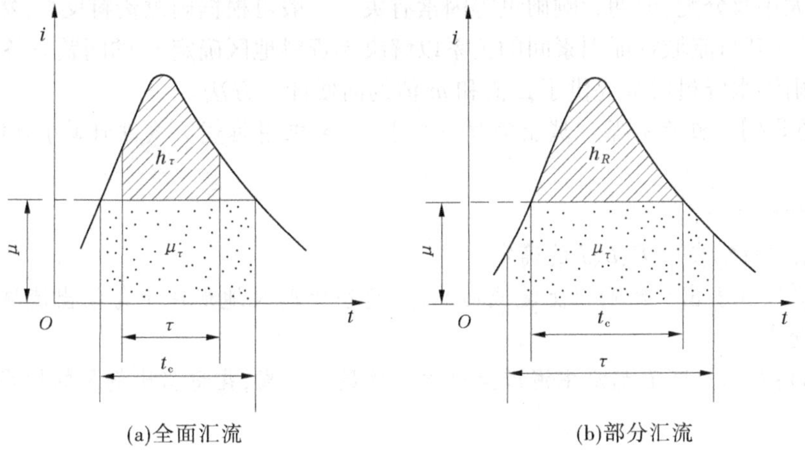

图 9-7　两种汇流情况示意图

当 $t_c \geq \tau$ 时,历时 τ 的地面净雨深 h_τ 可用式(9-24)计算,则

$$h_\tau = (\bar{i}_\tau - \mu)\tau = S_p\tau^{1-n} - \mu\tau \tag{9-29}$$

当 $t_c < \tau$ 时,产流历时内的净雨深 h_R 可用式(9-25)计算,则

$$h_R = (\bar{i}_{t_c} - \mu)t_c = nS_p t_c^{1-n} \tag{9-30}$$

式中　$\bar{i}_\tau$、$\bar{i}_{t_c}$——汇流历时与产流历时内的平均雨强,mm/h;

　　μ——产流参数,mm/h。

经推导,净雨历时 t_c 可用式(9-31)计算,即

$$t_c = \left[(1-n)\frac{S_p}{\mu}\right]^{\frac{1}{n}} \tag{9-31}$$

(二)求解设计洪峰流量的两组公式

由全面汇流或部分汇流的推理公式可知,求解 Q_m 需要确定汇流历时 τ,而 τ 的计算公式中又包含 Q_m,因此必须建立两个方程式联立求解 Q_m 和 τ。

当 $t_c \geq \tau$ 时,有

$$Q_{mP} = 0.278\left(\frac{S_p}{\tau^n} - \mu\right)F$$

$$\tau = \frac{0.278L}{mJ^{1/3}Q_m^{1/4}}$$

当 $t_c < \tau$ 时,有

$$Q_{mP} = 0.278(nS_p t_c^{\,1-n}/\tau)F$$

$$\tau = \frac{0.278L}{mJ^{1/3}Q_m^{1/4}}$$

可见,由推理公式计算小流域设计洪峰流量的参数有三类:流域特性参数 F、L、J;暴雨特性参数 n、S_P;产汇流参数 μ、m。求解过程中,首先确定 7 个参数,而后用图解交点法

或试算法求解 Q_{mP} 和 τ。

(三)产汇流参数的确定

产流参数 μ 代表产流历时 t_c 内地面平均入渗率,又称损失参数。推理公式法假定流域各点的损失相同,把其视为常数。μ 值的大小与所在地区的土壤透水性能、植被情况、降雨量的大小及分配、前期影响雨量等因素有关。一般可根据雨洪资料反算,然后进行地区综合,建立其与流域特征因素间的关系以解决无资料地区确定 m 的问题。各省(区)在分析大暴雨洪水资料后都提供了 μ 值和 m 值的简便计算方法。

【例题 9-4】 江西省某流域上需建一小水库,要求用推理公式法计算 $p=1\%$ 的设计洪峰流量。

计算步骤如下:

(1)流域特征参数 F、L、J 的确定。

$F(\mathrm{km}^2)$:代表出口断面以上流域面积,在适当比例尺地形图上勾绘出流域分水线后用求积仪量算。

$L(\mathrm{km})$:从出口断面起沿主河道至分水岭的最长距离,在适当比例尺的地形图上用分规量算。

J:沿 L 的坡面和河道平均比降。

本例中,已知流域特征如下:

$$F=104\ \mathrm{km}^2, L=26\ \mathrm{km}, J=8.75‰$$

(2)设计暴雨参数 n 和 S_P 的确定。

$$S_P=24^{n-1}H_{24\,\mathrm{h},P}=24^{n-1}\alpha H_{1\,\mathrm{d},P}$$

暴雨衰减指数 n 由各省(区)实测暴雨资料分析定量,查当地水文手册即可获得,一般 n 的数值以定点雨量资料代替面雨量资料,不作修正。

现从江西省水文手册查得设计流域最大 1 d 雨量的参数:

$$H_{1\,\mathrm{d}}=115\ \mathrm{mm}, C_{\mathrm{v},1\,\mathrm{d}}=0.42, C_{\mathrm{s},1\,\mathrm{d}}=3.5\ C_{\mathrm{v},1\,\mathrm{d}}$$

查得 $K_{p=0.1\%}=2.39$,则

$$n_2=0.60, H_{24\,\mathrm{h}}=1.1\ H_{1\,\mathrm{d}}$$

$$S_P=24^{n_2-1}H_{24\,\mathrm{h},P}=1.1\times115\times2.39\times24^{0.60-1}=84.8(\mathrm{mm/h})$$

(3)设计流域损失参数和汇流参数的确定:$\mu=3.0\ \mathrm{mm/h}$, $m=0.70$。

(4)用迭代试算法求解。

假定 $t_c\geqslant\tau$,选定 τ 的初始值 $\tau=6.0$ h,求得 $Q_{mP}=750.01\ \mathrm{m^3/s}$,再根据 Q_{mP} 求得 $\tau'=9.57$ h,由于 $\tau'\neq\tau$,可令 $\tau=10.37$ h,再比较 τ' 和 τ,若两者不相等,则继续迭代,直到两者相等。迭代试算结果见表 9-8。

表 9-8 迭代试算法成果

τ(h)	6.0	9.57	10.37	10.51	10.54
Q_{mP}($\mathrm{m^3/s}$)	750.01	545.60	515.86	511.03	510.01
τ'(h)	9.57	10.37	10.51	10.54	10.54

从迭代试算得出 $Q_{mP}=510.01\ m^3/s$，$\tau=10.54\ h$。

（5）检验。算得 $t_c=57\ h>\tau$，故 $Q_{mP}=510.01\ m^3/s$ 即为所求。

四、经验公式法推求洪峰流量

计算洪峰流量的经验公式由于结构形式简单，计算环节较少，便于掌握，在农村小型水利工程设计中，有的地区广为使用。

经验公式的建立依据特定地区各河流的实测洪水和调查洪水资料，采用相关分析的方法，分析洪峰流量（或洪水总量）与流域特征参数（如 F、L、J）以及降雨特征值（如 $H_{24\ h}$、i）等主要影响因素之间的相关关系，并用数学方程式表示出来。由于公式中包含经验性参数和系数，因而称为经验公式。

影响洪峰流量的因素很多，其中有的因素时空变化复杂，建立经验公式时，不可能一一加以考虑，只能突出反映一个或几个重要因素，而将其余的因素对洪峰的影响，概括综合在经验性系数之中。

单因素洪峰流量经验公式有如下形式

$$Q_{mP} = C_P F^n \tag{9-32}$$

式中 Q_{mP}——设计洪峰流量，m^3/s；

F——流域面积，km^2；

C_P——经验性系数；

n——经济性指数。

多因素洪峰流量经验公式有如下形式

$$Q_{mP} = C H_{24\ h,P} F^n \tag{9-33}$$

$$Q_{mP} = C h_{24\ h,P}^{\alpha} K_f^m F^n \tag{9-34}$$

式中 $H_{24\ h,P}$、$h_{24\ h,P}^{\alpha}$——最大 24 h 设计暴雨量与净雨量；

K_f——流域形状系数，$K_f=\dfrac{F}{L^2}$；

C、α、m、n——经验性系数和指数。

有的省（区）已经把经验公式收集在水文手册之中了，供无资料地区使用，经验性系数可分区确定或绘成等值线图。但是，使用时应注意公式的使用条件及流域面积范围，否则会导致错误结果。

经验公式的应用区域性很强，即使公式上的基本形式相同，各地区的参数和系数也不一定相同。推求洪峰流量时，应尽量利用设计流域或参证流域的实测及调查洪水资料，对公式中的经验系数进行验证，以取得合理的成果。

五、设计洪水总量及设计洪水过程线

具有一定防洪库容的中、小型水库，或多沙河流上的水库，为了排沙，汛期必须降低水位运行，因而形成较大的滞洪库容。这种情况下水库具有一定的调洪削峰作用。

为了分析水库的调洪能力、防洪效果以及防洪建筑物的设计，除需要一定频率的设计洪峰外，还需求设计洪水总量及设计洪水过程线。

（一）设计洪量的推求

小流域设计洪水总量，一般由设计 24 h 净雨量乘以流域面积求得，即

$$W_P = 0.1h_P F \text{ 或 } W_P = 0.1\alpha H_{24\text{ h},P} F \tag{9-35}$$

式中 W_P——设计洪水总量，万 m^3；

h_P——设计净雨量，mm；

$H_{24\text{ h},P}$——最大 24 h 设计雨量，mm；

F——流域面积，km^2；

α——24 h 暴雨径流系数；

0.1——单位换算系数。

当利用推理公式法计算洪峰流量时，设计洪量也可由 h_R 和 h_τ 直接计算，即

$$W_P = 0.1h_R F \quad (t_c \geqslant \tau) \tag{9-36}$$

$$W_P = 0.1h_\tau F \quad (t_c < \tau) \tag{9-37}$$

（二）设计洪水过程线拟定

拟定小流域设计洪水过程线，要求方法简便而又能达到一定的精度。常用的方法有概化过程线法及综合单位线法。

概化过程线由实测洪水过程线进行综合分析和概化得出。例如，将洪水过程概化为三角形、五边形或将实测洪水过程线综合成以相对量表示的标准概化过程线等。

1. 三角形概化过程线

用三角形概化过程线推求设计洪水过程需要先求设计洪水总量，其计算公式为

$$W_P = 0.1h_{RP} F \tag{9-38}$$

式中 W_P——设计洪水总量，万 m^3；

0.1——单位换算系数；

F——流域面积，km^2；

h_{RP}——频率为 P 的降雨在汇流历时 t_c 时段内的净雨量，或采用最大 24 h 设计雨量所产生的净雨量，mm。

三角形洪水过程线的总历时为

$$T = T_1 + T_2 = \frac{2W_P}{Q_{mP}} \tag{9-39}$$

式中 T、T_1、T_2——设计洪水的总历时、涨洪历时、退洪历时。T_2 应大于 T_1，令 $T_2/T_1 = r$，其取值一般为 1.5～3.0。

2. 标准概化过程线

标准概化过程线是根据实测典型洪水资料综合出来的，以 Q_i/Q_m 为纵坐标，t_i/T 为横坐标的无因次洪水过程线。在使用时，用 Q_{mP}、T 分别乘以标准过程线的纵、横坐标，便得到设计洪水过程线。

练习题

9-1 为什么要计算设计洪水？推求设计洪水的途径有哪些？

9-2 特大洪水的处理包括哪两个方面？

9-3 单位线的定义和假定是什么？

9-4 推理公式法的假定及公式的基本形式是什么？

9-5 对于设计洪水，其中的频率标准 p 实质是工程的破坏率，设某工程洪水设计频率为 $p=1\%$，试计算该工程连续 50 年都安全的概率，并分析风险有多大。

9-6 设水文站有 1970～2005 年的连续实测流量记录，系列年最大洪峰流量之后为 350 098 m^3/s，另外调查至 1900 年，得 3 个最大流量为 $Q_{1905}=30\ 000\ m^3/s$，$Q_{1935}=35\ 000\ m^3/s$，$Q_{1998}=40\ 000\ m^3/s$，求此不连序系列的平均值。

9-7 西北某流域计算的各控制时段的面雨量统计参数见表 9-9，选出的典型暴雨见表 9-10，试求该流域百年一遇设计暴雨及时程分配。

表 9-9 各控制时段的雨量统计参数

控制时段 t(h)	面雨量统计参数		
	均值(mm)	C_v	C_s/C_v
6	45	0.40	3.0
24	68	0.35	3.0
72	95	0.30	3.0

表 9-10 典型暴雨过程

时段($\Delta t=6$ h)	1	2	3	4	5	6	7	8	9	10	11	12
面雨量(mm)	1.2	0.8	2.5	3.8	15	50	22	8.5	16.9	4.2	2.4	1.5

9-8 某流域最大 $I_m=100$ mm，6 月流域日蒸发能力为 $E_m=5.0$ mm/d，根据表 9-11 所列数据计算 6 月 21～23 日的各日前期影响雨量 P_a。

9-9 流域降雨过程如表 9-12 所示，初损 $I_0=35$ mm，后损期平均下渗能力 $f=2.0$ mm/h，试以初损后损法计算地面净雨过程。

表 9-11 某流域 6 月 18 ~ 23 日雨量过程

时间(月-日)	降雨量(mm)	P_a(mm)
06-18	78.2	
06-19	35.6	
06-20	10.1	100
06-21	1.2	
06-22		
06-23		

注:因 18、19 日大雨,6 月 20 日 $P_a = I_m$。

表 9-12 某流域一次降雨过程

时段($\Delta t = 6$ h)	1	2	3	4	合计
雨量(mm)	15	60	72	10	157

9-10 由设计净雨和单位线按表 9-13 所列数据推求设计洪水过程。

表 9-13 某流域净雨过程

单位线时段数 $\Delta t = 12$ h	设计净雨 R_i(mm)	单位线纵标 q(m^3/s)	各时段净雨产生的地面径流量(m^3/s)			总的地面径流量(m^3/s)	地下径流量(m^3/s)	设计洪水流量(m^3/s)
			4.2 (mm)	16.7 (mm)	7.6 (mm)			
(1)	(2)	(3)	(4)	(5)	(6)	(7)	(8)	(9)
1	4.2	0					20	
2	16.7	28					20	
3	7.6	110					20	
4	0	81					20	
5		54					20	
6		21					20	
7		12					20	
8		5					20	
9		0					20	
10							20	
11							20	

项目训练

项目基本资料

一、工程概况

某水电站工程位于四川省境内,坝址位于白水江某支流上。流域面积 181 km^2,河长 35 km,总落差 2 160 m(▽4 075 m ~ ▽1 915 m),平均比降为 71‰。流域内河谷深切,水流湍急。电站开发河段内无其他综合利用要求,工程开发任务为发电,并兼顾河流生态环境、人畜饮水和农业灌溉用水要求。

水电站为径流引水式电站,设底格栏栅坝取水,最大坝高 6.0 m,为无调节电站。

电站的修建会使坝、厂址间形成约 12 km 的减水河段,同时也可能对大坝、电站厂房等涉河建筑物造成影响。

二、水文、气象及泥沙特征

(一)水文特征

流域的径流主要来源于降雨,其次为地下水和高山融雪补给。径流年内分配不均,电站多年平均流量为 1.72 m^3/s,折合年水量 0.54 亿 m^3,年径流深 426.0 mm。本流域地处川西北高原,受高程、地形及地理位置影响,暴雨出现机会较少。

(二)气象特征

流域位于川西北高原的东北部,毗邻青藏高原,其气候具有川西高原气候的特点。气候具有干、雨季分明,夏短冬长,日照充足,气温较低,年较差小而日较差大等高原大陆性气候特征。

(三)泥沙特征

流域泥沙主要来源于汛期大气降雨引起的表土侵蚀和水流对河床的下切,以及沿河小冲沟两岸滑坡崩塌等重力侵蚀。河流汛期含沙量较大,而枯水季节水质比较清澈。

三、河段地质条件

(一)取水枢纽河段地质条件

坝址区河流较为顺直,水面高程 2 490 ~ 2 505 m,谷底总体宽度一般为 25 ~ 40 m,最宽约 50 m。枯水期水面宽度 6 ~ 10 m,区内两岸谷坡总体呈对称的"V"形谷。两岸山体雄厚,临河坡高大于 500 m。

（二）引水线路工程地质条件

引水隧洞沿线山体雄厚，沟谷总体呈“弓”形，微凸向右岸。区内河谷狭窄，横断面主要呈“V”形，枯水期河水面宽一般为 10 ~ 30 m，谷底宽一般为 50 ~ 80 m。两岸坡地形较完整，无较大支沟发育。引水线路区两岸基岩裸露，自然坡度 35° ~ 55°。崩坡积体、洪积体主要分布于坡脚和沟谷。

（三）厂区河段地质条件

厂址区河流呈不对称的“V”形谷，区内河道较顺直，谷底宽度在 200 ~ 300 m 不等。枯水期河水面宽 20 ~ 30 m。左岸地形较陡，自然坡度 45° ~ 50°，右岸高程 1 948 m 以下岸坡地形较缓，自然坡度 35° ~ 40°，高程 1 948 m 以上地形较陡，自然坡度 45° ~ 50°。区内岸坡地形完整，沟谷不发育。

四、水文资料及设计成果

（一）洪水标准

本电站坝址防洪标准为：50 年一遇洪水设计，200 年一遇洪水校核；厂区防洪标准为：30 年一遇洪水设计，100 年一遇洪水校核。

水库设计洪水位 2 502.21 m（$P=2\%$），校核洪水位 2 502.57 m（$P=0.5\%$）；电站坝址水位流量关系曲线采用曼宁公式推算，得出厂房设计洪水位为 1 927.43 m（$P=3.33\%$）、校核洪水位为 1 928.02 m（$P=1\%$）。

（二）水文资料

1. 电站坝址

电站坝址断面无实测洪水资料，该河属山溪河流，随着暴雨的发生而产生洪水，根据资料条件，由于电站坝址集水面积较小拟采用推理公式法计算电站坝址的设计洪水。

1）流域特征值

本工程坝址流域特征值，在 1/50 000 航测图上量算。比降采用加权平均计算。成果见表 1。

表 1　电站坝址控制流域特征值表

位置	流域面积 F(km^2)	河长 L(km)	比降 J(‰)
坝址	127	18.9	76.0

2）设计暴雨

用 P－Ⅲ型曲线计算各频率设计值，点设计雨量成果见表 2。电站坝址点面折算系数 24 h 采用 0.85，6 h 采用 0.80。暴雨递减指数 $n_2=0.6$。

表 2　设计流域点设计暴雨成果表

时段 (h)	均值 (mm)	C_v	C_s/C_v	H_p(mm)					
				0.5%	1%	2%	3.33%	5%	10%
1	18	0.35	3.5	53.3	47.4	41.4	37.1	33.5	27.5
6	27.0	0.3	3.5	66.9	60.4	53.9	49.2	45.2	38.4
24	39.5	0.3	3.5	91.5	84.3	76.9	71.4	66.8	58.8

3）流域产流参数

根据流域下垫面条件和《四川省中小流域暴雨洪水手册》区划，川西南山地，计算参数如下：$\mu = 3.6F^{-0.19}$；$C_v = 0.23$；$C_s = 3.5C_v$。

4）流域汇流参数

川西南山地，计算参数如下：

当 $\theta = 1 \sim 30$ 时　　　　$m = 0.221\theta^{0.204}$

当 $\theta = 30 \sim 300$ 时　　　　$m = 0.025\theta^{0.845}$

式中　θ——流域特征参数，$\theta = L/(J^{1/3}F^{1/4})$；

L——河长，km；

J——比降（‰）；

F——流域面积，km^2。

2. 电站厂址

电站厂址断面无实测洪水资料，厂址集雨面积与上游某参证水文站较接近，故采用水文比拟法推求电站厂址断面设计洪水。参证站控制集雨面积为 1 210 km^2，电站厂址控制集雨面积为 980 km^2。参证站年最大流量频率计算成果见表 3。

表 3　参证站年最大流量频率计算成果表

均值（m^3/s）	C_v	C_s/C_v	Q_p（m^3/s）						
			0.5%	1.0%	2.0%	3.3%	5.0%	10%	20%
91.3	0.38	3.5	220	205	182	175	156	137	114

（三）电站布置情况

1. 取水枢纽

底格栏栅坝包括底格栏栅坝段，左、右岸溢流坝段，左、右岸非溢流坝段。底格栏栅坝段与河床垂直布置，坝段长 10.00 m，坝顶高程 2 501.00 m，坝底建基面高程 2 497.50 m，坝高 4.50 m。底格栏栅坝段左、右侧为溢流坝段，坝段长均为 3.0 m，坝顶高程 2 501.25 m，最大坝高 4.75 m。左、右岸非溢流坝段左坝段长 6.0 m，右坝段长 9.0 m，坝顶高程 2 503.50 m，最大坝高 6.0 m。

底格栏栅坝上游立视图如图 1 所示。

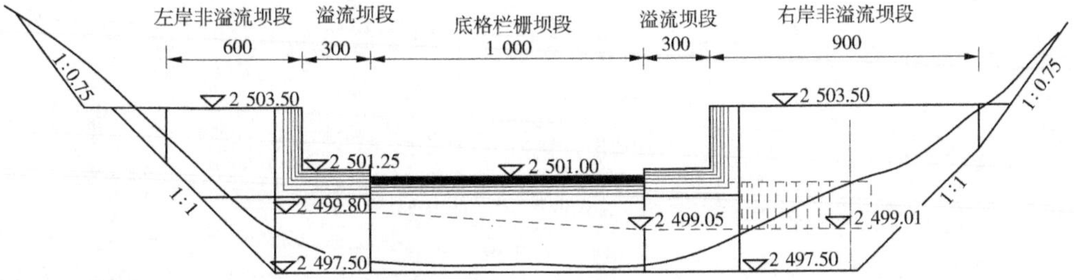

图 1　底格栏栅坝上游立视图　（单位：cm）

2. 电站厂房

水电站主厂房内发电机层高程 1 929.89 m，机组安装高程 1 930.70 m，厂房建基高程 1 925.70 m。中控室位于安装间右侧，地面高程 1 929.89 m。升压站位于副厂房右侧地面高程 1 929.59 m。厂房尾水渠底板出口高程为 1 926.24 m。

厂房平面布置如图 2 所示。

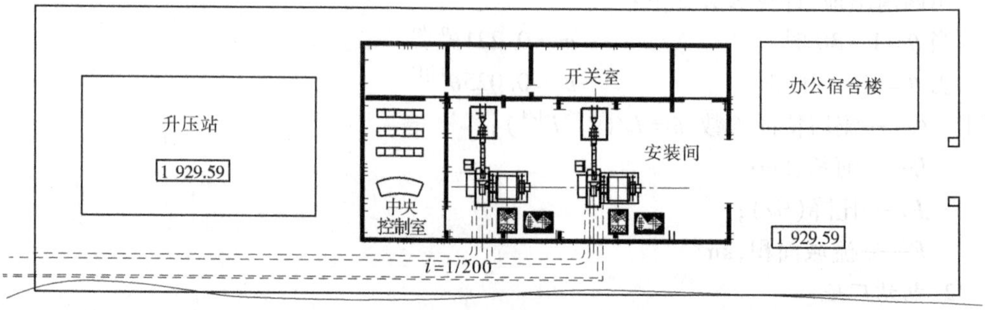

图 2　厂房平面布置图

行洪计算说明书编写要求

一、要求

说明书用来描述设计的原则、依据、方法、成果和内容，计算书主要反映计算过程和计算数据的来源，本项目将说明书和计算书合在一起，希望同学们能够认真细致地编写和整理。

二、提交成果

(1)行洪计算说明书一份。

(2)计算手稿一本。

附　录

附表 1　皮尔逊Ⅲ型频率曲线的离均系数 Φ_p 值表

C_s \ p(%)	0.01	0.10	0.20	0.33	0.50	1	2	5	10	20	50	75	90	95	99
0	3.72	3.09	2.88	2.71	2.58	2.33	2.05	1.64	1.28	0.84	0.00	-0.67	-1.28	-1.64	-2.33
0.1	3.94	3.23	3.00	2.82	2.67	2.40	2.11	1.67	1.29	0.84	-0.02	-0.68	-1.27	-1.62	-2.25
0.2	4.16	3.38	3.12	2.92	2.76	2.47	2.16	1.70	1.30	0.83	-0.03	-0.69	-1.26	-1.59	-2.18
0.3	4.38	3.52	3.24	3.03	2.86	2.54	2.21	1.73	1.31	0.82	-0.05	-0.70	-1.24	-1.55	-2.10
0.4	4.61	3.67	3.36	3.14	2.95	2.62	2.26	1.75	1.32	0.82	-0.07	-0.71	-1.23	-1.52	-2.03
0.5	4.83	3.81	3.48	3.25	3.04	2.68	2.31	1.77	1.32	0.81	-0.08	-0.71	-1.22	-1.49	-1.96
0.6	5.10	3.96	3.60	3.35	3.13	2.75	2.35	1.80	1.33	0.80	-0.10	-0.72	-1.20	-1.45	-1.88
0.7	5.28	4.10	3.72	3.45	3.22	2.82	2.40	1.82	1.33	0.79	-0.12	-0.72	-1.18	-1.42	-1.81
0.8	5.50	4.24	3.85	3.55	3.31	2.89	2.45	1.84	1.34	0.78	-0.13	-0.73	-1.17	-1.38	-1.74
0.9	5.73	4.39	3.97	3.65	3.40	2.96	2.50	1.86	1.34	0.77	-0.15	-0.73	-1.15	-1.35	-1.66
1.0	5.96	4.53	4.09	3.76	3.49	3.02	2.54	1.83	1.34	0.76	-0.16	-0.73	-1.13	-1.32	-1.59
1.1	6.18	4.67	4.20	3.86	3.58	3.09	2.58	1.89	1.34	0.74	-0.18	-0.74	-1.10	-1.28	-1.52
1.2	6.41	4.81	4.32	3.95	3.66	3.15	2.62	1.91	1.34	0.73	-0.19	-0.74	-1.08	-1.24	-1.45
1.3	6.64	4.95	4.44	4.05	3.74	3.21	2.67	1.92	1.34	0.72	-0.21	-0.74	-1.06	-1.20	-1.38
1.4	6.87	5.09	4.56	4.15	3.83	3.27	2.71	1.94	1.33	0.71	-0.22	-0.73	-1.04	-1.17	-1.32
1.5	7.09	5.23	4.68	4.24	3.91	3.33	2.74	1.95	1.33	0.69	-0.24	-0.73	-1.02	-1.13	-1.26
1.6	7.31	5.37	4.80	4.34	3.99	3.39	2.78	1.96	1.33	0.68	-0.25	-0.73	-0.99	-1.10	-1.20
1.7	7.54	5.50	4.91	4.43	4.07	3.44	2.82	1.97	1.32	0.66	-0.27	-0.72	-0.97	-1.06	-1.14
1.8	7.76	5.64	5.01	4.52	4.15	3.50	2.85	1.98	1.32	0.64	-0.28	-0.72	-0.94	-1.02	-1.09
1.9	7.98	5.77	5.12	4.61	4.23	3.55	2.88	1.99	1.31	0.63	-0.29	-0.72	-0.92	-0.98	-1.04

续附表 1

C_s \ p(%)	0.01	0.10	0.20	0.33	0.50	1	2	5	10	20	50	75	90	95	99
2.0	8.21	5.91	5.22	4.70	4.30	3.61	2.91	2.00	1.30	0.61	-0.31	-0.71	-0.895	-0.949	-0.989
2.1	8.43	6.04	5.33	4.79	4.37	3.66	2.93	2.00	1.29	0.59	-0.32	-0.71	-0.689	-0.914	-0.945
2.2	8.65	6.17	5.43	4.88	4.44	3.71	2.96	2.00	1.28	0.57	-0.33	-0.70	-0.844	-0.879	-0.905
2.3	8.87	6.30	5.53	4.97	4.51	3.76	2.99	2.00	1.27	0.55	-0.34	-0.69	-0.820	-0.849	-0.867
2.4	9.08	6.42	5.63	5.05	4.58	3.81	3.02	2.01	1.26	0.54	-0.35	-0.68	-0.795	-0.820	-0.831
2.5	9.30	6.55	5.73	5.13	4.65	3.85	3.04	2.01	1.25	0.52	-0.36	-0.67	-0.772	-0.791	-0.800
2.6	9.51	6.67	5.82	5.20	4.72	3.89	3.06	2.01	1.23	0.50	-0.37	-0.66	-0.748	-0.764	-0.769
2.7	9.72	6.79	5.92	5.28	4.78	3.93	3.09	2.01	1.22	0.48	-0.37	-0.65	-0.726	-0.736	-0.740
2.8	9.93	6.91	6.01	5.36	4.84	3.97	3.11	2.01	1.21	0.46	-0.38	-0.64	-0.702	-0.710	-0.714
2.9	10.14	7.03	6.10	5.44	4.90	4.01	3.13	2.01	1.20	0.44	-0.39	-0.63	-0.680	-0.687	-0.690
3.0	10.35	7.15	6.20	5.51	4.96	4.05	3.15	2.00	1.18	0.42	-0.39	-0.62	-0.658	-0.665	-0.667
3.1	10.56	7.26	6.30	5.59	5.02	4.08	3.17	2.00	1.16	0.40	-0.40	-0.60	-0.639	-0.644	-0.645
3.2	10.77	7.38	6.39	5.66	5.08	4.12	3.19	2.00	1.14	0.38	-0.40	-0.59	-0.621	-0.624	-0.625
3.3	10.97	7.49	6.48	5.74	5.14	4.15	3.21	1.99	1.12	0.36	-0.40	-0.58	-0.604	-0.606	-0.606
3.4	11.17	7.60	6.56	5.80	5.20	4.18	3.22	1.98	1.11	0.34	-0.41	-0.57	-0.587	-0.588	-0.588
3.5	11.37	7.72	6.65	5.86	5.25	4.22	3.23	1.97	1.09	0.32	-0.41	-0.55	-0.570	-0.571	-0.571
3.6	11.57	7.83	6.73	5.93	5.30	4.25	3.24	1.96	1.08	0.30	-0.41	-0.54	-0.555	-0.556	-0.556
3.7	11.77	7.94	6.81	5.99	5.35	4.28	3.25	1.95	1.06	0.28	-0.41	-0.53	-0.540	-0.541	-0.541
3.8	11.97	8.05	6.89	6.05	5.40	4.31	3.26	1.94	1.04	0.26	-0.41	-0.52	-0.526	-0.526	-0.526
3.9	12.16	8.15	6.97	6.11	5.45	4.34	3.27	1.93	1.02	0.24	-0.40	-0.506	-0.513	-0.513	-0.513

续附表1

C_s \ $p(\%)$	0.01	0.10	0.20	0.33	0.50	1	2	5	10	20	50	75	90	95	99
4.0	12.36	8.25	7.05	6.18	5.50	4.37	3.27	1.92	1.00	0.23	−0.41	−0.495	−0.500	−0.500	−0.500
4.1	12.55	8.35	7.13	6.24	5.54	4.39	3.28	1.91	0.98	0.21	−0.41	−0.484	−0.488	−0.488	−0.488
4.2	12.74	8.45	7.21	6.30	5.59	4.41	3.29	1.90	0.96	0.19	−0.41	−0.473	−0.476	−0.476	−0.476
4.3	12.93	8.55	7.29	6.36	5.63	4.44	3.29	1.88	0.94	0.17	−0.41	−0.462	−0.465	−0.465	−0.465
4.4	13.12	8.65	7.36	6.41	5.68	4.46	3.30	1.87	0.92	0.16	−0.40	−0.453	−0.455	−0.455	−0.455
4.5	13.30	8.75	7.43	6.46	5.72	4.48	3.30	1.85	0.90	0.14	−0.40	−0.444	−0.444	−0.444	−0.444
4.6	13.49	8.85	7.50	6.52	5.76	4.50	3.30	1.84	0.88	0.13	−0.40	−0.435	−0.435	−0.435	−0.435
4.7	13.67	8.95	7.57	6.57	5.80	4.52	3.30	1.82	0.86	0.11	−0.39	−0.426	−0.426	−0.426	−0.426
4.8	13.85	9.04	7.64	6.63	5.84	4.54	3.30	1.80	0.84	0.09	−0.39	−0.417	−0.417	−0.417	−0.417
4.9	14.04	9.13	7.70	6.68	5.88	4.55	3.30	1.78	0.82	0.08	−0.38	−0.408	−0.408	−0.408	−0.408
5.0	14.22	9.22	7.77	6.73	5.92	4.47	3.30	1.77	0.80	0.06	−0.379	−0.400	−0.400	−0.400	−0.400
5.1	14.40	9.31	7.84	6.78	5.95	4.58	3.30	1.75	0.78	0.05	−0.374	−0.392	−0.392	−0.392	−0.392
5.2	14.57	9.40	7.90	6.83	5.99	4.59	3.30	1.73	0.76	0.03	−0.369	−0.385	−0.385	−0.385	−0.385
5.3	14.75	9.49	7.96	6.87	6.02	4.60	3.30	1.72	0.74	0.02	−0.363	−0.377	−0.377	−0.377	−0.377
5.4	14.92	9.57	8.02	6.91	6.05	4.62	3.29	1.70	0.72	0.00	−0.358	−0.370	−0.370	−0.370	−0.370
5.5	15.10	9.66	8.08	6.96	6.08	4.63	3.28	1.68	0.70	−0.01	−0.353	−0.364	−0.364	−0.364	−0.364
5.6	15.27	9.71	8.14	7.00	6.11	4.64	3.28	1.66	0.67	−0.03	−0.349	−0.357	−0.357	−0.357	−0.357
5.7	15.45	9.82	8.21	7.04	6.14	4.65	3.27	1.65	0.65	−0.04	−0.344	−0.351	−0.351	−0.351	−0.351
5.8	15.62	9.91	8.27	7.08	6.17	4.67	3.27	1.63	0.63	−0.05	−0.339	−0.345	−0.345	−0.345	−0.345
5.9	15.78	9.99	8.32	7.12	6.20	4.68	3.36	1.61	0.61	−0.06	−0.334	−0.339	−0.339	−0.339	−0.339

附表2　皮尔逊Ⅲ型曲线的模比系数 K_p 值表

(1) $C_s = C_v$

p(%) / C_v	0.01	0.1	0.5	1	2	5	10	20	50	75	90	95	99
0.05	1.19	1.16	1.13	1.12	1.11	1.09	1.07	1.04	1.00	0.97	0.94	0.92	0.89
0.10	1.39	1.32	1.27	1.24	1.21	1.17	1.13	1.08	1.00	0.93	0.87	0.84	0.78
0.15	1.61	1.50	1.41	1.37	1.32	1.26	1.20	1.13	1.00	0.90	0.81	0.77	0.67
0.20	1.83	1.68	1.55	1.49	1.43	1.34	1.26	1.17	0.99	0.86	0.75	0.68	0.56
0.25	2.07	1.86	1.70	1.63	1.55	1.43	1.33	1.21	0.99	0.83	0.69	0.61	0.47
0.30	2.31	2.06	1.86	1.76	1.66	1.52	1.39	1.25	0.98	0.79	0.63	0.54	0.37
0.35	2.57	2.26	2.02	1.91	1.78	1.61	1.46	1.29	0.98	0.76	0.57	0.47	0.28
0.40	2.84	2.47	2.18	2.05	1.90	1.70	1.53	1.33	0.97	0.72	0.51	0.39	0.19
0.45	3.13	2.69	2.35	2.19	2.03	1.79	1.60	1.37	0.97	0.69	0.45	0.33	0.10
0.50	3.42	2.91	2.52	2.34	2.16	1.89	1.66	1.40	0.96	0.65	0.39	0.26	0.02
0.55	3.72	3.14	2.70	2.49	2.29	1.98	1.73	1.44	0.95	0.61	0.34	0.20	−0.06
0.60	4.03	3.38	2.88	2.65	2.41	2.08	1.80	1.48	0.94	0.57	0.28	0.13	−0.13
0.65	4.36	3.62	3.07	2.81	2.55	2.18	1.87	1.52	0.93	0.53	0.23	0.07	−0.20
0.70	4.70	3.87	3.25	2.97	2.68	2.27	1.93	1.55	0.92	0.50	0.17	0.01	−0.27
0.75	5.05	4.13	3.45	3.15	2.82	2.37	2.00	1.59	0.91	0.46	0.12	−0.05	−0.33
0.80	5.40	4.39	3.65	3.31	2.96	2.47	2.07	1.62	0.90	0.42	0.06	−0.10	−0.39
0.85	5.78	4.67	3.86	3.49	3.11	2.57	2.14	1.66	0.88	0.37	0.01	−0.16	−0.44
0.90	6.16	4.95	4.06	3.66	3.25	2.67	1.21	1.69	0.86	0.34	−0.04	−0.22	−0.49
0.95	6.56	5.24	4.28	3.84	3.40	2.78	2.28	1.73	0.85	0.31	−0.09	−0.27	−0.55
1.00	6.96	5.53	4.49	4.02	3.54	2.88	2.34	1.76	0.84	0.27	−0.13	−0.32	−0.59

续附表 2

(2) $C_s = 2C_v$

p(%) / C_v	0.01	0.1	0.5	1	2	5	10	20	50	75	90	95	99
0.05	1.20	1.16	1.13	1.12	1.11	1.08	1.06	1.04	1.00	0.97	0.94	0.92	0.89
0.10	1.42	1.34	1.27	1.25	1.21	1.17	1.13	1.08	1.00	0.93	0.87	0.84	0.78
0.15	1.67	1.54	1.43	1.38	1.33	1.26	1.20	1.12	0.99	0.90	0.81	0.77	0.69
0.20	1.92	1.73	1.59	1.52	1.45	1.35	1.25	1.16	0.99	0.86	0.75	0.70	0.59
0.22	2.04	1.82	1.66	1.58	1.50	1.39	1.29	1.18	0.98	0.84	0.73	0.67	0.56
0.24	2.16	1.91	1.73	1.64	1.55	1.43	1.32	1.19	0.98	0.83	0.71	0.64	0.53
0.25	2.22	1.96	1.77	1.67	1.58	1.45	1.33	1.20	0.98	0.82	0.70	0.63	0.52
0.26	2.28	2.01	1.80	1.70	1.60	1.46	1.34	1.21	0.98	0.82	0.69	0.62	0.50
0.28	2.40	2.10	1.87	1.76	1.66	1.50	1.37	1.22	0.97	0.79	0.66	0.59	0.47
0.30	2.52	2.19	1.94	1.83	1.71	1.54	1.40	1.24	0.97	0.78	0.64	0.56	0.44
0.35	2.86	2.44	2.13	2.00	1.84	1.64	1.47	1.28	0.96	0.75	0.59	0.51	0.37
0.40	3.20	2.70	2.32	2.15	1.98	1.74	1.54	1.31	0.95	0.71	0.53	0.45	0.30
0.45	3.59	2.98	2.53	2.33	2.13	1.84	1.60	1.35	0.93	0.67	0.48	0.40	0.26
0.50	3.98	3.27	2.74	2.51	2.27	1.94	1.67	1.38	0.92	0.64	0.44	0.34	0.21
0.55	4.42	3.58	2.97	2.70	2.42	2.04	1.74	1.41	0.90	0.59	0.40	0.30	0.16
0.60	4.85	3.89	3.20	2.89	2.57	2.15	1.80	1.44	0.89	0.56	0.35	0.26	0.13
0.65	5.33	4.22	3.44	3.09	2.74	2.25	1.87	1.47	0.87	0.52	0.31	0.22	0.10
0.70	5.81	4.56	3.68	3.29	2.90	2.36	1.94	1.50	0.85	0.49	0.27	0.18	0.08
0.75	6.33	4.93	3.93	3.50	3.06	2.46	2.00	1.52	0.82	0.45	0.24	0.15	0.06
0.80	6.85	5.30	4.19	3.71	3.22	2.57	2.06	1.54	0.80	0.42	0.21	0.12	0.04
0.85	7.41	5.69	4.46	3.93	3.39	2.68	2.12	1.56	0.77	0.39	0.18	0.10	0.03
0.90	7.98	6.08	4.74	4.15	3.56	2.78	2.19	1.58	0.75	0.35	0.15	0.08	0.02
0.95	8.59	6.48	5.02	4.38	3.74	2.89	2.25	1.60	0.72	0.31	0.13	0.07	0.01
1.00	9.21	6.91	5.30	4.61	3.91	3.00	2.30	1.61	0.69	0.29	0.11	0.05	0.01

续附表 2

(3) $C_s = 3C_v$

C_v \ $p(\%)$	0.01	0.1	0.5	1	2	5	10	20	50	75	90	95	99
0.05	1.20	1.17	1.14	1.12	1.11	1.08	1.07	1.04	1.00	0.97	0.94	0.92	0.89
0.10	1.44	1.35	1.29	1.25	1.22	1.17	1.13	1.08	0.99	0.93	0.88	0.85	0.79
0.15	1.71	1.56	1.45	1.40	1.35	1.26	1.20	1.12	0.99	0.89	0.82	0.78	0.70
0.20	2.02	1.79	1.63	1.55	1.47	1.33	1.27	1.16	0.98	0.86	0.76	0.71	0.62
0.25	2.35	2.05	1.82	1.72	1.61	1.46	1.34	1.20	0.97	0.82	0.71	0.65	0.56
0.30	2.72	2.32	2.02	1.89	1.75	1.56	1.40	1.23	0.96	0.78	0.66	0.60	0.50
0.35	3.12	2.61	2.24	2.07	1.90	1.66	1.47	1.26	0.94	0.74	0.61	0.55	0.46
0.40	3.56	2.92	2.46	2.26	2.05	1.76	1.54	1.29	0.92	0.70	0.57	0.50	0.42
0.42	3.75	3.06	2.56	2.34	2.11	1.81	1.56	1.31	0.91	0.69	0.55	0.49	0.41
0.45	4.04	3.26	2.70	2.46	2.21	1.87	1.60	1.32	0.80	0.67	0.53	0.47	0.39
0.48	4.34	3.47	2.85	2.58	2.31	1.93	1.65	1.34	0.89	0.65	0.51	0.45	0.38
0.50	4.56	3.62	2.93	2.67	2.37	1.98	1.67	1.35	0.88	0.64	0.49	0.44	0.37
0.52	4.76	3.76	3.06	2.75	2.44	2.02	1.69	1.35	0.87	0.62	0.48	0.42	0.36
0.55	5.09	3.99	3.21	2.88	2.54	2.08	1.73	1.36	0.86	0.60	0.46	0.41	0.36
0.58	5.43	4.23	3.33	3.01	2.64	2.14	1.77	1.38	0.84	0.58	0.45	0.40	0.35
0.60	5.66	4.38	3.49	3.10	2.71	2.19	1.79	1.38	0.83	0.57	0.44	0.39	0.35
0.65	6.26	4.81	3.77	3.33	2.88	2.29	1.85	1.40	0.80	0.53	0.41	0.37	0.34
0.70	6.90	5.23	4.06	3.56	3.05	2.40	1.90	1.41	0.78	0.50	0.39	0.36	0.34
0.75	7.57	5.68	4.36	3.80	3.24	2.50	1.95	1.42	0.76	0.48	0.38	0.35	0.34
0.80	8.26	6.14	4.65	4.05	3.42	2.61	2.01	1.43	0.72	0.46	0.36	0.34	0.34
0.85	9.00	6.62	4.98	4.29	3.59	2.71	2.06	1.43	0.69	0.44	0.35	0.34	0.34
0.90	9.75	7.11	5.30	4.54	3.78	2.81	2.10	1.43	0.67	0.42	0.35	0.34	0.33
0.95	10.54	7.62	5.62	4.80	3.96	2.91	2.14	1.43	0.64	0.39	0.34	0.34	0.33
1.00	11.35	8.15	5.98	5.05	4.15	3.00	2.18	1.42	0.61	0.38	0.34	0.34	0.33

续附表 2

(4) $C_s = 3.5C_v$

p(%) / C_v	0.01	0.1	0.5	1	2	5	10	20	50	75	90	95	99
0.20	2.06	1.82	1.64	1.56	1.48	1.36	1.27	1.16	0.98	0.86	0.76	0.72	0.64
0.25	0.42	2.09	1.85	1.74	1.62	1.46	1.34	1.19	0.96	0.82	0.71	0.66	0.58
0.30	2.82	2.38	2.06	1.92	1.77	1.57	1.40	1.22	0.95	0.78	0.67	0.61	0.53
0.35	3.26	2.70	2.29	2.11	1.92	1.67	1.47	1.26	0.93	0.74	0.62	0.57	0.50
0.40	3.75	3.04	2.53	2.31	2.08	1.78	1.53	1.28	0.91	0.71	0.58	0.53	0.47
0.42	3.95	3.18	2.63	2.39	2.15	1.82	1.56	1.29	0.90	0.69	0.57	0.52	0.46
0.44	4.16	3.33	2.73	2.48	2.21	1.86	1.59	1.30	0.89	0.68	0.56	0.51	0.46
0.45	4.27	3.40	2.79	2.52	2.25	1.88	1.60	1.31	0.89	0.67	0.55	0.50	0.45
0.46	4.37	3.48	2.84	2.56	2.28	1.90	1.61	1.31	0.88	0.66	0.54	0.50	0.45
0.48	4.60	3.63	2.94	2.65	2.35	1.95	1.64	1.32	0.87	0.65	0.53	0.49	0.45
0.50	4.82	3.78	3.06	2.74	2.42	1.99	1.66	1.32	0.86	0.64	0.52	0.48	0.44
0.52	5.06	3.95	3.16	2.83	2.48	2.03	1.69	1.33	0.85	0.63	0.51	0.47	0.44
0.54	5.30	4.11	3.28	2.91	2.55	2.07	1.71	1.34	0.84	0.61	0.50	0.47	0.44
0.55	5.41	4.20	3.34	2.96	2.58	2.10	1.72	1.34	0.84	0.60	0.50	0.46	0.44
0.56	5.55	4.28	3.39	3.01	2.62	2.12	1.73	1.35	0.83	0.60	0.49	0.46	0.43
0.58	5.80	4.45	3.51	3.10	2.69	2.16	1.75	1.35	0.82	0.58	0.48	0.46	0.43
0.60	6.06	4.62	3.62	3.20	2.76	2.20	1.77	1.35	0.81	0.57	0.48	0.45	0.43
0.65	6.73	5.08	3.92	3.44	2.94	2.30	1.83	1.36	0.78	0.55	0.46	0.44	0.43
0.70	7.43	5.54	4.23	3.68	3.12	2.41	1.88	1.37	0.75	0.53	0.45	0.44	0.43
0.75	8.16	6.02	4.55	3.92	3.30	2.51	1.92	1.37	0.72	0.50	0.44	0.43	0.43
0.80	8.94	6.53	4.87	4.18	3.49	2.61	1.97	1.37	0.70	0.49	0.44	0.43	0.43

续附表 2

(5) $C_s = 4C_v$

C_v \ p(%)	0.01	0.1	0.5	1	2	5	10	20	50	75	90	95	99
0.05	1.21	1.17	1.14	1.12	1.11	1.08	1.06	1.04	1.00	0.97	0.94	0.92	0.89
0.10	1.46	1.37	1.30	1.26	1.23	1.18	1.13	1.08	0.99	0.93	0.88	0.85	0.80
0.15	1.76	1.59	1.47	1.41	1.35	1.27	1.20	1.12	0.98	0.89	0.82	0.78	0.72
0.20	2.10	1.85	1.66	1.58	1.49	1.37	1.27	1.16	0.97	0.85	0.77	0.72	0.65
0.25	2.49	2.13	1.87	1.76	1.64	1.47	1.34	1.19	0.96	0.82	0.72	0.67	0.60
0.30	2.92	2.44	2.10	1.94	1.79	1.57	1.40	1.22	0.94	0.78	0.68	0.63	0.56
0.35	3.40	2.78	2.34	2.14	1.95	1.68	1.47	1.25	0.92	0.74	0.64	0.59	0.54
0.40	3.92	3.15	2.60	2.36	2.11	1.78	1.53	1.27	0.90	0.71	0.60	0.56	0.52
0.42	4.15	3.30	2.70	2.44	2.18	1.83	1.56	1.28	0.89	0.70	0.59	0.55	0.52
0.45	4.49	3.54	2.87	2.58	2.28	1.89	1.59	1.29	0.87	0.68	0.58	0.54	0.51
0.48	4.86	3.79	3.04	2.71	2.39	1.96	1.63	1.30	0.86	0.66	0.56	0.53	0.51
0.50	5.10	3.96	3.15	2.80	2.45	2.00	1.65	1.31	0.84	0.64	0.55	0.53	0.50
0.52	5.36	4.12	3.27	2.90	2.52	2.04	1.67	1.31	0.83	0.63	0.55	0.52	0.50
0.55	5.76	4.39	3.44	3.03	2.63	2.10	1.70	1.31	0.82	0.62	0.54	0.52	0.50
0.58	6.18	4.67	3.62	3.19	2.74	2.16	1.74	1.32	0.80	0.60	0.53	0.51	0.50
0.60	6.45	4.85	3.75	3.29	2.81	2.21	1.76	1.32	0.79	0.59	0.52	0.51	0.50
0.65	7.18	5.34	4.07	3.53	2.99	2.31	1.80	1.32	0.76	0.57	0.51	0.50	0.50
0.70	7.95	5.84	4.39	3.78	3.18	2.41	1.85	1.32	0.73	0.55	0.51	0.50	0.50
0.75	8.76	6.36	4.72	4.03	3.36	2.50	1.88	1.32	0.71	0.54	0.51	0.50	0.50
0.80	9.62	6.90	5.06	4.30	3.55	2.60	1.91	1.30	0.68	0.53	0.50	0.50	0.50
0.85	10.49	7.46	5.42	4.55	3.74	2.68	1.94	1.29	0.65	0.52	0.50	0.50	0.50
0.90	11.41	8.05	5.77	4.82	3.92	2.76	1.97	1.27	0.63	0.51	0.50	0.50	0.50
0.95	12.37	8.65	6.13	5.09	4.10	2.84	1.99	1.25	0.60	0.51	0.50	0.50	0.50
1.00	13.36	9.25	6.50	5.37	4.27	2.92	2.00	1.23	0.59	0.50	0.50	0.50	0.50

附表3 三点法用表——S 与 C_s 关系表

(1) $p=1\%—50\%—99\%$

S	0	1	2	3	4	5	6	7	8	9
0.0	0.00	0.03	0.05	0.07	0.10	0.12	0.15	0.17	0.20	0.23
0.1	0.26	0.28	0.31	0.34	0.36	0.39	0.41	0.44	0.47	0.49
0.2	0.52	0.54	0.57	0.59	0.62	0.65	0.67	0.70	0.73	0.76
0.3	0.78	0.81	0.84	0.86	0.89	0.92	0.94	0.97	1.00	1.02
0.4	1.05	1.08	1.10	1.13	1.16	1.18	1.21	1.24	1.27	1.30
0.5	1.32	1.36	1.39	1.42	1.45	1.48	1.51	1.55	1.58	1.61
0.6	1.64	1.68	1.71	1.74	1.78	1.81	1.84	1.88	1.92	1.95
0.7	1.99	2.03	2.07	2.11	2.16	2.20	2.25	2.30	2.34	2.39
0.8	2.44	2.50	2.55	2.61	2.67	2.74	2.81	2.89	2.97	3.05
0.9	3.14	3.22	3.22	3.46	3.59	3.73	3.92	4.14	4.44	4.90

例：当 $S=0.43$ 时，$C_s=1.13$。

(2) $p=3\%—50\%—97\%$

S	0	1	2	3	4	5	6	7	8	9
0.0	0.00	0.04	0.08	0.11	0.14	0.17	0.20	0.23	0.26	0.29
0.1	0.32	0.35	0.38	0.42	0.45	0.48	0.51	0.54	0.57	0.60
0.2	0.63	0.66	0.70	0.73	0.76	0.79	0.82	0.86	0.89	0.92
0.3	0.95	0.98	1.01	1.04	1.08	1.11	1.14	1.17	1.20	1.24
0.4	1.27	1.30	1.33	1.36	1.40	1.43	1.46	1.49	1.52	1.56
0.5	1.59	1.63	1.66	1.70	1.73	1.76	1.80	1.83	1.87	1.90
0.6	1.94	1.97	2.00	2.04	2.08	2.12	2.16	2.20	2.23	2.27
0.7	2.31	2.36	2.40	2.44	2.49	2.54	2.58	2.63	2.68	2.74
0.8	2.79	2.85	2.90	2.96	3.02	3.09	3.15	3.22	3.29	3.37
0.9	3.46	3.55	3.67	3.79	3.92	4.08	4.26	4.50	4.75	5.21

(3) $p=5\%—50\%—95\%$

S	0	1	2	3	4	5	6	7	8	9
0.0	0.00	0.04	0.08	0.12	0.16	0.20	0.24	0.27	0.31	0.35
0.1	0.38	0.41	0.45	0.48	0.52	0.55	0.59	0.63	0.66	0.70
0.2	0.73	0.76	0.80	0.84	0.87	0.90	0.94	0.98	1.01	1.04
0.3	1.08	1.11	1.14	1.18	1.21	1.25	1.28	1.31	1.35	1.38
0.4	1.42	1.46	1.49	1.52	1.56	1.59	1.63	1.66	1.70	1.74
0.5	1.78	1.81	1.85	1.88	1.92	1.95	1.99	2.03	2.06	2.10
0.6	2.13	2.17	2.20	2.24	2.28	2.32	2.36	2.40	2.44	2.48
0.7	2.53	2.57	2.62	2.66	2.70	2.76	2.81	2.86	2.91	2.97
0.8	3.02	3.07	3.13	3.19	3.25	3.32	3.38	3.46	3.52	3.60
0.9	3.70	3.80	3.91	4.03	4.17	4.32	4.49	4.72	4.94	5.43

续附表 3

(4) $p = 10\%—50\%—90\%$

S	0	1	2	3	4	5	6	7	8	9
0. 0	0. 00	0. 05	0. 10	0. 15	0. 20	0. 24	0. 29	0. 34	0. 38	0. 43
0. 1	0. 47	0. 52	0. 56	0. 60	0. 65	0. 69	0. 74	0. 78	0. 83	0. 87
0. 2	0. 92	0. 96	1. 00	1. 04	1. 08	1. 13	1. 13	1. 22	1. 26	1. 30
0. 3	1. 34	1. 38	1. 43	1. 47	1. 51	1. 55	1. 55	1. 63	1. 67	1. 71
0. 4	1. 75	1. 79	1. 83	1. 87	1. 91	1. 95	1. 95	2. 02	2. 06	2. 10
0. 5	2. 14	2. 18	2. 22	2. 26	2. 30	2. 34	2. 34	2. 42	2. 46	2. 50
0. 6	2. 54	2. 58	2. 62	2. 66	2. 70	2. 74	2. 74	2. 82	2. 86	2. 90
0. 7	2. 95	3. 00	3. 04	3. 08	3. 13	3. 18	3. 18	3. 28	3. 33	3. 38
0. 8	3. 44	3. 50	3. 55	3. 61	3. 67	3. 67	3. 74	3. 87	3. 94	4. 02
0. 9	4. 11	4. 20	4. 32	4. 45	4. 59	4. 59	4. 75	5. 20	5. 56	—

附表 4　三点法用表——C_s 与有关 Φ 值的关系表

C_s	$\Phi_{50\%}$	$\Phi_{1\%} - \Phi_{99\%}$	$\Phi_{3\%} - \Phi_{97\%}$	$\Phi_{5\%} - \Phi_{95\%}$	$\Phi_{10\%} - \Phi_{90\%}$
0. 0	0. 000	4. 652	3. 762	3. 290	2. 564
0. 1	-0. 017	4. 648	3. 756	3. 287	2. 560
0. 2	-0. 033	4. 645	3. 750	3. 284	2. 557
0. 3	-0. 055	4. 641	3. 743	3. 278	2. 550
0. 4	-0. 068	4. 637	3. 736	3. 273	2. 543
0. 5	-0. 084	4. 633	3. 732	3. 266	2. 532
0. 6	-0. 100	4. 629	3. 727	3. 259	2. 522
0. 7	-0. 116	4. 624	3. 718	3. 246	2. 510
0. 8	-0. 132	4. 620	3. 709	3. 233	2. 498
0. 9	-0. 148	4. 615	3. 692	3. 218	2. 483
1. 0	-0. 164	4. 611	3. 674	3. 204	2. 468
1. 1	-0. 179	4. 606	3. 656	3. 185	2. 448
1. 2	-0. 194	4. 601	3. 638	3. 167	2. 427
1. 3	-0. 208	4. 595	3. 620	3. 144	2. 404
1. 4	-0. 223	4. 590	3. 601	3. 120	3. 380
1. 5	-0. 238	4. 586	3. 582	3. 090	2. 353
1. 6	-0. 253	4. 586	3. 562	3. 062	2. 326
1. 7	-0. 267	4. 587	3. 541	3. 032	2. 296
1. 8	-0. 282	4. 588	3. 520	3. 002	2. 265
1. 9	-0. 294	4. 591	3. 499	2. 974	2. 232
2. 0	-0. 307	4. 594	3. 477	2. 945	2. 198

续附表4

C_s	$\Phi_{50\%}$	$\Phi_{1\%}-\Phi_{99\%}$	$\Phi_{3\%}-\Phi_{97\%}$	$\Phi_{5\%}-\Phi_{95\%}$	$\Phi_{10\%}-\Phi_{90\%}$
2.1	-0.319	4.603	3.496	2.918	2.164
2.2	-0.330	4.613	3.440	2.890	2.130
2.3	-0.340	4.625	3.421	2.862	2.095
2.4	-0.350	4.636	3.403	2.833	2.060
2.5	-0.359	4.648	3.385	2.806	2.024
2.6	-0.367	4.660	3.367	2.778	1.987
2.7	-0.376	4.674	3.350	2.749	1.949
2.8	-0.383	4.687	3.333	2.720	1.911
2.9	-0.389	4.701	3.318	2.695	1.876
3.0	-0.395	4.716	3.303	2.670	1.840
3.1	-0.399	4.732	3.288	2.645	1.806
3.2	-0.404	4.748	3.273	2.619	1.772
3.3	-0.407	4.765	3.259	2.594	1.738
3.4	-0.410	4.781	3.245	2.568	1.705
3.5	-0.412	4.796	3.225	2.543	1.670
3.6	-0.414	4.810	3.216	2.518	1.635
3.7	-0.415	4.824	3.203	2.494	1.600
3.8	-0.416	4.837	3.189	2.470	1.570
3.9	-0.415	4.850	3.175	2.446	1.536
4.0	-0.414	4.863	3.160	2.422	1.502
4.1	-0.412	4.876	3.145	2.396	1.471
4.2	-0.410	4.888	3.130	2.372	1.440
4.3	-0.407	4.901	3.115	2.348	1.408
4.4	-0.404	4.914	3.100	2.325	1.376
4.5	-0.400	4.924	3.084	2.300	1.345
4.6	-0.396	4.934	3.067	2.276	1.315
4.7	-0.392	4.942	3.050	2.251	1.286
4.8	-0.388	4.949	3.034	2.226	1.257
4.9	-0.384	4.955	3.016	2.200	1.229
5.0	-0.379	4.961	2.997	2.174	1.200
5.1	-0.374		2.978	2.148	1.173
5.2	-0.370		2.960	2.123	1.145
5.3	-0.365			2.098	1.118
5.4	-0.360			2.072	1.090
5.5	-0.356			2.047	1.063
5.6	-0.350			2.021	1.035

附表 5　瞬时单位线 S 曲线查用表

t/K \ n	1.0	1.1	1.2	1.3	1.4	1.5	1.6	1.7	1.8	1.9	2.0	2.1	2.2	2.3	2.4	2.5	2.6	2.7	2.8	2.9	3.0
0	0	0	0	0	0	0	0	0	0	0	0	0	0	0	0	0	0	0	0	0	0
0.1	0.095	0.072	0.054	0.041	0.030	0.022	0.017	0.012	0.009	0.006	0.005	0.003	0.002	0.002	0.001	0.001	0.001	0.000	0.000	0.000	0.000
0.2	0.181	0.147	0.118	0.095	0.075	0.060	0.047	0.037	0.029	0.023	0.018	0.014	0.010	0.008	0.006	0.005	0.004	0.003	0.002	0.002	0.001
0.3	0.259	0.218	0.182	0.152	0.126	0.104	0.085	0.069	0.056	0.046	0.037	0.030	0.024	0.019	0.015	0.012	0.009	0.007	0.006	0.005	0.004
0.4	0.330	0.285	0.245	0.209	0.178	0.151	0.127	0.107	0.089	0.074	0.062	0.051	0.042	0.034	0.028	0.023	0.019	0.015	0.012	0.010	0.008
0.5	0.393	0.347	0.304	0.265	0.230	0.199	0.171	0.147	0.125	0.106	0.090	0.076	0.064	0.054	0.045	0.037	0.031	0.026	0.021	0.018	0.014
0.6	0.451	0.404	0.359	0.319	0.281	0.247	0.216	0.188	0.164	0.141	0.122	0.105	0.090	0.076	0.065	0.055	0.047	0.039	0.033	0.028	0.023
0.7	0.503	0.456	0.412	0.370	0.331	0.294	0.261	0.231	0.203	0.178	0.156	0.136	0.118	0.102	0.088	0.076	0.065	0.056	0.047	0.040	0.034
0.8	0.551	0.505	0.460	0.418	0.378	0.341	0.306	0.273	0.243	0.216	0.191	0.169	0.148	0.130	0.113	0.099	0.086	0.074	0.064	0.055	0.047
0.9	0.593	0.549	0.505	0.463	0.423	0.385	0.349	0.315	0.284	0.255	0.228	0.203	0.180	0.159	0.141	0.124	0.109	0.095	0.083	0.072	0.063
1.0	0.632	0.589	0.547	0.506	0.466	0.428	0.391	0.356	0.324	0.293	0.264	0.238	0.213	0.190	0.170	0.151	0.134	0.118	0.104	0.092	0.080
1.1	0.667	0.626	0.585	0.545	0.506	0.468	0.431	0.396	0.363	0.331	0.301	0.273	0.247	0.222	0.200	0.179	0.160	0.143	0.127	0.113	0.100
1.2	0.699	0.660	0.621	0.582	0.544	0.506	0.470	0.435	0.401	0.368	0.337	0.308	0.281	0.255	0.231	0.209	0.188	0.169	0.151	0.135	0.121
1.3	0.727	0.691	0.654	0.616	0.579	0.543	0.507	0.471	0.437	0.405	0.373	0.343	0.315	0.288	0.262	0.239	0.216	0.196	0.177	0.159	0.143
1.4	0.753	0.719	0.684	0.648	0.612	0.577	0.541	0.507	0.473	0.440	0.408	0.378	0.348	0.321	0.294	0.269	0.246	0.224	0.203	0.184	0.167
1.5	0.777	0.744	0.711	0.677	0.643	0.608	0.574	0.540	0.507	0.474	0.442	0.411	0.382	0.353	0.326	0.300	0.275	0.252	0.231	0.210	0.191
1.6	0.798	0.768	0.736	0.704	0.671	0.638	0.605	0.572	0.539	0.507	0.475	0.444	0.414	0.385	0.357	0.331	0.305	0.281	0.258	0.237	0.217
1.7	0.817	0.789	0.759	0.729	0.698	0.666	0.634	0.602	0.570	0.538	0.507	0.476	0.446	0.417	0.389	0.361	0.335	0.310	0.287	0.264	0.243
1.8	0.835	0.808	0.781	0.752	0.722	0.692	0.661	0.630	0.599	0.568	0.537	0.507	0.477	0.448	0.419	0.392	0.365	0.340	0.315	0.292	0.269
1.9	0.850	0.826	0.800	0.773	0.745	0.716	0.687	0.657	0.627	0.596	0.566	0.536	0.507	0.478	0.449	0.421	0.395	0.368	0.343	0.319	0.296
2.0	0.865	0.842	0.818	0.792	0.766	0.739	0.710	0.682	0.653	0.623	0.594	0.565	0.536	0.507	0.478	0.451	0.423	0.397	0.372	0.347	0.323
2.1	0.878	0.856	0.834	0.810	0.785	0.759	0.733	0.705	0.677	0.649	0.620	0.592	0.563	0.535	0.507	0.479	0.452	0.425	0.400	0.375	0.350

续附表5

t/K \ n	1.0	1.1	1.2	1.3	1.4	1.5	1.6	1.7	1.8	1.9	2.0	2.1	2.2	2.3	2.4	2.5	2.6	2.7	2.8	2.9	3.0
2.2	0.889	0.870	0.849	0.826	0.803	0.779	0.753	0.727	0.700	0.673	0.645	0.618	0.590	0.562	0.534	0.507	0.480	0.453	0.427	0.402	0.377
2.3	0.900	0.882	0.862	0.841	0.819	0.796	0.772	0.748	0.722	0.696	0.669	0.642	0.615	0.588	0.560	0.533	0.507	0.480	0.454	0.429	0.404
2.4	0.909	0.893	0.875	0.855	0.835	0.813	0.790	0.767	0.742	0.717	0.692	0.665	0.639	0.613	0.586	0.559	0.533	0.507	0.481	0.455	0.430
2.5	0.918	0.902	0.886	0.868	0.849	0.828	0.807	0.784	0.761	0.737	0.713	0.688	0.662	0.636	0.610	0.584	0.558	0.532	0.506	0.481	0.456
2.6	0.926	0.912	0.896	0.879	0.861	0.842	0.822	0.801	0.779	0.756	0.733	0.708	0.684	0.659	0.634	0.608	0.582	0.557	0.532	0.506	0.482
2.7	0.933	0.920	0.905	0.890	0.873	0.855	0.836	0.816	0.796	0.774	0.751	0.728	0.704	0.680	0.656	0.631	0.606	0.581	0.556	0.531	0.506
2.8	0.939	0.927	0.914	0.899	0.884	0.867	0.849	0.831	0.811	0.790	0.769	0.747	0.724	0.701	0.677	0.653	0.629	0.604	0.579	0.555	0.531
2.9	0.945	0.934	0.922	0.908	0.894	0.878	0.862	0.844	0.825	0.806	0.785	0.764	0.742	0.720	0.697	0.674	0.650	0.626	0.602	0.578	0.554
3.0	0.950	0.940	0.929	0.916	0.903	0.888	0.873	0.856	0.839	0.820	0.801	0.781	0.760	0.738	0.716	0.694	0.671	0.648	0.624	0.600	0.577
3.1	0.955	0.946	0.935	0.924	0.911	0.898	0.883	0.868	0.851	0.834	0.815	0.796	0.776	0.756	0.734	0.713	0.691	0.668	0.645	0.622	0.599
3.2	0.959	0.951	0.941	0.930	0.919	0.906	0.393	0.878	0.863	0.846	0.829	0.811	0.792	0.772	0.752	0.731	0.709	0.688	0.665	0.643	0.620
3.3	0.963	0.955	0.946	0.937	0.926	0.914	0.902	0.888	0.873	0.858	0.841	0.824	0.806	0.787	0.768	0.748	0.727	0.706	0.685	0.663	0.641
3.4	0.967	0.959	0.951	0.942	0.932	0.921	0.910	0.897	0.883	0.869	0.853	0.837	0.820	0.802	0.783	0.764	0.744	0.724	0.703	0.682	0.660
3.5	0.970	0.963	0.956	0.947	0.938	0.928	0.917	0.905	0.892	0.879	0.864	0.849	0.832	0.815	0.798	0.779	0.760	0.741	0.721	0.700	0.679
3.6	0.973	0.967	0.960	0.952	0.944	0.934	0.924	0.913	0.901	0.888	0.874	0.860	0.844	0.828	0.811	0.794	0.776	0.757	0.737	0.718	0.697
3.7	0.975	0.970	0.963	0.956	0.948	0.940	0.930	0.920	0.909	0.897	0.884	0.870	0.856	0.840	0.824	0.807	0.790	0.772	0.753	0.734	0.715
3.8	0.978	0.973	0.967	0.960	0.953	0.945	0.936	0.926	0.916	0.905	0.893	0.880	0.866	0.851	0.836	0.820	0.804	0.786	0.768	0.750	0.731
3.9	0.980	0.975	0.970	0.964	0.957	0.950	0.941	0.932	0.923	0.912	0.901	0.889	0.876	0.862	0.848	0.832	0.817	0.800	0.783	0.765	0.747
4.0	0.982	0.977	0.973	0.967	0.961	0.954	0.946	0.938	0.929	0.919	0.908	0.897	0.885	0.872	0.858	0.844	0.829	0.813	0.796	0.779	0.762
4.1	0.983	0.980	0.975	0.970	0.964	0.958	0.951	0.943	0.935	0.925	0.915	0.905	0.893	0.881	0.868	0.854	0.840	0.825	0.809	0.793	0.776
4.2	0.985	0.981	0.977	0.973	0.967	0.962	0.955	0.948	0.940	0.931	0.922	0.912	0.901	0.890	0.877	0.864	0.851	0.837	0.822	0.806	0.790
4.3	0.986	0.983	0.979	0.975	0.970	0.965	0.959	0.952	0.945	0.937	0.928	0.919	0.909	0.898	0.886	0.874	0.861	0.847	0.833	0.818	0.803

续附表5

t/K \ n	1.0	1.1	1.2	1.3	1.4	1.5	1.6	1.7	1.8	1.9	2.0	2.1	2.2	2.3	2.4	2.5	2.6	2.7	2.8	2.9	3.0
4.4	0.988	0.985	0.981	0.977	0.973	0.968	0.962	0.956	0.949	0.942	0.934	0.925	0.915	0.905	0.894	0.883	0.870	0.857	0.844	0.830	0.815
4.5	0.989	0.986	0.983	0.979	0.975	0.971	0.966	0.960	0.953	0.947	0.939	0.931	0.922	0.912	0.902	0.891	0.879	0.867	0.854	0.841	0.826
4.6	0.990	0.987	0.985	0.981	0.978	0.973	0.968	0.963	0.957	0.951	0.944	0.936	0.928	0.919	0.909	0.899	0.888	0.876	0.864	0.851	0.837
4.7	0.991	0.989	0.986	0.983	0.980	0.976	0.971	0.966	0.961	0.955	0.948	0.941	0.933	0.925	0.916	0.906	0.895	0.884	0.873	0.861	0.848
4.8	0.992	0.990	0.987	0.985	0.981	0.978	0.974	0.969	0.964	0.958	0.952	0.946	0.938	0.930	0.922	0.913	0.903	0.892	0.881	0.870	0.857
4.9	0.993	0.991	0.988	0.986	0.983	0.980	0.976	0.972	0.967	0.962	0.956	0.950	0.943	0.936	0.928	0.919	0.910	0.900	0.889	0.878	0.867
5.0	0.993	0.992	0.990	0.987	0.984	0.981	0.978	0.974	0.970	0.965	0.960	0.954	0.947	0.940	0.933	0.925	0.916	0.907	0.897	0.886	0.875
5.1	0.994	0.992	0.990	0.988	0.986	0.983	0.980	0.976	0.972	0.968	0.963	0.957	0.951	0.945	0.938	0.930	0.922	0.913	0.904	0.894	0.884
5.2	0.994	0.993	0.991	0.989	0.987	0.985	0.982	0.978	0.975	0.970	0.966	0.961	0.955	0.949	0.942	0.935	0.928	0.919	0.911	0.901	0.891
5.3	0.995	0.994	0.992	0.990	0.988	0.986	0.983	0.980	0.977	0.973	0.969	0.964	0.959	0.953	0.947	0.940	0.933	0.925	0.917	0.908	0.898
5.4	0.995	0.994	0.993	0.991	0.989	0.987	0.985	0.982	0.979	0.975	0.971	0.967	0.962	0.957	0.951	0.945	0.938	0.930	0.923	0.914	0.905
5.5	0.996	0.995	0.994	0.992	0.990	0.988	0.986	0.983	0.980	0.977	0.973	0.969	0.965	0.960	0.955	0.949	0.942	0.935	0.928	0.920	0.912
5.6	0.996	0.995	0.994	0.993	0.991	0.989	0.987	0.985	0.982	0.979	0.976	0.972	0.968	0.963	0.958	0.952	0.946	0.940	0.933	0.926	0.918
5.7	0.997	0.996	0.995	0.993	0.992	0.990	0.988	0.986	0.984	0.981	0.978	0.974	0.970	0.966	0.961	0.956	0.950	0.944	0.938	0.931	0.923
5.8	0.997	0.996	0.995	0.994	0.993	0.991	0.989	0.987	0.985	0.982	0.979	0.976	0.973	0.969	0.964	0.959	0.954	0.948	0.942	0.936	0.928
5.9	0.997	0.997	0.996	0.995	0.993	0.992	0.990	0.988	0.986	0.984	0.981	0.978	0.975	0.971	0.967	0.962	0.957	0.952	0.946	0.940	0.933
6.0	0.998	0.997	0.996	0.995	0.994	0.993	0.991	0.989	0.987	0.985	0.983	0.980	0.977	0.973	0.969	0.965	0.961	0.956	0.950	0.944	0.938
6.1	0.998	0.997	0.996	0.996	0.994	0.993	0.992	0.990	0.988	0.986	0.984	0.981	0.979	0.975	0.972	0.968	0.964	0.959	0.954	0.948	0.942
6.2	0.998	0.997	0.997	0.996	0.995	0.994	0.993	0.991	0.989	0.988	0.985	0.983	0.980	0.977	0.974	0.970	0.966	0.962	0.957	0.952	0.946
6.3	0.998	0.998	0.997	0.996	0.995	0.994	0.993	0.992	0.990	0.989	0.987	0.984	0.982	0.979	0.976	0.973	0.969	0.965	0.960	0.955	0.950
6.4	0.998	0.998	0.997	0.997	0.996	0.995	0.994	0.993	0.991	0.990	0.988	0.986	0.983	0.981	0.978	0.975	0.971	0.967	0.963	0.959	0.954
6.5	0.998	0.998	0.998	0.997	0.996	0.995	0.994	0.993	0.992	0.990	0.989	0.987	0.985	0.982	0.980	0.977	0.973	0.970	0.966	0.962	0.957
6.6	0.999	0.998	0.998	0.997	0.997	0.996	0.995	0.994	0.993	0.991	0.990	0.988	0.986	0.984	0.981	0.978	0.975	0.972	0.968	0.964	0.960

续附表5

t/K \ n	1.0	1.1	1.2	1.3	1.4	1.5	1.6	1.7	1.8	1.9	2.0	2.1	2.2	2.3	2.4	2.5	2.6	2.7	2.8	2.9	3.0
6.7	0.999	0.998	0.998	0.997	0.997	0.996	0.995	0.994	0.993	0.992	0.991	0.989	0.987	0.985	0.983	0.980	0.977	0.974	0.971	0.967	0.963
6.8	0.999	0.999	0.998	0.998	0.997	0.996	0.996	0.995	0.994	0.993	0.991	0.990	0.988	0.986	0.984	0.982	0.979	0.976	0.973	0.969	0.966
6.9	0.999	0.999	0.998	0.998	0.997	0.997	0.996	0.995	0.994	0.993	0.992	0.991	0.989	0.987	0.985	0.983	0.981	0.978	0.975	0.972	0.968
7.0	0.999	0.999	0.998	0.998	0.998	0.997	0.996	0.996	0.995	0.994	0.993	0.991	0.990	0.988	0.986	0.984	0.982	0.980	0.977	0.974	0.970
7.1	0.999	0.999	0.999	0.998	0.998	0.997	0.997	0.996	0.995	0.994	0.993	0.992	0.991	0.989	0.988	0.986	0.983	0.981	0.979	0.976	0.973
7.2	0.999	0.999	0.999	0.998	0.998	0.998	0.997	0.996	0.996	0.995	0.994	0.993	0.992	0.990	0.989	0.987	0.985	0.983	0.980	0.977	0.975
7.3	0.999	0.999	0.999	0.999	0.998	0.998	0.997	0.997	0.996	0.995	0.994	0.993	0.992	0.991	0.989	0.988	0.986	0.984	0.982	0.979	0.976
7.4	0.999	0.999	0.999	0.999	0.998	0.998	0.998	0.997	0.996	0.996	0.995	0.994	0.993	0.992	0.990	0.989	0.987	0.985	0.983	0.981	0.978
7.5	0.999	0.999	0.999	0.999	0.999	0.998	0.998	0.997	0.997	0.996	0.995	0.994	0.993	0.992	0.991	0.990	0.988	0.986	0.984	0.982	0.980
7.6	0.999	0.999	0.999	0.999	0.999	0.998	0.998	0.998	0.997	0.996	0.996	0.995	0.994	0.993	0.992	0.990	0.989	0.987	0.986	0.983	0.981
7.7	1.000	0.999	0.999	0.999	0.999	0.998	0.998	0.998	0.997	0.997	0.996	0.995	0.994	0.994	0.992	0.991	0.990	0.988	0.987	0.985	0.983
7.8	1.000	0.999	0.999	0.999	0.999	0.999	0.998	0.998	0.997	0.997	0.996	0.996	0.995	0.994	0.993	0.992	0.991	0.989	0.988	0.986	0.984
7.9	1.000	1.000	0.999	0.999	0.999	0.999	0.998	0.998	0.998	0.997	0.997	0.996	0.995	0.995	0.994	0.993	0.991	0.990	0.989	0.987	0.985
8.0	1.000	1.000	0.999	0.999	0.999	0.999	0.999	0.998	0.998	0.997	0.997	0.996	0.996	0.995	0.994	0.993	0.992	0.991	0.989	0.988	0.986
8.1	1.000	1.000	0.999	0.999	0.999	0.999	0.999	0.998	0.998	0.998	0.997	0.997	0.996	0.995	0.995	0.994	0.993	0.992	0.990	0.989	0.987
8.2	1.000	1.000	1.000	0.999	0.999	0.999	0.999	0.999	0.998	0.998	0.997	0.997	0.996	0.996	0.995	0.994	0.993	0.992	0.991	0.990	0.988
8.3	1.000	1.000	1.000	0.999	0.999	0.999	0.999	0.999	0.998	0.998	0.998	0.997	0.997	0.996	0.995	0.995	0.994	0.993	0.992	0.990	0.989
8.4	1.000	1.000	1.000	1.000	0.999	0.999	0.999	0.999	0.999	0.998	0.998	0.997	0.997	0.996	0.996	0.995	0.994	0.993	0.992	0.991	0.990
8.5	1.000	1.000	1.000	1.000	0.999	0.999	0.999	0.999	0.999	0.998	0.998	0.998	0.997	0.997	0.996	0.996	0.995	0.994	0.993	0.992	0.991
8.6	1.000	1.000	1.000	1.000	0.999	0.999	0.999	0.999	0.999	0.999	0.998	0.998	0.997	0.997	0.996	0.996	0.995	0.994	0.994	0.993	0.991
8.7	1.000	1.000	1.000	1.000	1.000	0.999	0.999	0.999	0.999	0.999	0.998	0.998	0.998	0.997	0.997	0.996	0.996	0.995	0.994	0.993	0.992
8.8	1.000	1.000	1.000	1.000	1.000	0.999	0.999	0.999	0.999	0.999	0.999	0.998	0.998	0.997	0.997	0.997	0.996	0.995	0.994	0.994	0.993
8.9	1.000	1.000	1.000	1.000	1.000	1.000	0.999	0.999	0.999	0.999	0.999	0.998	0.998	0.998	0.997	0.997	0.996	0.996	0.995	0.994	0.993
9.0	1.000	1.000	1.000	1.000	1.000	1.000	0.999	0.999	0.999	0.999	0.999	0.999	0.998	0.998	0.997	0.997	0.997	0.996	0.995	0.995	0.994
9.1	1.000	1.000	1.000	1.000	1.000	1.000	1.000	0.999	0.999	0.999	0.999	0.999	0.998	0.998	0.998	0.997	0.997	0.996	0.996	0.995	0.994

续附表 5

t/K \ n	3.1	3.2	3.3	3.4	3.5	3.6	3.7	3.8	3.9	4.0	4.1	4.2	4.3	4.4	4.5	4.6	4.7	4.8	4.9	5.0	5.1
0	0	0	0	0	0	0	0	0	0	0	0	0	0	0	0	0	0	0	0	0	0
0.1	0	0	0	0	0	0	0	0	0	0	0	0	0	0	0	0	0	0	0	0	0
0.2	0.001	0.001	0	0	0	0	0	0	0	0	0	0	0	0	0	0	0	0	0	0	0
0.3	0.003	0.002	0.002	0.001	0.001	0.001	0.001	0	0	0	0	0	0	0	0	0	0	0	0	0	0
0.4	0.006	0.005	0.004	0.003	0.003	0.002	0.002	0.001	0.001	0.001	0.001	0	0	0	0	0	0	0	0	0	0
0.5	0.012	0.010	0.008	0.006	0.005	0.004	0.003	0.003	0.002	0.002	0.001	0.001	0.001	0.001	0.001	0	0	0	0	0	0
0.6	0.019	0.016	0.013	0.011	0.009	0.007	0.006	0.005	0.004	0.003	0.003	0.002	0.002	0.001	0.001	0.001	0.001	0.001	0	0	0
0.7	0.029	0.024	0.021	0.017	0.014	0.012	0.010	0.008	0.007	0.006	0.005	0.004	0.003	0.003	0.002	0.002	0.001	0.001	0.001	0.001	0.001
0.8	0.041	0.035	0.030	0.025	0.021	0.018	0.015	0.013	0.011	0.009	0.008	0.006	0.005	0.004	0.004	0.003	0.003	0.002	0.002	0.001	0.001
0.9	0.054	0.047	0.041	0.035	0.030	0.026	0.022	0.019	0.016	0.013	0.011	0.010	0.008	0.007	0.006	0.005	0.004	0.003	0.003	0.002	0.002
1.0	0.070	0.061	0.053	0.046	0.040	0.035	0.030	0.026	0.022	0.019	0.016	0.014	0.012	0.010	0.009	0.007	0.006	0.005	0.004	0.004	0.003
1.1	0.088	0.077	0.068	0.060	0.052	0.045	0.040	0.034	0.030	0.026	0.022	0.019	0.016	0.014	0.012	0.010	0.009	0.008	0.006	0.005	0.005
1.2	0.107	0.095	0.084	0.074	0.066	0.058	0.051	0.044	0.039	0.034	0.029	0.026	0.022	0.019	0.017	0.014	0.012	0.011	0.009	0.008	0.007
1.3	0.128	0.114	0.102	0.091	0.081	0.071	0.063	0.056	0.049	0.043	0.038	0.033	0.029	0.025	0.022	0.019	0.017	0.014	0.012	0.011	0.009
1.4	0.150	0.135	0.121	0.109	0.097	0.087	0.077	0.069	0.061	0.054	0.047	0.042	0.037	0.032	0.028	0.025	0.022	0.019	0.016	0.014	0.012
1.5	0.173	0.157	0.142	0.128	0.115	0.103	0.092	0.083	0.074	0.066	0.058	0.052	0.046	0.040	0.036	0.031	0.028	0.024	0.021	0.019	0.016
1.6	0.198	0.180	0.164	0.148	0.134	0.121	0.109	0.098	0.088	0.079	0.070	0.063	0.056	0.050	0.044	0.039	0.035	0.031	0.027	0.024	0.021
1.7	0.223	0.204	0.186	0.170	0.154	0.140	0.127	0.115	0.103	0.093	0.084	0.075	0.067	0.060	0.054	0.048	0.043	0.038	0.033	0.030	0.026
1.8	0.248	0.228	0.210	0.192	0.175	0.160	0.146	0.132	0.120	0.109	0.098	0.089	0.080	0.072	0.064	0.058	0.051	0.046	0.041	0.036	0.032
1.9	0.274	0.253	0.234	0.215	0.197	0.181	0.166	0.151	0.138	0.125	0.114	0.103	0.093	0.084	0.076	0.068	0.061	0.055	0.049	0.044	0.039
2.0	0.301	0.279	0.258	0.239	0.220	0.203	0.186	0.171	0.156	0.143	0.130	0.119	0.108	0.098	0.089	0.080	0.072	0.065	0.059	0.053	0.047
2.1	0.327	0.305	0.283	0.263	0.244	0.225	0.208	0.191	0.176	0.161	0.148	0.135	0.123	0.112	0.102	0.093	0.084	0.076	0.069	0.062	0.056
2.2	0.354	0.331	0.309	0.287	0.267	0.248	0.230	0.212	0.196	0.181	0.166	0.153	0.140	0.128	0.117	0.107	0.097	0.088	0.080	0.072	0.066

续附表 5

t/K \ n	3.1	3.2	3.3	3.4	3.5	3.6	3.7	3.8	3.9	4.0	4.1	4.2	4.3	4.4	4.5	4.6	4.7	4.8	4.9	5.0	5.1
2.3	0.380	0.356	0.334	0.312	0.291	0.271	0.252	0.234	0.217	0.201	0.185	0.171	0.157	0.144	0.132	0.121	0.111	0.101	0.092	0.084	0.076
2.4	0.406	0.382	0.359	0.337	0.316	0.295	0.275	0.256	0.238	0.221	0.205	0.190	0.175	0.161	0.149	0.137	0.125	0.115	0.105	0.096	0.087
2.5	0.432	0.408	0.385	0.362	0.340	0.319	0.299	0.279	0.260	0.242	0.225	0.209	0.194	0.179	0.166	0.153	0.141	0.129	0.119	0.109	0.100
2.6	0.457	0.433	0.410	0.387	0.364	0.343	0.322	0.302	0.283	0.264	0.246	0.229	0.213	0.198	0.183	0.170	0.157	0.145	0.133	0.123	0.113
2.7	0.482	0.458	0.434	0.411	0.389	0.367	0.346	0.325	0.305	0.286	0.268	0.250	0.233	0.217	0.202	0.187	0.174	0.161	0.149	0.137	0.126
2.8	0.506	0.482	0.459	0.436	0.413	0.391	0.369	0.348	0.328	0.308	0.289	0.271	0.253	0.237	0.221	0.206	0.191	0.178	0.165	0.152	0.141
2.9	0.530	0.506	0.483	0.460	0.437	0.414	0.392	0.371	0.350	0.330	0.311	0.292	0.274	0.257	0.240	0.224	0.209	0.195	0.181	0.168	0.156
3.0	0.553	0.530	0.506	0.483	0.460	0.438	0.416	0.394	0.373	0.353	0.333	0.314	0.295	0.277	0.260	0.244	0.228	0.213	0.198	0.185	0.172
3.1	0.576	0.552	0.529	0.506	0.483	0.461	0.439	0.417	0.396	0.375	0.355	0.335	0.316	0.298	0.280	0.263	0.247	0.231	0.216	0.202	0.188
3.2	0.597	0.574	0.552	0.529	0.506	0.484	0.462	0.440	0.418	0.397	0.377	0.357	0.338	0.319	0.301	0.283	0.266	0.250	0.234	0.219	0.205
3.3	0.618	0.596	0.573	0.551	0.528	0.506	0.484	0.462	0.441	0.420	0.399	0.379	0.359	0.340	0.321	0.303	0.286	0.269	0.253	0.237	0.223
3.4	0.638	0.616	0.594	0.572	0.550	0.528	0.506	0.484	0.463	0.442	0.421	0.400	0.380	0.361	0.342	0.324	0.306	0.289	0.272	0.256	0.240
3.5	0.658	0.636	0.615	0.593	0.571	0.549	0.528	0.506	0.485	0.463	0.442	0.422	0.402	0.382	0.363	0.344	0.326	0.308	0.291	0.275	0.259
3.6	0.677	0.656	0.634	0.613	0.592	0.570	0.549	0.527	0.506	0.485	0.464	0.443	0.423	0.403	0.384	0.365	0.346	0.328	0.311	0.294	0.277
3.7	0.695	0.674	0.653	0.633	0.612	0.590	0.569	0.548	0.527	0.506	0.485	0.464	0.444	0.424	0.404	0.385	0.366	0.348	0.330	0.313	0.296
3.8	0.712	0.692	0.672	0.651	0.631	0.610	0.589	0.568	0.547	0.527	0.506	0.485	0.465	0.445	0.425	0.406	0.387	0.368	0.350	0.332	0.315
3.9	0.728	0.709	0.689	0.670	0.649	0.629	0.609	0.588	0.567	0.547	0.526	0.506	0.485	0.465	0.446	0.426	0.407	0.388	0.370	0.352	0.334
4.0	0.744	0.725	0.706	0.687	0.667	0.648	0.627	0.607	0.587	0.567	0.546	0.526	0.506	0.486	0.466	0.446	0.427	0.408	0.389	0.371	0.353
4.1	0.759	0.741	0.723	0.704	0.685	0.665	0.646	0.626	0.606	0.586	0.566	0.546	0.526	0.506	0.486	0.466	0.447	0.428	0.409	0.391	0.373
4.2	0.773	0.756	0.738	0.720	0.701	0.682	0.663	0.644	0.624	0.605	0.585	0.565	0.545	0.525	0.506	0.486	0.467	0.448	0.429	0.410	0.392
4.3	0.787	0.770	0.753	0.735	0.717	0.699	0.680	0.661	0.642	0.623	0.603	0.584	0.564	0.545	0.525	0.506	0.486	0.467	0.448	0.430	0.411
4.4	0.799	0.783	0.767	0.750	0.733	0.715	0.697	0.678	0.660	0.641	0.621	0.602	0.583	0.563	0.544	0.525	0.506	0.486	0.468	0.449	0.430
4.5	0.812	0.796	0.781	0.764	0.747	0.730	0.712	0.695	0.676	0.658	0.639	0.620	0.601	0.582	0.563	0.544	0.524	0.505	0.487	0.468	0.449

续附表 5

n t/K	3.1	3.2	3.3	3.4	3.5	3.6	3.7	3.8	3.9	4.0	4.1	4.2	4.3	4.4	4.5	4.6	4.7	4.8	4.9	5.0	5.1
4.6	0.823	0.809	0.793	0.778	0.761	0.745	0.728	0.710	0.692	0.674	0.656	0.637	0.619	0.600	0.581	0.562	0.543	0.524	0.505	0.487	0.468
4.7	0.834	0.820	0.806	0.790	0.775	0.759	0.742	0.725	0.708	0.690	0.672	0.654	0.636	0.617	0.599	0.580	0.561	0.543	0.524	0.505	0.487
4.8	0.845	0.831	0.817	0.803	0.788	0.772	0.756	0.740	0.723	0.706	0.688	0.671	0.653	0.634	0.616	0.598	0.579	0.561	0.542	0.524	0.505
4.9	0.854	0.842	0.828	0.814	0.800	0.785	0.769	0.754	0.737	0.721	0.704	0.686	0.669	0.651	0.633	0.615	0.597	0.578	0.560	0.542	0.524
5.0	0.864	0.851	0.839	0.825	0.811	0.797	0.782	0.767	0.751	0.735	0.718	0.702	0.685	0.667	0.650	0.632	0.614	0.596	0.578	0.560	0.541
5.1	0.872	0.861	0.849	0.836	0.822	0.809	0.794	0.780	0.764	0.749	0.733	0.716	0.700	0.683	0.665	0.648	0.630	0.613	0.595	0.577	0.559
5.2	0.881	0.870	0.858	0.846	0.833	0.820	0.806	0.792	0.777	0.762	0.746	0.731	0.714	0.698	0.681	0.664	0.647	0.629	0.612	0.594	0.576
5.3	0.888	0.878	0.867	0.855	0.843	0.830	0.817	0.803	0.789	0.775	0.760	0.744	0.728	0.712	0.696	0.679	0.662	0.645	0.628	0.610	0.593
5.4	0.896	0.886	0.875	0.864	0.852	0.840	0.828	0.814	0.801	0.787	0.772	0.757	0.742	0.726	0.710	0.694	0.678	0.661	0.644	0.627	0.609
5.5	0.903	0.893	0.883	0.872	0.861	0.850	0.838	0.825	0.812	0.798	0.784	0.770	0.755	0.740	0.724	0.708	0.692	0.676	0.659	0.642	0.626
5.6	0.909	0.900	0.891	0.880	0.870	0.859	0.847	0.835	0.822	0.809	0.796	0.782	0.768	0.753	0.738	0.722	0.707	0.691	0.674	0.658	0.641
5.7	0.915	0.907	0.898	0.888	0.878	0.867	0.856	0.845	0.833	0.820	0.807	0.793	0.780	0.765	0.751	0.736	0.720	0.705	0.689	0.673	0.656
5.8	0.921	0.913	0.904	0.895	0.885	0.875	0.865	0.854	0.842	0.830	0.818	0.805	0.791	0.777	0.763	0.749	0.734	0.719	0.703	0.687	0.671
5.9	0.926	0.919	0.910	0.902	0.893	0.883	0.873	0.862	0.851	0.840	0.828	0.815	0.802	0.789	0.775	0.761	0.747	0.732	0.717	0.701	0.686
6.0	0.931	0.924	0.916	0.908	0.899	0.890	0.881	0.870	0.860	0.849	0.837	0.825	0.813	0.800	0.787	0.773	0.759	0.745	0.730	0.715	0.700
6.1	0.936	0.929	0.922	0.914	0.906	0.897	0.888	0.878	0.868	0.857	0.846	0.835	0.823	0.811	0.798	0.785	0.771	0.757	0.743	0.728	0.713
6.2	0.940	0.934	0.927	0.920	0.912	0.904	0.895	0.886	0.876	0.866	0.855	0.844	0.833	0.821	0.808	0.796	0.782	0.769	0.755	0.741	0.726
6.3	0.944	0.938	0.932	0.925	0.918	0.910	0.901	0.893	0.883	0.874	0.863	0.853	0.842	0.830	0.818	0.806	0.793	0.780	0.767	0.753	0.739
6.4	0.948	0.943	0.936	0.930	0.923	0.915	0.908	0.899	0.890	0.881	0.871	0.861	0.851	0.840	0.828	0.816	0.804	0.791	0.778	0.765	0.751
6.5	0.952	0.947	0.941	0.935	0.928	0.921	0.913	0.905	0.897	0.888	0.879	0.869	0.859	0.848	0.837	0.826	0.814	0.802	0.789	0.776	0.763
6.6	0.955	0.950	0.945	0.939	0.933	0.926	0.919	0.911	0.903	0.895	0.886	0.877	0.867	0.857	0.846	0.835	0.824	0.812	0.800	0.787	0.774
6.7	0.958	0.954	0.949	0.943	0.937	0.931	0.924	0.917	0.909	0.901	0.893	0.884	0.875	0.865	0.855	0.844	0.833	0.822	0.810	0.798	0.785
6.8	0.961	0.957	0.952	0.947	0.941	0.935	0.929	0.922	0.915	0.907	0.899	0.891	0.882	0.872	0.863	0.853	0.842	0.831	0.820	0.808	0.796

续附表5

t/K \ n	5.2	5.3	5.4	5.5	5.6	5.7	5.8	5.9	6.0	6.1	6.2	6.3	6.4	6.5	6.6	6.7	6.8	6.9	7.0
0	0	0	0	0	0	0	0	0	0	0	0	0	0	0	0	0	0	0	0
0.1	0.000	0.000	0.000	0.000	0.000	0.000	0.000	0.000	0.000	0.000	0.000	0.000	0.000	0.000	0.000	0.000	0.000	0.000	0.000
0.2	0.000	0.000	0.000	0.000	0.000	0.000	0.000	0.000	0.000	0.000	0.000	0.000	0.000	0.000	0.000	0.000	0.000	0.000	0.000
0.3	0.000	0.000	0.000	0.000	0.000	0.000	0.000	0.000	0.000	0.000	0.000	0.000	0.000	0.000	0.000	0.000	0.000	0.000	0.000
0.4	0.000	0.000	0.000	0.000	0.000	0.000	0.000	0.000	0.000	0.000	0.000	0.000	0.000	0.000	0.000	0.000	0.000	0.000	0.000
0.5	0.000	0.000	0.000	0.000	0.000	0.000	0.000	0.000	0.000	0.000	0.000	0.000	0.000	0.000	0.000	0.000	0.000	0.000	0.000
0.6	0.000	0.000	0.000	0.000	0.000	0.000	0.000	0.000	0.000	0.000	0.000	0.000	0.000	0.000	0.000	0.000	0.000	0.000	0.000
0.7	0.001	0.000	0.000	0.000	0.000	0.000	0.000	0.000	0.000	0.000	0.000	0.000	0.000	0.000	0.000	0.000	0.000	0.000	0.000
0.8	0.001	0.001	0.001	0.001	0.000	0.000	0.000	0.000	0.000	0.000	0.000	0.000	0.000	0.000	0.000	0.000	0.000	0.000	0.000
0.9	0.002	0.001	0.001	0.001	0.001	0.001	0.001	0.000	0.000	0.000	0.000	0.000	0.000	0.000	0.000	0.000	0.000	0.000	0.000
1.0	0.003	0.002	0.002	0.002	0.001	0.001	0.001	0.001	0.001	0.000	0.000	0.000	0.000	0.000	0.000	0.000	0.000	0.000	0.000
1.1	0.004	0.003	0.003	0.002	0.002	0.002	0.001	0.001	0.001	0.001	0.001	0.001	0.000	0.000	0.000	0.000	0.000	0.000	0.000
1.2	0.006	0.005	0.004	0.003	0.003	0.002	0.002	0.002	0.002	0.001	0.001	0.001	0.001	0.001	0.001	0.000	0.000	0.000	0.000
1.3	0.008	0.007	0.006	0.005	0.004	0.004	0.003	0.003	0.002	0.002	0.002	0.001	0.001	0.001	0.001	0.001	0.001	0.000	0.000
1.4	0.011	0.009	0.008	0.007	0.006	0.005	0.004	0.004	0.003	0.003	0.002	0.002	0.002	0.001	0.001	0.001	0.001	0.001	0.001
1.5	0.014	0.012	0.011	0.009	0.008	0.007	0.006	0.005	0.004	0.004	0.003	0.003	0.002	0.002	0.002	0.002	0.001	0.001	0.001
1.6	0.018	0.016	0.014	0.012	0.011	0.009	0.008	0.007	0.006	0.005	0.005	0.004	0.003	0.003	0.002	0.002	0.002	0.002	0.001
1.7	0.023	0.020	0.018	0.016	0.014	0.012	0.011	0.009	0.008	0.007	0.006	0.005	0.005	0.004	0.003	0.003	0.003	0.002	0.002
1.8	0.029	0.025	0.022	0.020	0.017	0.015	0.013	0.012	0.010	0.009	0.008	0.007	0.006	0.005	0.005	0.004	0.003	0.003	0.003
1.9	0.035	0.031	0.028	0.025	0.022	0.019	0.017	0.015	0.013	0.012	0.010	0.009	0.008	0.007	0.006	0.005	0.005	0.004	0.003
2.0	0.042	0.038	0.034	0.030	0.027	0.024	0.021	0.019	0.017	0.015	0.013	0.011	0.010	0.009	0.008	0.007	0.006	0.005	0.005
2.1	0.050	0.045	0.041	0.036	0.032	0.029	0.026	0.023	0.020	0.018	0.016	0.014	0.013	0.011	0.010	0.009	0.008	0.007	0.006
2.2	0.059	0.053	0.048	0.043	0.039	0.035	0.031	0.028	0.025	0.022	0.020	0.018	0.016	0.014	0.012	0.011	0.010	0.008	0.007

续附表 5

t/K \ n	5.2	5.3	5.4	5.5	5.6	5.7	5.8	5.9	6.0	6.1	6.2	6.3	6.4	6.5	6.6	6.7	6.8	6.9	7.0
2.3	0.069	0.062	0.057	0.051	0.046	0.041	0.037	0.033	0.030	0.027	0.024	0.021	0.019	0.017	0.015	0.013	0.012	0.011	0.009
2.4	0.080	0.072	0.066	0.060	0.054	0.049	0.044	0.040	0.036	0.032	0.029	0.026	0.023	0.021	0.018	0.016	0.015	0.013	0.012
2.5	0.091	0.083	0.076	0.069	0.063	0.057	0.051	0.047	0.042	0.038	0.034	0.031	0.028	0.025	0.022	0.020	0.018	0.016	0.014
2.6	0.103	0.095	0.086	0.079	0.072	0.066	0.060	0.054	0.049	0.044	0.040	0.036	0.033	0.029	0.027	0.024	0.021	0.019	0.017
2.7	0.116	0.107	0.098	0.090	0.082	0.075	0.068	0.062	0.057	0.052	0.047	0.042	0.038	0.035	0.031	0.028	0.025	0.023	0.021
2.8	0.130	0.120	0.110	0.101	0.093	0.085	0.078	0.071	0.065	0.059	0.054	0.049	0.045	0.040	0.037	0.033	0.030	0.027	0.024
2.9	0.144	0.133	0.123	0.114	0.105	0.096	0.088	0.081	0.074	0.068	0.062	0.057	0.052	0.047	0.043	0.039	0.035	0.032	0.029
3.0	0.160	0.148	0.137	0.127	0.117	0.108	0.099	0.091	0.084	0.077	0.071	0.065	0.059	0.054	0.049	0.045	0.041	0.037	0.034
3.1	0.175	0.163	0.151	0.140	0.130	0.120	0.111	0.102	0.094	0.087	0.080	0.073	0.067	0.061	0.056	0.051	0.047	0.043	0.039
3.2	0.192	0.179	0.166	0.155	0.144	0.133	0.123	0.114	0.105	0.097	0.090	0.082	0.076	0.070	0.064	0.058	0.053	0.049	0.045
3.3	0.208	0.195	0.182	0.170	0.158	0.147	0.136	0.126	0.117	0.108	0.100	0.092	0.085	0.078	0.072	0.066	0.061	0.056	0.051
3.4	0.226	0.211	0.198	0.185	0.173	0.161	0.150	0.139	0.129	0.120	0.111	0.103	0.095	0.088	0.081	0.075	0.069	0.063	0.058
3.5	0.243	0.229	0.214	0.201	0.188	0.176	0.164	0.153	0.142	0.132	0.123	0.114	0.106	0.098	0.090	0.084	0.077	0.071	0.065
3.6	0.261	0.246	0.231	0.217	0.204	0.191	0.179	0.167	0.156	0.145	0.135	0.126	0.117	0.108	0.100	0.093	0.086	0.079	0.073
3.7	0.280	0.264	0.249	0.234	0.220	0.207	0.194	0.182	0.170	0.159	0.148	0.138	0.129	0.120	0.111	0.103	0.096	0.088	0.082
3.8	0.298	0.282	0.266	0.251	0.237	0.223	0.210	0.197	0.184	0.173	0.162	0.151	0.141	0.131	0.122	0.114	0.106	0.098	0.091
3.9	0.317	0.300	0.284	0.269	0.254	0.239	0.226	0.212	0.199	0.187	0.176	0.164	0.154	0.144	0.134	0.125	0.116	0.108	0.101
4.0	0.336	0.319	0.303	0.287	0.271	0.256	0.242	0.228	0.215	0.202	0.190	0.178	0.167	0.156	0.146	0.137	0.128	0.119	0.111
4.1	0.355	0.338	0.321	0.305	0.289	0.274	0.259	0.244	0.231	0.217	0.205	0.193	0.181	0.170	0.159	0.149	0.139	0.130	0.121
4.2	0.374	0.357	0.340	0.323	0.307	0.291	0.276	0.261	0.247	0.233	0.220	0.207	0.195	0.183	0.172	0.162	0.151	0.142	0.133
4.3	0.393	0.375	0.358	0.341	0.325	0.309	0.293	0.278	0.263	0.249	0.236	0.222	0.210	0.198	0.186	0.175	0.164	0.154	0.144
4.4	0.412	0.394	0.377	0.360	0.343	0.327	0.311	0.295	0.280	0.266	0.251	0.238	0.225	0.212	0.200	0.188	0.177	0.167	0.156
4.5	0.431	0.413	0.395	0.378	0.361	0.344	0.328	0.312	0.297	0.282	0.268	0.254	0.240	0.227	0.214	0.202	0.191	0.180	0.169

续附表5

t/K \ n	5.2	5.3	5.4	5.5	5.6	5.7	5.8	5.9	6.0	6.1	6.2	6.3	6.4	6.5	6.6	6.7	6.8	6.9	7.0
4.6	0.450	0.432	0.414	0.397	0.379	0.363	0.346	0.330	0.314	0.299	0.284	0.270	0.256	0.242	0.229	0.217	0.205	0.193	0.182
4.7	0.469	0.451	0.433	0.415	0.398	0.381	0.364	0.348	0.332	0.316	0.301	0.286	0.272	0.258	0.244	0.232	0.219	0.207	0.195
4.8	0.487	0.469	0.451	0.433	0.416	0.399	0.382	0.365	0.349	0.333	0.318	0.303	0.288	0.274	0.260	0.247	0.234	0.221	0.209
4.9	0.505	0.487	0.469	0.452	0.434	0.417	0.400	0.383	0.366	0.350	0.335	0.319	0.304	0.290	0.276	0.262	0.249	0.236	0.223
5.0	0.523	0.505	0.487	0.470	0.452	0.435	0.418	0.401	0.384	0.368	0.352	0.336	0.321	0.306	0.292	0.278	0.264	0.251	0.238
5.1	0.541	0.523	0.505	0.488	0.470	0.453	0.435	0.418	0.402	0.385	0.369	0.353	0.338	0.322	0.308	0.293	0.279	0.266	0.253
5.2	0.558	0.541	0.523	0.505	0.488	0.470	0.453	0.436	0.419	0.402	0.386	0.370	0.354	0.339	0.324	0.309	0.295	0.281	0.268
5.3	0.575	0.558	0.540	0.523	0.505	0.488	0.471	0.453	0.437	0.420	0.403	0.387	0.371	0.356	0.340	0.326	0.311	0.297	0.283
5.4	0.592	0.575	0.557	0.540	0.522	0.505	0.488	0.471	0.454	0.437	0.421	0.404	0.388	0.372	0.357	0.342	0.327	0.312	0.298
5.5	0.608	0.591	0.574	0.557	0.539	0.522	0.505	0.488	0.471	0.454	0.438	0.421	0.405	0.389	0.374	0.358	0.343	0.328	0.314
5.6	0.624	0.607	0.590	0.573	0.556	0.539	0.522	0.505	0.488	0.471	0.455	0.438	0.422	0.406	0.390	0.375	0.359	0.344	0.330
5.7	0.640	0.623	0.606	0.590	0.573	0.556	0.539	0.522	0.505	0.488	0.472	0.455	0.439	0.423	0.407	0.391	0.376	0.360	0.346
5.8	0.655	0.639	0.622	0.606	0.589	0.572	0.555	0.538	0.522	0.505	0.488	0.472	0.456	0.439	0.423	0.408	0.392	0.377	0.362
5.9	0.670	0.654	0.638	0.621	0.605	0.588	0.571	0.555	0.538	0.522	0.505	0.488	0.472	0.456	0.440	0.424	0.408	0.393	0.378
6.0	0.684	0.668	0.652	0.636	0.620	0.604	0.587	0.571	0.554	0.538	0.521	0.505	0.489	0.472	0.456	0.440	0.425	0.409	0.394
6.1	0.698	0.683	0.667	0.651	0.635	0.619	0.603	0.587	0.570	0.554	0.538	0.521	0.505	0.489	0.473	0.457	0.441	0.425	0.410
6.2	0.712	0.696	0.681	0.666	0.650	0.634	0.618	0.602	0.586	0.570	0.553	0.537	0.521	0.505	0.489	0.473	0.457	0.441	0.426
6.3	0.725	0.710	0.695	0.680	0.664	0.649	0.633	0.617	0.601	0.585	0.569	0.553	0.537	0.521	0.505	0.489	0.473	0.457	0.442
6.4	0.737	0.723	0.708	0.693	0.678	0.663	0.648	0.632	0.616	0.600	0.585	0.569	0.553	0.537	0.521	0.505	0.489	0.473	0.458
6.5	0.749	0.735	0.721	0.707	0.692	0.677	0.662	0.646	0.631	0.615	0.600	0.584	0.568	0.552	0.536	0.521	0.505	0.489	0.473
6.6	0.761	0.748	0.734	0.720	0.705	0.690	0.676	0.661	0.645	0.630	0.614	0.599	0.583	0.568	0.552	0.536	0.520	0.505	0.489
6.7	0.772	0.759	0.746	0.732	0.718	0.704	0.689	0.674	0.659	0.644	0.629	0.614	0.598	0.583	0.567	0.551	0.536	0.520	0.505
6.8	0.783	0.771	0.758	0.744	0.730	0.716	0.702	0.688	0.673	0.658	0.643	0.628	0.613	0.597	0.582	0.567	0.551	0.536	0.520

续附表5

t/K \ n	5.2	5.3	5.4	5.5	5.6	5.7	5.8	5.9	6.0	6.1	6.2	6.3	6.4	6.5	6.6	6.7	6.8	6.9	7.0
6.9	0.794	0.782	0.769	0.756	0.742	0.729	0.715	0.701	0.686	0.672	0.657	0.642	0.627	0.612	0.597	0.581	0.566	0.551	0.535
7.0	0.804	0.792	0.780	0.767	0.754	0.741	0.727	0.713	0.699	0.685	0.671	0.656	0.641	0.626	0.611	0.596	0.581	0.566	0.550
7.1	0.814	0.802	0.790	0.778	0.765	0.752	0.739	0.726	0.712	0.698	0.684	0.669	0.655	0.640	0.625	0.610	0.595	0.580	0.565
7.2	0.823	0.812	0.800	0.788	0.776	0.764	0.751	0.738	0.724	0.710	0.697	0.682	0.668	0.654	0.639	0.624	0.610	0.595	0.580
7.3	0.832	0.821	0.810	0.798	0.787	0.774	0.762	0.749	0.736	0.723	0.709	0.695	0.681	0.667	0.653	0.638	0.624	0.609	0.594
7.4	0.841	0.830	0.819	0.808	0.797	0.785	0.773	0.760	0.747	0.734	0.721	0.708	0.694	0.680	0.666	0.652	0.637	0.623	0.608
7.5	0.849	0.839	0.828	0.818	0.806	0.795	0.783	0.771	0.759	0.746	0.733	0.720	0.706	0.693	0.679	0.665	0.651	0.636	0.622
7.6	0.857	0.847	0.837	0.826	0.816	0.805	0.793	0.781	0.769	0.757	0.744	0.731	0.718	0.705	0.691	0.678	0.664	0.650	0.635
7.7	0.864	0.855	0.845	0.835	0.825	0.814	0.803	0.791	0.780	0.768	0.755	0.743	0.730	0.717	0.704	0.690	0.676	0.663	0.649
7.8	0.871	0.862	0.853	0.843	0.833	0.823	0.812	0.801	0.790	0.778	0.766	0.754	0.741	0.729	0.716	0.702	0.689	0.675	0.662
7.9	0.878	0.870	0.861	0.851	0.842	0.832	0.821	0.810	0.799	0.788	0.776	0.765	0.752	0.740	0.727	0.714	0.701	0.688	0.674
8.0	0.885	0.877	0.868	0.859	0.850	0.840	0.830	0.819	0.809	0.798	0.786	0.775	0.763	0.751	0.738	0.726	0.713	0.700	0.687
8.1	0.891	0.883	0.875	0.866	0.857	0.848	0.838	0.828	0.818	0.807	0.796	0.785	0.773	0.762	0.749	0.737	0.724	0.712	0.699
8.2	0.897	0.889	0.881	0.873	0.864	0.855	0.846	0.836	0.826	0.816	0.805	0.795	0.783	0.772	0.760	0.748	0.736	0.723	0.710
8.3	0.903	0.895	0.888	0.880	0.871	0.863	0.854	0.844	0.835	0.825	0.814	0.804	0.793	0.782	0.770	0.759	0.747	0.734	0.722
8.4	0.908	0.901	0.894	0.886	0.878	0.870	0.861	0.852	0.843	0.833	0.823	0.813	0.802	0.791	0.780	0.769	0.757	0.745	0.733
8.5	0.913	0.907	0.899	0.892	0.884	0.876	0.868	0.859	0.850	0.841	0.831	0.821	0.811	0.801	0.790	0.779	0.767	0.756	0.744
8.6	0.918	0.912	0.905	0.898	0.891	0.883	0.875	0.866	0.858	0.849	0.839	0.830	0.820	0.810	0.799	0.788	0.777	0.766	0.754
8.7	0.923	0.917	0.910	0.903	0.896	0.889	0.881	0.873	0.865	0.856	0.847	0.838	0.828	0.818	0.808	0.798	0.787	0.776	0.765
8.8	0.927	0.921	0.915	0.909	0.902	0.895	0.887	0.880	0.872	0.863	0.855	0.846	0.836	0.827	0.817	0.807	0.796	0.785	0.774
8.9	0.931	0.926	0.920	0.914	0.907	0.900	0.893	0.886	0.878	0.870	0.862	0.853	0.844	0.835	0.825	0.815	0.805	0.795	0.784
9.0	0.935	0.930	0.924	0.918	0.912	0.906	0.899	0.892	0.884	0.877	0.869	0.860	0.851	0.842	0.833	0.824	0.814	0.804	0.793
9.1	0.939	0.934	0.929	0.923	0.917	0.911	0.904	0.897	0.890	0.883	0.875	0.867	0.859	0.850	0.841	0.832	0.822	0.812	0.802

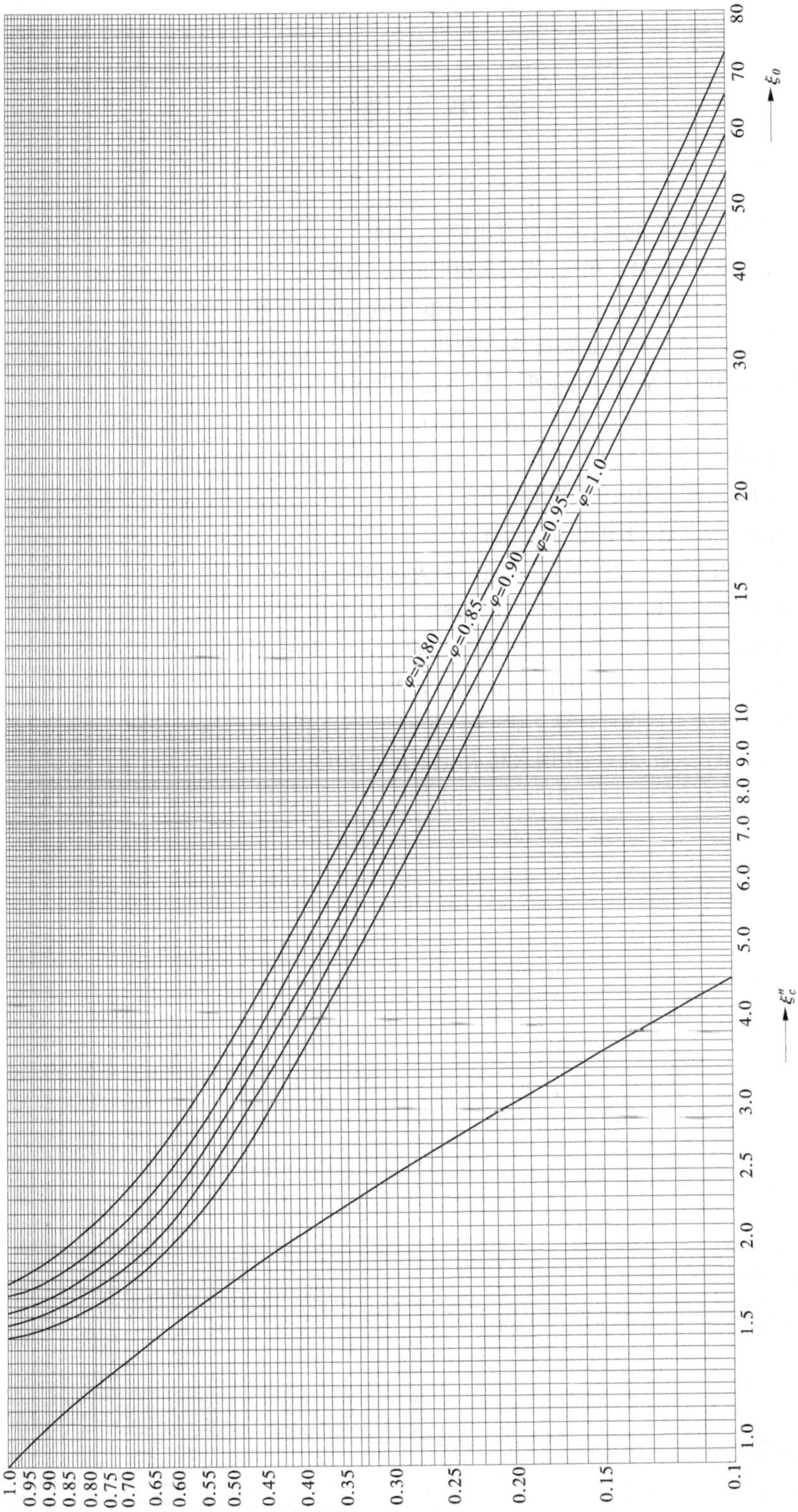

附图 1　建筑物下游河槽为矩形时收缩断面水深及其共轭水深求解图

参 考 文 献

[1] 吴持恭. 水力学[M]. 4 版. 北京:高等教育出版社,2008.
[2] 王金亭. 工程水力水文学[M]. 郑州:黄河水利出版社,2008.
[3] 詹道江,叶守泽. 工程水文学[M]. 3 版. 北京:中国水利水电出版社,2000.
[4] 朱岐武,拜存有. 水文与水利水电规划[M]. 郑州:黄河水利出版社,2008.
[5] 吴桢祥,杨玲霞,李国庆,等. 水力学[M]. 北京:气象出版社,1994.
[6] 张耀先. 水力学[M]. 北京:化学工业出版社,2005.
[7] 武汉大学水利水电学院. 水力计算手册[M]. 北京:中国水利水电出版社,2006.
[8] 李序量. 水力学[M]. 北京:中国水利水电出版社,1999.
[9] 孙道宗. 水力学[M]. 北京:水利电力出版社,1992.
[10] 张耀先,夏于廉. 水力学水文学[M]. 南京:河海大学出版社,1995.
[11] 罗全胜,张耀先. 水力计算[M]. 北京:中国水利水电出版社,2001.
[12] 张耀先,丁新求. 水力学[M]. 2 版. 郑州:黄河水利出版社,2008.
[13] 张耀先,游玉萍. 水力学(上册)[M]. 北京:科学出版社,2005.
[14] 张耀先,马如龙. 水力工程设计计算手册[M]. 北京:中国水利水电出版社,2006.
[15] 何文学. 水力学[M]. 2 版. 北京:中国水利水电出版社,2013.
[16] 中华人民共和国水利部. SL 77—2013 小型水电站水文计算规范[S]. 北京:中国水利水电出版社,2013.